有機溶剤中毒予防規則の解説

中央労働災害防止協会

序

　有機溶剤は，化学物質を溶かすという性質を有しており，塗装，洗浄，印刷等の作業に広く使用されていますが，一方で蒸発しやすく，脂肪を溶かすことから，呼吸器や皮膚から吸収され，中枢神経等へ作用して急性中毒や慢性中毒等の健康障害を発生させることがあります。

　このような有機溶剤中毒を予防するため，昭和 35 年に有機溶剤中毒予防規則（有機則）が制定されました。その後，昭和 47 年に労働安全衛生法が制定されたのに伴い，同法に基づく新しい有機則として施行され，このときに局所排気装置の定期自主検査，雇入れの際および配置替えの際の健康診断の実施について新たな規定が設けられました。

　その後も数次にわたって改正が行われ，有機溶剤中毒予防のための措置の充実，強化が図られてきました。令和 4 年には労働安全衛生規則や有機則などの労働安全衛生関係法令の改正に伴い，リスクアセスメントの実施が義務付けられている危険・有害物質について，リスクアセスメントの結果に基づき事業者自ら選択した対策を実施する制度（化学物質の自律的な管理）が導入され，令和 6 年 4 月 1 日までに全ての改正条項が施行されます。

　本書は，最近の有機則の改正や，これら関係法令等の改正を踏まえて改訂したものです。

　有機溶剤を取り扱う事業場においては，本書を活用して，適切な作業環境管理，作業管理，健康管理等を実施し，労働者の健康障害の予防に役立てていただければ幸いです。

　令和 6 年 3 月

中央労働災害防止協会

目　　次

第5編　特別有機溶剤等に関する規制

第1編

規則制定及び改正の経緯

第1章　規則制定の背景等

　昭和34年に東京，大阪などで，ヘップサンダルの製造あるいはポリエチレン袋の印刷に従事していた労働者に死亡を含む再生不良性貧血が多発し，大きな社会問題となった。原因は，サンダルの接着に使用していたベンゼンゴムのり，印刷インキの溶剤として使用していたベンゼンで，いずれもベンゼン中毒であることが判明した。

　旧労働省では，この中毒事件を契機として「ベンゼンを含有するゴムのり」の製造，販売等を禁止するとともに，さらに，昭和35年10月13日には，当時広く産業界で使用されており，かつ，有害性の明らかな有機溶剤51種類を対象として，これらの有機溶剤による労働者の健康障害を予防するために，労働基準法の衛生関係特別規則として「有機溶剤中毒予防規則」（昭和35年労働省令第24号）を制定，公布し，翌年1月1日から施行した。

　その後，昭和47年には，「労働安全衛生法」（昭和47年法律第57号）が制定されたのに伴い，有機溶剤中毒の予防のための措置を一層効果的にするために，従来の有機溶剤中毒予防規則の内容にさらに検討を加え，その頃から広く溶剤として使用されはじめた1, 1, 1-トリクロルエタンを第2種有機溶剤として追加し，一部の有機溶剤の名称を整理するとともに，局所排気装置の定期自主検査の実施，雇入れの際及び配置替えの際の健康診断の実施等について新たに規定し，同年10月1日の同法施行と併せ新しい有機溶剤中毒予防規則として施行された。

第2章　規則制定，改正の経緯

(1)　昭和35年10月13日　労働省令第24号（旧有機溶剤中毒予防規則）

　昭和34年のベンゼン中毒事件を契機として旧労働省は同年11月12日，ベンゼンを含有するゴムのりを労働基準法第48条（「有害物の製造禁止」，現在本条文は削除されており労働安全衛生法第55条に同趣旨が規定されている）の有害物として指定する省令を公布したが，これに先立ちこの省令案要綱について諮問を受けた中央労働基準審議会は，要綱のとおり指定することを妥当と認める旨の答申をするとともに同答申に次のような要望を附記した。

　①　本省令は，なるべく速やかに施行することが望ましいが，トルエンその他の代替品の需給状態に十分留意し，関係者に無用の混乱の及ぶことのないよう行政運営上十分配慮すること。

　②・③　略

　④　ベンゼンは，ゴムのり以外に染料，印刷インキその他の用途にも使用されており，ゴムのりにおけるのと同様の有害性がある。これらの事情にかんがみ，ベンゼン及びこれに準ずる有害物の製造及び使用の規制について早急に検討すること。

　そこで，旧労働省では，有機溶剤全般についての規制措置の検討をすすめ，昭和34年12月25日第106回中央労働基準審議会に有機溶剤中毒予防規則案要綱を提出し，同審議会の意見を求めることとなった。

　旧有機溶剤中毒予防規則は同要綱を基本方針として制定され昭和35年10月13日に公布，翌年1月1日から施行された。

　本規則は，有機溶剤による中毒の予防に必要な事項のうち，労働安全衛生規則に規定されていない事項及び規定されてはいるがさらに具体的に定める必要がある事項について規定したものであり，両規則で競合する部分については，労働安全衛生規則を一般法とすれば，これに対して特別法の

関係に立つものであることから，本規則の規定が優先し，本規則に定められていない事項については，労働安全衛生規則の規定が適用されることになっている。

なお，本規則は，次のとおり 8 章34カ条から構成され，現行規則の基本的形態をなしている。

第 1 章　総則（第 1 条 - 第 4 条）

第 2 章　施設（第 5 条 - 第 13 条）

第 3 章　換気装置の性能等（第 14 条 - 第 19 条）

第 4 章　管理（第 20 条 - 第 24 条）

第 5 章　保護具（第 25 条 - 第 27 条）

第 6 章　健康診断（第 28 条 - 第 31 条）

第 7 章　測定（第 32 条）

第 8 章　有機溶剤等の貯蔵及び空容器の処理（第 33 条・第 34 条）

⑵　昭和47年9月30日　労働省令第 36 号（（現行）有機溶剤中毒予防規則）

従来，労働基準法の衛生関係特別規則として施行されてきた有機溶剤中毒予防規則は，昭和47年に制定された労働安全衛生法が同年10月 1 日から施行されたことに伴い，この法律に基づく省令として施行されることとなったが，労働安全衛生法により新たに設けられた定期自主検査，計画の届出等の規定によりその一部が改正されるとともに，次の点についても併せて改正された。

①　第 2 種有機溶剤として，1, 1, 1-トリクロルエタンが加えられたこと（第 1 条関係）。

②　旧規則別表に掲げられていた有機溶剤の範囲が，政令で規定されるとともに，それらのうち一部のものの呼称が次のように変更されたこと（第 1 条関係）。

旧規則の呼称	改正後の呼称
二塩化エチレン	1, 2-ジクロルエタン
二塩化アセチレン	1, 2-ジクロルエチレン
四塩化アセチレン	1, 1, 2, 2-テトラクロルエタン
イソアミルアルコール	イソペンチルアルコール
オルソジクロルベンゼン	オルト-ジクロルベンゼン
酢酸イソアミル	酢酸イソペンチル
酢酸アミル	酢酸ペンチル
ジオキサン	1, 4-ジオキサン
二塩化メチレン	ジクロルメタン
四塩化エチレン	テトラクロルエチレン
三塩化エチレン	トリクロルエチレン
第一ブチルアルコール	1-ブタノール
第二ブチルアルコール	2-ブタノール

③　事業者が行わなければならない局所排気装置の定期自主検査及びその結果の記録等について定められたこと（第20条～第23条関係）。

④　有機溶剤業務に常時従事させる労働者に対して雇入れの際及び当該業務への配置替えの際に事業者が健康診断を行うべきことが定められたこと（第29条関係）。

⑤　健康診断個人票を事業者が保存しなければならない期間が明確にされたこと（第30条関係）。

⑥　有機溶剤関係の設備等を設置し，移転し又は主要構造部分を変更しようとする事業者が行うべき届出について定められたこと（第37条関係）。

(3)　昭和50年9月30日　労働省令第26号

　この規則制定の契機となった第1種有機溶剤であるベンゼンは，その中毒によって，いわゆる血液のがんともいわれる白血病になるおそれがあることが明らかとなったこと，さらには，昭和46年に開催された ILO 第 56 回総会において採択された「ベンゼンから生ずる中毒の危害に対する保護に関する条約」においては，ベンゼンを溶剤として使用することが原則として禁止されていること等のため，昭和50年10月1日からは，特定化学物質等障害予防規則（以下本章において「特化則」という）の第2類物質として規制されることとなった。

　改正の要点は次のとおりである。

① 　第1種有機溶剤からベンゼンが削除されたこと（第1条，令別表第 8 関係〔編注：現行＝令別表第6の2〕）。

② 　作業環境測定を行うべき対象物質からベンゼンが削除されたこと（第 28 条関係）。

　なお，特化則におけるベンゼンに関する規制は次のとおりとなっている。

イ　ベンゼンを製造する設備は密閉式の構造としなければならないこと（特化則第4条関係，以下本節においては，「特化則」を略す）。

ロ　ベンゼンの蒸気が発散する屋内作業場については，蒸気の発散源を密閉する設備又は局所排気装置を設けなければならないこと（第5条関係）。

ハ　ベンゼンにかかる特定化学設備については，漏えいの防止について必要な措置を講ずべきこと（第4章関係）。

ニ　ベンゼンを製造し，又は取り扱う作業については，特定化学物質等作業主任者を選任しなければならないこと（第27条関係）。

ホ　局所排気装置については定期自主検査及び点検を行い，その記録を保存しておくこと（第29条～第35条関係）。

ヘ　ベンゼンを製造し，又は取り扱う屋内作業場については，6月以内

ごとに1回，定期に作業環境測定を行い，その記録を30年間保存すること（第36条関係）。

ト　ベンゼンを製造し，又は取り扱う作業場には，必要な事項を掲示すること（第38条の3関係）。

チ　ベンゼンを製造し，又は取り扱う作業に従事する労働者については，氏名，従事期間等の作業記録を30年間保存すること（第38条の4関係）。

リ　ベンゼンを溶剤として取り扱う作業に労働者を従事させないこと。ただし，必要な措置を講じたときはこの限りでないこと（第38条の12関係〔編注：現行＝第38条の16〕）。

ヌ　ベンゼンを製造し，又は取り扱う業務に常時従事させる労働者に対して雇入れの際及び当該業務への配置替えの際に健康診断を行い，記録を30年間保存すること（第39条，第40条関係）。

(4)　昭和53年6月5日 政令第226号，同年8月7日 労働省令第32号，同年10月9日 労働省令第41号

産業の発達，工業技術の進歩は新しい有機溶剤の利用開発を促進するとともに，従来から使用されてきた有機溶剤を大量に消費することが多くなり，また有機溶剤による中毒事例は近年においても一向に減少の傾向を見せることなく推移してきているため，より規制の強化を図り，新しい時代に対応することのできる規則とする必要が生じてきた。

そのため，旧労働省は昭和53年2月8日，中央労働基準審議会に対し「労働安全衛生法施行令の一部を改正する政令案（有機溶剤関係）要綱」及び「有機溶剤中毒予防規則の一部を改正する省令案要綱」を諮問したところ，同審議会からは同年3月9日，要綱のとおり改正することが適当である旨の答申がなされた。

政省令ごとの改正の要点は次のとおりである。

Ⅰ　労働安全衛生法施行令関係

① 　作業主任者を選任すべき作業として，「屋内作業場その他一定の場所において別表第6の2に掲げる有機溶剤を製造し，又は取り扱う業務のうち，一定のものに係る作業」を追加したこと（第6条関係）。

② 　名称等を表示すべき有害物として，アセトン等19の有機溶剤を追加したこと（第18条関係）。

③ 　特別の項目についての健康診断を行うべき有害な業務のうち有機溶剤に係るものの範囲を，業務を行う場所及び対象となる有機溶剤について拡大したこと（第22条関係）。

④ 　有機溶剤として，N，N-ジメチルホルムアミド，スチレン及びテトラヒドロフランを追加し，別表第8を別表第6の2としたこと（別表第6の2関係〔編注：現行＝スチレンは削除〕）。

⑤ 　改正政令の施行期日は，昭和53年9月1日としたこと。

Ⅱ　有機溶剤中毒予防規則関係

① 　有機溶剤及び有機溶剤等を定義し，有機溶剤作業主任者及び健康診断に係る場所を定めたこと（第1条関係）。

② 　有機溶剤等の許容消費量の算式を改め，算式に用いる作業場の気積の値に上限を設けたこと（第2条及び第3条関係）。

③ 　第1種有機溶剤等又は第2種有機溶剤等に係る有機溶剤業務を行う場合に局所排気装置等の設備の設置，保護具の使用等の措置を講じなければならない場所を，屋内作業場等に拡大したこと（第5条，第32条，第33条関係）。

④ 　第2種有機溶剤等に係る有機溶剤業務を行う作業場所に設けなければならない設備を，有機溶剤の蒸気の発散源を密閉する設備又は局所排気装置に改めたこと（第5条関係）。

⑤ 　第3種有機溶剤等に係る有機溶剤業務を行う場合に局所排気装置等の設備の設置，保護具の使用等の措置を講じなければならない場所を，

タンク等の内部に拡大したこと（第6条，第32条，第33条関係）。

⑥　周壁の2側面以上が開放されていること等の一定の条件に該当する屋内作業場に係る設備の適用除外については，所轄労働基準監督署長の許可を要しないものとしたこと（第7条関係）。

⑦　屋内作業場等のうちタンク等の内部以外の場所においては，当該場所における有機溶剤業務に要する時間が短時間であり，かつ，全体換気装置を設けたときは，有機溶剤の蒸気の発散源を密閉する設備及び局所排気装置を設けなくてもよいこととしたこと（第9条関係）。

⑧　局所排気装置のダクトについての要件を定めたこと（第14条関係）。

⑨　空気清浄装置を設けた局所排気装置の排風機の位置についての特例を設けたこと（第15条関係）。

⑩　局所排気装置，全体換気装置又は排気管等の排気口を直接外気に向かって開放しなければならないこととしたこと（第15条の2第1項関係）。

⑪　空気清浄装置を設けていない局所排気装置又は排気管等の排気口は屋根から一定の高さを必要とすることとしたこと（第15条の2第2項関係）。

⑫　局所排気装置の制御風速を有機溶剤等の区分にかかわらず，フードの型式に応じたものとし，当該制御風速の値を改めたこと（第16条関係）。

⑬　全体換気装置の換気量の算式を改めたこと（第17条関係）。

⑭　有機溶剤作業主任者を選任すべき作業に係る業務及び有機溶剤作業主任者の資格を定めたこと（第19条関係）。

⑮　有機溶剤作業主任者の職務を定めたこと（第19条の2関係）。

⑯　作業環境測定を行うべき有機溶剤として，オルト－ジクロルベンゼン等11物質を追加し，測定は6月以内ごとに1回，定期に行わなければならないこととしたこと（第28条関係）。

⑰　健康診断の項目を整備し，一定の有機溶剤等を製造し，又は取り扱

う業務に従事する労働者については，健康診断の結果に応じて第2次健康診断を行わなければならないこととしたこと（第29条関係）。

⑱　健康診断の結果を所定の様式により所轄労働基準監督署長に報告しなければならないこととしたこと（第30条の2関係〔編注：現行＝第30条の3〕）。

⑲　労働者が有機溶剤により著しく汚染され，又はこれを多量に吸入したときは，医師による診察又は処置を受けさせなければならないこととしたこと（第30条の3関係〔編注：現行＝第30条の4〕）。

⑳　送気マスク又は有機ガス用防毒マスクを使用しなければならない業務を改めたこと（第33条関係）。

㉑　保護具については，必要な数以上を備え，常時有効かつ清潔に保持しなければならないこととしたこと（第33条の2関係）。

㉒　有機溶剤作業主任者技能講習の講習科目等を定め，その他講習に必要な事項は労働大臣が定めることとしたこと（第36条2関係〔編注：現行＝第37条〕）。

㉓　改正規則の施行期日は，昭和53年9月1日としたこと。
　　ただし，健康診断に関する改正規定は，同年12月1日から，設備及び保護具に関する改正規定は昭和54年3月1日からそれぞれ施行することとしたこと。

Ⅲ　労働安全衛生規則関係

①　名称等を表示すべき有害物のうち人体に及ぼす作用を表示すべきものとしてオルト－ジクロルベンゼン等6の有機溶剤を追加したこと（第32条関係〔編注：現行＝第30条〕）。

②　名称等を表示すべき製剤その他の物を追加したこと(別表第2関係)。

③　改正規則の施行期日は，昭和53年9月1日としたこと。

(5)　昭和58年12月26日　政令第271号，昭和59年1月31日　労働省令第1号

　この政省令の改正は，技術の進歩等による状況の変化に応じて，労働安全衛生法に基づく許認可等の整理簡素化の推進の一環として行われたものである。

　昭和58年の政令の改正及び昭和59年の省令の改正の要点は次のとおりである。

Ⅰ　労働安全衛生法施行令関係

　プッシュプル型換気装置のうち労働省令で定めるものは，定期に自主検査を行うものとすること（第15条第1項8号関係〔編注：現行＝第15条第1項第9号〕）。

Ⅱ　有機溶剤中毒予防規則関係

①　プッシュプル型換気装置が代替設備の設置に伴う設備の特例として追加されたこと（第12条関係）。

②　プッシュプル型換気装置の排気口を直接外気に向って開放すること（第15条の2第1項関係）。

③　プッシュプル型換気装置の構造及び性能の要件を定めたこと（第16条の2及び昭和59年1月31日労働省告示第6号関係）。

④　プッシュプル型換気装置を有効に稼働させること（第18条関係）。

⑤　有機溶剤作業主任者の職務にプッシュプル型換気装置の点検を加えたこと（第19条の2関係）。

⑥　局所排気装置の定期自主検査の項目についてファンの摩耗等の有無等の点検を加えたこと（第20条第2項関係）。

⑦　プッシュプル型換気装置の定期自主検査の点検項目を定めたこと（第20条の2関係）。

⑧　プッシュプル型換気装置をはじめて使用するとき等の場合の点検項目を定めたこと（第22条第2項関係）。

⑨　プッシュプル型換気装置に異常を認めたときは直ちに補修すること

（第23条関係）。

⑩　プッシュプル型換気装置の機能が故障等により低下し，又は失われたときの労働者の退避等について定めたこと（第27条第 1 項関係）。

⑪　プッシュプル型換気装置を設けた場合，ブース内の気流を乱すおそれのある形状を有する物について有機溶剤業務を行う屋内作業場における業務について送気マスク又は有機ガス用防毒マスクの使用を定めたこと（第33条第 1 項第 7 号関係）。

⑫　プッシュプル型換気装置について計画の届出を行うこと（第37条第 1 項及び様式 5 号及び 7 号関係〔編注：現行＝様式第 7 号削除〕）。

⑬　改正規則の施行期日は，昭和59年 2 月 1 日としたこと。

⑭　その他文言の整理を行ったこと。

(6)　昭和63年9月1日 労働省令第 26 号

　昭和63年に行われた有機溶剤中毒予防規則の改正は，同年10月に改正施行された労働安全衛生法において「作業環境測定結果の評価等」に関する規定が新たに設けられたことに伴って行われたものである。

　この省令の改正の要点は次のとおりである。

①　作業環境測定の対象となる有機溶剤の種類を，従来の17物質から第 1 種有機溶剤及び第 2 種有機溶剤のすべての物質（47物質）としたこと（第28条関係）。

②　第28条第 2 項の屋内作業場について作業環境測定を行ったときは，作業環境評価基準に従って，作業環境の管理の状態に応じ，第 1 管理区分，第 2 管理区分又は第 3 管理区分に区分することにより測定結果の評価を行い，及びその結果を記録しておかなければならないものとしたこと（第28条の 2 関係）。

③　②の評価の結果，第 3 管理区分に区分された場所について講ずべき措置を規定したこと（第28条の 3 関係）。

④　②の評価の結果，第2管理区分に区分された場所について講ずるよう努めるべき措置を規定したこと（第28条の4関係）。

(7)　平成元年6月30日　労働省令第23号

平成元年に行われた有機溶剤中毒予防規則の改正は，有機溶剤にばく露される環境の変化に対応した健康診断項目とするために行われたものである。改正の要点は次のとおりである。

①　従来の1次，2次の健康診断の区分を廃止し，必ず実施すべき健康診断項目と医師が必要と判断した場合に実施しなければならない項目にしたこと（第29条関係）。

②　全ての有機溶剤等に共通の健康診断項目に加えて，一定の有機溶剤等については，それぞれの有機溶剤等に対応し，貧血に関する検査，肝機能に関する検査，尿中の有機溶剤の代謝物の量の検査及び眼底検査を必ず実施すべき健康診断項目として定めたこと（第29条，別表関係）。

③　尿中の有機溶剤の代謝物の検査は，必ず実施すべき健康診断項目として有機溶剤の種類に応じてその検査内容を定めたこと（別表関係）。

④　貧血に関する検査としては，従来全血比重の検査及び血色素量，ヘマトクリット値又は赤血球数の検査を行っていたが，このうち全血比重の検査及びヘマトクリット値の検査を廃止し，必ず実施すべき健康診断項目として血色素量及び赤血球数の検査としたこと（第29条，別表関係）。

⑤　肝機能に関する検査としては，従来ウロビリノーゲンの検査を行っていたがこれを廃止し，必ず実施すべき健康診断項目としてGOT，GPT及びγ-GTPの検査としたこと（第29条，別表関係）。

⑥　健康診断項目の改正に伴い，健康診断個人票及び健康診断結果報告書の様式の改正を行ったこと（第30条，第30条の2関係）。

(8)　平成2年12月18日　労働省令第 30 号

この改正は，有機溶剤等健康診断結果報告書の様式を光学的文字読み取り装置（OCR）で処理できるようにしたものである。

改正の要点は，次のとおりである。

①　光学的文字読み取り装置（OCR）で処理できるようにするため，有機溶剤等健康診断結果報告書の様式について労働保険番号を記載する欄を設けるとともに，OCR 入力を要する項目については記入欄を定めたこと。

②　有機溶剤等健康診断結果報告書について健康診断結果に男女別の記載を設けないことにしたことにより記載内容の簡略化を図るとともに，他の健康診断結果報告書等との記述内容の統一等を図ったこと。

③　有機溶剤等健康診断結果報告書については，様式の任意性の対象から除いたこと（労働安全衛生規則第 100 条関係）。

(9)　平成6年3月30日　労働省令第 20 号

この改正は，職場における労働者の安全と健康を確保する観点から設けられている労働安全衛生法等に基づく届出，報告等についても，事業者等の負担の軽減を図りつつ他の代替措置をとること等により安全衛生水準の低下をもたらさない事項について整理を行ったものである。

改正の要点は次のとおりである。

①　事業者が，有機溶剤の蒸気の発散源を密閉する設備等について労働安全衛生法第88条第１項の規定による計画の届出を行う場合に添付すべき書面等に関する規定を労働安全衛生規則に統合したこと（労働安全衛生規則第86条及び別表第 7 の13の項関係）。

②　事業者が労働安全衛生法第88条第２項の規定により計画の届出をすべき有機溶剤の蒸気の発散源を密閉する設備等及び当該届出に添付すべき書面等に関する規定を労働安全衛生規則に統合したこと（労働安

全衛生規則第88条及び別表第7の13の項関係)。

③ ①及び②の改正に伴い，労働安全衛生規則様式第20号を改正したこと。また，従来各労働省令に定められていた摘要書の様式を統一化し，様式第25号から様式第28号までとして追加したこと。

④ ①から③の改正に伴い，有機溶剤中毒予防規則第37条の規定並びにこれらの規定に係る様式を削除したこと。

(10) 平成8年9月13日 労働省令第35号

この改正は，健康診断の結果についての医師からの意見聴取等について定めたものである。

改正の要点は，次のとおりである。

① 健康診断の結果についての医師からの意見の聴取の期限及び方法を定めたこと（第30条の2関係）。

② 健康診断の特例として所轄労働基準監督署長の許可を受けた場合には，第29条第2項，第3項又は第5項の健康診断，健康診断個人票の作成，保存に加え，意見聴取についても行わないことができることとしたこと（第31条関係）。

③ 有機溶剤等健康診断個人票に医師の意見の欄等を追加したこと（様式第3号関係）。

(11) 平成9年3月25日 労働省令第13号

この改正は，社会経済情勢の変化や技術革新の進展等に対応して，職場における労働者の安全と健康を確保する上で安全衛生水準の低下をもたらさない事項等について，技術的な検討を経て見直しを行い，所要の措置を講じたものである。

改正の要点は次のとおりである。

① 事業者が有機溶剤業務に労働者を従事させるときに設けなければな

らないこととされている設備の1つとして，プッシュプル型換気装置
を認めたこと及びこれに伴う所要の整備を行ったこと（第5条，第6
条，第8条第2項，第9条，第10条，第11条，第12条，第13条第1項，
第15条の2，第20条の2第1項，第32条第1項及び第33条第1項関
係）。

② 事業者は，空気清浄装置を設けていない局所排気装置若しくはプッ
　シュプル型換気装置又は第12条第1号の排気管等の排気口から排出さ
　れる有機溶剤の濃度が労働大臣が定める濃度に満たない場合は，当該
　排気口の高さを屋根から1.5m以上とすることを要しないものとし
　たこと（第15条の2第2項関係）。

③ 局所排気装置，プッシュプル型換気装置及び全体換気装置を稼働さ
　せる場合について，それぞれの性能として規定されている制御風速，
　要件又は換気量以上で稼働させなければならないこととするととも
　に，局所排気装置が第16条第2項各号に該当する場合には，全体換気
　装置の性能として定められている換気量に等しくなる制御風速で稼働
　させれば足りることとしたこと（第18条関係）。

④ 事業者は，過去1年6月間，局所排気装置に係る作業場について，
　法令に基づく作業環境測定を行い，その測定の評価が第1管理区分に
　区分されることが継続した場合であって，⑤の許可を受けるために当
　該作業場の有機溶剤の濃度の測定を行うときは，次の措置を講じた上
　で，局所排気装置の性能として規定されている制御風速未満の制御風
　速で稼働させることができるものとしたこと（第18条の2関係）。

　1）必要な能力を有すると認められる者のうちから確認者を選任し，
　　その者にあらかじめ次の事項を確認させること。

　　㋐当該制御風速で局所排気装置を稼働させた場合に，制御風速が
　　　安定していること。

　　㋑当該制御風速で局所排気装置を稼働させた場合に，局所排気装

置のフードの開口面から最も離れた位置において，有機溶剤の蒸気を吸引できること。

2)　有機溶剤業務に従事する労働者に送気マスク又は有機ガス用防毒マスクを使用させること。

⑤　事業者は，④により局所排気装置をその性能として規定されている制御風速未満の制御風速で稼働させた場合であっても，作業場の有機溶剤の濃度の測定の結果が第1管理区分に区分されたときは，所轄労働基準監督署長の許可を受けて，局所排気装置を当該制御風速で稼働させることができるものとするとともに，当該許可を受けようとする場合の申請方法等について定めたこと（第18条の3第1項から第3項まで及び様式第2号の2関係）。

⑥　⑤の許可を受けた事業者は，有機溶剤中毒予防規則に基づく作業環境測定及び評価を行ったときはその結果を，申請に係る申請書及び書類について変更を生じたときはその旨を，遅滞なく，所轄労働基準監督署長に報告しなければならないものとしたこと（第18条の3第4項及び第5項関係）。

⑦　所轄労働基準監督署長は，⑥の評価の結果が第1管理区分でなかったとき及び許可に係る作業場の作業環境測定結果の評価が第1管理区分を維持できないと認めたときは，遅滞なく当該許可を取り消すものとしたこと（第18条の3第6項関係）。

⑧　第18条の2の規定を設けたことに伴い所要の整備を行ったこと（第32条第2項，第33条第2項，第33条の2及び第34条関係）。

⑨　有機溶剤中毒予防規則一部適用除外認定申請書，局所排気装置設置等特例許可申請書及び有機溶剤等健康診断特例許可申請書について，労働者数の男，女及び年少者の内訳の記入を要しないものとしたこと（様式第1号，第2号及び第4号関係）。

⑩　有機溶剤中毒予防規則の改正に伴い労働安全衛生規則の所要の整備

を行ったこと(労働安全衛生規則別表第7第13の項及び様式第26号関係)。

(12)　平成11年1月11日　労働省令第4号

　この改正の要点は，各種申請書及び報告書の届出様式を「氏名を記載し，押印することに代えて，署名することができる。」としたものである。

(13)　平成12年3月24日　労働省令第7号，同年10月31日　労働省令第41号

　これらの改正の要点は，第30条の2中「第66条の2」を「第66条の4」に改めたこと及び別表(1)の項中「エチレングリコールモノブチルエーテル」を「エチレングリコールモノ－ノルマル－ブチルエーテル」に改めたものである。

　また，中央省庁改革に伴い「労働省」を「厚生労働省」に，「労働大臣」を「厚生労働大臣」に改めた。

(14)　平成13年7月16日　厚生労働省令第172号

　この改正の要点は，第25条（有機溶剤等の区分の表示）を「色分け及び色分け以外の方法により」表示することに改めたものである。

(15)　平成15年12月19日　厚生労働省令第175号

　この改正の要点は，公益法人に係る改革を推進するための厚生労働省関係法律の整備に関する法律の施行に伴い，「指定教習機関」を「登録教習機関」に改めるなどの改正を行ったものである。

(16)　平成17年2月24日　厚生労働省令第21号

　この改正の要点は，石綿障害予防規則の施行に伴い，様式第2号の2の一部を変更したものである。

⑰　平成18年1月15日　厚生労働省令第1号

　この改正の要点は，健康診断の結果について，遅滞なく，労働者に対して通知しなければならないことに改めた（第30条の2の2関係）こと等に伴い，関係規定を定めたものである。

⑱　平成23年1月14日　厚生労働省令第5号

　この改正の要点は，「有機溶剤等健康診断結果報告書」（様式第3号の2）の様式を改正したものである。

⑲　平成24年4月2日　厚生労働省令第71号

　この改正の要点は，①一定の要件の下で局所排気装置以外の発散防止抑制措置の導入を可能とすること，及び②作業環境測定の評価結果等を労働者へ周知しなければならないこととする所要の改正を行ったものである（第13条の2関係，第13条の3関係，第28条の3及び第28条の4関係）。

⑳　平成26年8月25日　厚生労働省令第101号，同年11月28日　厚生労働省
　　令第131号

　これらの改正の要点は，①同年8月の労働安全衛生法施行令別表第6の2の改正に伴い，第1種有機溶剤及び第2種有機溶剤からクロロホルム，四塩化炭素，1,4-ジオキサン，1,2-ジクロルエタン（別名二塩化エチレン），ジクロルメタン（別名二塩化メチレン），スチレン，1,1,2,2-テトラクロルエタン（別名四塩化アセチレン），テトラクロルエチレン（別名パークロルエチレン），トリクロルエチレン及びメチルイソブチルケトンの10物質が削除され，所要の整備を行ったこと（第1条，別表及び様式第3号の2関係），及び②同年6月の労働安全衛生法の改正に伴い，法第88条第1項の規定による建設物又は機械等の設置等の計画の届出義務が廃止されたことから，所要の整備を行ったものである（第18条の3関係）。

（注）　平成 26 年 8 月の労働安全衛生法施行令の改正に伴い，「1, 2-ジクロルエタン（別
　　　名二塩化エチレン）」は「1, 2-ジクロロエタン（別名二塩化エチレン）」に，「ジク
　　　ロルメタン（別名二塩化メチレン）」は「ジクロロメタン（別名二塩化メチレン）」
　　　に，「1, 1, 2, 2-テトラクロルエタン（別名四塩化アセチレン）」は「1, 1, 2, 2-テト
　　　ラクロロエタン（別名四塩化アセチレン）」に，「テトラクロルエチレン（別名パー
　　　クロルエチレン）」は「テトラクロロエチレン（別名パークロルエチレン）」に，「ト
　　　リクロルエチレン」は「トリクロロエチレン」に変更された。

【参　考】
　有機溶剤中毒予防規則から削除された 10 物質については，特別有
機溶剤として，特定化学物質障害予防規則の規制対象物質となった
（第 2 類・特別管理物質）。これらの物質やこれらを含有する製剤等を
取り扱う場合，有機溶剤作業主任者技能講習修了者の中から特定化学
物質作業主任者を選任する必要がある。

(21)　平成29年3月29日　厚生労働省令第 29 号
　この改正は，特殊健康診断の異常所見者に対する就業上の措置に関する
医師からの意見聴取において医師が意見を述べるに当たっては，特殊健康
診断において把握した情報に加えて，労働者の労働時間，業務内容等の情
報を把握することも必要な場合があることなどから，事業者は，医師から
意見聴取を行う上で必要となる当該労働者の業務に関する情報を求められ
た場合は，速やかに，当該情報を提供しなければならないものとしたこと。

(22)　令和元年5月7日　厚生労働省令第 1 号
　新しい元号として「令和」が選定され，「改元に伴う元号による年表示
の取扱いについて」（平成 31 年 4 月 1 日）を踏まえ，有機溶剤中毒予防規

則の様式について，「平成」を「令和」に改正する等，所要の改正を行ったものである。

㉓　令和2年3月3日 厚生労働省令第20号，同年8月28日 厚生労働省令第159号，同年12月25日 厚生労働省令第208号

これらの改正の要点は，次のとおりである。

①　有機溶剤に係る特殊健康診断の項目（第29条関係）

　有機溶剤について，労働者のばく露状況を確認するため，必須項目に「作業条件の簡易な調査」を追加すること。また，当該「作業条件の簡易な調査」の追加等により，引き起こす健康障害に係るスクリーニングが可能であることから，必須項目から「尿中の蛋白の有無の検査」を削除すること。

②　特殊健康診断の結果の記録及びその保存（様式第3号関係）

　特殊健康診断の項目の改正に伴い，有機溶剤等健康診断個人票について，所要の改正を行ったこと。

③　健康診断個人票等の様式の一部改正

　1)　有機溶剤等健康診断個人票（様式第3号）について，医師等の押印等を不要としたこと。

　2)　医師等の押印等が不要となったことは，事業者が医師等による健康診断やその結果に基づく医師等からの意見聴取を実施する義務がなくなったことを意味するものではなく，安衛法第66条第1項等に基づき，事業者は医師等による健康診断やその結果に基づく医師等からの意見聴取等を実施しなければならないこと。

④　定期健康診断結果報告書等の様式の一部改正

　1)　有機溶剤等健康診断結果報告書（様式第3号の2）について，産業医の押印等を不要としたこと。

　2)　産業医の押印が不要となったことは，事業者が産業医に対して健

康診断等に係る情報を提供する義務がなくなったことを意味するものではなく，引き続き，事業者は健康診断等に係る情報を法令に基づき産業医に提供する必要があること。

⑤　押印を求める手続きの見直し等

事業主等又は労働者の押印等を求めている様式等（労働者が提出する様式であって，事業主の押印等が必要なものの一部を除く。）の押印欄を削除する等の措置を講ずること。

⒀　令和4年4月15日　厚生労働省令第 82 号

この改正は，立入禁止や保護具の使用など労働安全衛生法第22条に基づく保護措置について，同じ場所で作業を行う請負人やそこにいる労働者以外の者に対しても行わなければならないこととされた。

請負人等への保護措置の概要は，次のとおりである。

①　健康障害防止のための設備等の稼働等に関する配慮義務を新設したこと。

②　作業方法など作業実施上の健康障害防止に関する周知義務を新設したこと。

③　危険場所への立入禁止など場所に関わる健康障害防止の対象を拡大したこと。

④　有害物の有害性等の周知の対象を拡大したこと。

⑤　労働者以外の者による立入禁止等の遵守義務を拡大したこと。

⒁　令和4年5月31日　厚生労働省令第 91 号，令和5年4月24日　厚生労働省令第 70 号，令和5年12月27日　厚生労働省令第 165 号

この改正は，有機則などの特別規則に基づき，物質ごとに定められた個別具体的な規制による従来の化学物質管理から，リスクアセスメント結果等に基づいてばく露低減に向けた適切な手段を事業者自らが選択・実施す

る自律的な化学物質管理へと移行することとしたものである。この改正は順次施行され，令和6年4月1日には全ての改正条項が施行される。

改正の要点は，次のとおりである。

① 化学物質管理の水準が一定以上の事業場に対する個別規制の適用除外

② 作業環境測定結果が第三管理区分の作業場所に対する措置の強化

③ 作業環境管理やばく露防止措置等が適切に実施されている場合における特殊健康診断の実施頻度の緩和

㉖　令和5年3月27日　厚生労働省令第29号

この改正は，防毒機能を有する電動ファン付き呼吸用保護具が，化学物質による労働災害防止のために有効な保護具であり，型式検定の対象となったことから，有機則で規定する呼吸用保護具の使用において，当該電動ファン付き呼吸用保護具を追加したものである。

㉗　令和5年4月21日　厚生労働省令第69号

この改正は，昭和47年労働省告示第123号（有機溶剤中毒予防規則の規定により掲示すべき事項の内容及び掲示方法を定める等の件）が令和5年3月31日に廃止されたことより，関連する有機則の規定（第24条第2項）を削除したものである。

第2編

逐条解説

注) 各条文の後に記載する（　）書きは，その根拠条文と
なる労働安全衛生法の関係条項を示し，例えば「(根22
—⑴)」は同法第22条第1号を表す。

第1章 総 則

　本章は，本規則の全般に関係する事項として，本規則において用いられている用語の意義，有機溶剤等の区分，作業場所の範囲，有機溶剤等の消費量が少量の場合における適用の除外及びその申請手続等について規定している。

　まず，第1条は，本規則で用いられる「有機溶剤」，「有機溶剤等」及び「有機溶剤業務」の3つの用語の意義と作業場所の範囲を明らかにしているが，これらの用語等は，いずれも第2章以下の各規定が適用される場合に，その適用の対象となるものであるから，ここにその定義をしたことは，間接的に本規則の適用範囲を定めていることにもなる。また，第1条は，有機溶剤等の区分についても規定しているが，これは，本規則の規制の対象となる有機溶剤等をその有害性の程度，蒸気圧の大小等から3段階に区分している。

　次に，第1条で定義された有機溶剤業務を行う場合であっても，有機溶剤等の消費量が少なく，そのため当該業務に従事する労働者が有機溶剤による中毒にかかるおそれがないと認められる場合があるので，第2条及び第3条は，そのような場合における本規則の適用除外について規定し，第4条は，その適用除外について所轄労働基準監督署長の認定が必要な場合における当該認定の申請手続等を規定したものである。

（定義等）

第1条　この省令において，次の各号に掲げる用語の意義は，それぞれ当該各号に定めるところによる。

　1　有機溶剤　労働安全衛生法施行令（以下「令」という。）別表第6の2に掲げる有機溶剤をいう。

2　有機溶剤等　有機溶剤又は有機溶剤含有物（有機溶剤と有機溶剤以外の物との混合物で，有機溶剤を当該混合物の重量の5パーセントを超えて含有するものをいう。第6号において同じ。）をいう。

3　第1種有機溶剤等　有機溶剤等のうち次に掲げる物をいう。

イ　令別表第6の2第28号又は第38号に掲げる物

ロ　イに掲げる物のみから成る混合物

ハ　イに掲げる物と当該物以外の物との混合物で，イに掲げる物を当該混合物の重量の5パーセントを超えて含有するもの

4　第2種有機溶剤等　有機溶剤等のうち次に掲げる物をいう。

イ　令別表第6の2第1号から第13号まで，第15号から第22号まで，第24号，第25号，第30号，第34号，第35号，第37号，第39号から第42号まで又は第44号から第47号までに掲げる物

ロ　イに掲げる物のみから成る混合物

ハ　イに掲げる物と当該物以外の物との混合物で，イに掲げる物又は前号イに掲げる物を当該混合物の重量の5パーセントを超えて含有するもの（前号ハに掲げる物を除く。）

5　第3種有機溶剤等　有機溶剤等のうち第1種有機溶剤等及び第2種有機溶剤等以外の物をいう。

6　有機溶剤業務　次の各号に掲げる業務をいう。

イ　有機溶剤等を製造する工程における有機溶剤等のろ過，混合，攪拌，加熱又は容器若しくは設備への注入の業務

ロ　染料，医薬品，農薬，化学繊維，合成樹脂，有機顔料，油脂，香料，甘味料，火薬，写真薬品，ゴム若しくは可塑剤又はこれらのものの中間体を製造する工程における有機溶剤等のろ過，混合，攪拌又は加熱の業務

ハ　有機溶剤含有物を用いて行う印刷の業務

ニ　有機溶剤含有物を用いて行う文字の書込み又は描画の業務

ホ　有機溶剤等を用いて行うつや出し，防水その他物の面の加工の業務

ヘ　接着のためにする有機溶剤等の塗布の業務

ト　接着のために有機溶剤等を塗布された物の接着の業務

チ　有機溶剤等を用いて行う洗浄（ヲに掲げる業務に該当する洗浄の
業務を除く。）又は払しよくの業務

リ　有機溶剤含有物を用いて行う塗装の業務（ヲに掲げる業務に該当
する塗装の業務を除く。）

ヌ　有機溶剤等が付着している物の乾燥の業務

ル　有機溶剤等を用いて行う試験又は研究の業務

ヲ　有機溶剤等を入れたことのあるタンク（有機溶剤の蒸気の発散す
るおそれがないものを除く。以下同じ。）の内部における業務

②　令第6条第22号及び第22条第1項第6号の厚生労働省令で定める場所
は，次のとおりとする。

1　船舶の内部

2　車両の内部

3　タンクの内部

4　ピットの内部

5　坑の内部

6　ずい道の内部

7　暗きよ又はマンホールの内部

8　箱桁の内部

9　ダクトの内部

10　水管の内部

11　屋内作業場及び前各号に掲げる場所のほか，通風が不十分な場所

【要　旨】

本条第1項は，この規則において使用される「有機溶剤」，「有機溶剤等」，
「第1種有機溶剤等」，「第2種有機溶剤等」，「第3種有機溶剤等」及び「有
機溶剤業務」の各用語についてその意義を明らかにし，また，第2項は，
有機溶剤等にかかる作業を行う屋内作業場以外の場所の範囲を明らかにし
たものであり，これらによって，間接的に本規則の適用の範囲を定めてい
る。すなわち，この規則は第8章「有機溶剤の貯蔵及び空容器の処理」の

規定を除き，一定の作業場において第1条に定める有機溶剤等にかかる有機溶剤業務を行う場合に適用されることとなっている。

　なお，本規則の適用を受ける有機溶剤は，以前は労働安全衛生法施行令（以下「令」という）別表第8で規定されていたが，昭和53年の改正により令別表第6の2で規定されることとなった。

【解　説】

1　有機溶剤

　有機溶剤は，常温，常圧では液体であって，物を溶かす性質をもった有機化合物であり，蒸発しやすいものが多い。このような有機溶剤は，数百種類あるいはそれ以上にも達するといわれているが，その中には，学問的には存在が認められていても実際上はほとんど使用されないものや人体に有害であるかどうかが明らかにされていないもの等が含まれている。令別表第6の2に掲げられた44種類の有機溶剤は，そのような一般的意味での有機溶剤のうちから，人体に有害であることが明らかであること及び現に比較的広い範囲において使用されていることの2要件を基準として選び出されているが，このうち昭和53年の改正によって新たに追加されたN, N-ジメチルホルムアミド(DMF)，スチレン(※)，テトラヒドロフラン(THF)の3物質は，さらに次のような観点から選ばれている。すなわち，産業界で広く使用されているもののうち，特に接着，塗装，印刷，洗浄等のような作業に用いられることが多いものであって，しかも，これらの業務に従事する労働者がその使用する有機溶剤の蒸気にばく露される可能性が高く，有害性の強いもの，健康障害が多発するおそれのあるもの，障害発生の事例のあるもの，具体的には有機溶剤の許容濃度，物理的性質，使用実態，生産量，障害事例等の面から総合的に検討して選び出されたものである。

※平成26年8月の労働安全衛生法施行令及び有機溶剤中毒予防規則の改正
　により，スチレンは第2種有機溶剤から削除され，特定化学物質とされた。
　（特定化学物質障害予防規則第2条第1項第3号の2：「特別有機溶剤」（44
　頁を参照））

　ところで，令別表第6の2に掲げられていないものでも，溶剤として使
用されている物は数多く存在するが，規制対象になっていないからといっ
て，これらの物が有害でないということではない。ただ，本規則にいう有
機溶剤には該当しないので，本規則の適用がないというだけである。従っ
て，これらの物に対する管理は自主的な衛生管理の中で対処する必要があ
る。

　なお，有機溶剤業務に広く用いられている有機溶剤は特殊な場合を除い
て，混合溶剤の状態で使用されるものが大部分であり，その組成には規制
対象となっている44種類の有機溶剤のうちのいずれかの物が含まれてい
ることが多いので，一般に有機溶剤として用いられているほとんどのもの
は「有機溶剤含有物」として規制対象になっているとみて差し支えない。

　第1項第1号において定義されている有機溶剤は，常に溶剤としての用
途に用いられるとは限らない。有機溶剤という名称は，他の物質を溶かす
という物理的変化を起こす性質に着目してつけられたものであるが，それ
以外に，有機溶剤には，他の物質と化合して別の物質となる性質もあり，
この性質を利用して，他の物を製造するための原料に使用することも多い。
しかし，その場合においても，有機溶剤が揮発性をもっている以上，それ
を取り扱う労働者がその蒸気を吸入して中毒にかかる危険性は依然として
存在するのである。

　このため，本条においては，他の物質を溶かす性質に着目して有機溶剤
の名称を用いてはいるが，その名称を溶剤として使用される場合に限定す
ることはしていないのであり，従って，有機溶剤が溶剤としての用途以外

に用いられた場合でも，本規則上はあくまでも有機溶剤と呼ばれる。ただ，その場合に，当該業務について第2章以下の諸規定が適用されるかどうかは，その業務が後述する有機溶剤業務に該当するかどうか，及び第2章以下の諸規定の構成要件に該当するかどうかによって決定されるものである。

　また，これらの有機溶剤はその物理的性質として可燃性を有するものが多く，これらの蒸気の空気中における濃度が一定量（【参考】「爆発限界」（50頁以降の表の最右欄）参照）になると，そこに着火源があれば爆発することとなるので，爆発・火災防止に対する安全管理についても十分配意する必要がある。

【参　考】

　　労働安全衛生法施行令
　　別表第6の2　有機溶剤（第6条，第21条，第22条関係）
　　1　アセトン
　　2　イソブチルアルコール
　　3　イソプロピルアルコール
　　4　イソペンチルアルコール（別名イソアミルアルコール）
　　5　エチルエーテル
　　6　エチレングリコールモノエチルエーテル（別名セロソルブ）
　　7　エチレングリコールモノエチルエーテルアセテート（別名セロソルブアセテート）
　　8　エチレングリコールモノ－ノルマル－ブチルエーテル（別名ブチルセロソルブ）
　　9　エチレングリコールモノメチルエーテル（別名メチルセロソルブ）
　　10　オルト－ジクロルベンゼン
　　11　キシレン
　　12　クレゾール
　　13　クロルベンゼン

14　削除

15　酢酸イソブチル

16　酢酸イソプロピル

17　酢酸イソペンチル（別名酢酸イソアミル）

18　酢酸エチル

19　酢酸ノルマル－ブチル

20　酢酸ノルマル－プロピル

21　酢酸ノルマル－ペンチル（別名酢酸ノルマル－アミル）

22　酢酸メチル

23　削除

24　シクロヘキサノール

25　シクロヘキサノン

26　削除

27　削除

28　1,2-ジクロルエチレン（別名二塩化アセチレン）

29　削除

30　N,N-ジメチルホルムアミド

31　削除

32　削除

33　削除

34　テトラヒドロフラン

35　1,1,1-トリクロルエタン

36　削除

37　トルエン

38　二硫化炭素

39　ノルマルヘキサン

40　1-ブタノール

41　2-ブタノール

42　メタノール

43　削除

44　メチルエチルケトン

45　メチルシクロヘキサノール

46　メチルシクロヘキサノン

47　メチル－ノルマル－ブチルケトン

48　ガソリン

49　コールタールナフサ（ソルベントナフサを含む。）

50　石油エーテル

51　石油ナフサ

52　石油ベンジン

53　テレビン油

54　ミネラルスピリット（ミネラルシンナー，ペトロリウムスピリット，ホワイトスピリット及びミネラルターペンを含む。）

55　前各号に掲げる物のみから成る混合物

2　有機溶剤等

　有機溶剤そのものでなくても，トルエン入りの塗料のように有機溶剤が入っている物を取り扱う場合は，その取扱い量，含有量等によって程度の差異はあっても，やはり有機溶剤中毒にかかる危険性がある。このようなものを本規則においては有機溶剤含有物と呼び，さらに，有機溶剤及び有機溶剤含有物のことを「有機溶剤等」と定義し，併せて規制の対象としている。

　有機溶剤含有物であることの要件は，まず有機溶剤と有機溶剤以外の物との混合物であることである。この場合の「混合物」には，有機溶剤と他の物を混ぜ合わせた結果，化学反応を起こして別の物質に変化してしまったものは含まない。従って，第6号ロの業務も，有機溶剤等を混合し，攪拌し，又は加熱した等の結果，有機溶剤等以外の物に変化した場合は，その後における工程は含まない趣旨である。

　第2の要件は，有機溶剤の含有量が重量で全体の5％を超えることである。

　有機溶剤含有物を取り扱うことにより中毒にかかるおそれがあるか否か
は，単に有機溶剤の含有率によって決められるべきことではなく，有機溶
剤含有物の取扱い量ないしは消費量についても考慮しなければならない
が，といって，有機溶剤の含有量が痕跡程度のものも有機溶剤含有物と名
づけて本規則の規制の対象とすることは，余りにも現実から遊離する結果
となろう。

　そこで，有機溶剤の含有率の下限界を決めることとした場合，今度はそ
の決め方が問題であって，理論的には，各有機溶剤ごとに，その有害性に
応じて定めることが正しいといえようが，混合溶剤の取扱いをどうするか
という問題もあり，現在の医学の研究水準においては，具体的数値を得る
までに至っていない。仮に，そのような数値が得られたとしても，事業場
において個々の有機溶剤ごとにその含有率を把握することは期待し難い面
があり，そうすることによって，かえって本規則の適用関係が不明確にな
るおそれがある。

　本規則が有機溶剤の含有率の下限界を一律に５％としたのは，このよう
な事情を考慮した結果によるものである。

【参　考】

特別有機溶剤，特別有機溶剤等

※「特別有機溶剤」

特定化学物質障害予防規則（特化則）第2条第1項第3号の2に規定される特定化学物質（第2類・特別管理物質）で，エチルベンゼン，クロロホルム，四塩化炭素，1,4-ジオキサン，1,2-ジクロロエタン（別名二塩化エチレン），1,2-ジクロロプロパン，ジクロロメタン（別名二塩化メチレン），スチレン，1,1,2,2-テトラクロロエタン（別名四塩化アセチレン），テトラクロロエチレン（別名パークロルエチレン），トリクロロエチレン及びメチルイソブチルケトンの12物質。

1,2-ジクロロプロパンとエチルベンゼンを除く特別有機溶剤は，以前は有機溶剤中毒予防規則（有機則）で規制されていたが，平成26年の政省令改正により特化則で規制（有機則を一部準用）されることとなった（図1）。

※「特別有機溶剤等」

特化則第2条第1項第3号の3では，特別有機溶剤に加えて，特別有機溶剤を単一成分として，重量の1％を超えて含有するもの，及び特別有機溶剤又は令別表第6の2の有機溶剤の含有量（これらのものが2種類以上含まれる場合は，それらの含有量の合計）が5％を超えて含有するものを含めて「特別有機溶剤等」と定義し，規制の対象としている。

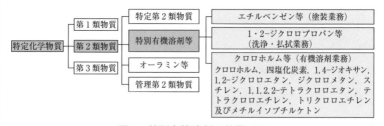

図1　特別有機溶剤の位置づけ

※「規制の内容」

　特別有機溶剤等に係る規制内容の概念を図2に示す。図中の「特化則別表第1（第37号を除く）で示す範囲」（A1とA2）については，発がん性に着目し，他の特定化学物質と同様に特化則の規制が適用されるが，発散抑制措置，呼吸用保護具等については，有機則の規定が準用される。また，「特化則別表第1第37号で示す範囲」（B）については，有機溶剤と同様の規制が適用される。

　なお，この図は特化則に係る規制の概念を示し，有機溶剤はいずれも「特別有機溶剤と有機溶剤との合計が5％」を超えるか否かで区別している。有機溶剤の合計が5％を超える場合は，特別有機溶剤の量に関係なく有機則が適用される。

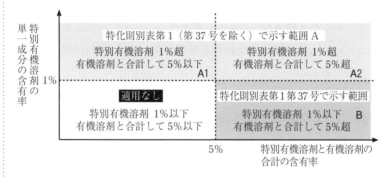

特別有機溶剤規制の概要

	特別有機溶剤の含有量	規制の概要
A	特別有機溶剤の単一成分の含有量が重量の1％を超えるもの（特別有機溶剤と有機則の有機溶剤の合計含有量が重量の5％以下のものはA1，5％を超えるものはA2）	発がん性に着目し，他の特定化学物質と同様の規制を適用。ただし発散抑制措置，呼吸用保護具等については有機則の規定を準用
B	特別有機溶剤の単一成分の含有量が重量の1％以下で，かつ特別有機溶剤と有機則の有機溶剤の合計含有量が重量の5％を超えるもの（有機溶剤のみで5％を超えるものは除く）	有機溶剤と同様の規制

図2　特別有機溶剤等に係る規制内容の概念図

3　有機溶剤等の区分

　本条第1項第3号から第5号では有機溶剤等を第1種から第3種に区分することを規定しているが，これは本規則に定める諸規定のうちのいくつかの条文については，44種類の規制対象有機溶剤をその物性等から3つのグループに分けてそれぞれ適用させることがより現実的であり，かつ，本規則の円滑な施行を期待することができるからである。

　第1種有機溶剤等に区分されている有機溶剤には令別表第6の2に掲げる単一物質である有機溶剤のうち有害性の程度が比較的高くしかも蒸気圧が高いもの，つまり，職場の中で密閉系でない作業に用いられる場合，時間的に早く作業環境中の空気を汚染しやすくするものが選ばれており，それ以外の単一物質である有機溶剤が第2種有機溶剤等として区分されている。また第3種有機溶剤等である有機溶剤は，多くの炭化水素が混合状態となっている石油系溶剤及び植物系溶剤であって沸点がおおむね200度以下のものである。

　第3号の「第1種有機溶剤等」とは，昭和53年改正前の有機溶剤中毒予防規則（以下「旧規則」という。）の第1種有機溶剤及び第1種有機溶剤含有物をいう。

　第4号の「第2種有機溶剤等」とは，旧規則の第2種有機溶剤及び第2種有機溶剤含有物からトリクロロエチレン及びこれを含有する物を除いたものに，N,N-ジメチルホルムアミド，テトラヒドロフラン及びノルマルヘキサン並びにこれらを含有する物を追加したものをいう。

　第5号の「第3種有機溶剤等」とは旧規則の第3種有機溶剤及び第3種有機溶剤含有物からノルマルヘキサン及びこれを含有する物を除いたものをいう。

　ところで，有機溶剤含有物に第1種の有機溶剤が重量5％を超えて含まれているものは第1種有機溶剤等として区分されるが，第1種の有機溶剤及び第2種の有機溶剤がそれぞれ5％以下であっても，それらの含有率

の合計が5％を超えるものは第2種有機溶剤等として区分される。具体的にはイソブチルアルコール4％，イソプロピルアルコール4％を含有するものは第2種有機溶剤等であり，それぞれを2％ずつ含有するものは有機溶剤等には該当しない。

また，ガソリンは石油系溶剤であり多くの炭化水素の混合物であるが，トルエン，キシレン，ノルマルヘキサンの含有率の合計が5％を超えるものは第2種有機溶剤等である。従って，第3種有機溶剤等に区分されるガソリン，石油ナフサ等はトルエン等第2種有機溶剤等に該当する有機溶剤の含有率が5％以下のものをいうのである。ただし，ベンゼンが容量比で1％を超えて含まれるものは特化則により規制されることとなる。

種別区分ごとの有機溶剤は，【参考】「有機溶剤の一般的性質」（48頁〜50頁）を参照のこと。

なお，本規則においては，有機溶剤等の区分に応じて必要な規制を加えているがその概要は次のとおりである。

(1)　有機溶剤等の許容消費量

　有機溶剤等の消費量が少量である場合の適用除外において，その許容消費量が有機溶剤等の区分に応じて定められている（第2条，第3条）。

(2)　設　　備

　設備については，次の原則に従って規制されている（第5条,第6条）。

①　第1種有機溶剤等及び第2種有機溶剤等――有機溶剤の蒸気の発散源を密閉する設備，局所排気装置又はプッシュプル型換気装置のいずれかを設けること。

②　第3種有機溶剤等――タンク等の内部（屋内作業場その他の作業場のうち通風が不十分な場所）に限り，有機溶剤の蒸気の発散源を密閉する設備，局所排気装置，プッシュプル型換気装置又は全体換気装置の4つのうち，いずれかを設けること。

　ただし，吹付けによる有機溶剤業務を行う場合には，有機溶剤の

　　　発散源を密閉する設備，局所排気装置又はプッシュプル型換気装置
　　　を設けること。

(3)　換気装置の性能

　　第2章の規定に基づいて設けられている全体換気装置の性能が，有機
溶剤等の区分に応じて定められている（第17条）。

(4)　健康診断

　　健康診断に関する第6章の規定は，屋内作業場等における第1種有機
溶剤等又は第2種有機溶剤等に係る有機溶剤業務及びタンク等の内部に
おける第3種有機溶剤等に係る有機溶剤業務を対象として規定されてい
る（第29条）。

【参　考】

有機溶剤の一般的性質

番号	令別表第6の2番号	有機溶剤名	分子量	管理濃度(ppm)	蒸気密度	比重(水=1)	蒸気圧kPa(20℃)	沸点(℃)	爆発限界(容量%)
第1種有機溶剤									
1	28	1,2-ジクロルエチレン	96.9	150	3.3	1.3	27.3	60.3〜60.4	9.7〜12.8
2	38	二硫化炭素	76.1	1	2.6	1.3	48.0	46.3	1.3〜50
第2種有機溶剤									
1	1	アセトン	58	500	2.0	0.8	24.0	56.3	2.1〜13
2	2	イソブチルアルコール	74	50	2.6	0.8	1.2	108	1.7〜10.6
3	3	イソプロピルアルコール	60	200	2.1	0.8	4.3	82.4	2.0〜12.7
4	4	イソペンチルアルコール	88	100	3.0	0.8	0.3	131.7	1.2〜9.0
5	5	エチルエーテル	74	400	2.6	0.7	56.3	34.5	1.9〜36
6	6	エチレングリコールモノエチルエーテル	90	5	3.0	0.9	0.5	135.1	1.7〜15.6
7	7	エチレングリコールモノエチルエーテルアセテート	132	5	4.7	0.95	0.2	155	1.7〜

8	8	エチレングリコールモノ-ノルマル-ブチルエーテル	118	25	4.1	0.9	0.1	171.2	1.1~12.7
9	9	エチレングリコールモノメチルエーテル	76	0.1	2.6	1.0~	0.8	124.5	2.3~24.5
10	10	オルト-ジクロルベンゼン	147	25	5.1	1.3	0.1	180.5	2.2~12
11	11	キシレン	106	50	3.7	0.9	0.8	144.4	1.0~6.0
12	12	クレゾール	108	5	3.8	1.05	0.1	190.8	1.4~
13	13	クロルベンゼン	112.5	10	3.9	1.1	1.1	132	1.3~9.6
14	15	酢酸イソブチル	116	150	4.0	0.9	2.0	116	1.3~10.5
15	16	酢酸イソプロピル	102	100	3.5	0.9	6.4	89.4~89.5	1.8~8
16	17	酢酸イソペンチル	130	50	4.5	0.9	0.8	142	1.0~7.5
17	18	酢酸エチル	88	200	3.0	0.9	8.7	76.8	2.0~11.5
18	19	酢酸ノルマル-ブチル	116	150	4.0	0.9	1.3	126.3	1.7~7.6
19	20	酢酸ノルマル-プロピル	102	200	3.5	0.9	2.5	101.6	1.7~8
20	21	酢酸ノルマル-ペンチル	130	50	4.5	0.9	0.7	148.8~149.0	1.1~7.5
21	22	酢酸メチル	74	200	2.8	0.9	23.1	56.3	3.1~16
22	24	シクロヘキサノール	100	25	3.5	1.0~	0.1	161.1	1.2~
23	25	シクロヘキサノン	98	20	3.4	0.9	0.5	156	1.1~9.4
24	30	N,N-ジメチルホルムアミド	73	10	2.5	0.9	0.4	153.0	2.2~15.2
25	34	テトラヒドロフラン	72	50	2.5	0.9	18.9	66	2~11.8
26	35	1,1,1-トリクロルエタン	133.5	200	4.6	1.33	13.5	74.1	-
27	37	トルエン	92	20	3.1	0.9	2.9	110.6	1.2~7.1
28	39	ノルマルヘキサン	86	40	3.0	0.7	16.0	68.7	1.1~7.5
29	40	1-ブタノール	74	25	2.6	0.8	0.7	117.3	1.4~12
30	41	2-ブタノール	74	100	2.6	0.8	1.6	98.5	1.7~9.8
31	42	メタノール	32	200	1.1	0.8	13	64.7	6.0~36
32	44	メチルエチルケトン	72.1	200	2.5	0.8	9.5	79.5	1.7~11.4
33	45	メチルシクロヘキサノール	114	50	3.93	0.91	0.04	174	1.3~
34	46	メチルシクロヘキサノン	112.2	50	3.86	0.91	0.4	170	1.15~
35	47	メチル-ノルマル-ブチルケトン	100	5	3.5	0.8	1.3	127.2	1.2~8

第3種有機溶剤								
1	48	ガソリン	約85~140		3~4	0.8	37.8~204.4	1.4~7.6
2	49	コールタールナフサ	110~130		約3.5	0.85~0.95	120~200	
3	50	石油エーテル	約80		2.5	0.6	35~60	1.1~5.9
4	51	石油ナフサ	約100~130		約2.5	0.65~0.7	30~170	1.4~5.9
5	52	石油ベンジン	約85		約2.5	0.67~0.74	50~90	
6	53	テレビン油	136		4.8	<1	148.9	0.8~
7	54	ミネラルスピリット	約120~140		約5	0.77~0.82	130~200	0.8~4.9

注1　この表のうち，「管理濃度」の数値は，「作業環境評価基準」別表による。
注2　「蒸気密度」「比重」「沸点」及び「爆発限界」の数値は原則として日本化学会編「化学防災指針1」丸善株式会社刊1979によった。

4　有機溶剤業務

　本条第6号にいう有機溶剤業務は，有機溶剤等を取り扱い，又は有機溶剤等が付着している物を取り扱う等，なんらかの形で有機溶剤の蒸気を発散させる業務のうちから，当該業務に従事する労働者が有機溶剤による中毒にかかるおそれがあると認められる業務を制限的に列挙したものである。第2章から第7章までの規定及び第9章の規定は，いずれもこの有機溶剤業務を行う事業に限り適用されることとなるので，一応有機溶剤業務が本規則の適用範囲であるということができるが，第8章の規定だけは，有機溶剤業務以外の業務，例えば有機溶剤を貯蔵し，あるいは販売する業務についても適用される。

　以下各業務について説明する。

(1)　イの業務は，有機溶剤等の製造工程を把握したもので，有機溶剤製造の主要な工程である「蒸溜」は，ろ過，混合，加熱等それぞれの業務に分かれて，本号の業務に該当する。また，「容器若しくは設備への注入」とあるのは，具体的には，製造した有機溶剤等をドラム缶，ガロン缶その他の容器へ注入すること又はタンク等の施設へ導入する

ことをいう。

(2)　ロの業務が，有機溶剤等がろ過，混合，攪拌又は加熱の結果，他の
　物と反応して有機溶剤等以外の物に変化した場合に，その後における
　工程を含まない趣旨であることは，2に述べたところである。

(3)　ニの業務は，例えば，こけし，陶磁器の絵付け，看板の画描き等を
　いうものである。

(4)　ホの業務は，具体的には，紙，布等の表面のニス引き若しくはゴム
　引き，床のタイル張り，壁への防虫剤若しくは防腐剤の塗布又は繊維
　の樹脂加工等をいうものである。

(5)　有機溶剤等を用いて物を接着する業務は，への業務とトの業務とに
　分けて掲げられているが，トの業務がへの業務に引き続いて同一の作
　業場で行われる場合は，第2条及び第3条（適用の除外）並びに第17
　条（全体換気装置の性能）の規定の適用に関する限り，への業務と一
　体であるとみなされる。

(6)　リの業務は，手塗り，吹付け，どぶづけ，静電塗装等その方法の如
　何を問わず，すべての塗装を含むものである。

(7)　ヌの業務は，自然乾燥及び人工乾燥のいずれも含む。なお，本業務
　において乾燥される物には，すでにハからリまでのいずれかの業務に
　おいて有機溶剤等が付着させられているわけであるから，本業務がそ
　れらの業務に引き続いて同一の作業場で行われる場合には，(5)におい
　てへの業務とトの業務との関係について述べたのと同様の取扱いがな
　される。

(8)　ヲの業務は，有機溶剤等を入れたことのあるタンク内におけるすべ
　ての業務をいうものであるから，当該タンク内において有機溶剤等を
　用いて洗浄，塗装等を行う業務も，チ又はリの業務としてではなく，
　ヲの業務として把握される。

　　また，「有機溶剤の蒸気の発散するおそれがないタンク」とは，清

掃により当該タンク内の有機溶剤等が除去されたタンクや，入れてあった有機溶剤等を排出した後に長期間を経過し，又は他の物を貯蔵する用途に用いたため，付着していた有機溶剤等が蒸発し，あるいは除去されたタンクをいう。

5　厚生労働省令で定める場所

　作業主任者を選任すべき作業及び健康診断を行うべき有害な業務は，令第6条第22号及び第22条第1項第6号により「屋内作業場又はタンク，船倉若しくは坑の内部その他の厚生労働省令で定める場所において有機溶剤（有機溶剤含有物を含む。）を製造し，又は取り扱う業務で，厚生労働省令で定めるもの」とされているが，第1条第2項はこの厚生労働省令で定める場所を明らかにしたものであり，船舶の内部以下11の場所が列挙されている。これらの場所は令の「タンク，船倉若しくは坑の内部」という例示を受けて列記されているのでタンク及び坑の内部は重複して掲げられている。また，船倉とは積荷を収容するために船舶に設けられた専用の区画された場所をいう（昭和36年11月24日基発第1002号　労働安全衛生規則第449条関係）とされているため，ここの列記では船舶の内部と表現を改めたのである。

　なお，従来の本規則の適用は有機溶剤業務を屋内作業場，タンク，船倉又は坑の4つの場所において行う場合に限られていたが，有機溶剤による中毒はこれらの場所以外でも外気との通風がよくない場所でしばしば発生しているため，昭和53年の改正に当たっては，およそ作業の際に有機溶剤の蒸気が滞溜するおそれのある場所はすべて対象とするため，場所の範囲を拡大したのである。従って，いわゆる屋外以外の場所は一応すべて対象となることになった。

　(1)　第1号の「船舶の内部」には，船倉の内部のほかに，ボイラー室，機関室，船員室，客室，ブリッジ等の内部又はこれを結ぶ通路等が含まれる。

(2)　第1号の「船舶」，第2号の「車両」及び第3号の「タンク」には，建造中のもので，その主要構造部分が建造されており，船舶，車両又はタンクとしての外見が形づくられているものも含まれる。

　　なお，これらの建造中のものには，上記に該当しない場合であっても，第11号に該当する場合がある。

(3)　第3号の「タンク」とは，槽類，塔類，サイロ，ガス溜め，レシーバー等をいい，次に掲げるようなものがある。

　①　貯槽類——原料槽，中間物槽及び製品槽等

　②　処理槽類——沈澱槽，回収槽，計量槽及びろ過槽類

　③　塔類——合成塔，精製塔，反応塔，蒸留塔，分離塔，洗浄塔，給水塔及び再生塔等

　④　その他——各種ガス溜，圧力容器，サイロ及び各種レシーバー等

(4)　第8号の「箱桁」とは，周囲が鉄板，コンクリート等で囲まれた桁をいい，橋梁，天井クレーン等に用いられるものがある。

(5)　第9号の「ダクト」とは，換気等のための空気輸送管路等をいうものである。

(6)　第11号の「通風が不十分な場所」には，航空機の内部，コンテナーの内部，蒸気管の内部，煙道の内部，ダムの内部，船体ブロックの内部等が含まれる。

（適用の除外）

第2条　第2章，第3章，第4章中第19条，第19条の2及び第24条から第26条まで，第7章並びに第9章の規定は，事業者が前条第1項第6号ハからルまでのいずれかに掲げる業務に労働者を従事させる場合において，次の各号のいずれかに該当するときは，当該業務については，適用しない。

　1　屋内作業場等（屋内作業場又は前条第2項各号に掲げる場所をいう。

以下同じ。）のうちタンク等の内部（地下室の内部その他通風が不十分
な屋内作業場，船倉の内部その他通風が不十分な船舶の内部，保冷貨
車の内部その他通風が不十分な車両の内部又は前条第2項第3号から
第11号までに掲げる場所をいう。以下同じ。）以外の場所において当該
業務に労働者を従事させる場合で，作業時間1時間に消費する有機溶
剤等の量が，次の表の上欄〔編注：左欄〕に掲げる区分に応じて，そ
れぞれ同表の下欄〔編注：右欄〕に掲げる式により計算した量（以下
「有機溶剤等の許容消費量」という。）を超えないとき。

消費する有機溶剤等の区分	有機溶剤等の許容消費量
第1種有機溶剤等	$W = \dfrac{1}{15} \times A$
第2種有機溶剤等	$W = \dfrac{2}{5} \times A$
第3種有機溶剤等	$W = \dfrac{3}{2} \times A$

　備考　この表において，W及びAは，それぞれ次の数値を表わすもの
　　　とする。
　　　　W　有機溶剤等の許容消費量（単位　グラム）
　　　　A　作業場の気積（床面から4メートルを超える高さにある空
　　　　　間を除く。単位　立方メートル）。ただし，気積が150立方
　　　　　メートルを超える場合は，150立方メートルとする。

　2　タンク等の内部において当該業務に労働者を従事させる場合で，1日
　　に消費する有機溶剤等の量が有機溶剤等の許容消費量を超えないとき。
②　前項第1号の作業時間1時間に消費する有機溶剤等の量及び同項第2
　号の1日に消費する有機溶剤等の量は，次の各号に掲げる有機溶剤業務
　に応じて，それぞれ当該各号に掲げるものとする。この場合において，前
　条第1項第6号トに掲げる業務が同号ヘに掲げる業務に引き続いて同一
　の作業場において行われるとき，又は同号ヌに掲げる業務が乾燥しよう
　とする物に有機溶剤等を付着させる業務に引き続いて同一の作業場にお
　いて行われるときは，同号ト又はヌに掲げる業務において消費する有機
　溶剤等の量は，除外して計算するものとする。

1　前条第1項第6号ハからへまで，チ，リ又はルのいずれかに掲げる
業務　前項第1号の場合にあつては作業時間1時間に，同項第2号の
場合にあつては1日に，それぞれ消費する有機溶剤等の量に厚生労働
大臣が別に定める数値を乗じて得た量
2　前条第1項第6号ト又はヌに掲げる業務　前項第1号の場合にあつ
ては作業時間1時間に，同項第2号の場合にあつては1日に，それぞ
れ接着し，又は乾燥する物に塗布され，又は付着している有機溶剤等
の量に厚生労働大臣が別に定める数値を乗じて得た量

【要　旨】

有機溶剤業務を行う場合であっても，取り扱う有機溶剤等の量が少ない
場合には，蒸発する有機溶剤の作業環境における空気中の濃度は低く，従
って，労働者がばく露される程度も小さくなるので，設備の設置その他の
措置を講じなくても，労働者が有機溶剤中毒にかかるおそれがないと認め
られる場合がある。本条はこのような場合における適用の除外について定
めたものである。

【解　説】

1　第1条で定義された有機溶剤業務は，換気，保護具の適用等の措置を
講じなければ，これに従事する労働者が有機溶剤による中毒にかかるお
それがあると一般的に認められる業務を列挙したものであるが，その日
その日の作業状況によっては，有機溶剤等の消費量が少ないため必ずし
も換気その他の措置を必要としない場合がある。特に，事業場外に出張
して行う塗装，描画，接着，払しょく等の業務にあっては，作業場所の
広さ及び有機溶剤等の消費量が一定せず，換気その他の措置を必要とし
ない場合もままあるものと考えられる。本条は，このような場合の適用
除外について定めたものである。従って，本条の規定により適用が除外
される規定は，設備の設置及び性能（第2章，第3章），有機溶剤作業

主任者（第19条，第19条の 2 ，第 9 章），有機溶剤等の掲示及び表示（第
24条，第25条），タンク内作業（第26条），保護具（第 7 章）に関する規
定のように有機溶剤業務を行う都度必要とする措置を規定したものに限
られている。健康診断や測定のように一定期間ごとに行うべき措置に関
する規定の適用除外は，第 3 条によらなければならない。

2　本条の規定による適用の除外は，すべての有機溶剤業務について認め
られるのではなく，第 1 条第 1 項第 6 号イ，ロ及びヲの業務は，対象か
ら除かれている。イ及びロの業務は作業場が固定して有機溶剤等の消費
量も多く，また，ヲの業務は，有機溶剤等の消費量が把握し得ないから
である。

3　第 1 項第 1 号の「屋内作業場等」とは，本規則の適用対象となる場所
のすべてをいうものであり，屋内作業場及び第 1 条第 2 項に掲げる場所
をいう。

4　第 1 項第 1 号の「タンク等の内部」とは，屋内作業場等のうち，通風
が不十分な場所をいうものであり，地下室の内部その他通風が不十分な
屋内作業場，船倉の内部その他通風が不十分な船舶の内部，保冷貨車の
内部その他通風が不十分な車両の内部又は第 1 条第 2 項第 3 号から第
11 号までに掲げる場所をいう。

5　第 1 項第 1 号の「屋内作業場等のうちタンク等の内部以外の場所」と
は，具体的には，屋内作業場又は船舶若しくは車両の内部のうち通風が
不十分ではない場所をいうものである。

6　第 1 項第 1 号中「通風が不十分な屋内作業場」とは，天井，床及び周
壁の総面積に対する直接外気に向かって開放されている窓その他の開口
部の面積の比率（開口率）が 3 ％ 以下の屋内作業場をいうものである。
また，「通風が不十分な船舶の内部」及び「通風が不十分な車両の内部」
についても同様に取り扱うことになっている。

　なお，屋内作業場が第 7 条に該当する場合には，当該屋内作業場の空

気は外気とみなされる。

7　第1項第1号で，屋内作業場等のうちタンク等の内部以外の場所については作業時間1時間の消費量を基準としているのに対して，第2号で，タンク等の内部については1日の消費量を基準としているのは，後者にあっては，通風による自然換気が乏しく，作業時間の経過とともに，作業場内に発散した有機溶剤の蒸気が累積するからである。

　なお，「作業時間1時間に消費する有機溶剤等の量」とは，1日に消費する有機溶剤等の量を当該日の有機溶剤業務を行う作業時間で除した値の平均値で足りるものである。

8　屋内作業場等以外のいわゆる屋外において有機溶剤業務を行う場合は元来第2章以下の規定は適用されないこととなっているので，本条の適用除外を論ずる余地はない。

9　有機溶剤等の許容消費量というのは，取り扱う有機溶剤が全部蒸発して作業場の空間（気積）に拡散した場合に，その空間におけるその有機溶剤の濃度が許容濃度に等しくなるときの有機溶剤の量のことをいうものである。この許容消費量は次の算式により求めることができるが，有機溶剤は分子量，許容濃度がそれぞれ異なるため規則上は一定の算式により有機溶剤の区分ごとに計算することになっている。

$$W = \frac{C \times M}{24 \times 10^3} \times A$$

W；有機溶剤の許容消費量（g）

C；許容濃度（ppm）

M；有機溶剤の分子量

A；作業場の気積（m³）

　なお，A は作業場の気積であるが，面積が非常に広い作業場である場合にはその気積も極めて大きくなり，許容消費量の値もそれに比例して著しく大きくなってしまう。ところが，広い作業場では有機溶剤が作

業場全体に拡散せず，当該有機溶剤の空気中の濃度は局所的に高濃度になるおそれがあるため，気積の上限値を150m³ と定めたものである。

10　有機溶剤業務に従事する労働者が有機溶剤による中毒にかかるおそれがあるかどうかは，有機溶剤等の消費量よりは，むしろ当該業務を行う場合に蒸発する有機溶剤の量の多少によって判断されるべきものといえようが，この蒸発量を直接計り知ることは，有機溶剤等の組成や測定に関連して困難な面が多い。このため，本条においては，把握の容易な消費量をとって，これに厚生労働大臣が定める数値を乗じることにより，有機溶剤の蒸発量を間接的に把握する方式をとっている。塗装に例をとってみれば，塗った塗料が乾いたときは，塗料中の有機溶剤は蒸発してしまっているわけであるから，塗料中に含まれている有機溶剤の量を知れば，それがそのまま蒸発する有機溶剤の量となる。従って，塗料の消費量の中から，その中に含まれている顔料の量を除けば，残るのは有機溶剤の量であり，これが蒸発した有機溶剤の量ということができる。

　　本条第2項各号の「厚生労働大臣が別に定める数値」とは，塗料のような有機溶剤含有物を用いて有機溶剤業務を行う場合において，その消費量のうちから，顔料のような有機溶剤以外の物を除くことにより，蒸発する有機溶剤の量を把握しようとする趣旨に基づくものであって，消費する物が有機溶剤そのものであれば，この数値は1.0であり，有機溶剤含有物であれば，その成分に応じて，常に1.0より小さい値をとることとなる。例えば，有機溶剤が60%，有機溶剤以外の物が40% から成る有機溶剤含有物であれば，その数値は0.6である。

11　第1条第1項第6号ト又はヌの業務においては，当該業務自体で有機溶剤等を消費するわけではないので，当該業務において取り扱う物にすでに塗布され，又は付着している有機溶剤等の量から，有機溶剤の蒸発量を推定することとしている。このため，例えばへの業務において塗布した接着剤の量は，トの業務において再びそれだけの量を消費したもの

として二重に計算されることとなる。本条第2項本文後段の規定は，かかる不合理を是正するための規定であって，トの業務がへの業務に引き続いて同一の作業場で行われる場合は，両業務を一体とみなし，への業務における有機溶剤等の消費量をもって，両業務における有機溶剤等の消費量とすることとしたものである。

【参　考】

有機溶剤等の量に乗ずべき数値を定める告示

（昭和47年9月30日労働省告示第122号）

（最終改正　昭和53年8月7日労働省告示第87号）

有機溶剤中毒予防規則第2条第2項第1号及び第2号並びに第17条第2項第2号及び第3号に規定する有機溶剤等の量に乗ずべき数値は，有機溶剤にあつては1.0とし，有機溶剤含有物にあつては次の表の上欄〔編注：左欄〕に掲げる有機溶剤含有物の区分に応じ，それぞれ同表の下欄〔編注：右欄〕に掲げる数値とする。

区　分		数　値
金属コーテング剤	下塗りコーテング	0.3
	クリヤー	0.5
表面加工剤	印刷物の表面加工剤	0.5
	その他の表面加工剤	0.5
印刷用インキ	グラビアインキ	0.5
	フレキソインキ	0.5
	スクリーンインキ	0.4
	その他のインキ	0.5
接着剤	ゴム系接着剤クリヤー	0.7
	ゴム系接着剤マスチツク	0.4
	塩化ビニル樹脂接着剤	0.6

	酢酸ビニル樹脂接着剤クリヤー	0.5
	酢酸ビニル樹脂接着剤マスチツク	0.4
	フエノール樹脂接着剤	0.4
	エポキシ樹脂接着剤	0.2
	ポリウレタン接着剤	0.2
	メラミン樹脂溶液（繊維加工用）	0.1
	メラミン樹脂溶液（接着・含浸用）	0.3
	粘着剤	0.5
	ニトロセルローズ接着剤	0.6
	酢酸セルローズ接着剤	0.6
	その他の接着剤	0.8
工業用油剤	ドライクリーニング用油剤	1.0
	金属表面処理用油剤	0.8
	農薬用油剤	0.2
	その他の工業用油剤	0.9
繊維用油剤	紡績用油剤	0.3
	編織用油剤	0.2
	その他の繊維用油剤	0.5
殺菌剤	アセトン含有殺菌剤	0.1
	アルコール含有殺菌剤	0.3
	クレゾール殺菌剤	0.5
	その他の殺菌剤	0.7
塗　料	油ワニス	0.5
	油エナメル	0.3
	油性下地塗料	0.2
	酒精ニス	0.7
	クリヤーラツカー	0.6

ラツカーエナメル	0.5
ウツドシーラー	0.8
サンジングシーラー	0.7
ラツカープライマー	0.6
ラツカーパテ	0.3
ラツカーサーフエサー	0.5
合成樹脂調合ペイント	0.2
合成樹脂さび止めペイント	0.2
フタル酸樹脂ワニス	0.5
フタル酸樹脂エナメル	0.4
アミノアルキド樹脂ワニス	0.5
アミノアルキド樹脂エナメル	0.4
フエノール樹脂ワニス	0.5
フエノール樹脂エナメル	0.4
アクリル樹脂ワニス	0.6
アクリル樹脂エナメル	0.5
エポキシ樹脂ワニス	0.5
エポキシ樹脂エナメル	0.4
タールエポキシ樹脂塗料	0.4
ビニル樹脂クリヤー	0.5
ビニル樹脂エナメル	0.5
ウオツシユプライマー	0.7
ポリウレタン樹脂ワニス	0.5
ポリウレタン樹脂エナメル	0.4
ステイン	0.8
水溶性樹脂塗料	0.1
液状ドライヤー	0.8

	リムーバー	0.8
	シンナー類	1.0
	その他の塗料	0.6
絶縁用ワニス	一般用絶縁ワニス	0.6
	電線用絶縁ワニス	0.7
	その他の絶縁用ワニス	0.9

　厚生労働大臣が告示で定めているこの数値は，本規則第 2 条に基づく有機溶剤等の許容消費量の計算及び第17条に基づく全体換気装置の 1 分間当たり換気量の計算に際して用いられる数値であり，有機溶剤含有物に含まれている有機溶剤の割合を表している。

　例えば，表の右欄に掲げられている数値が0.3あるいは0.6というのは対応する左側の区分欄に掲げられている有機溶剤含有物の中に有機溶剤がそれぞれ30％あるいは60％含まれているということを意味している。なお，有機溶剤そのものは100％有機溶剤であるため数値は1.0ということになる。

　印刷用インキ欄の「グラビアインキ」，「フレキソインキ」及び「スクリーンインキ」は，それぞれグラビア印刷，フレキソ印刷及びスクリーン印刷に用いられるインキである。

　グラビア印刷は凹版方式の印刷であり，凹版のくぼみにインキがつめられて印刷される。書籍，雑誌，新聞等の色刷り，その他包装材料，建材等の印刷に用いられている。

　フレキソ印刷はゴム凸版又は感光性樹脂版を使用し，液状の速乾性インキによって印刷する方式である。従来，アルコールに溶かした染料インキを使っていたためアニリン印刷とも呼ばれていた。フレキソインキは，段ボール，包装紙などを対象とした水性型と，ポリエチレン，ポリプロピレ

ンなど非吸収性印刷素材を対象とする溶剤型とに分けられる。

　また，スクリーン印刷は孔版の一種であり，スクリーン上からインキを浸透させるが，使用されるスクリーンが当初は絹であったことからシルクスクリーン印刷とも呼ばれる。

　なお，水性型インキであっても有機溶剤を5％（重量）を超えて含有するものは規則の適用があることは当然のことである。

　接着剤の欄の「クリヤー」とは，樹脂又は樹脂に少量の添加剤を加えたものを溶剤で溶解したものをいい，「マスチック」とは，クリヤーにさらに炭酸カルシウム，クレー等の充填剤を加えて粘度を高めたものをいう。なお，外観はクリヤーがほぼ透明であるのに対してマスチックは白濁している。

　「ゴム系接着剤クリヤー」には，皮，ゴム，金属などの接着に用いられている一般的なゴム系接着剤が該当し，「ゴム系接着剤マスチック」には，接着箇所に多少の間隙があるところに用いられるものや，コンクリート，モルタルに合板，スレートなどの多孔質材料を接着するために用いられるもののように，「クリヤー」に充填剤を加え，接着の際の接着剤の浸透防止や緩衝を目的として使用されるゴム系接着剤が該当する。

　「エポキシ樹脂接着剤」及び「ポリウレタン接着剤」は，一般には100％樹脂分のものが多いが，接着操作を容易にし，気泡の消失を速やかにするために接着強度，その他の機械的性質を害さない程度に若干の溶剤を含んだものがあるので，ここではこのように有機溶剤を含有する溶液型のものを対象として掲げられている。

　塗料の欄の「ワニス」は樹脂を溶剤で溶かしたもので，「クリヤー」は樹脂及び可塑剤を溶剤で溶かしたものである。また，「エナメル」とはワニス又はクリヤーに顔料を加えたものをいう。

　「油ワニス」は，植物油と天然樹脂を加熱反応させ，溶剤に溶かしたもので一般的には「ニス」，「ワニス」と呼ばれ，木工品の透明仕上げに用い

られる。

　「油エナメル」は，油ワニスに顔料を混練したもので，一般的には「エナメル」と呼ばれ，金属製品の着色仕上げに用いられる。

　「油性下地塗料」は，油ワニスにさらに炭酸カルシウム，カオリンのような体質顔料を混練したもので，油エナメルやラッカーの下塗りに用いられる。

　「酒精ニス」は，南方産のラック虫の分泌物で硬い樹脂状物質（シェラック）をアルコールに溶かしたものである。

　「クリヤーラツカー」は，硝化綿，アルキド樹脂及び可塑剤を溶剤に溶かしたもので，速乾性が特徴である。木工品の透明仕上げに用いられる。

　「ラツカーエナメル」は，クリヤーラッカーに顔料を混練したもので，速乾性が特徴である。一般的に「ラツカー」と呼ばれ，自動車の板金塗装，その他の金属製品，木工製品の着色仕上げに用いられる。

　「ウッドシーラー」は，クリヤーラッカーに主として炭酸カルシウム，カオリン，シリカ粉などの体質顔料を混練したものであって，木工品の木理（もくり）を埋めるためのラッカー下塗り塗料である。

　「サンジングシーラー」は，クリヤーラッカーに主として体質顔料を混練したものでウッドシーラーと似ているが顔料の含有率が幾分多い。ウッドシーラーの上に塗り，乾燥後研磨して平滑な面をつくるために用いる。ラッカー下塗り塗料である。

　「ラツカープライマー」は，クリヤーラッカーにさび止め顔料，体質顔料などの顔料を混練したもので，機械，電気機械，金属製品等のさび止め効果のあるラッカー下塗り塗料である。

　「ラツカーパテ」は，クリヤーラッカーに主として体質顔料を多量に混練してゼリー状にしたもので，ラッカープライマーを塗った物体の大きな凹部を埋めるためのラッカー下塗り塗料である。乾燥後研磨して平滑にする。

　「ラツカーサーフエサー」は，クリヤーラッカーに主として体質顔料を

混練したものでラッカープライマー，ラッカーパテの上に塗ってラッカーエナメルで仕上げ塗りをするための平滑でキメの細かい面をつくるラッカー下塗り塗料である。

「合成樹脂調合ペイント」は，長油性アルキド樹脂（多量の油で変性されたアルキド樹脂）を溶剤で溶かし，さらに顔料を混練したものをいい，油性調合ペイント——いわゆるペンキ——よりも乾燥が速く艶もよいので，建築，土木，造船その他に広く使用されている。

「合成樹脂さび止めペイント」は，アルキド樹脂を主体とし，これを溶剤に溶かし，鉛丹，ジンククロメートなどのさび止め顔料を混練したもので，常温で乾燥硬化し，建築，土木，船舶，機械，電気機械等のさび止め用下塗り塗料として用いられる。

「ウオツシユプライマー」は，ポリビニルブチラール樹脂，ジンククロメート顔料，燐酸，溶剤から成るもので，鉄の表面と化学反応してさび難くするためのさび止め塗料として船舶，機械などに用いられる。

「ステイン」は，油溶性の染料を溶剤に溶かしたもので，染料の組合せにより，マホガニー色やオーク色などの天然銘木の色を出すことができる。木工品の最初の着色に用いられる。

「水溶性樹脂塗料」は，水溶性合成樹脂を親水性溶剤を含む水に溶かし，顔料を混練したものである。塗装後，焼付硬化させる。

「液状ドライヤー」は，ナフテン酸金属塩などのドライヤー（乾燥剤）を溶剤に溶かしたもので，油性塗料の常温乾燥性を早くするために，塗装のときに添加する。

「リムーバー」は，ジクロロメタンを主体とする溶剤に若干のパラフィンを溶かしたもので，塗料の塗り替えに際して旧い塗膜を除去するために塗る。剥離剤ともいう。

「シンナー類」は，各種有機溶剤の混合物で，トルエン，キシレン，ミネラルスピリット，石油系溶剤を主体とし，これにエステル，ケトン，ア

ルコール，グリコールエーテルなどが必要に応じて混合されている。塗装
に際し，塗料を希釈するために用いられるが，各種塗料それぞれに適した
各種のシンナーがある。

第3条　この省令（第4章中第27条及び第8章を除く。）は，事業者が第1
　条第1項第6号ハからルまでのいずれかに掲げる業務に労働者を従事さ
　せる場合において，次の各号のいずれかに該当するときは，当該業務に
　ついては，適用しない。この場合において，事業者は，当該事業場の所
　在地を管轄する労働基準監督署長（以下「所轄労働基準監督署長」とい
　う。）の認定を受けなければならない。
　1　屋内作業場等のうちタンク等の内部以外の場所において当該業務に
　　労働者を従事させる場合で，作業時間1時間に消費する有機溶剤等の
　　量が有機溶剤等の許容消費量を常態として超えないとき。
　2　タンク等の内部において当該業務に労働者を従事させる場合で，1日
　　に消費する有機溶剤等の量が有機溶剤等の許容消費量を常に超えない
　　とき。
　②　前条第2項の規定は，前項第1号の作業時間1時間に消費する有機溶
　　剤等の量及び同項第2号の1日に消費する有機溶剤等の量について準用
　　する。

【要　旨】
　本条は，第2条と同じく，有機溶剤等の消費量が少量の場合における適
用の除外を定めたものであるが，第2条の規定は，有機溶剤等の消費量が
少量である状態が一時的なものである場合を想定した規定であるのに対し
て，本条は，そのような状態が継続する場合の適用の除外について定めて
いる。
【解　説】
1　有機溶剤業務を行う場合でも，有機溶剤等の消費量が少量で中毒発生

のおそれがない場合があることは第2条に関連して述べたところである
が，消費量が少ないといっても様々な場合があって，事業場外に出張し
て行う業務のように日によって消費量が少ない場合と，自転車のパンク
の修理に接着剤を使い，あるいは，時計の分解修理の洗浄又は払しょく
を行うように，作業の性質上常に消費量が少ない場合とがある。第2条
は前者の場合について定め，本条は，後者の場合における本規則の適用
除外について定めたものである。

　かかる趣旨の相違から，本条の規定による適用の除外と，第2条の規
定による適用の除外との間には，次のような差異がある。

(1)　第2条の適用除外は，有機溶剤等の消費量が一時的に有機溶剤等の
　許容消費量を超えない場合でも成立するが，本条の適用除外は，有機
　溶剤等の消費量が常態としてか，又は常に許容消費量を超えない場合
　に限り，認められること。

(2)　適用が除外される規定の範囲は，第2条よりも本条の方が広く，局
　所排気装置及びプッシュプル型換気装置の定期自主検査（第20条，第
　20条の2），記録（第21条），点検（第22条），補修（第23条），測定
　（第5章）及び健康診断（第6章）に関する規定が追加されているこ
　と。

(3)　本条の適用除外については，所轄労働基準監督署長の認定を受けな
　ければならないが，第2条の適用除外については，その必要がないこと。

2　第1項第1号中,「常態として超えないとき」とあるのは，有機溶剤
　等の消費量が第2条第1項第1号にいう有機溶剤等の許容消費量を日に
　よって，あるいは時間によって一時的に超えることはあっても，通常の
　状態として超えなければ足りる趣旨である。屋内作業場等のうちタンク
　等の内部以外の場所では，消費量が一時的に多くなった場合でも，発生
　する有機溶剤の蒸気の濃度を急性中毒が起こらない限度にまで希釈でき
　る程度の自然換気があるからである。

　これに対して，第1項第2号において，タンク等の内部にあっては，「常
に超えないとき」とされているのは，通風が不十分な場所においては，
有機溶剤等の消費量が許容消費量を一時的に超える場合には，急性中毒
が発生するおそれがあることによるものである。

3　第27条（事故の場合の退避等）及び第8章（有機溶剤等の貯蔵及び空
　容器の処理）の規定は，本条の規定によっても適用が除外されない。第
　27条については，有機溶剤等の消費量が少なくて本条の適用除外が受け
　うる場合であれば，同条にいうような事故の発生は考えられず，もしも
　発生すれば，当然同条の規定は適用されるべきであり，また，第8章に
　ついては，そこで規定された措置を必要とするような中毒発生のおそれ
　は，有機溶剤等の消費量の多少に関係しないからである。

4　本条の規定による適用の除外について，所轄労働基準監督署長の認定
　を受けるべきこととされた趣旨は，本条第1項各号に掲げられた事実が
　存するか否かの判断をすべて事業者に委ねることとした場合は，その恣
　意的判断を誘い，ひいては本規則の適用関係が不明確になるおそれがあ
　るため，あらかじめ所轄労働基準監督署長をして当該事実の存否を公の
　立場から厳正に確認せしめることにより，本規則の適正な運用を確保し
　ようとすることにある。

　なお，「認定基準」は次のとおりである。

〔認定基準〕（昭和36年8月30日基発第769号）

⑴　原則として自転車又は自動車修理業におけるパンク修理の際の接着
　剤の塗布及び接着業務，時計の分解修理業における部品の洗浄又は払
　しょくの業務等のように作業の性質上明らかに有機溶剤等の消費量が
　許容消費量より少ないような業務について認定を行うこと。

⑵　⑴以外の業務については，過去3カ月間の有機溶剤等の消費量を調
　査の結果，許容消費量を超える可能性がないと認められるものについ
　て認定を行うこと。

5　所轄労働基準監督署長の認定は，一定の期間を限って行うものではないから，それが取り消されない限り，形式的には存続する。しかし，当該認定は，適用除外の効力要件ではなく，事実確認処分であるに過ぎないから，認定後業務内容の変更等により認定事由に該当する事実が存しなくなった場合は，認定取消しの有無にかかわらず，本条の規定による適用除外は成立しないこととなる。

（認定の申請手続等）

第4条　前条第1項の認定（以下この条において「認定」という。）を受けようとする事業者は，有機溶剤中毒予防規則一部適用除外認定申請書（様式第1号）に作業場の見取図を添えて，所轄労働基準監督署長に提出しなければならない。

②　所轄労働基準監督署長は，前項の申請書の提出を受けた場合において，認定をし，又はしないことを決定したときは，遅滞なく，文書でその旨を当該事業者に通知しなければならない。

③　認定を受けた事業者は，当該認定に係る業務が前条第1項各号のいずれかに該当しなくなつたときは，遅滞なく，文書で，その旨を所轄労働基準監督署長に報告しなければならない。　　　　　　　　　　（根100―①）

④　所轄労働基準監督署長は，認定を受けた業務が前条第1項各号のいずれかに該当しなくなつたとき，及び前項の報告を受けたときは，遅滞なく，当該認定を取り消すものとする。

様式第1号（第4条関係）〈後掲　第4編参照〉

【要　旨】

本条は，第3条の規定による適用の除外を受ける場合に必要な所轄労働基準監督署長の認定に関し，その申請手続，事業者に対する認定の通知，認定を受けた後における事業者の報告及び認定の取消しについて定めたものである。

【解　説】

1　第3条の規定による所轄労働基準監督署長の認定は適用除外の効力要件ではないため，認定がなされた後に，有機溶剤等の消費量が増えて第3条第1項各号に掲げる認定事由に該当しなくなった場合は，形式的には認定を受けていながら適用は除外されないという事態が生じることになる。本条第3項及び第4項の規定は，このような場合に当該認定を速やかに取り消すことにより，本規則の適用関係を明確ならしめようとする趣旨の規定である。

2　申請書の記載事項中，「使用する有機溶剤等の種類及び量」とあるのは，適用除外を受ける場合の基準となる有機溶剤等の種類とその消費量のことであって，第3条第1項第1号に該当する場合は作業時間1時間に，同項第2号に該当する場合は1日に，それぞれ消費する有機溶剤等の量をいう。

3　第4項中，「認定を受けた業務が前条第1項各号のいずれかに該当しなくなったとき」とあるのは，労働基準監督官が事業場へ臨検した際に，認定を受けた業務が認定事由に該当しなくなったと認める場合等を指している。

（化学物質の管理が一定の水準にある場合の適用除外）

第4条の2　この省令（第6章及び第7章の規定（第32条及び第33条の保護具に係る規定に限る。）を除く。）は，事業場が次の各号（令第22条第1項第6号の業務に労働者が常時従事していない事業場については，第4号を除く。）に該当すると当該事業場の所在地を管轄する都道府県労働局長（以下この条において「所轄都道府県労働局長」という。）が認定したときは，第28条第1項の業務（第2条第1項の規定により，第2章，第3章，第4章中第19条，第19条の2及び第24条から第26条まで，第7章並びに第9章の規定が適用されない業務を除く。）については，適用しない。

　1　事業場における化学物質の管理について必要な知識及び技能を有す

る者として厚生労働大臣が定めるもの（第5号において「化学物質管
理専門家」という。）であつて，当該事業場に専属の者が配置され，当
該者が当該事業場における次に掲げる事項を管理していること。

　　イ　有機溶剤に係る労働安全衛生規則（昭和47年労働省令第32号）第
　　　34条の2の7第1項に規定するリスクアセスメントの実施に関する
　　　こと。

　　ロ　イのリスクアセスメントの結果に基づく措置その他当該事業場に
　　　おける有機溶剤による労働者の健康障害を予防するため必要な措置
　　　の内容及びその実施に関すること。

　2　過去3年間に当該事業場において有機溶剤等による労働者が死亡す
　　る労働災害又は休業の日数が4日以上の労働災害が発生していないこ
　　と。

　3　過去3年間に当該事業場の作業場所について行われた第28条の2第1
　　項の規定による評価の結果が全て第1管理区分に区分されたこと。

　4　過去3年間に当該事業場の労働者について行われた第29条第2項，第
　　3項又は第5項の健康診断の結果，新たに有機溶剤による異常所見があ
　　ると認められる労働者が発見されなかつたこと。

　5　過去3年間に1回以上，労働安全衛生規則第34条の2の8第1項第3
　　号及び第4号に掲げる事項について，化学物質管理専門家（当該事業
　　場に属さない者に限る。）による評価を受け，当該評価の結果，当該事
　　業場において有機溶剤による労働者の健康障害を予防するため必要な
　　措置が適切に講じられていると認められること。

　6　過去3年間に事業者が当該事業場について労働安全衛生法（以下「法」
　　という。）及びこれに基づく命令に違反していないこと。

②　前項の認定（以下この条において単に「認定」という。）を受けようと
　する事業場の事業者は，有機溶剤中毒予防規則適用除外認定申請書（様
　式第1号の2）により，当該認定に係る事業場が同項第1号及び第3号か
　ら第5号までに該当することを確認できる書面を添えて，所轄都道府県
　労働局長に提出しなければならない。

③　所轄都道府県労働局長は，前項の申請書の提出を受けた場合において，

認定をし，又はしないことを決定したときは，遅滞なく，文書で，その
旨を当該申請書を提出した事業者に通知しなければならない。

④　認定は，3年ごとにその更新を受けなければ，その期間の経過によつて，
その効力を失う。

⑤　第1項から第3項までの規定は，前項の認定の更新について準用する。

⑥　認定を受けた事業者は，当該認定に係る事業場が第1項第1号から第5
号までに掲げる事項のいずれかに該当しなくなつたときは，遅滞なく，文
書で，その旨を所轄都道府県労働局長に報告しなければならない。

⑦　所轄都道府県労働局長は，認定を受けた事業者が次のいずれかに該当
するに至つたときは，その認定を取り消すことができる。

　1　認定に係る事業場が第1項各号に掲げる事項のいずれかに適合しな
　　くなつたと認めるとき。

　2　不正の手段により認定又はその更新を受けたとき。

　3　有機溶剤に係る法第22条及び第57条の3第2項の措置が適切に講じ
　　られていないと認めるとき。

⑧　前三項の場合における第1項第3号の規定の適用については，同号中
「過去3年間に当該事業場の作業場所について行われた第28条の2第1項
の規定による評価の結果が全て第1管理区分に区分された」とあるのは，
「過去3年間の当該事業場の作業場所に係る作業環境が第28条の2第1項
の第1管理区分に相当する水準にある」とする。

【要　旨】

　本条は，化学物質の管理に関し，専属の化学物質管理専門家が配置され
ていること等の一定の要件を満たすことを所轄都道府県労働局長が認定し
た事業場については，有機則等（編注：特化則，鉛則及び粉じん則を含む）
の規制対象物質を製造し，又は取り扱う業務等について，適用しないこと
を定めたものである。ただし，健康診断及び呼吸用保護具に係る規定は除
かれる。

【解　説】

1 第1項は，事業者による化学物質の自律的な管理を促進するという考え方に基づき，作業環境測定の対象となる化学物質を取り扱う業務等について，化学物質管理の水準が一定以上であると所轄都道府県労働局長が認める事業場に対して，当該化学物質に適用される有機則の規定の一部の適用を除外することを定めたものである。適用除外の対象とならない規定は，特殊健康診断に係る規定及び保護具の使用に係る規定である。なお，作業環境測定の対象となる化学物質以外の化学物質に係る業務等については，本規定による適用除外の対象とならない。また，所轄都道府県労働局長が有機則で示す適用除外の要件のいずれかを満たさないと認めるときには，適用除外の認定は取消しの対象となる。適用除外が取り消された場合，適用除外となっていた当該化学物質に係る業務等に対する有機則の規定が再び適用される。

2 第1項第1号の化学物質管理専門家については，作業場の規模や取り扱う化学物質の種類，量に応じた必要な人数が事業場に専属の者として配置されている必要がある。

3 第1項第2号については，過去3年間，申請に係る当該物質による死亡災害又は休業4日以上の労働災害を発生させていないものであること。「過去3年間」とは，申請時を起点として遡った3年間をいう。

4 第1項第3号については，申請に係る事業場において，申請に係る有機則において作業環境測定が義務付けられている全ての化学物質等について有機則の規定に基づき作業環境測定を実施し，作業環境の測定結果に基づく評価が第1管理区分であることを過去3年間維持している必要がある。

5 第1項第4号については，申請に係る事業場において，申請に係る有機則において健康診断の実施が義務付けられている全ての化学物質等について，過去3年間の健康診断で異常所見がある労働者が一人も発見さ

れないことが求められる。なお，安衛則に基づく定期健康診断の項目だけでは，有機溶剤等による異常所見かどうかの判断が困難であるため，安衛則の定期健康診断における異常所見については，適用除外の要件とはしない。

6　第1項第5号については，客観性を担保する観点から，認定を申請する事業場に属さない化学物質管理専門家から，安衛則第34条の2の8第1項第3号及び第4号に掲げるリスクアセスメントの結果やその結果に基づき事業者が講ずる労働者の危険又は健康障害を防止するため必要な措置の内容に対する評価を受けた結果，当該事業場における化学物質による健康障害防止措置が適切に講じられていると認められることを求めるものである。なお，本規定の評価については，ISO（JISQ）45001の認証等の取得を求める趣旨ではない。

7　第1項第6号については，過去3年間に事業者が当該事業場について法及びこれに基づく命令に違反していないことを要件とするが，軽微な違反まで含む趣旨ではない。なお，法及びそれに基づく命令の違反により送検されている場合，労働基準監督機関から使用停止等命令を受けた場合，又は労働基準監督機関から違反の是正の勧告を受けたにもかかわらず期限までに是正措置を行わなかった場合は，軽微な違反には含まれない。

8　第2項に係る申請を行う事業者は，適用除外認定申請書に，上記2及び4から6までに規定する要件に適合することを証する書面に加え，適用除外認定申請書の備考欄で定める書面を添付して所轄都道府県労働局長に提出する必要がある。

9　第4項について，適用除外の認定は，3年以内ごとにその更新を受けなければ，その期間の経過によって，その効果を失うものであることから，認定の更新の申請は，認定の期限前に十分な時間的な余裕をもって行う必要がある。

10 第5項については，認定の更新に当たり，有機則第4条の2第1項から第3項までの規定が準用されるものである。

11 第6項は，所轄都道府県労働局長が遅滞なく事実を把握するため，当該認定に係る事業場が上記2から6までに掲げる事項のいずれかに該当しなくなったときは，遅滞なく報告することを事業者に求める趣旨である。

12 第7項は，認定を受けた事業者が有機則第4条の2第7項に掲げる認定の取消し要件のいずれかに該当するに至ったときは，所轄都道府県労働局長は，その認定を取り消すことができることを規定したものである。この場合，認定を取り消された事業場は，適用を除外されていた全ての有機則の規定を速やかに遵守する必要がある。

13 第5項から第7項までの場合における第1項第3号の規定の適用については，過去3年の期間，申請に係る当該物質に係る作業環境測定の結果に基づく評価が，第1管理区分に相当する水準を維持していることを何らかの手段で評価し，その評価結果について，当該事業場に属さない化学物質管理専門家の評価を受ける必要がある。なお，第1管理区分に相当する水準を維持していることを評価する方法には，個人ばく露測定の結果による評価，作業環境測定の結果による評価又は数理モデルによる評価が含まれる。これらの評価の方法については，別途示すところに留意する必要がある。

第2章　設　　備

　本章は，労働安全衛生法（以下「法」という。）第22条に基づき有機溶剤
業務を行う場合に発散する有機溶剤の蒸気により作業場内の空気が汚染さ
れることを防止するため，それに必要な設備の設置を有機溶剤等の区分，
作業場所及び業務の態様に応じて定めたものである。

　有害物を取り扱う職場における衛生管理の基本は，労働者をそれらの有
害物にばく露させないことであり，そのための対策として，取り扱う物質
の有害性の少ない物への代替，有害な作業工程・作業方法の変更による有
害物の発散・飛散・拡散の抑制，有害物を取り扱う設備の密閉化，局所排
気装置，プッシュプル型換気装置又は全体換気装置の設置等の方法がある。

　本章では，有機溶剤業務を行う作業場所において労働者が有機溶剤の蒸
気にばく露されることを低減させるために「有機溶剤の蒸気の発散源を密
閉する設備（密閉設備）」，「局所排気装置」，「プッシュプル型換気装置」又
は「全体換気装置」の設置を義務づけている。密閉設備とは，文字どおり
有害物を作業工程で密閉してしまうもので，局所排気装置とは，有害物の
発散源に近いところに吸込口（フード）を設けて，定常的な吸引気流をつ
くり，有害物が拡散していく前に高濃度の状態のままの有害物をその気流
により捕捉して，局所的に吸引し，作業者が汚染空気にばく露されないよ
うに搬送，排出するための装置である。また，プッシュプル型換気装置と
は，一様な捕捉気流を形成させ，当該気流によって発散源から発散する有
機溶剤の蒸気を捕捉し，吸込み側フードに取り込んで排出する装置をいい，
全体換気装置とは，作業場における空気中の有害物の濃度が有害な程度に
ならないように，新鮮な空気を供給することによってその濃度を希釈する
ための装置である。

　そこで，第5条では，屋内作業場等において第1種有機溶剤等又は第2

種有機溶剤等に係る有機溶剤業務を行う場合に有機溶剤の蒸気の発散源を密閉する設備，局所排気装置又はプッシュプル型換気装置の設置を義務づけ，第6条では，タンク等の内部において第3種有機溶剤等に係る吹付け以外の有機溶剤業務を行う場合に第5条に規定する3つの設備に全体換気装置を加えた4つのうちいずれかの設備を，吹付けによる有機溶剤業務の場合には第5条に規定する3つの設備のいずれかの設備をそれぞれ義務づけている。

この第5条，第6条が設備の設置に関する原則的規定であり，以下の第7条から第13条の3までは，この原則的規定に対する例外的規定を，作業場所の通風状態，業務の態様等に応じて定めたものである。

すなわち，第7条は，屋内作業場の周壁が開放されている場合の適用除外について，第8条は，臨時に有機溶剤業務を行う場合の適用除外及び特例について，第9条から第13条の3までは，所定の設備を設けることが困難な場合又は他の設備若しくは措置による代替を認めうる場合の特例について，それぞれ定めたものである。

なお，本章において指定されている設備のうち，局所排気装置，プッシュプル型換気装置及び全体換気装置の性能及び設置方法等については，第3章の規定によらなければならないものである。

局所排気装置に関する技術的事項については，『局所排気・プッシュプル型換気装置及び空気清浄装置の標準設計と保守管理』（中央労働災害防止協会発行）に詳述されているので，それを参照されたい。

また，第2条又は第3条の規定により本章の規定が適用除外される場合には，労働安全衛生規則第577条の規定も適用されない。

【参　考】

労働安全衛生規則
（ガス等の発散の抑制等）
第577条　事業者は，ガス，蒸気又は粉じんを発散する屋内作業場においては，当該屋内作業場における空気中のガス，蒸気又は粉じんの含有濃度が有害な程度にならないようにするため，発散源を密閉する設備，局所排気装置又は全体換気装置を設ける等必要な措置を講じなければならない。

（第1種有機溶剤等又は第2種有機溶剤等に係る設備）
第5条　事業者は，屋内作業場等において，第1種有機溶剤等又は第2種有機溶剤等に係る有機溶剤業務（第1条第1項第6号ヲに掲げる業務を除く。以下この条及び第13条の2第1項において同じ。）に労働者を従事させるときは，当該有機溶剤業務を行う作業場所に，有機溶剤の蒸気の発散源を密閉する設備，局所排気装置又はプッシュプル型換気装置を設けなければならない。　　　　　　　　　　　　　　　　　　　　（根22—(1)）

【要　旨】
　本条は，第1種有機溶剤等又は第2種有機溶剤等に係る有機溶剤業務を行う場合は，これらによる作業環境の汚染を防止するために必要な設備として，有機溶剤の蒸気の発散源を密閉する設備，局所排気装置又はプッシュプル型換気装置を設けなければならないことを定めたものである。
【解　説】
1　第1種有機溶剤等である有機溶剤は，令別表第6の2第1号から第47号までに掲げる単一物質である有機溶剤のうち，許容濃度が低く，揮発性が高いものであり，そのため，作業環境を汚染しやすいものであると

いうことができるが，有害性の面からみると，第1種有機溶剤等と第2
種有機溶剤等とは特に差はないものである。従って，昭和53年の改正（昭
和53年労働省令第41号）により，第2種有機溶剤等についても，第1種
有機溶剤等と同様に有機溶剤の蒸気の発散源を密閉する設備，局所排気
装置又はプッシュプル型換気装置を設けなければならないこととし，希
釈されたとはいえ有機溶剤の蒸気に作業者がばく露される可能性のある
全体換気装置の設置は原則として認めないこととしたものである。

2　有機溶剤業務のうち，第1条第1項第6号ヲの業務については，本条
　の規定は適用されない。これは当該業務が，内壁等に有機溶剤等が付着
　しているタンク内において行われる業務であり，有機溶剤の蒸気の発散
　源を密閉する設備，局所排気装置又はプッシュプル型換気装置を設ける
　ことが不可能であるか，又は設けてもその効果が期待されないためであ
　る。なお，当該業務については，本条及び次条の規定による設備の設置
　義務が免除される代わりに第32条の規定により，労働者に送気マスクを
　使用させなければならない。

3　「有機溶剤業務を行う作業場所」とは，当該作業場内における個々の
　作業場所を指し，従って屋内作業場内にさらに塗装室等が設けられてい
　るときは，当該塗装室等が作業場所となる。なお，同一作業場内に有機
　溶剤業務を行う作業場所が2箇所以上ある場合には，それぞれの場所に
　本条の規定による設備を設けなければならないが，局所排気装置の場合
　は，そのフードがそれぞれの作業場所に設けられていれば足りるもので
　ある。

4　本条の規定により設置すべき局所排気装置の性能等については，第3
　章に種々の規定が設けられている。これに対して，有機溶剤の蒸気の発
　散源を密閉する設備の構造等については，本規則中に何ら定められてい
　ないが，要は有機溶剤の蒸気が作業場内に発散しないようにその発散源
　を密閉しているか否かにあるのであって，有機溶剤の蒸気を作業場内に

発散させない機能をもつものであれば，その構造の如何を問うものではない。

5　プッシュプル型換気装置の構造，性能については，平成9年労働省告示第21号（有機溶剤中毒予防規則第16条の2の規定に基づき労働大臣が定める構造及び性能を定める件）による（第16条の2の要旨参照）。

（第3種有機溶剤等に係る設備）

第6条　事業者は，タンク等の内部において，第3種有機溶剤等に係る有機溶剤業務（第1条第1項第6号ヲに掲げる業務及び吹付けによる有機溶剤業務を除く。）に労働者を従事させるときは，当該有機溶剤業務を行う作業場所に，有機溶剤の蒸気の発散源を密閉する設備，局所排気装置，プッシュプル型換気装置又は全体換気装置を設けなければならない。

②　事業者は，タンク等の内部において，吹付けによる第3種有機溶剤等に係る有機溶剤業務に労働者を従事させるときは，当該有機溶剤業務を行う作業場所に，有機溶剤の蒸気の発散源を密閉する設備，局所排気装置又はプッシュプル型換気装置を設けなければならない。　　（根22―(1)）

【要　旨】

本条は，第3種有機溶剤等に係る有機溶剤業務を行う場合に必要な設備の設置について定めたものである。

【解　説】

1　第1項では，第3種有機溶剤等に係る有機溶剤業務については，タンク等の内部において行う場合には，有機溶剤の蒸気の発散源を密閉する設備，局所排気装置，プッシュプル型換気装置及び全体換気装置の4つの設備のうちいずれかを設置しなければならないこととしている。

　ただし，吹付けによる有機溶剤業務を行う場合には，吹き付けられる有機溶剤等が相当のスピードを与えられるため，はね返り等によって，

労働者がその蒸気又はミストを直接吸入するおそれも強く，全体換気装置によるのでは，中毒の予防に必ずしも十分とはいえないため，第2項において有機溶剤の蒸気の発散源を密閉する設備，局所排気装置，プッシュプル型換気装置のいずれかを設けなければならないこととしている。

2　第2項の対象となる有機溶剤業務を「吹付けによる」ものとしたのは，従来から対象としていた塗布，洗浄又は塗装の業務はもとより文字の書込み又は描画の業務，面の加工の業務等を含め吹付けによる業務のすべてを本項の対象とすることとしたためである。

3　第1条第1項第6号ヲの業務については，本条は適用されない。当該業務について有機溶剤の蒸気の発散源を密閉する設備，局所排気装置及びプッシュプル型換気装置の設置を義務づけないこととした理由は，第5条において述べたところであるが，さらに，全体換気装置をも義務づけないこととしたのは，それを義務づけても，当該装置の性能を定めることが困難であることによる。すなわち，本条の規定により設置する全体換気装置については，第17条において有機溶剤の蒸発量又は消費量に応じて必要な換気量を出し得る能力をもつべきこととしているが，ヲの業務にあっては，この換気量を算定する場合の根拠となる有機溶剤の蒸発量又は消費量を把握することができないからである。

　なお，ヲの業務については，本条及び前条の規定による設備の設置義務が免除される代わりに，第32条の規定により，労働者に送気マスクを使用させなければならない。

4　全体換気装置には，送気式と排気式とがあり，いずれも本条の全体換気装置に該当するものである。

> （屋内作業場の周壁が開放されている場合の適用除外）
>
> 第7条　次の各号に該当する屋内作業場において，事業者が有機溶剤業務
> に労働者を従事させるときは，第5条の規定は，適用しない。
>
> 　1　周壁の2側面以上，かつ，周壁の面積の半分以上が直接外気に向つ
> 　　て開放されていること。
>
> 　2　当該屋内作業場に通風を阻害する壁，つい立その他の物がないこと。
>
> （根22―(1)）

【要　旨】

　本条は，通風状態が良好である屋内作業場については，所定の設備を設けなくともよいことを定めたものである。

【解　説】

1　本条に定められている条件に該当する屋内作業場に係る設備の適用除外については，昭和53年の改正により所轄労働基準監督署長の許可を要しないこととしたものである。これは，従来許可基準として定められていた事項を，本条の第1号及び第2号において明らかにすることにより，適用除外となる条件を規則上明確なものとしたためである。

2　本条によって適用除外されるのは，本条の第1号及び第2号のいずれの条件も満たすものでなければならない。

3　第1号の「直接外気に向って開放されている」とは，屋内作業場の側面に壁その他の障壁が設けられておらず，かつ，開放された側面から水平距離4m以内に建物その他通風を阻害するものがないことをいうものである。

4　第2号の「その他の物」には，通風を阻害する懸垂幕，被塗装物，機械装置等が含まれる。

（臨時に有機溶剤業務を行う場合の適用除外等）

第8条　臨時に有機溶剤業務を行う事業者が屋内作業場等のうちタンク等の内部以外の場所における当該有機溶剤業務に労働者を従事させるときは，第5条の規定は，適用しない。

②　臨時に有機溶剤業務を行う事業者がタンク等の内部における当該有機溶剤業務に労働者を従事させる場合において，全体換気装置を設けたときは，第5条又は第6条第2項の規定にかかわらず，有機溶剤の蒸気の発散源を密閉する設備，局所排気装置及びプッシュプル型換気装置を設けないことができる。　　　　　　　　　　　　（根22—(1)）

【要　旨】

本条は，臨時に有機溶剤業務を行う場合について，設備に関する規定の適用除外及び特例を定めたものである。

【解　説】

1　本条の適用除外等を設けた理由は，臨時に行われる有機溶剤業務であれば，常態として行われる有機溶剤業務に比べて一般に有機溶剤中毒の発生するおそれは少ないと考えられるためである。

　臨時の業務であれば，反復継続して行われることはないため慢性中毒のおそれはない。そこで，急性中毒の発生する可能性について考慮し，屋内作業場等のうちタンク等の内部以外の場所において行う業務については，ある程度通風があり急性中毒の発生するおそれも少ないので，設備を設けなくともよいこととし，タンク等の内部において行う業務については，通風が不十分であり急性中毒の発生するおそれがあるので，適用除外とはせず，特例を認めるにとどめ，全体換気装置の設置は必要とすることにしたものである。

2　第1項及び第2項の「臨時に有機溶剤業務を行う」とは，当該事業場において通常行っている本来の業務のほかに，一時的必要に応じた本来

の業務以外の有機溶剤業務を行うことをいう。従って，一般的には，当該有機溶剤業務に要する時間は短時間であるといえるが，必ずしもそのような場合に限る趣旨ではない。すなわち，1日の作業時間が8時間であっても，その日限りで終わるものならば，臨時ということができるが，1日の作業時間は短くても連日行われるならば，それはもはや臨時ではない。

　例えば，有機溶剤等を用いて作業場内の床面に通路であることを示す表示を当該事業場の労働者が行う場合は，一般的には「臨時に有機溶剤業務を行う」場合に該当する。なお，塗装業の事業者が事業場外に出張して行う塗装の業務に労働者を従事させる場合は，作業場所が移動するため，特定の作業場所をとってみれば，その場所においては臨時に有機溶剤業務を行う形となるが，塗装の業務は塗装業本来の業務であり，これに従事する労働者は作業場所は変わっても経常的に塗装の業務に従事するわけであるから，このような場合は，本条にいう「臨時に有機溶剤業務を行う」場合に該当しないものである。

3　第2項の規定により有機溶剤の蒸気の発散源を密閉する設備，局所排気装置及びプッシュプル型換気装置の設備を省略した場合には，第33条の規定により，労働者に送気マスク，有機ガス用防毒マスク又は有機ガス用の防毒機能を有する電動ファン付き呼吸用保護具を使用させなければならない。

（短時間有機溶剤業務を行う場合の設備の特例）

第9条　事業者は，屋内作業場等のうちタンク等の内部以外の場所において有機溶剤業務に労働者を従事させる場合において，当該場所における有機溶剤業務に要する時間が短時間であり，かつ，全体換気装置を設けたときは，第5条の規定にかかわらず，有機溶剤の蒸気の発散源を密閉する設備，局所排気装置及びプッシュプル型換気装置を設けないことが

できる。

②　事業者は，タンク等の内部において有機溶剤業務に労働者を従事させ
る場合において，当該場所における有機溶剤業務に要する時間が短時間
であり，かつ，送気マスクを備えたとき（当該場所における有機溶剤業
務の一部を請負人に請け負わせる場合にあつては，当該場所における有
機溶剤業務に要する時間が短時間であり，送気マスクを備え，かつ，当
該請負人に対し，送気マスクを備える必要がある旨を周知させるとき）は，
第5条又は第6条の規定にかかわらず，有機溶剤の蒸気の発散源を密閉
する設備，局所排気装置，プッシュプル型換気装置及び全体換気装置を
設けないことができる。

【要　旨】

本条は，臨時に有機溶剤業務を行う場合，出張して有機溶剤業務を行う
場合等であって，短時間有機溶剤業務を行うときの設備に関する規定の特
例について定めたものである。

【解　説】

1　第1項は，「当該場所における有機溶剤業務に要する時間が短時間」で
ある場合には，それだけ作業者が有機溶剤の蒸気にばく露される量が少
なくなること，また，当該業務が臨時の業務，出張業務のように当該場
所で一時的に行われるものであり，その都度設備の設置を必要とするも
のであることを考慮し，有機溶剤の蒸気の発散源を密閉する設備，局所
排気装置及びプッシュプル型換気装置を設置する義務を免除し，これら
の設備に代えて全体換気装置を設置することを特に認めたものである。

2　第2項は，通風が不十分な場所であるタンク等の内部において換気装
置を設けることは，屋内作業場等のうちタンク等の内部以外の場所の場
合に比較して，圧力損失が大きく，より以上の負担を必要とすることか
ら，特に作業時間が短時間の場合に限り，送気マスクによる設備の代替
を認めることとしたものである。従って，保護具は作業環境の改善に次

ぐ補足的手段であるとの原則が失われるものではない。

3　第1項及び第2項の「当該場所における有機溶剤業務に要する時間が短時間」とは，出張して行う有機溶剤業務のように，当該場所において一時的に行われる有機溶剤業務に要する時間が短時間であることをいうものであり，同一の場所において短時間の有機溶剤業務を繰り返し行う場合は，該当しないものである。従って，屋内作業場に設けられた塗装室等の一定の場所において毎日有機溶剤業務を行う場合は，1日の作業時間が短くても本条の「短時間有機溶剤業務を行う場合」には該当しないものである。

4　第1項及び第2項の「短時間」とは，おおむね3時間を限度とするものである。

5　第2項の「送気マスク」は，昭和49年に制定された JIS T 8153「送気マスク」の用語に従い改めたものであり，従来用いてきた用語である「ホースマスク」と実質的内容の変更はないものである。

6　第1項の規定により有機溶剤の蒸気の発散源を密閉する設備，局所排気装置及びプッシュプル型換気装置の設置を省略した場合において，当該有機溶剤業務が吹付けによるものであるときは，第33条の規定により，労働者に送気マスク，有機ガス用防毒マスク又は有機ガス用の防毒機能を有する電動ファン付き呼吸用保護具を，また，第2項の規定により送気マスクを備えて上記3つの設備及び全体換気装置の設置を省略した場合は，第32条の規定により労働者に送気マスクを，それぞれ使用させなければならない。

（局所排気装置等の設置が困難な場合における設備の特例）

第10条　事業者は，屋内作業場等の壁，床又は天井について行う有機溶剤業務に労働者を従事させる場合において，有機溶剤の蒸気の発散面が広いため第5条又は第6条第2項の規定による設備の設置が困難であり，

かつ，全体換気装置を設けたときは，有機溶剤の蒸気の発散源を密閉す
る設備，局所排気装置及びプッシュプル型換気装置を設けないことがで
きる。　　　　　　　　　　　　　　　　　　　　　　　　（根22―(1)）

【要　旨】

　本条は，壁，床又は天井について行う有機溶剤業務で，有機溶剤の蒸気
の発散面が広いため，その発散源を密閉する設備，局所排気装置及びプッ
シュプル型換気装置を設けることが技術的に困難な場合の設備に関する規
定の特例を定めたものである。

【解　説】

1　「壁，床又は天井について行う有機溶剤業務」とは，具体的には塗装，
　洗浄，防腐剤の塗布等をいうものである。また，これらの業務を第13条
　第1項の業務と区別して特に本条において設備の特例を認めることとし
　た趣旨は，これらの業務が一般に有機溶剤の蒸気の発散面が広いか否か
　の判断が容易であるばかりでなく，通常事業場外に出張して行われるも
　のであり，その都度所轄労働基準監督署長の許可を受けることは実情に
　合わないことによるものである。従ってここにおいて「発散面が広い」
　とあるのは，通常携行しうる局所排気装置によっては有機溶剤の蒸気を
　吸引することができない程度をいうものである。

2　本条の規定により有機溶剤の蒸気の発散源を密閉する設備，局所排気
　装置及びプッシュプル型換気装置の設置を省略した場合は，第33条の規
　定により労働者に送気マスク，有機ガス用防毒マスク又は有機ガス用の
　防毒機能を有する電動ファン付き呼吸用保護具を使用させなければなら
　ない。

（他の屋内作業場から隔離されている屋内作業場における設備の特例）
第11条　事業者は，反応槽その他の有機溶剤業務を行うための設備が常置

> されており，他の屋内作業場から隔離され，かつ，労働者が常時立ち入
> る必要がない屋内作業場において当該設備による有機溶剤業務に労働者
> を従事させる場合において，全体換気装置を設けたときは，第5条又は
> 第6条第2項の規定にかかわらず，有機溶剤の蒸気の発散源を密閉する
> 設備，局所排気装置及びプッシュプル型換気装置を設けないことができ
> る。

【要　旨】

　本条は，有機溶剤業務を行う設備が常置され，他の屋内作業場から隔離
されており，かつ，労働者が常時立ち入る必要がない屋内作業場について，
設備に関する規定の特例を定めたものである。

【解　説】

1　本条において反応槽その他の設備が「常置されている」ことが要件と
　されているのは，出張業務その他の作業場所又は作業形態が一定しない
　業務を除くためである。
2　「隔離されている」とは，反応槽等が常置してある当該屋内作業場が
　他の屋内作業場から独立した別棟のものであるか，又は他の屋内作業場
　と同一棟内にあっても，発散する有機溶剤の蒸気が他の屋内作業場へ拡
　散しないよう，両者の間が天井に達する壁等をもって遮断されているこ
　とをいうものである。
3　「労働者が常時立ち入る必要がない」とは，反応槽その他の設備を使
　用する有機溶剤業務以外の業務に従事する労働者はもとより，当該有機
　溶剤業務に従事する労働者であっても，反応槽等への原材料の仕込み，
　取出し等に際して立ち入る場合のほか，その場所において継続して業務
　に従事する必要がないことをいうものである。
4　本条の規定は，当該設備による有機溶剤業務について適用されるもの
　であり，従って，当該屋内作業場において他の有機溶剤業務を行う場合

は，当該業務については適用されないものである。

5　本条の規定により有機溶剤の蒸気の発散源を密閉する設備，局所排気
　装置及びプッシュプル型換気装置の設置を省略した場合は，第33条の規
　定により労働者に送気マスク，有機ガス用防毒マスク又は有機ガス用の
　防毒機能を有する電動ファン付き呼吸用保護具を使用させなければなら
　ない。

（代替設備の設置に伴う設備の特例）

第12条　事業者は，次の各号のいずれかに該当するときは，第5条又は第6
　条第1項の規定にかかわらず，有機溶剤の蒸気の発散源を密閉する設備，
　局所排気装置，プッシュプル型換気装置及び全体換気装置を設けないこ
　とができる。

　1　赤外線乾燥炉その他温熱を伴う設備を使用する有機溶剤業務に労働
　　者を従事させる場合において，当該設備から作業場へ有機溶剤の蒸気
　　が拡散しないように，発散する有機溶剤の蒸気を温熱により生ずる上
　　昇気流を利用して作業場外に排出する排気管等を設けたとき。

　2　有機溶剤等が入つている開放槽について，有機溶剤の蒸気が作業場
　　へ拡散しないよう，有機溶剤等の表面を水等で覆い，又は槽の開口部
　　に逆流凝縮機等を設けたとき。　　　　　　　　　　　　（根22—(1)）

【要　旨】

　有機溶剤の蒸気の発散源を密閉する設備，局所排気装置，プッシュプル
型換気装置及び全体換気装置以外に，有機溶剤の蒸気による空気の汚染防
止に関してこれらの設備と同等以上の効果をもつ設備を設けた場合は，そ
れをもつて，これらの設備の設置に代えうることを定めたものである。

　昭和59年1月31日以前は，プッシュプル型換気装置について，第13条第
1項に基づいて労働基準監督署長が特例許可を行つていた。その後，昭和
59年2月1日から平成9年3月24日までは，本条第2項により，自動車の

車体等表面積の大きな物の外面について，有機溶剤を用いて行う塗装等の
業務に労働者を従事させる場合において，有機溶剤の蒸気の発散面が広い
ため第5条又は第6条の規定による設備の設置が困難であり，かつ，厚生
労働大臣が定める構造及び性能を有するプッシュプル型換気装置を設けた
ときは，有機溶剤の蒸気の発散源を密閉する設備，局所排気装置及び全体
換気装置を設けないことができることを定めていた。

　平成9年3月25日からは，プッシュプル型換気装置を局所排気装置と同
様に位置づけ，第5条等を改正するとともに，本条第2項が削除された。

【解　説】

1　第1項第1号の「その他温熱を伴う設備」とは，加熱反応槽，熱ゴム
ロール等の設備をいう。

　また，「排気管等」の「等」に含まれるものとしては，エアカーテン，
あるいはウォーターカーテンのごときものが考えられるが，これらはい
ずれも，温熱により生じる上昇気流を利用して有機溶剤の蒸気を作業場
外に排出する機能をもつものでなければならない。

2　第1項第2号の「開放槽」とは，蓋のない槽で，槽内の液面が直接作
業場内の空気にさらされているものをいう。

　また，「水等で覆い」とは，有機溶剤等と水，油，プラスチック等との比
重の差等を利用して，有機溶剤等の表面に，水，油，プラスチック等の層
をつくり，それによって有機溶剤の蒸気の発散を抑制することをいう。

　「逆流凝縮機」とは，一名還流冷却機ともいい，冷水，ブラインその
他の冷媒を使って発散する有機溶剤の蒸気を冷却凝縮し，再び元の容器
内に戻す装置をいう。

　「逆流凝縮器等」の「等」には，次の要件を具備したプッシュプル型
局所換気装置（開放槽用）が含まれる。

3　プッシュプル型局所換気装置とは，有害なガス，粉じんを発散する局
所において吸引，排気する設備で有害な化学物質の液体又は溶剤が入っ

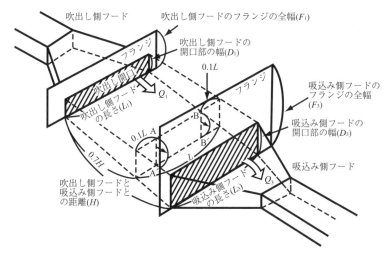

図1　プッシュプル型局所換気装置（開放槽用）

ている開放槽の開口部に設置する装置である。

〔プッシュプル型局所換気装置（開放槽用）の要件〕

(1)　風　　速

①　図1の AA′ 及び BB′ の線上の点の吸込み側フードに向かう風速
　（同一点における風速が変動する場合は，その最小値）の最大値の各々
　が，0.3 m/s 以上であること。

②　吹出し側フードの開口面を 16 以上の等面積の四辺形（一辺の長
　さが 50 cm 以下であること）に分け，その各々の中心点の風速を V_1,
　$V_2 \cdots V_n$，それらの平均値を $\overline{\mathrm{V}}$ としたとき，$V_1, V_2 \cdots V_n$ の各々が $\overline{\mathrm{V}}$ の
　0.5 倍以上，1.5 倍以下であること。

(2)　風　　量

　吸込み風量（Q_3）が吹出し風量（Q_1）の1.3倍以上，20倍以下である
こと。

(3)　構　　造

①　吹出し側フードと吸込み側フードとの距離（H）が吹出し側フー

　　ドの開口部の幅（D_1）の30倍以下であること。

　　②　吹出し側フードと吸込み側フードとの距離（H）が吸込み側フー
　　　ドのフランジの全幅（F_3）の5倍以下であること。

　　③　吸込み側フードのフランジの全幅（F_3）が吹出し側フードの開口
　　　部の幅（D_1）の2倍以上であること。

(4)　その他

　　①　吹出し側フードと吸込み側フードとの距離（H）をできるだけ短
　　　くすること。

　　②　吹出し気流及び吸込み気流の方向を一致させること。

　　③　妨害気流をできるだけ少なくすること。

　　④　労働者の呼吸域が吹出し・吸込み気流中に入らないように設置す
　　　ること。

　　⑤　洗浄等の作業を行う場合には，当該洗浄物等により吹出し・吸込
　　　み気流ができるだけ乱されないようにすること。

（労働基準監督署長の許可に係る設備の特例）

第13条　事業者は，屋内作業場等において有機溶剤業務に労働者を従事さ
せる場合において，有機溶剤の蒸気の発散面が広いため第5条又は第6
条第2項の規定による設備の設置が困難なときは，所轄労働基準監督署
長の許可を受けて，有機溶剤の蒸気の発散源を密閉する設備，局所排気
装置及びプッシュプル型換気装置を設けないことができる。

②　前項の許可を受けようとする事業者は，局所排気装置等特例許可申請
　書（様式第2号）に作業場の見取図を添えて，所轄労働基準監督署長に
　提出しなければならない。

③　所轄労働基準監督署長は，前項の申請書の提出を受けた場合において，
　第1項の許可をし，又はしないことを決定したときは，遅滞なく，文書
　で，その旨を当該事業者に通知しなければならない。

様式第2号（第13条関係）〈後掲　第4編参照〉

【要　旨】

　本条は，有機溶剤の蒸気の発散面が広いため，その発散源を密閉する設備，局所排気装置及びプッシュプル型換気装置を設けることが技術的に困難な場合には，所轄労働基準監督署長の許可を受ければこれらの設備を設けないことができることを定め，また，当該許可を受けるための手続きについて定めたものである。

【解　説】

1　本条第1項の規定により，第5条又は第6条第2項の規定の適用が除外されることとなるが，この適用除外は，第1項に掲げる事由に該当する事実が存すること及び所轄労働基準監督署長の許可を受けたことの2つの要件が満たされた場合に成立するものであって，そのいずれの1つが欠けても成立しない。すなわち，本条の許可は，第3条の認定が事実確認処分に止まるに対して，適用除外の効力要件となるものである。

2　本条の許可は，局所排気装置設置等特例許可申請書（様式第2号。以下「申請書」という。）に記載されている作業態様について行われるものであるので，作業態様が変化し，許可に係る作業態様と異なってくる場合には，許可の有効期限内であってもその許可の効力は及ばないことはいうまでもないことである。

3　第1項に該当する場合は，有機溶剤の蒸気の発散源を密閉する設備又は局所排気装置を設けることが技術的に困難なため，止むを得ず，これらの設備の省略を認めることとしたものであるから，本条の規定によりこれらの設備の設置を省略した場合は，それに代わる最も適切な次善策を講じなければならないことは当然である。本条においては，次善策としていかなる措置を講ずるかは事業者の自由に委ね，申請書に当該措置の概要を記載させることとしている。それが換気装置その他の設備である場合は，その性能を記載した書面等を申請書に添付して提出する必要がある。

4　次のような場合に，所轄労働基準監督署長の許可が受けられるものである。

　　自動車の車体，航空機の機体，船体ブロック又は自動車の車体と同等以上の容積及び面積を有する物の外面について塗装等の有機溶剤業務を行う場合で全体換気装置（有機溶剤中毒予防規則第16条の2の厚生労働大臣が定める構造及び性能を具備しないプッシュプル型換気装置であって有機則第17条第1項の換気量を有するものを含む。）を設置し，かつ，当該業務に従事する労働者に送気マスク，有機ガス用防毒マスク又は有機ガス用の防毒機能を有する電動ファン付き呼吸用保護具を使用させること等適切な代替措置が講じられていると認められるとき。

5　所轄労働基準監督署長が許可を行うに当たっては，第1項に該当する事実があるかどうか，また，許可を受けようとする期間が適当かどうかについてはもとよりのこと，この設備の設置に代えて講じる措置が適当であるかどうかについても，慎重に書面審査及び実地調査を行うこととされている。

　　なお，本条の規定により有機溶剤の蒸気の発散源を密閉する設備及び局所排気装置を設けない代わりの措置として，全体換気装置を設けた場合，当該全体換気措置については第3章の規定が適用されないため，事業者がその性能を定め，定められた性能について所轄労働基準監督署長が適当であるかどうかを判断することとなる。

6　本条の有効期間については，積極的に規定されていないが，事業者が提出する申請書には許可を受けようとする期間を記載することとなっているので，許可に附款が附せられない限り，原則として当該期間が許可の有効期間となるものであるが，所轄労働基準監督署長が許可を行うに当たっての「許可の期間」は，2年を限度としている。

7　許可を受けようとする事業者は，申請書を2部提出し，所轄労働基準監督署長はこれに許可又は不許可の旨を表示して，1部を申請者に返

還するとともに，1部は当該労働基準監督署において保管することとして
いる。

第13条の2　事業者は，第5条の規定にかかわらず，次条第1項の発散防止
　抑制措置（有機溶剤の蒸気の発散を防止し，又は抑制する設備又は装置
　を設置することその他の措置をいう。以下この条及び次条において同
　じ。）に係る許可を受けるために同項に規定する有機溶剤の濃度の測定を
　行うときは，次の措置を講じた上で，有機溶剤の蒸気の発散源を密閉す
　る設備，局所排気装置及びプッシュプル型換気装置を設けないことがで
　きる。
　1　次の事項を確認するのに必要な能力を有すると認められる者のうち
　　から確認者を選任し，その者に，あらかじめ，次の事項を確認させる
　　こと。
　　イ　当該発散防止抑制措置により有機溶剤の蒸気が作業場へ拡散しな
　　　いこと。
　　ロ　当該発散防止抑制措置が有機溶剤業務に従事する労働者に危険を
　　　及ぼし，又は労働者の健康障害を当該措置により生ずるおそれのな
　　　いものであること。
　2　当該発散防止抑制装置に係る有機溶剤業務に従事する労働者に送気
　　マスク，有機ガス用防毒マスク又は有機ガス用の防毒機能を有する電
　　動ファン付き呼吸用保護具を使用させること。
　3　前号の有機溶剤業務の一部を請負人に請け負わせるときは，当該請
　　負人に対し，送気マスク，有機ガス用防毒マスク又は有機ガス用の防
　　毒機能を有する電動ファン付き呼吸用保護具を使用する必要がある旨
　　を周知させること。　　　　　　　　　　　　　　　　　　（根22—(1)）
②　事業者は，前項第2号の規定により労働者に送気マスクを使用させた
　ときは，当該労働者が有害な空気を吸入しないように措置しなければな
　らない。　　　　　　　　　　　　　　　　　　　　　　　　（根22—(1)）

【要　旨】

　事業者は，有害物の発散源を密閉する設備，局所排気装置又はプッシュ
プル型換気装置（以下「局排等」という。）以外の発散防止抑制措置に係
る許可を受けるため，有機溶剤の濃度の測定を行うときは，次の措置を講
じた上で，局排等を設けないことができることを定めたものである。

　(1)　次の事項を確認するのに必要な能力を有すると認められる者のうち
　　から確認者を選任し，その者にあらかじめ，次の事項を確認させること。

　　①　当該発散防止抑制措置により有機溶剤の蒸気が作業場へ拡散しな
　　　いこと。

　　②　当該発散防止抑制措置が有機溶剤業務に従事する労働者に危険を
　　　及ぼし，又は労働者の健康障害を当該措置により生ずるおそれのな
　　　いものであること。

　(2)　当該発散防止抑制措置に係る有機溶剤業務に従事する労働者に送気
　　マスク，有機ガス用防毒マスク又は有機ガス用の防毒機能を有する電
　　動ファン付き呼吸用保護具を使用させること。

【解　説】

1　第1項の「発散防止抑制措置」には，有機溶剤の蒸気を吸着，分解等
　することにより濃度を低減させるもの，気流を工夫することにより有機
　溶剤の蒸気の発散を防止するもの，冷却することにより空気中の有機溶
　剤の濃度を低減させるもの等が含まれること。

2　第1項第1号の「確認するのに必要な能力を有すると認められる者」
　には，次の者が該当すること。

　(1)　3年以上労働衛生コンサルタント（試験の区分が労働衛生工学であ
　　るものに合格した者に限る。）としてその業務に従事した経験を有す
　　る者

　(2)　6年以上作業環境測定士としてその業務に従事した経験を有する者

　(3)　6年以上衛生工学衛生管理者としてその業務に従事した経験を有す

る者

3　第1項第1号ロの「労働者に危険を及ぼし，又は労働者の健康障害を
　当該措置により生ずるおそれ」には，例えば，発散防止抑制措置を講じ
　て有害物質を分解する場合に，危険性又は有害性を有する物質が生成さ
　れることによるものがあること。

4　本条は，発散防止抑制措置の許可を受けるための濃度測定を行うとき
　に局排等を設置しないことを認めるものであり，所轄労働基準監督署長
　への許可申請後，許可を受けるまでの間は，第5条の規定が適用される
　こと。

5　第1項第3号の「周知」は以下による。

⑴　事業者は，以下のいずれかの方法により周知させなければならない
　こと。
　　なお，周知させる内容が複雑な場合等で④の口頭による周知が困難
　なときは，以下の①～③のいずれかの方法によること。

　①　常時作業場所の見やすい場所に掲示又は備えつけることによる周
　　知

　②　書面を交付すること（請負契約時に書面で示すことも含む。）に
　　よる周知

　③　事業者の使用に係る電子計算機に備えられたファイル又は電磁的
　　記録媒体をもって調整するファイルに記録し，かつ，各作業場所に
　　当該記録の内容を常時確認できる機器を設置することによる周知

　④　口頭による周知

⑵　本号の事業者による周知は，請負人等に指揮命令を行うことができ
　ないことから周知させることとしたものであり，請負人等についても
　労働者と同等の保護措置が講じられるためには，事業者から必要な措
　置を周知された請負人等自身が，確実に当該措置を実施することが重
　要であること。

　　また，個人事業者が家族従事者を使用するときは，個人事業者は当
　該家族従事者に対して，必要な措置を確実に実施することが重要であ
　ること。

⑶　本号の事業者による周知は，周知の内容を請負人等が理解したこと
　の確認までを求めるものではないが，確実に必要な措置が伝わるよう
　に分かりやすく周知することが重要であること。その上で，請負人等
　が自らの判断で保護具を使用しない等，必要な措置を実施しなかった
　場合において，その実施しなかったことについての責任を当該事業者
　に求めるものではないこと。

第13条の3　事業者は，第5条の規定にかかわらず，発散防止抑制措置を講
　じた場合であつて，当該発散防止抑制措置に係る作業場の有機溶剤の濃
　度の測定（当該作業場の通常の状態において，法第65条第2項及び作業
　環境測定法施行規則（昭和50年労働省令第20号）第3条の規定に準じて
　行われるものに限る。以下この条及び第18条の3において同じ。）の結果
　を第28条の2第1項の規定に準じて評価した結果，第1管理区分に区分
　されたときは，所轄労働基準監督署長の許可を受けて，当該発散防止抑
　制措置を講ずることにより，有機溶剤の蒸気の発散源を密閉する設備，局
　所排気装置及びプッシュプル型換気装置を設けないことができる。

　　　　　　　　　　　　　　　　　　　　　　　　　　　　（根22―⑴）

②　前項の許可を受けようとする事業者は，発散防止抑制措置特例実施許
　可申請書（様式第5号）に申請に係る発散防止抑制措置に関する次の書
　類を添えて，所轄労働基準監督署長に提出しなければならない。

　1　作業場の見取図

　2　当該発散防止抑制措置を講じた場合の当該作業場の有機溶剤の濃度
　　の測定の結果及び第28条の2第1項の規定に準じて当該測定の結果の
　　評価を記載した書面

　3　前条第1項第1号の確認の結果を記載した書面

　　4　当該発散防止抑制措置の内容及び当該措置が有機溶剤の蒸気の発散
　　の防止又は抑制について有効である理由を記載した書面
　　5　その他所轄労働基準監督署長が必要と認めるもの　　　　　（根22―(1)）
③　所轄労働基準監督署長は，前項の申請書の提出を受けた場合において，
　第1項の許可をし，又はしないことを決定したときは，遅滞なく，文書
　で，その旨を当該事業者に通知しなければならない。
④　第1項の許可を受けた事業者は，第2項の申請書及び書類に記載され
　た事項に変更を生じたときは，遅滞なく，文書で，その旨を所轄労働基
　準監督署長に報告しなければならない。　　　　　　　　　　（根100―①）
⑤　第1項の許可を受けた事業者は，当該許可に係る作業場についての第
　28条第2項の測定の結果の評価が第28条の2第1項の第1管理区分でな
　かつたとき及び第1管理区分を維持できないおそれがあるときは，直ち
　に，次の措置を講じなければならない。
　　1　当該評価の結果について，文書で，所轄労働基準監督署長に報告す
　　ること。　　　　　　　　　　　　　　　　　　　　　　　（根100―①）
　　2　当該許可に係る作業場について，当該作業場の管理区分が第1管理
　　区分となるよう，施設，設備，作業工程又は作業方法の点検を行い，そ
　　の結果に基づき，施設又は設備の設置又は整備，作業工程又は作業方
　　法の改善その他作業環境を改善するため必要な措置を講ずること。
　　3　当該許可に係る作業場については，労働者に有効な呼吸用保護具を
　　使用させること。
　　4　事業者は，当該許可に係る作業場において作業に従事する者（労働
　　者を除く。）に対し，有効な呼吸用保護具を使用する必要がある旨を周
　　知させること。　　　　　　　　　　　　　　　　　　　　（根22―(1)）
⑥　第1項の許可を受けた事業者は，前項第2号の規定による措置を講じ
　たときは，その効果を確認するため，当該許可に係る作業場について当
　該有機溶剤の濃度を測定し，及びその結果の評価を行い，並びに当該評
　価の結果について，直ちに，文書で，所轄労働基準監督署長に報告しな
　ければならない。　　　　　　　　　　　　　　（根65の2―①　100―①）
⑦　所轄労働基準監督署長は，第1項の許可を受けた事業者が第5項第1

号及び前項の報告を行わなかつたとき，前項の評価が第1管理区分でな
かつたとき並びに第1項の許可に係る作業場についての第28条第2項の
測定の結果の評価が第28条の2第1項の第1管理区分を維持できないお
それがあると認めたときは，遅滞なく，当該許可を取り消すものとする。
様式第5号（第13条の3関係）〈後掲　第4編参照〉

【要　旨】

　事業者は，発散防止抑制措置を講ずることにより作業場の作業環境測定
の結果が第1管理区分となるときは，所轄労働基準監督署長の許可を受け
て，局排等を設けないことができることとするとともに，当該許可を受け
ようとする場合の申請方法等について定めている。また，許可を受けた事
業者は，申請時の内容に変更があるときは，遅滞なく，文書で，所轄労働
基準監督署長に報告しなければならないこと，許可を受けた事業者は，許
可を受けた以後の作業環境測定の結果の評価が第1管理区分でなかつたと
き及び第1管理区分を維持できないおそれがあるときは，直ちに必要な措
置を講じなければならないこと，所轄労働基準監督署長は，事業者が必要
な措置を講じても第1管理区分とならなかつたとき及び第1管理区分を維
持できないおそれがあると認めるときは，遅滞なく，許可を取り消すもの
とすることを定めている。

【解　説】

1　第5項の「第1管理区分を維持できないおそれがある」場合には，発
　散防止抑制措置として設置された設備等のレイアウトや有機溶剤の消費
　量に大幅な変更があつた場合等があること。

2　特例の許可及び当該許可の取消しについては，別途定める要領に基づ
　き処理すること。なお，当分の間，厚生労働省に設置する専門家検討会
　で審査を行うので，その検討結果を踏まえ処理すること。

3　第5項第4号の「周知」については，第13条の2の解説5と同じ。

第3章　換気装置の性能等

　本章は，第2章の規定により設置する局所排気装置，プッシュプル型換気装置及び全体換気装置の設置方法，性能及び稼働について定めたものである。

　第2章は，いかなる種類の設備を設けるべきかを定めたものであって，これを設備に関する骨格とすれば，本章は，この骨格に肉付けをするものであるといえる。

　本章中の各条が定めている事項は次のとおりである。

　まず，第14条は局所排気装置のフード及びダクトについての要件を定め，第15条は局所排気装置，及び全体換気装置の排風機の位置，第15条の2は局所排気装置，プッシュプル型換気装置，全体換気装置又は排気管等の排気口の位置について定めている。

　また，第16条は局所排気装置の性能を，第16条の2はプッシュプル型換気装置の性能を，第17条は全体換気装置の性能をそれぞれ定めたものであるが，これらの性能はいずれも設計上の能力をいうものであり，この能力を作業中維持させることについては，第18条の定めるところである。すなわち，第18条は，これらの装置を作業中稼働させること及び有効に稼働させるために必要な措置を講ずべきことを定めている。

　なお，本章に定める局所排気装置，プッシュプル型換気装置及び全体換気装置は，第2章第5条及び第6条に定める局所排気装置，プッシュプル型換気装置及び全体換気装置，並びに第8条から第11条までの規定により有機溶剤の蒸気の発散源を密閉する設備及び局所排気装置の設置を省略する場合に設ける全体換気装置を指すものであって，その他の任意に設けられる換気装置については本章の規定の適用はない。

（局所排気装置のフード等）

第14条 事業者は，局所排気装置（第2章の規定により設ける局所排気装置をいう。以下この章及び第19条の2第2号において同じ。）のフードについては，次に定めるところに適合するものとしなければならない。

1 有機溶剤の蒸気の発散源ごとに設けられていること。

2 外付け式のフードは，有機溶剤の蒸気の発散源にできるだけ近い位置に設けられていること。

3 作業方法，有機溶剤の蒸気の発散状況及び有機溶剤の蒸気の比重等からみて，当該有機溶剤の蒸気を吸引するのに適した型式及び大きさのものであること。　　　　　　　　　　　　　　　　（根22—(1)）

② 事業者は，局所排気装置のダクトについては，長さができるだけ短く，ベンドの数ができるだけ少ないものとしなければならない。（ 根22—(1)）

【要　旨】

本条は，局所排気装置の有効な稼働効果を確保するために，そのフード及びダクトについての構造上の要件を定めたものである。

【解　説】

1 「局所排気装置」の下に「（第2章の規定により設ける局所排気装置をいう。……）」を加えたのは，本章の規定が適用されるものが，第2章の規定により設けることが義務づけられる局所排気装置であることを規則上明らかにしたものである。

2 第1項第1号は，局所排気装置のフードが有機溶剤の蒸気の発散源のすべてについて設けられていなければならないことをいう趣旨である。従って，一発散源とはいかなる単位をいうのかについては，必ずしも厳密であることを要しない。

　　なお，同一作業場内において，局所排気装置の設置を必要としない他の有機溶剤業務を行っている場合，本号が当該業務における発散源についてまでいうものでないことは勿論である。

3　第1項第2号の「外付け式フード」については，このあとの第16条の
　解説の4を参照すること。

4　局所排気装置の性能については，第16条において制御風速をもって定
　められているが，この制御風速は，フードからの距離に反比例して急激
　に減少する。勿論，フードと発散源とがいかに離れていても，所定の制
　御風速が出し得ればそれで足りるわけであるが，局所排気装置の効率を
　高める意味において第1項第2号が定められている。

　　また，第16条に定められている性能は，設計上の能力で足りるものと
　解されており，その能力を作業中維持させるためには，妨害気流の排除そ
　の他の措置を必要とするわけであるが，フードが発散源に近いことは，そ
　れだけ妨害気流の影響を少なくすることになり，従って，第1項第2号
　は，局所排気装置の性能を維持するためにも必要な規定であるといえる。

5　第1項第3号の「有機溶剤の蒸気の比重等」とは，比重その他自然気
　流の状態，上昇気流の有無等をいうこと。

6　第2項は，局所排気装置のダクトの配置が不良のために，ダクトが長
　くなりすぎたり，ベンド（曲り）が多くなったりして圧力損失（抵抗）
　が増大し，その結果，より大きな能力のファンが必要となること，又は，
　吸引された有機溶剤等のうちの蒸気成分以外の物が稼働中に堆積して局
　所排気装置の能力を低下させることもあるので，装置の効果を期するた
　めに必要なダクトの構造について定めたものであること。

（排風機等）

第15条　事業者は，局所排気装置の排風機については，当該局所排気装置
　　に空気清浄装置が設けられているときは，清浄後の空気が通る位置に設
　　けなければならない。ただし，吸引された有機溶剤の蒸気等による爆発
　　のおそれがなく，かつ，ファンの腐食のおそれがないときは，この限り
　　でない。　　　　　　　　　　　　　　　　　　　　　　　（根22―(1)）

② 事業者は，全体換気装置（第2章の規定により設ける全体換気装置を
いう。以下この章及び第19条の2第2号において同じ。）の送風機又は排
風機（ダクトを使用する全体換気装置については，当該ダクトの開口部）
については，できるだけ有機溶剤の蒸気の発散源に近い位置に設けなけ
ればならない。　　　　　　　　　　　　　　　　　　　　（根22—(1)）

【要　旨】

本条は，空気清浄装置を設けた局所排気装置の排風機の位置について，
原則及びその特例を定め，並びに全体換気装置の送風機又は排風機の位置
について定めたものである。

【解　説】

1　第1項は，フードから吸引した有機溶剤の蒸気等を含んだままの空気
　が排風機の羽根車を直接通過すると，これらが羽根車に付着し，排気効
　果の低下又は排風機の摩耗による破損が生ずるので，これを防止するた
　めに定めたものである。

　　ただし，フードから吸引した有機溶剤の蒸気等による爆発のおそれが
　なく，かつ，当該物質を含有する空気が排風機の羽根車に直接接触する
　ことにより，当該排風機の羽根車に腐食を生じ排気効果の低下等をきた
　すおそれのない場合に限っては特例を認めたものである。

　　なお，排気の清浄化については，本規則中に規定はなく，労働安全衛
　生規則第579条の規定によることとされている。

2　第1項の「有機溶剤の蒸気等」の「等」には，有機溶剤以外の物のガ
　ス，蒸気又は粉じんが含まれる。

3　第2項の「全体換気装置」の下に「（第2章の規定により設ける全体
　換気装置をいう。……）」を加えたのは，本章の規定が適用されるもの
　が，第2章の規定により設けることが義務づけられている全体換気装置
　及び同じく同章の規定により有機溶剤の蒸気の発散源を密閉する設備及

び局所排気装置の設置を省略する場合に設ける全体換気装置であること
を規則上明らかにしたものである。

4　全体換気装置が第17条に規定する換気量を保持している場合でも，有
機溶剤の蒸気の発散源と排風機又は送風機が離れている場合は，有機溶
剤の蒸気を希釈するために有効な換気量は全換気量の一部分に限られ所
期の効果が得られなくなる。第2項は，それを防ぐために設けられた規
定である。

【参　考】

労働安全衛生規則
（排気の処理）
第579条　事業者は，有害物を含む排気を排出する局所排気装置その他の設
　　備については，当該有害物の種類に応じて，吸収，燃焼，集じんその他
　　の有効な方式による排気処理装置を設けなければならない。

（排気口）
第15条の2　事業者は，局所排気装置，プッシュプル型換気装置（第2章の
　　規定により設けるプッシュプル型換気装置をいう。以下この章，第19条
　　の2及び第33条第1項第6号において同じ。），全体換気装置又は第12条
　　第1号の排気管等の排気口を直接外気に向かつて開放しなければならな
　　い。
②　事業者は，空気清浄装置を設けていない局所排気装置若しくはプッシ
　　ュプル型換気装置（屋内作業場に設けるものに限る。）又は第12条第1号
　　の排気管等の排気口の高さを屋根から1.5メートル以上としなければなら
　　ない。ただし，当該排気口から排出される有機溶剤の濃度が厚生労働大
　　臣が定める濃度に満たない場合は，この限りでない。　　　（根22—(1)）

【要　旨】

本条は，局所排気装置，プッシュプル型換気装置，全体換気装置又は排気管等の排気口の位置を定めたものである。

また，空気洗浄装置を設けていない局所排気装置若しくはプッシュプル型換気装置又は有機溶剤中毒予防規則第12条第1号の排気管等の排気口から排出される有機溶剤の濃度が厚生労働大臣が定める濃度に満たない場合は，当該排気口の高さを屋根から1.5m以上とすることを要しないことを定めたものである。

【解　説】

1　本条は，局所排気装置等から排出される有機溶剤の蒸気等により，当該局所排気装置等の設置されている作業場が再汚染されることを防止することはもとより，当該作業場以外の作業場が再汚染されることをも防止する趣旨である。

2　第1項の「排気口を直接外気に向かつて開放しなければならない」とは有機溶剤の蒸気等を屋外に排出しなければならないという趣旨である。

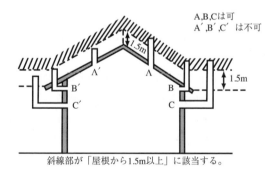

斜線部が「屋根から1.5m以上」に該当する。

3　第1項の「局所排気装置……の排気口」には，空気清浄をした後の排
　気口が含まれること。これは空気清浄装置によっても有機溶剤の蒸気等
　を完全には除去できないからである。

4　第2項の「屋根から1.5メートル以上」とは，当該屋根から垂直に1.5
　m上に引いた屋根との平行線より上であることをいうものである。
　　なお，排気口を側壁から出す場合においては，軒先から1.5m上に引
　いた水平線より上であることをいうものである。
　　また，これらを図示すれば前図のようになる。

5　第2項のただし書の「有機溶剤の濃度」とは，労働安全衛生法施行令
　別表第6の2第1号から第47号（第1種有機溶剤及び第2種有機溶剤）
　までに掲げた有機溶剤の濃度をいうものである。第3種有機溶剤を排出
　する目的で有機溶剤中毒予防規則第6条に基づき設置した局所排気装置
　等であっても，労働安全衛生法施行令別表第6の2第1号から第47号（第
　1種有機溶剤及び第2種有機溶剤）までに掲げた有機溶剤の濃度をいう
　ものである。

6　厚生労働大臣が定める濃度に満たない場合の排気口は，次の場所に設
　けることは適当でない。
　⑴　ピットの真上，周囲がコンクリート等で閉鎖されている場所の真上
　　等当該排気口から排出される有機溶剤の蒸気が滞留するおそれのある
　　場所
　⑵　通常屋外作業を行う場所，屋外通路，建家の窓（開放できるものに
　　限る。）等から8m以内の場所

7　排気口から排出される有機溶剤の濃度の測定及び評価は，次による。
　⑴　第1種作業環境測定士に行わせること。
　⑵　測定点は，屋外排気口の位置又はファン付近のダクト内中心部分と
　　すること。ただし，ダクト内中心部分を測定点とする場合は，ダクト
　　側面に設けられた測定孔から試料採取管を用いて試料採取すること。

⑶　測定回数は，1時間に5回以上とすること。

⑷　試料採取方法，分析方法等は，作業環境測定基準第13条第1項に準じた方法とすること。

⑸　測定は，作業が定常的に行われている時間に行うこと。

⑹　1回の試料採取時間は，10分以上の継続した時間とすること。ただし，直接捕集方法による測定については，この限りでない。

⑺　各回の測定結果が，厚生労働大臣が定める濃度未満であること。

8　厚生労働大臣が定める濃度は，平成9年労働省告示第20号（有機溶剤中毒予防規則第15条の2第2項ただし書の規定に基づき厚生労働大臣が定める濃度を定める件）で定めている（後掲　第4編参照）。

　なお，同告示では空気洗浄装置を設けていない局所排気装置若しくはプッシュプル型換気装置又は有機溶剤中毒予防規則第12条第1号の排気管等のうち，排気口の高さを1.5m以上とすることを要しないこととする排気口から排出される有機溶剤の濃度を，作業環境評価基準に規定する管理濃度の2分の1の濃度と定めている。ただし，排気口から排出される「有機溶剤の種類」が複数である場合は，作業環境評価基準第2条第4項の有機溶剤の混合物と同様な式により得た換算値が0.5となる濃度と定めている。

　この「有機溶剤の種類」は，労働安全衛生法施行令別表第6の2第1号から第47号（後掲　第4編241〜243頁参照）に掲げる有機溶剤の種類（第1種有機溶剤及び第2種有機溶剤）をいうものである。

（局所排気装置の性能）

第16条　局所排気装置は，次の表の上欄〔編注：左欄〕に掲げる型式に応じて，それぞれ同表の下欄〔編注：右欄〕に掲げる制御風速を出し得る能力を有するものでなければならない。　　　　　　　　　（根22—⑴）

型　　　　　　式		制御風速（メートル/秒）
囲　い　式　フ　ー　ド		0.4
外付け式フード	側方吸引型	0.5
	下方吸引型	0.5
	上方吸引型	1.0

備　考
　1　この表における制御風速は，局所排気装置のすべてのフードを
　　開放した場合の制御風速をいう。
　2　この表における制御風速は，フードの型式に応じて，それぞれ
　　次に掲げる風速をいう。
　　イ　囲い式フードにあつては，フードの開口面における最小風速
　　ロ　外付け式フードにあつては，当該フードにより有機溶剤の蒸
　　　気を吸引しようとする範囲内における当該フードの開口面から
　　　最も離れた作業位置の風速

②　前項の規定にかかわらず，次の各号のいずれかに該当する場合におい
　ては，当該局所排気装置は，その換気量を，発散する有機溶剤等の区分
　に応じて，それぞれ第17条に規定する全体換気装置の換気量に等しくな
　るまで下げた場合の制御風速を出し得る能力を有すれば足りる。
　1　第6条第1項の規定により局所排気装置を設けた場合
　2　第8条第2項，第9条第1項又は第11条の規定に該当し，全体換気
　　装置を設けることにより有機溶剤の蒸気の発散源を密閉する設備及び
　　局所排気装置を設けることを要しないとされる場合で，局所排気装置
　　を設けたとき。　　　　　　　　　　　　　　　　　　（根22―(1)）

【要　旨】
本条は，局所排気装置の性能について定めたものである。

【解　説】
1　すでに述べたとおり，本条は設計上の能力を定めたものであって，こ
　の能力を作業中有効に発揮させることは，第18条の規定により義務づけ

られるものである。

2　第1項の「制御風速」とは，有機溶剤の蒸気の拡散の限界点又は拡散
　　範囲の特定点において，当該蒸気又はこれにより汚染された空気を捕捉
　　し，これらをフードの開口部に入れるために必要な最少風速をいう。

3　局所排気装置の制御風速は，発散する有機溶剤のすべての蒸気をその
　　フードに吸引できるものとしなければならない，という考え方から，そ
　　の値を有機溶剤の区分にかかわらず，フードの型式に応じたものとした
　　ものである。

4　フードの型式は，有機溶剤の蒸気の発散源を囲む型式の「囲い式」と
　　発散源の外側から蒸気を吸引する型式の「外付け式」の2つに区分し，
　　外付け式については，その吸引の方向によりさらに側方，下方及び上方
　　の3つに区分したものである。従って，すべてのフードは，発散源がそ
　　の内側にあるか外側にあるかによって，囲い式又は外付け式のいずれか
　　の型式に区分されるものである。

5　表の備考の1は，本条に定める制御風速が局所排気装置のすべてのフ
　　ードを開放した場合の制御風速であることを明らかにしている。

　　局所排気装置の換気量が一定であるとすれば，制御風速は，フード及
　　びダクトの断面積に反比例する。従って，二以上のフードがある場合に，
　　一部のフードだけを開放したときに所定の制御風速が出し得ても，作業
　　の必要に応じてすべてのフードを開放したときには，所定の制御風速が
　　出し得なくなるからである。

6　制御風速の一般的定義は2に述べたとおりであるが，具体的にある局
　　所排気装置の制御風速を測定する場合，2の定義にいう「拡散の限界点
　　又は拡散範囲の特定点」のとり方によって制御風速が異なってくる。表
　　の備考の2は，このような限界点又は特定点のとり方をフードの型式に
　　応じて明らかにしたものである。

7　第2項は，局所排気装置，プッシュプル型換気装置又は全体換気装置

の選択が認められている場合において局所排気装置を設けたときは，その性能を全体換気装置の性能に相当する程度まで下げ得ることを定めたものである。

　通常，局所排気装置は，全体換気装置の換気量より少ない換気量でもってそれと同等以上の効果をあげることができる。しかし，同一作業場内で作業場所がいくつかに分れているため，多数のフードを設け，あるいは局所排気装置を 2 基以上設けた場合は，所定の制御風速を維持しようとするために，その換気量が，全体換気装置を設けた場合に必要な換気量を上回る事態が生じる。このような場合に，局所排気装置の換気量を全体換気装置に必要な換気量まで下げ，その結果制御風速が下がることとなっても，なお全体換気装置以上の換気効果が期待できるから，両装置の選択が認められているのであれば，あえて所定の制御風速を維持させる必要はないであろう。本条第 2 項は，かかる趣旨に基づいて設けられた規定である。

8　本条の局所排気装置の性能の判定にあたっては，局所排気装置を作動させ，熱線風速計を用いて，フードの型式に応じてそれぞれ次に定める位置における吸い込み気流の速度を測定することにより，その風速が本条の表に定められたフードの型式の制御風速の値以上である場合は，本条に規定された能力を有するものと判断して差し支えない（昭和58年 7 月18日基発第 383 号参照）。

⑴ 囲い式フード又はレシーバー式フード（キャノピー式のものを除く。）の局所排気装置にあっては，次の図に示す位置[注1]

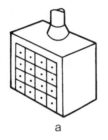

a

b

⑵ 外付け式フード又はレシーバー式フード（キャノピー型のものに限る。）の局所排気装置にあっては，次の図に示す位置[注2]

a　スロット型

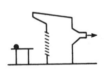

b　ルーバー型

c　グリッド型

d　円形型

熱源

e　キャノピー型

（注1）　1　●印は，フードの開口面をそれぞれの面積が等しく，かつ，一辺が0.5
　　　　　　m 以下となるように 16 以上（ただし，フードの開口面が著しく小さい場
　　　　　　合はこの限りでない）の部分に分割して各部分の中心であって，吸い込み
　　　　　　気流の速度を測定する位置を表す。
　　　　2　図a及びbに示す型式以外の型式のフードの局所排気装置に係る位置に
　　　　　　ついては，同図に準ずるものとする。
（注2）　1　●印は，フードの開口面から最も離れた作業位置であって，吸い込み気
　　　　　　流の速度を測定する位置を表す。
　　　　2　図aからeまでに示す型式以外の型式のフードの局所排気装置に係る位
　　　　　　置については，同図に準ずるものとする。

（プッシュプル型換気装置の性能等）

第16条の2　プッシュプル型換気装置は，厚生労働大臣が定める構造及び性
　　　能を有するものでなければならない。
　　　　　　　　　　　　　　　　　　　　　　　　　　　　（根22―(1)）

【要　旨】

　本条は，プッシュプル型換気装置の構造及び性能について定めたもので
あるが，具体的な構造及び性能については，平成9年労働省告示第21号（有
機溶剤中毒予防規則第16条の2の規定に基づき厚生労働大臣が定める構造
及び性能を定める件）に定めている（後掲　第4編参照）。

　プッシュプル型換気装置の型式を密閉式プッシュプル型換気装置及び開
放式プッシュプル型換気装置の2種類とし，気流の種類を下降気流，水平
気流等とすることとした。

　密閉式プッシュプル型換気装置としては，送風機により空気をブース内
へ供給し，かつ，排風機によりブース内の空気を吸引するもののほか，送
風機がなく，ブース内へ空気を供給する開口部を有し，かつ，排風機によ
りブース内の空気を吸引するものを含むこととした。

　開放式プッシュプル型換気装置としては，送風機により換気区域内に空

気を供給し，排風機により換気区域内及び換気区域外の空気を吸引するプッシュプル型換気装置とした。ただし，昭和54年12月26日基発第645号「プッシュプル型換気装置の性能及び構造上の要件等について」の記の第1のIの「プッシュプル型局所換気装置（開放槽用）」については，開放式プッシュプル型換気装置に含まれない。

（全体換気装置の性能）

第17条 全体換気装置は，次の表の上欄〔編注：左欄〕に掲げる区分に応じて，それぞれ同表の下欄〔編注：右欄〕に掲げる式により計算した1分間当りの換気量（区分の異なる有機溶剤等を同時に消費するときは，それぞれの区分ごとに計算した1分間当りの換気量を合算した量）を出し得る能力を有するものでなければならない。 (根22—(1))

消費する有機溶剤等の区分	1分間当りの換気量
第1種有機溶剤等	$Q = 0.3\,W$
第2種有機溶剤等	$Q = 0.04\,W$
第3種有機溶剤等	$Q = 0.01\,W$

　この表において，Q及びWは，それぞれ次の数値を表わすものとする。
Q　1分間当りの換気量（単位　立方メートル）
W　作業時間1時間に消費する有機溶剤等の量（単位　グラム）

② 前項の作業時間1時間に消費する有機溶剤等の量は，次の各号に掲げる業務に応じて，それぞれ当該各号に掲げるものとする。

1 第1条第1項第6号イ又はロに掲げる業務 作業時間1時間に蒸発する有機溶剤の量

2 第1条第1項第6号ハからへまで，チ，リ又はルのいずれかに掲げる業務 作業時間1時間に消費する有機溶剤等の量に厚生労働大臣が別に定める数値を乗じて得た量

3 第1条第1項第6号ト又はヌのいずれかに掲げる業務 作業時間1

　　時間に接着し，又は乾燥する物に，それぞれ塗布され，又は付着して

　　いる有機溶剤等の量に厚生労働大臣が別に定める数値を乗じて得た量

　　　　　　　　　　　　　　　　　　　　　　　　　　　　（根22―⑴）

③　第2条第2項本文後段の規定は，前項に規定する作業時間1時間に消

　　費する有機溶剤等の量について準用する。　　　　　　　（根22―⑴）

【要　旨】

本条は，全体換気装置について定めたものである。

【解　説】

1　本条に定める性能が設計上の能力をいうこと，また，この能力を作業

　中維持することについては第18条の定めるところであることは，局所排

　気装置の場合と同様である。

2　第1項の「1分間当りの換気量」は，発散する有機溶剤の蒸気の濃度

　を許容濃度以下にするために必要な換気量であって，その算式は，次の

　式に有機溶剤等の区分に応じてそれぞれ代表数値を代入して導いたもの

　である。

$$Q = \frac{24 \times 10^3}{60} \times \frac{W}{C \times M}$$

　この式において

　Q…1分間当りの換気量（単位　m³）

　W…1時間に消費する有機溶剤等の量（単位　g）

　M…有機溶剤の分子量

　C…有機溶剤の許容濃度（単位　ppm）

3　同一作業場において，例えば第3種有機溶剤等に係る塗装の業務と洗

　浄の業務を同時に行う場合は，必ずしもそれぞれの業務について全体換

　気装置を設ける必要はなく，1つの全体換気装置で足りるが，その場合

　の全体換気装置は，別々に全体換気装置を設けた場合に必要とされる換

気量を合算しただけの換気量を出し得る能力がなければならない。

4　第1条第1項第6号イ及びロの業務については,「作業時間1時間に蒸発する有機溶剤の量」によって換気量が決定される。この蒸発量は,これを直接に計り知ることは困難な面もあるが,それぞれ作業工程における有機溶剤の収率又は回収率を把握することによって間接的に知ることが可能である。

5　本条第1項に定める「1分間当りの換気量」は,2で述べたとおり,有機溶剤の蒸気の濃度を許容濃度以下にするために必要な換気量であるから,有機溶剤等の蒸発量あるいは消費量が把握し難い場合は,作業場所における空気中の有機溶剤の濃度を測定し,それが許容濃度を超えているか否かを知ることにより,全体換気装置が所定の能力を維持しているか否かを結果的に確認することができる。

　以上のほか,本条第2項及び第3項の規定に関しては,第2条に述べたところを参照されたい。

6　全体換気装置の排風機には,軸流形換気扇が使用されることが多いが,この風量については換気扇の性能曲線等によって静圧に応じた風量がわかる場合以外は,当該換気扇の風量は次によること。

換気扇の大きさ(径,cm)	風量　(m^3/min)	換気扇の大きさ(径,cm)	風量　(m^3/min)
15	3	30	13
20	5	40	25
25	8	50	40

(注)　この表の風量は換気扇を定格電圧(100 V)及び定格周波数(50 Hz 又は 60 Hz)で運転した場合とする。

（換気装置の稼働）

第18条　事業者は，局所排気装置を設けたときは，労働者が有機溶剤業務に従事する間，当該局所排気装置を第16条第1項の表の上欄〔編注：左欄〕に掲げる型式に応じて，それぞれ同表の下欄〔編注：右欄〕に掲げる制御風速以上の制御風速で稼働させなければならない。　　（根22―⑴）

②　前項の規定にかかわらず，第16条第2項各号のいずれかに該当する場合においては，当該局所排気装置は，同項に規定する制御風速以上の制御風速で稼働させれば足りる。

③　事業者は，第1項の局所排気装置を設けた場合であつて，有機溶剤業務の一部を請負人に請け負わせるときは，当該請負人が当該有機溶剤業務に従事する間（労働者が当該有機溶剤業務に従事するときを除く。），当該局所排気装置を第16条第1項の表の上欄〔編注：左欄〕に掲げる型式に応じて，それぞれ同表の下欄〔編注：右欄〕に掲げる制御風速以上の制御風速で稼働させること等について配慮しなければならない。ただし，第16条第2項各号のいずれかに該当する場合においては，当該局所排気装置は，同項に規定する制御風速以上の制御風速で稼働させること等について配慮すれば足りる。　　（根22―⑴）

④　事業者は，プッシュプル型換気装置を設けたときは，労働者が有機溶剤業務に従事する間，当該プッシュプル型換気装置を厚生労働大臣が定める要件を満たすように稼働させなければならない。

⑤　事業者は，前項のプッシュプル型換気装置を設けた場合であつて，有機溶剤業務の一部を請負人に請け負わせるときは，当該請負人が当該有機溶剤業務に従事する間（労働者が当該有機溶剤業務に従事するときを除く。），当該プッシュプル型装置を同項の厚生労働大臣が定める要件を満たすように稼働させること等について配慮しなければならない。

（根22―⑴）

⑥　事業者は，全体換気装置を設けたときは，労働者が有機溶剤業務に従事する間，当該全体換気装置を前条第1項の表の上欄〔編注：左欄〕に掲げる区分に応じて，それぞれ同表の下欄〔編注：右欄〕に掲げる1分

間当たりの換気量以上の換気量で稼働させなければならない。

⑦　事業者は，前項の全体換気装置を設けた場合であつて，有機溶剤業務の一部を請負人に請け負わせるときは，当該請負人が当該有機溶剤業務に従事する間（労働者が当該有機溶剤業務に従事するときを除く。），当該全体換気装置を前条第1項の表の上欄〔編注：左欄〕に掲げる区分に応じて，それぞれ同表の下欄〔編注：右欄〕に掲げる1分間当たりの換気量以上の換気量で稼働させること等について配慮しなければならない。

(根22―(1))

⑧　事業者は，局所排気装置，プッシュプル型換気装置又は全体換気装置を設けたときは，バッフルを設けて換気を妨害する気流を排除する等当該装置を有効に稼働させるために必要な措置を講じなければならない。

(根22―(1))

【要　旨】

　局所排気装置，プッシュプル型換気装置及び全体換気装置を稼働させる場合について，それぞれの性能として規定されている制御風速，要件又は換気量以上で稼働させなければならないこととするとともに，局所排気装置が第16条第2項各号に該当する場合には，全体換気装置の性能として定められている換気量に等しくなる制御風速で稼働させれば足りることとした。

【解　説】

1　本条は，平成9年3月に改正され，改正前の第18条第2項に含まれていた内容を本条に明確に示した。

2　第1項は，労働者が有機溶剤業務に従事している間，局所排気装置を第16条第1項で示しているフードの型式ごとに示している制御風速以上で稼働させることを定めている。改正前の本条では，「当該装置を稼働させること」及び「有効に稼働させるために必要な措置を講じること」を定めていたが，平成9年3月の本条の改正でそれをより明確にした。

3　第3項，第5項，第7項の「稼働させること等について配慮」の配慮
　義務には，事業者が設備を稼働させることのほか，請負人に対し，請負
　人が当該設備を稼働させることを許可すること，請負人に対し当該設備
　の稼働について助言すること等が含まれる。

4　「バッフル」とは，気流の方向を変えるつい立又は風向板をいう。

5　「換気を妨害する気流」とは，具体的には車の回転，機械の振動，物
　体の移動等による気流の乱れ及び窓の開放による通風等をいう。

　　また，「換気を妨害する気流を排除する等」の「等」には，気流の短
　絡の防止，作業場内の気圧の低下の防止等が含まれる。

　　通風が不十分な作業場に例えば局所排気装置を設けた場合，当該装置
　により吸引しただけの空気量が外部から作業場内に新たに供給されない
　と，作業場内の気圧が低下して局所排気装置自体の性能を弱めることと
　なる。このような場合には，必要な給気口を作業場に設けて，気圧の低
　下を防がなければならない。

（局所排気装置の稼働の特例）

第18条の2　前条第1項の規定にかかわらず，過去1年6月間，当該局所排
　気装置に係る作業場に係る第28条第2項及び法第65条第5項の規定によ
　る測定並びに第28条の2第1項の規定による当該測定の結果の評価が行
　われ，当該評価の結果，当該1年6月間，第1管理区分に区分されるこ
　とが継続した場合であつて，次条第1項の許可を受けるために，同項に
　規定する有機溶剤の濃度の測定を行うときは，次の措置を講じた上で，当
　該局所排気装置を第16条第1項の表の上欄〔編注：左欄〕に掲げる型式
　に応じて，それぞれ同表の下欄〔編注：右欄〕に掲げる制御風速未満の
　制御風速で稼働させることができる。

　1　次の事項を確認するのに必要な能力を有すると認められる者のうち
　　から確認者を選任し，その者に，あらかじめ，次の事項を確認させる
　　こと。

　イ　当該制御風速で当該局所排気装置を稼働させた場合に，制御風速
　　　が安定していること。
　ロ　当該制御風速で当該局所排気装置を稼働させた場合に，当該局所
　　　排気装置のフードにより有機溶剤の蒸気を吸引しようとする範囲内
　　　における当該フードの開口面から最も離れた作業位置において，有
　　　機溶剤の蒸気を吸引できること。
　2　当該局所排気装置に係る有機溶剤業務に従事する労働者に送気マス
　　ク，有機ガス用防毒マスク又は有機ガス用の防毒機能を有する電動フ
　　ァン付き呼吸用保護具を使用させること。
　3　前号の有機溶剤業務の一部を請負人に請け負わせるときは，当該請
　　負人に対し，送気マスク，有機ガス用防毒マスク又は有機ガス用の防
　　毒機能を有する電動ファン付き呼吸用保護具を使用する必要がある旨
　　を周知させること。
②　第13条の2第2項の規定は，前項第2号の規定により労働者に送気マ
　スクを使用させた場合について準用する。

【要　旨】

　本条は，事業者が，過去1年6月間，局所排気措置に係る作業について，
法令に基づく作業環境測定を行い，その測定の評価が第1管理区分に区分
されることが継続した場合であって，局所排気装置特例稼働許可を受ける
ために当該作業場の有機溶剤の濃度の測定を行うときは，一定の措置を講
じた上で，局所排気装置の性能として規定されている制御風速未満の制御
風速で稼働させることができることを規定したものである。

【解　説】

1　本条は，第28条の規定が適用されない作業場に設置された局所排気装
　置については，適用されない。例えば，第6条第2項の規定により設け
　る局所排気装置（屋内作業場に設置されたものを除く。）については，第
　28条の規定が適用されないことから，本条も適用されず，特例稼働でき

ない。

2　第1項第1号の「確認するのに必要な能力を有すると認められる者」
　には，次の者が該当する。

　(1)　労働衛生コンサルタント（試験の区分が労働衛生工学であるものに
　　合格した者に限る），衛生工学衛生管理者の免許を有する者，作業環
　　境測定士又は局所排気装置等の定期自主検査インストラクター講習
　　（昭和58年10月11日基発第563号「局所排気装置等の定期自主検査者
　　等養成講習について」の別添1の要綱に基づいて行われたものをい
　　う。）を修了した者で，厚生労働省労働基準局長が定める講習を修了
　　した者

　(2)　局所排気装置の設計の実務に3年以上従事した者であって，厚生労
　　働省労働基準局長が定める講習を修了した者

3　第1項第1号イの「制御風速が安定していること」の確認は，「局所排
　気装置の定期自主検査指針」（平成20年3月27日自主検査指針公示第1
　号）の「ファン及び電動機」の検査項目について定める検査方法及び判
　定基準で判定した結果，異常がなく，かつ，各フードにおける外乱気流
　が少ない状態で，当該制御風速が得られるようファンを調整した後3分
　間以上当該制御風速に変化がないことを確認することにより行う。

4　第1項第1号ロの「当該局所排気装置のフードにより有機溶剤の蒸気
　を吸引しようとする範囲内における当該フードの開口面から最も離れた
　作業位置」は，通常の有機溶剤業務の作業状況を調査したうえで，局所
　排気装置の定期自主検査指針の「吸気及び排気の能力」の制御風速の項
　検査方法の欄に定めた位置を定めること。ただし，囲い式フードにあっ
　ては，当該フードの開口面から5cm外側における最小風速を示す位置
　とする。

5　第1項第1号ロの「有機溶剤の蒸気を吸引できること」の確認は，各
　フードについて，通常，存在する外乱気流を調査し，この調査結果に基

づいて最も大きな外乱気流が捕捉気流の横方向から生じた場合の状態
で，スモークテスターにより吸引状況を調査し，確実にスモークが吸引
されることを確認することにより行う。

6　第2項の規定は，労働者に送気マスクを使用させた場合に空気の取入
口を有害な空気が発散しない場所に設けることをいう。

第18条の3　第18条第1項の規定にかかわらず，前条の規定により，第16条
　第1項の表の上欄〔編注：左欄〕に掲げる型式に応じて，それぞれ同表
　の下欄〔編注：右欄〕に掲げる制御風速未満の制御風速で局所排気装置
　を稼働させた場合であつても，当該局所排気装置に係る作業場の有機溶
　剤の濃度の測定の結果を第28条の2第1項の規定に準じて評価した結果，
　第1管理区分に区分されたときは，所轄労働基準監督署長の許可を受け
　て，当該局所排気装置を当該制御風速（以下「特例制御風速」という。）
　で稼働させることができる。

②　前項の許可を受けようとする事業者は，局所排気装置特例稼働許可申
　請書（様式第2号の2）に申請に係る局所排気装置に関する次の書類を添
　えて，所轄労働基準監督署長に提出しなければならない。

　1　作業場の見取図

　2　申請前1年6月間に行つた当該作業場に係る第28条第2項及び法第
　　65条第5項の規定による測定の結果及び第28条の2第1項の規定によ
　　る当該測定の結果の評価を記載した書面

　3　特例制御風速で当該局所排気装置を稼働させた場合の当該作業場の
　　有機溶剤の濃度の測定の結果及び第28条の2第1項の規定に準じて当
　　該測定の結果の評価を記載した書面

　4　法第88条第1項本文に規定する届出（以下この号において「届出」と
　　いう。）を行つたことを証明する書面（同条第1項ただし書の規定によ
　　る認定を受けたことにより届出を行つていない事業者にあつては，当
　　該認定を受けていることを証明する書面）

　5　申請前2年間に行つた第20条第2項に規定する自主検査の結果を記

載した書面

③　所轄労働基準監督署長は，前項の申請書の提出を受けた場合において，第1項の許可をし，又はしないことを決定したときは，遅滞なく，文書で，その旨を当該事業者に通知しなければならない。

④　第1項の許可を受けた事業者は，当該許可に係る作業場について第28条第2項の規定による測定及び第28条の2第1項の規定による当該測定の結果の評価を行つたときは，遅滞なく，文書で，第28条第3項各号の事項及び第28条の2第2項各号の事項を所轄労働基準監督署長に報告しなければならない。

⑤　第1項の許可を受けた事業者は，第2項の申請書及び書類に記載された事項に変更を生じたときは，遅滞なく，文書で，その旨を所轄労働基準監督署長に報告しなければならない。

⑥　所轄労働基準監督署長は，第4項の評価が第1管理区分でなかつたとき及び第1項の許可に係る作業場についての第28条第2項の測定の結果の評価が第28条の2第1項の第1管理区分を維持できないおそれがあると認めたときは，遅滞なく，当該許可を取り消すものとする。

【要　旨】

　本条は，局所排気装置特例稼働許可制度の申請方法，許可後の措置等について定めたものである。

【解　説】

1　第1項から第3項は，事業者が，局所排気装置をその性能として規定されている制御風速未満の制御風速で稼働させた場合であっても，作業場の有機溶剤の濃度の測定の結果が第1管理区分に区分されたときは，所轄労働基準監督署長の許可を受けて，局所排気装置を当該制御風速で稼働させることができるものとするとともに，当該許可を受けようとする場合の申請方法等について規定した。

2　第4項から第5項は，局所排気装置特例稼働許可を受けた事業者が，有機溶剤中毒予防規則に基づく作業環境測定及び評価を行ったときはそ

の結果を，申請に係る申請書及び書類について変更を生じたときはその旨を，遅滞なく，所轄労働基準監督署長に報告しなければならないことを規定した。

3　第6項は，所轄労働基準監督署長が，局所排気装置特例稼働許可を受けた事業者より報告された作業環境測定の評価の結果が第1管理区分でなかったとき及び許可に係る作業場の作業環境測定結果の評価が第1管理区分を維持できないと認めたときは，遅滞なく当該許可を取り消すことを規定した。

4　当該局所排気装置特例稼働許可申請に係る具体的な許可基準等は，平成9年基発第546号（最新改正：平成20年3月27日基発第0327001号）「有機溶剤中毒予防規則に基づく局所排気装置特例稼働許可等について」に示されており，その概要は次のとおりである。

(1)　許可対象

　局所排気装置特例稼働許可制度の許可の対象は，第1種及び第2種有機溶剤を使用し有機溶剤業務を行っている屋内作業場に設置された局所排気装置である。なお，当該作業場に複数の局所排気が設置されている場合は，これらの局所排気装置をまとめて一の許可の対象として取り扱って差し支えない。

(2)　申請書類

　許可を受けようとする者は，次の書類の提出が必要となる。

①　局所排気装置特例稼働許可申請書

②　作業場の見取図

③　過去1年6カ月分（3回分）の作業環境測定結果報告書のコピー

④　特例制御風速で局所排気装置を稼働させた場合の結果及び測定結果報告書のコピー

⑤　局所排気装置設置時の計画の届出書類のコピー

⑥　過去2年分（2回分）の局所排気装置定期自主検査結果の記録の

コピー

　この中で，①の「局所排気装置特例稼働許可申請書」については，特例制御風速で局所排気装置を稼働したときに安定していること及び当該局所排気装置に設けられた各フードの開口面から最も離れた作業位置で有機溶剤の蒸気を吸引できることの確認結果を含む。

　また，②の「作業場の見取図」については，対象となる局所排気装置の各フードが設置されているすべての作業場の見取図を指すので，局所排気装置のダクトが枝分かれして複数の作業場にフードが設置してある場合は，それらの作業場すべての見取図が必要となる。

　さらに，⑤の「計画の届出書類のコピー」については，平成18年改正により，労働安全衛生法第28条の2に規定する危険性又は有害性等の調査（リスクアセスメント）及び労働安全衛生規則第24条の2の指針に従った自主的活動（労働安全衛生マネジメントシステム）を実施し，所轄労働基準監督署長の認定を受けたことにより計画の届出を行っていない事業者は，当該認定証のコピーによることになる。

(3) 許可基準

　許可基準は，次のとおりである。

　1) 作業環境測定について

　　① 添付されている作業環境測定結果報告書及び特例制御風速濃度測定結果報告書の有機溶剤濃度の測定は，作業環境測定士が作業環境測定基準に従って実施したものであること。作業環境測定機関に委託した場合は，当該測定機関が作業環境測定統一精度管理事業に参加していること。

　　② 添付されている作業環境測定結果報告書及び特例制御風速濃度測定結果報告書の有機溶剤濃度の測定の結果は，作業環境評価基準に従って評価され，当該評価がすべて第1管理区分に区分されていること。

③　添付されている作業環境測定結果報告書及び特例制御風速濃度
測定結果報告書は，モデル様式に記載されていること。

④　添付されている作業環境測定結果報告書の作業環境測定は，6
月以内ごとに1回，定期に実施されていること。

2)　局所排気装置について

①　許可を受けようとする局所排気装置が設置されている作業場に
おいて，作業環境測定結果報告書に記載されている有機溶剤以外
の第1種，第2種有機溶剤が使用されていないこと。

②　許可を受けようとする局所排気装置が，鉛作業，特定化学物質
を取り扱う作業及び粉じん作業に使用されていないこと。

③　許可を受けようとする局所排気装置にインバータが設置されて
おり，法定の制御風速及び特例制御風速のいずれにおいても安定
していること。

④　特例制御風速は，すべてのフードにおいて0.2m/s以上であっ
て，有機溶剤を吸引しようとする範囲内における最も離れた作業
位置において有機溶剤の蒸気を吸引できること。

⑤　局所排気装置に空気清浄装置が設けられておらず，かつ，排気
口の高さが屋根から1.5mに満たない場合は，特例制御風速で稼
働させたときに排気口における有機溶剤の濃度が管理濃度の2分
の1未満であること。

⑥　許可を受けようとする局所排気装置について，労働安全衛生法
に基づいて計画届が提出されており，申請書に記載されていない
フード及び計画届にないフードが設置されていないこと。

⑦　許可を受けようとする局所排気装置について，申請前2年間に
ついて，定期自主検査が定期自主検査指針に基づき行われており，
有機溶剤中毒予防規則第16条第1項に定める制御風速以上の能力
を有していることを確認していること。

第4章　管　　　理

　本章は，法第14条及び第45条の規定に基づき，有機溶剤中毒の予防に必要な管理について定めたものである。

　すなわち，第19条及び第19条の2は有機溶剤作業主任者の選任及びその職務について，第20条から第23条までは局所排気装置及びプッシュプル型換気装置の定期自主検査等の設備の保守管理について，第24条は有機溶剤に関する必要な知識を労働者に与えるための掲示について，また，第25条は労働者の注意を喚起するために現に使用している有機溶剤等の区分の表示についてそれぞれ定めている。さらに第26条では特に急性中毒の発生するおそれが大きいタンク内作業について具体的な作業基準を定め，第27条は事故発生時の退避その他の措置について定めたものである。

　（有機溶剤作業主任者の選任）
第19条　令第6条第22号の厚生労働省令で定める業務は，有機溶剤業務（第1条第1項第6号ルに掲げる業務を除く。）のうち次に掲げる業務以外の業務とする。
　1　第2条第1項の場合における同項の業務
　2　第3条第1項の場合における同項の業務
②　事業者は，令第6条第22号の作業については，有機溶剤作業主任者技能講習を修了した者のうちから，有機溶剤作業主任者を選任しなければならない。　　　　　　　　　　　　　　　　　　　　　　　　（根14）

【要　旨】

　本条は，法第14条及び令第6条第22号の規定に基づき，有機溶剤作業主任者を選任すべき業務及び有機溶剤作業主任者の資格について定めたものである。

【解　説】

1　事業場の安全衛生管理体制については，法の第3章「安全衛生管理体制」の中に諸規定があり，総括安全衛生管理者（第10条），安全管理者（第11条），衛生管理者（第12条），安全衛生推進者（第12条の2），産業医（第13条）及び作業主任者（第14条）等の選任が事業者に義務づけられている。

　これらのうち，総括安全衛生管理者，安全管理者，衛生管理者，安全衛生推進者及び産業医は，事業場の規模に応じて選任が求められるもので，主として事業場内の全体的な安全衛生管理をつかさどるものである。

　これに対して作業主任者は，事業場の規模の大小にかかわらず，一定の危険有害作業について，一定の有資格者の中から選任が求められている。これは，労働災害の防止には全体的な安全衛生管理体制の整備もさることながら，作業場所における指揮者の的確な指示及び機械，設備等の保守管理などが重要であるので，単にその作業に習熟しているだけではなく，その危険性，有害性及び労働災害の防止のために必要な措置等に関して十分な知識をもっている者を作業主任者として選任し，作業の方法の決定，作業の指揮・管理を行わせるものである。

2　本条の規定により有機溶剤作業主任者の選任を要する業務は，屋内作業場等において行う有機溶剤業務のうち，第2条第1項又は第3条第1項の適用除外に該当する業務及び第1条第1項第6号ルの業務（試験・研究の業務）を除いたすべての業務である。

　適用除外に該当する業務は，有機溶剤等を取り扱う量が少量であるため，有機溶剤による健康障害を生じるおそれが少ないことから，また，試験・研究の業務については，有機溶剤についての知識を有する者によって取り扱われていること等から，それぞれ有機溶剤作業主任者の選任を要しないこととしたものである。

　なお，「試験の業務」には，作業環境測定及び分析作業（計量のため

に日常的に行うものを含む）が含まれる。

3　有機溶剤作業主任者は，法第14条の規定により，作業の区分ごとに選任を要するものであり，具体的には作業場ごとに選任を要するが，必ずしも単位作業室ごとに選任を要するものではなく，その職務を十分に遂行し得る範囲ごとに選任されておればよい。

　なお，交替制勤務の場合には，各直ごとに必要数の有機溶剤作業主任者を選任しなければならない。

4　第2項の「選任」に当たっては，その者が第19条の2各号に掲げる事項を常時遂行することができる立場にある者を選任することが必要である。

　なお，特別有機溶剤に係る特定化学物質作業主任者は，有機溶剤作業主任者技能講習を修了した者の中から選任しなければならないこととされている（後掲　第5編参照）。

【参　考】

労働安全衛生法施行令
（作業主任者を選任すべき作業）
第6条　法第14条の政令で定める作業は，次のとおりとする。
　第1号－第21号　略
　22　屋内作業場又はタンク，船倉若しくは坑の内部その他の厚生労働省令で定める場所において別表第6の2に掲げる有機溶剤（当該有機溶剤と当該有機溶剤以外の物との混合物で，当該有機溶剤を当該混合物の重量の5パーセントを超えて含有するものを含む。第21条第10号及び第22条第1項第6号において同じ。）を製造し，又は取り扱う業務で，厚生労働省令で定めるものに係る作業
　第23号　略

労働安全衛生法

(作業主任者)

第14条　事業者は，高圧室内作業その他の労働災害を防止するための管理を必要とする作業で，政令で定めるものについては，都道府県労働局長の免許を受けた者又は都道府県労働局長の登録を受けた者が行う技能講習を修了した者のうちから，厚生労働省令で定めるところにより，当該作業の区分に応じて，作業主任者を選任し，その者に当該作業に従事する労働者の指揮その他の厚生労働省令で定める事項を行わせなければならない。

労働安全衛生規則

(作業主任者の職務の分担)

第17条　事業者は，別表第1の上欄〔編注：左欄〕に掲げる1の作業を同一の場所で行なう場合において，当該作業に係る作業主任者を2人以上選任したときは，それぞれの作業主任者の職務の分担を定めなければならない。

(作業主任者の氏名等の周知)

第18条　事業者は，作業主任者を選任したときは，当該作業主任者の氏名及びその者に行なわせる事項を作業場の見やすい箇所に掲示する等により関係労働者に周知させなければならない。

別表第1（第16条，第17条関係）（抄）

作業の区分	資格を有する者	名　称
令第6条第18号の作業のうち，特別有機溶剤又は令別表第3第2号37に掲げる物で特別有機溶剤に係るものを製造し，又は取り扱う作業	有機溶剤作業主任者技能講習を修了した者	特定化学物質作業主任者（特別有機溶剤等関係）
令第6条第22号の作業	有機溶剤作業主任者技能講習を修了した者	有機溶剤作業主任者

（有機溶剤作業主任者の職務）

第19条の2　事業者は，有機溶剤作業主任者に次の事項を行わせなければならない。

　1　作業に従事する労働者が有機溶剤により汚染され，又はこれを吸入しないように，作業の方法を決定し，労働者を指揮すること。

　2　局所排気装置，プッシュプル型換気装置又は全体換気装置を1月を超えない期間ごとに点検すること。

　3　保護具の使用状況を監視すること。

　4　タンクの内部において有機溶剤業務に労働者が従事するときは，第26条各号（第2号，第4号及び第7号を除く。）に定める措置が講じられていることを確認すること。　　　　　　　　　　　　　　　（根14）

【要　旨】

　本条は，作業主任者の行わなければならない職務の内容について定めたものである。

【解　説】

1　第1号の「作業の方法」は，労働者の健康障害の予防に必要な事項に限るものであり，具体的には局所排気装置，プッシュプル型換気装置，全体換気装置の起動，停止，監視，調整等の要領，有機溶剤等の送給，取出し，サンプリング等の方法，有機溶剤等によって生じた汚染の除去方法，有機溶剤を含有している廃棄物の処理方法，作業相互間の連絡，合図の方法などが含まれる。

2　第2号の「点検する」とは，局所排気装置，プッシュプル型換気装置又は全体換気装置について，第2章及び第3章に規定する健康障害予防のための措置に係る事項を中心に点検することをいい，具体的には装置の主要部分の損傷，脱落，腐食，異常音等の異常の有無，装置の効果の確認等がある。

3　第3号の「保護具の使用状況の監視」は，労働者が，必要に応じて適切な保護具を使用しているかどうかを監視するものである。

4　第4号は，タンクの内部で行う有機溶剤業務については，有機溶剤による急性中毒の発生するおそれが大きく，これを防止するため，作業に際してとるべき措置が第26条に定められているので，このような作業を行う場合にはこれらの措置が確実に講じられているかどうかを確認することを定めたものである。

（局所排気装置の定期自主検査）

第20条　令第15条第1項第9号の厚生労働省令で定める局所排気装置（有機溶剤業務に係るものに限る。）は，第5条又は第6条の規定により設ける局所排気装置とする。　　　　　　　　　　　　　　　　　　（根45）

②　事業者は，前項の局所排気装置については，1年以内ごとに1回，定期に，次の事項について自主検査を行わなければならない。ただし，1年を超える期間使用しない同項の装置の当該使用しない期間においては，この限りでない。

1　フード，ダクト及びファンの摩耗，腐食，くぼみその他損傷の有無及びその程度

2　ダクト及び排風機におけるじんあいのたい積状態

3　排風機の注油状態

4　ダクトの接続部における緩みの有無

5　電動機とファンを連結するベルトの作動状態

6　吸気及び排気の能力

7　前各号に掲げるもののほか，性能を保持するため必要な事項

　　　　　　　　　　　　　　　　　　　　　　　　　　　　（根45—①）

③　事業者は，前項ただし書の装置については，その使用を再び開始する際に，同項各号に掲げる事項について自主検査を行わなければならない。

　　　　　　　　　　　　　　　　　　　　　　　　　　　　（根45—①）

【要　旨】

　本条は，法第45条第1項及び令第15条第1項第9号の規定に基づき，有機溶剤業務に係る定期自主検査の対象となる設備は，第5条又は第6条の規定により設ける局所排気装置であることを定めるとともに，当該設備ごとの検査事項について1年以内ごとに1回，定期に，検査を行うべきことを定めたものである。

【解　説】

1　第2項のただし書は，1年を超える期間使用を休止しているものについては，休止期間中検査を要しないことを定めたものであるが，これの使用を再開する場合には第3項の規定に基づき所定の自主検査を行う必要がある。

2　第2項第7号の必要な事項としては，ダンパーの開閉機能の適否，排ガス処理機構を付設されたものにあってはその部分の損傷の有無及び機能の適否，排出口の損傷の有無等がある。

3　局所排気装置の定期自主検査については，その適切，かつ，有効な実施を図るため，「局所排気装置の定期自主検査指針（平成20年3月27日自主検査指針公示第1号)」が定められており，この指針に基づいて行うことが望ましい。

　　なお，この指針については『局所排気装置，プッシュプル型換気装置及び除じん装置の定期自主検査指針の解説』（中央労働災害防止協会発行）に掲載されている。

（プッシュプル型換気装置の定期自主検査）

第20条の2　令第15条第1項第9号の厚生労働省令で定めるプッシュプル型換気装置（有機溶剤業務に係るものに限る。）は，第5条又は第6条の規定により設けるプッシュプル型換気装置とする。

②　前条第2項及び第3項の規定は，前項のプッシュプル型換気装置に関

して準用する。この場合において，同条第2項第3号中「排風機」とあるのは「送風機及び排風機」と，同項第6号中「吸気」とあるのは「送気，吸気」と読み替えるものとする。

【要　旨】

本条は，第5条又は第6条の規定により設けるプッシュプル型換気装置について，定期自主検査及び使用開始時等における点検を行わなければならないこととし，その検査・点検項目を定めたものである。

【解　説】

1　第2項は，第20条第2項及び第3項に規定する局所排気装置の点検項目と同様の事項について自主検査を行わなければならないことを定めたものである。

2　プッシュプル型換気装置の定期自主検査については，「プッシュプル型換気装置の定期自主検査指針（平成20年3月27日自主検査指針公示第2号）」に基づいて行うことが望ましい。

【参　考】

労働安全衛生法施行令

（定期に自主検査を行うべき機械等）

第15条　法第45条第1項の政令で定める機械等は，次のとおりとする。

第1号-第8号　略

　9　局所排気装置，プッシュプル型換気装置，除じん装置，排ガス処理装置及び排液処理装置で，厚生労働省令で定めるもの

第10号・第11号　略

②　略

労働安全衛生法

（定期自主検査）

第45条　事業者は，ボイラーその他の機械等で，政令で定めるものについ

て，厚生労働省令で定めるところにより，定期に自主検査を行ない，及びその結果を記録しておかなければならない。

②-④ 略

（記　録）

第21条　事業者は，前二条の自主検査を行なつたときは，次の事項を記録して，これを 3 年間保存しなければならない。

1　検査年月日
2　検査方法
3　検査箇所
4　検査の結果
5　検査を実施した者の氏名
6　検査の結果に基づいて補修等の措置を講じたときは，その内容

(**根45—①　103—①**)

【要　旨】

本条は，前二条の規定に基づき実施した定期自主検査結果の記録及びその保存について定めたものである。

（点　検）

第22条　事業者は，第20条第 1 項の局所排気装置をはじめて使用するとき，又は分解して改造若しくは修理を行つたときは，次の事項について点検を行わなければならない。

1　ダクト及び排風機におけるじんあいのたい積状態
2　ダクトの接続部における緩みの有無
3　吸気及び排気の能力
4　前三号に掲げるもののほか，性能を保持するため必要な事項

(**根22—(1)**)

②　前項の規定は，第20条の2第1項のプッシュプル型換気装置に関して
準用する。この場合において，前項第3号中「吸気」とあるのは「送気，
吸気」と読み替えるものとする。

【要　旨】

本条は，第5条若しくは第6条の規定による局所排気装置若しくはプッ
シュプル型換気装置を新設した際又は改造修理した際に一定の事項につい
て点検を行うべきことを定めたものである。

【解　説】

本条の規定により行った点検の結果は，一定期間後に行うべき定期自主
検査の基本データとなるべきものであるので，その結果については，つと
めて記録し保存しておく必要がある。

（補　修）
第23条　事業者は，第20条第2項及び第3項（第20条の2第2項において準
用する場合を含む。）の自主検査又は前条の点検を行なつた場合において，
異常を認めたときは，直ちに補修しなければならない。　　　　（根22—(1)）

【要旨及び解説】

本条は，第20条第2項及び第3項（第20条の2第2項において準用する
場合を含む。）の定期自主検査又は前条の点検を行った結果，局所排気装
置又はプッシュプル型換気装置に異常が認められた場合には，直ちに補修
すべきことを定めたものであり，この措置が講じられない限り当該設備を
稼働させてはならないものである。

（掲　示）
第24条　事業者は，屋内作業場等において有機溶剤業務に労働者を従事さ
せるときは，次の事項を，作業中の労働者が容易に知ることができるよ

う，見やすい場所に掲示しなければならない。

1　有機溶剤により生ずるおそれのある疾病の種類及びその症状

2　有機溶剤等の取扱い上の注意事項

3　有機溶剤による中毒が発生したときの応急処置

4　次に掲げる場所にあつては，有効な呼吸用保護具を使用しなければ
ならない旨及び使用すべき呼吸用保護具

　　イ　第13条の2第1項の許可に係る作業場（同項に規定する有機溶剤
　　　の濃度の測定を行うときに限る。）

　　ロ　第13条の3第1項の許可に係る作業場であつて，第28条第2項の
　　　測定の結果の評価が第28条の2第1項の第1管理区分でなかつた作
　　　業場及び第1管理区分を維持できないおそれがある作業場

　　ハ　第18条の2第1項の許可に係る作業場（同項に規定する有機溶剤
　　　の濃度の測定を行うときに限る。）

　　ニ　第28条の2第1項の規定による評価の結果，第3管理区分に区分
　　　された場所

　　ホ　第28条の3の2第4項及び第5項の規定による措置を講ずべき場
　　　所

　　ヘ　第32条第1項各号に掲げる業務を行う作業場

　　ト　第33条第1項各号に掲げる業務を行う作業場　　　　（根22—(1)）

【要　旨】

　本条は，有機溶剤に関する必要な知識を労働者に周知させるための掲示
について定めたものである。

【解　説】

1　有機溶剤中毒を予防するには，事業者が必要な措置を講じなければな
　らないことは勿論であるが，労働者自身が有機溶剤の性質，有機溶剤の
　取扱い上の注意事項等を熟知することも極めて必要なことであり，本条
　のほかに，第25条においても当該作業場で製造し，又は取り扱う有機溶

剤等の区分を表示させることとしている。

2　掲示場所は，作業中の労働者が見やすい場所でなければならないが，タンク，船舶等において作業場内に掲示することが困難な場合は，作業場への出入りに際して労働者が容易に認めうるような場所であれば，作業場外であっても足りる趣旨である。

3　危険有害業務又は作業を複数の事業者が共同で行っている場合等，同一場所について掲示を行う義務が複数の事業者にかかっているときは，掲示を事業者ごとに複数行う必要はなく，当該複数の事業者が共同で掲示を行っても差し支えない。

4　掲示内容等については，「労働安全衛生規則第592条の8等で定める有害性等の掲示内容について」（令和5年3月29日付け基発0329第32号）で具体的に示している。

（有機溶剤等の区分の表示）

第25条　事業者は，屋内作業場等において有機溶剤業務に労働者を従事させるときは，当該有機溶剤業務に係る有機溶剤等の区分を，色分け及び色分け以外の方法により，見やすい場所に表示しなければならない。

②　前項の色分けによる表示は，次の各号に掲げる有機溶剤等の区分に応じ，それぞれ当該各号に定める色によらなければならない。

1　第1種有機溶剤等　赤

2　第2種有機溶剤等　黄

3　第3種有機溶剤等　青　　　　　　　　　　　　　　　　　（根22―(1)）

【要　旨】

本条は，作業中に取り扱う有機溶剤等の区分を労働者及び労働者以外の者も含め当該場所で作業に従事する者に知らせるため，当該区分を色別と色別以外の方法により作業場に表示すべきことを定めたものである。

【解　説】

1　本条の規定は，労働者及び労働者以外の者も含め当該場所で作業に従事する者に対して，その現に取り扱っている有機溶剤等の区分を知らせることによって注意を喚起するためのものである。

　　同一作業場において二以上の有機溶剤業務を行い，それぞれ区分の異なる有機溶剤等を取り扱っている場合は，それらの区分を一括表示することなく，それぞれの業務に従事する者が自らの取り扱っている有機溶剤等の区分を知りうるように表示すべきであり，また，同一業務において使用する有機溶剤等の区分が変更される場合は，表示を変えなければならない。

2　表示方法については，所定の色をもって着色されたものであれば，旗，板，紙等のいずれによっても差し支えないが，従事する者が容易に識別しうる程度の鮮明さ及び大きさをもつものでなければならない。

　　なお，表示に当たっては，取り扱っている有機溶剤等の区分を色別で表示するだけでなく，当該区分に応じた色の他に当該区分を文字等で記載しなければならない。

（タンク内作業）

第26条　事業者は，タンクの内部において有機溶剤業務に労働者を従事させるときは，次の措置を講じなければならない。

　1　作業開始前，タンクのマンホールその他有機溶剤等が流入するおそれのない開口部を全て開放すること。

　2　当該有機溶剤業務の一部を請負人に請け負わせる場合（労働者が当該有機溶剤業務に従事するときを除く。）は，当該請負人の作業開始前，タンクのマンホールその他有機溶剤等が流入するおそれのない開口部を全て開放すること等について配慮すること。

　3　労働者の身体が有機溶剤等により著しく汚染されたとき，及び作業が終了したときは，直ちに労働者に身体を洗浄させ，汚染を除去させ

　　ること。

　4　当該有機溶剤業務の一部を請負人に請け負わせるときは，当該請負
　　人に対し，身体が有機溶剤等により著しく汚染されたとき，及び作業
　　が終了したときは，直ちに身体を洗浄し，汚染を除去する必要がある
　　旨を周知させること。

　5　事故が発生したときにタンクの内部の労働者を直ちに退避させるこ
　　とができる設備又は器具等を整備しておくこと。

　6　有機溶剤等を入れたことのあるタンクについては，作業開始前に，次
　　の措置を講ずること。

　　イ　有機溶剤等をタンクから排出し，かつ，タンクに接続する全ての
　　　配管から有機溶剤等がタンクの内部へ流入しないようにすること。

　　ロ　水又は水蒸気等を用いてタンクの内壁を洗浄し，かつ，洗浄に用
　　　いた水又は水蒸気等をタンクから排出すること。

　　ハ　タンクの容積の3倍以上の量の空気を送気し，若しくは排気する
　　　か，又はタンクに水を満たした後，その水をタンクから排出するこ
　　　と。

　7　当該有機溶剤業務の一部を請負人に請け負わせる場合（労働者が当
　　該有機溶剤業務に従事するときを除く。）は，有機溶剤等を入れたこ
　　とのあるタンクについては，当該請負人の作業開始前に，前号イか
　　らハまでに掲げる措置を講ずること等について配慮すること。

　　　　　　　　　　　　　　　　　　　　　　　　　　　　（根22―(1)）

【要　旨】

　本条は，通風が不十分なため急性中毒の発生するおそれが大きいタンク
の内部において有機溶剤業務を行う場合に必要な措置について定めたもの
である。

【解　説】

1　本条の「タンクの内部」とは，第1条第2項第3号の「タンクの内部」
　をいうものである。

2　第2号及び第7号の「配慮」には，「開放すること等」や「措置を講ずること等」を事業者が行うことのほか，請負人に対し行うことを許可すること，請負人に対し行うことを助言すること等が含まれる。

3　第5号の「設備又は器具等」は，具体的には，命綱，巻上げ可能な吊り足場，はしご等をいうものであり，これらは，緊急時には直ちに使用できるように整備しておかなければならない。

4　加鉛ガソリンを入れたことのあるタンクについては，本条の規定とともに，四アルキル鉛中毒予防規則第7条の規定が適用される。この場合，同条第2項の措置を講じたときは，本条第6号ハの措置を講じたものとみなされる。

5　タンク内作業においては，たとえ保護具を使用する場合であっても，第9条第2項に該当する場合を除いては，所定の換気装置を設置しなければならない。

　　また，第9条第2項に該当する場合であっても，換気装置を設けて行うことが望ましい。

6　タンク内作業のうち，第1条第1項第6号ヲの業務及び第9条第2項に該当する業務については，第32条において送気マスクの使用が，その他の業務については，第33条において送気マスク，有機ガス用防毒マスク又は有機ガス用の防毒機能を有する電動ファン付き呼吸用保護具の使用がそれぞれ義務づけられている。

　　なお，この保護具の使用については，タンク内作業者が作業中に漸次増加する呼吸困難等により保護具を的確に使用しない事例があるので，このような事態を生じさせないため，教育の徹底並びに適正な作業方法及び作業時間等に関しても留意しなければならない。

7　タンク内作業に当たっては，本条の各号に定めた措置の具体的実施方法等及び次の事項についてタンク内標準作業要領を作成し，これを作業者に周知徹底しなければならない。

① タンク内作業における監督責任

② タンク内作業における監督者の確認事項

③ タンク内作業手順

④ 事故発生時の措置

⑤ タンク内作業を行う下請事業場に対する指導

8　第1条第1項第6号ヲの業務を行う場合で，特に，タンク内作業を一時中断後に作業を再開するとき又は長時間使用していなかったタンクにおいてタンク内作業を行おうとするときは，当該タンク内の空気中の有機溶剤の蒸気及び酸素の濃度を測定し，タンク内部に作業者が入っても差し支えない状態であるかどうか確認する必要がある。

9　タンク内作業を，下請事業場に行わせる場合には，発注者は，下請事業場が，発注者の作成したタンク内標準作業要領に従って作業を行うよう指導しなければならない。

【参　考】

四アルキル鉛中毒予防規則

第7条　前条の規定（第1項第2号，第3号及び第6号の規定を除く。）は，令別表第5第4号に掲げる業務（加鉛ガソリン用のタンクに係るものに限る。）に労働者を従事させる場合及び当該業務の一部を請負人に請け負わせる場合に準用する。この場合において，前条第1項及び第3項から第5項まで中「第1号から第5号まで」とあるのは「第1号，第4号及び第5号」と，同条第4項中「第1号から第6号まで」とあるのは「第1号，第4号，第5号」と読み替えるものとする。

② 事業者は，前項の業務に労働者を従事させるときは，作業開始前に換気装置によりタンクの内部の空気中におけるガソリンの濃度が0.1ミリグラム毎リットル以下になるまで換気し，かつ，作業中も当該装置により換気を続けなければならない。

③ 事業者は，第1項の業務の一部を請負人に請け負わせる場合（労働者

が当該業務に従事するときを除く。）は，当該請負人が作業を開始する前
に，前項の換気を行うこと等について配慮しなければならない。

労働安全衛生法施行令

別表第5　四アルキル鉛等業務（第6条，第22条関係）

　第1号－第3号　略

　4　四アルキル鉛及び加鉛ガソリン（四アルキル鉛を含有するガソリン
　　をいう。）（以下「四アルキル鉛等」という。）によりその内部が汚染さ
　　れており，又は汚染されているおそれのあるタンクその他の設備の内
　　部における業務

　第5号－第8号　略

（事故の場合の退避等）

第27条　事業者は，タンク等の内部において有機溶剤業務に労働者を従事
　させる場合において，次の各号のいずれかに該当する事故が発生し，有
　機溶剤による中毒の発生のおそれのあるときは，直ちに作業を中止し，作
　業に従事する者を当該事故現場から退避させなければならない。

　1　当該有機溶剤業務を行う場所を換気するために設置した局所排気装
　　置，プッシュプル型換気装置又は全体換気装置の機能が故障等により
　　低下し，又は失われたとき。

　2　当該有機溶剤業務を行う場所の内部が有機溶剤等により汚染される
　　事態が生じたとき。　　　　　　　　　　　　　　　　　　　（根25）

②　事業者は，前項の事故が発生し，作業を中止したときは，当該事故現
　場の有機溶剤等による汚染が除去されるまで，作業に従事する者が当該
　事故現場に立ち入ることについて，禁止する旨を見やすい箇所に表示す
　ることその他の方法により禁止しなければならない。ただし，安全な方
　法によつて，人命救助又は危害防止に関する作業をさせるときは，この
　限りでない。　　　　　　　　　　　　　　　　　　　　　　（根25）

【要　旨】

　本条は，有機溶剤等の漏えいや換気装置の故障等が起こり，中毒の発生
するおそれがある場合には，作業を中止して作業従事者を退避させるとと
もに，当該事故現場の有機溶剤による汚染が除去されるまで立入りを制限
しなければならないことを定めたものである。

【解　説】

1　タンク等の内部において有機溶剤業務を行う場合には，通風が不十分
　なために，有機溶剤の蒸気が滞留しやすく，換気装置の故障や有機溶剤
　等の漏えい等に際し，急性中毒の発生するおそれが大きいことから，本
　条において退避等の緊急措置について定めたものである。

2　作業に従事する者とは，作業の内容如何に関わらず，その場所で何ら
　かの作業(危険有害な作業に限らず，現場監督，記録のための写真撮影，
　荷物の搬入等も含まれる。)に従事する者をいい，次に掲げる者が含ま
　れる。

　①　当該場所で何らかの作業に従事する他社の社長や労働者

　②　当該場所で何らかの作業に従事する一人親方

　③　当該場所で何らかの作業に従事する一人親方の家族従事者

　④　当該場所に荷物等を搬入する者

3　労働者以外の者に対して事業者が退避を求めたにも関わらず，当該者
　が退避しなかった場合において，その退避しなかったことについての責
　任を事業者に求めるものではない。

4　第1項第2号の場合は，有機溶剤等の容器をくつがえしたために有機
　溶剤等が多量にこぼれた場合あるいはタンク内作業において配管から有
　機溶剤等が流入してきた場合等をいう。

5　第1項各号の事故が発生しても，有機溶剤による中毒の発生するおそ
　れがない場合は，作業を中止し，労働者を退避させる必要はない。換気
　装置の機能低下の程度が軽微であって，しかもすぐ回復する見込みがあ

るような場合がその一例である。

6　第2項の「安全な方法」とは，監督者の指示の下に，送気マスクを装
着し，及び命綱等を使用して行うような方法をいう。

7　屋内作業場等のうち，タンク等の内部以外の場所において有機溶剤業
務に労働者を従事させる場合には，第1項各号に掲げる事故が発生して
も本条の規定の適用はないが，この場合も本条に準じた措置をとること
が望ましい。

8　立入り等の禁止の方法のうち，表示以外の方法としては，ロープ，柵
等で入れないようにする方法，出入口を施錠する方法などがある。

9　事業者が，表示その他の方法で立入りを禁止している場所について，
作業に従事する者が当該表示を無視して，当該場所に立ち入った場合に
おいて，その立入りについての責任を当該事業者に求めるものではない。

10　危険有害業務又は作業を複数の事業者が共同で行っている場合等，同
一場所について立入りの禁止を行う義務が複数の事業者にかかっている
ときは，立入りの禁止の表示を事業者ごとに複数行う必要はなく，当該
複数の事業者が共同で表示を行っても差し支えない。

第5章　測　　定

　本章は，法第65条及び令第21条の規定に基づき，作業環境測定を行うべ
き有機溶剤業務について規定し，さらに測定の頻度及びその結果の記録に
ついて定めたものである。

　また，法第5条の2の規定に基づき，作業環境測定結果の評価及びその
結果に基づく措置について定めている。

　（測　定）

第28条　令第21条第10号の厚生労働省令で定める業務は，令別表第6の2
　　第1号から第47号までに掲げる有機溶剤に係る有機溶剤業務のうち，第3
　　条第1項の場合における同項の業務以外の業務とする。

②　事業者は，前項の業務を行う屋内作業場について，6月以内ごとに1
　　回，定期に，当該有機溶剤の濃度を測定しなければならない。

（根65—①）

③　事業者は，前項の規定により測定を行なつたときは，そのつど次の事
　　項を記録して，これを3年間保存しなければならない。

　1　測定日時

　2　測定方法

　3　測定箇所

　4　測定条件

　5　測定結果

　6　測定を実施した者の氏名

　7　測定結果に基づいて当該有機溶剤による労働者の健康障害の予防措
　　　置を講じたときは，当該措置の概要

（根65—①　103—①）

【要　旨】

　本条は，法第65条第1項及び令第21条第10号の規定に基づき，本条第1項に定められた有機溶剤について，その作業環境測定を6カ月以内ごとに1回行うとともに，その結果を記録しなければならないことを定めたものである。

【解　説】

1　作業環境測定は，作業環境の現状を認識し，作業環境を改善する端緒となるとともに，作業環境の改善のためにとられた措置の効果を確認する機能を有するものであって，作業環境管理の基礎的な要素である。

2　測定の方法については，法第65条第2項の規定に基づいて定められている作業環境測定基準(昭和51年労働省告示第46号)において，個々の測定対象有機溶剤ごとに定められており，この方法によらなければならない。

　なお，この測定は，作業環境測定法第3条の規定により，作業環境測定士が行わなければならないものである。

3　測定の頻度は，昭和53年の改正により，従来の「3月以内ごとに1回」から「6月以内ごとに1回」に改められたが，これは，本規則が最初に制定された，昭和35年当時と比較して次のようなことから，6月以内ごとに1回測定を行えば，作業環境の状態をおおむね把握しうるようになったためである。

⑴　局所排気装置等の性能が強化され，さらにこれらの設備についての定期自主検査，作業主任者の行う定期点検等により，その性能確保が図られるようになったこと。

⑵　作業環境測定法（昭和50年法律第28号）の施行により，作業環境測定士が作業環境測定基準に従って測定を行うこととなり，精度の高い測定結果が得られるようになったこと。

【参　考】

労働安全衛生法

（作業環境測定）

第65条　事業者は，有害な業務を行う屋内作業場その他の作業場で，政令
で定めるものについて，厚生労働省令で定めるところにより，必要な作
業環境測定を行い，及びその結果を記録しておかなければならない。

②　前項の規定による作業環境測定は，厚生労働大臣の定める作業環境測
定基準に従つて行わなければならない。

③-⑤　略

労働安全衛生法施行令

（作業環境測定を行うべき作業場）

第21条　法第65条第1項の政令で定める作業場は，次のとおりとする。

第1号-第9号　略

10　別表第6の2に掲げる有機溶剤を製造し，又は取り扱う業務で厚生
労働省令で定めるものを行う屋内作業場

作業環境測定基準

（有機溶剤等の濃度の測定）

第13条　令第21条第10号の屋内作業場（同条第7号の作業場（特化則第36
条の5の作業場に限る。）を含む。）における空気中の令別表第6の2第1
号から第47号までに掲げる有機溶剤（特化則第36条の5において準用す
る有機溶剤中毒予防規則（昭和47年労働省令第36号。以下この条におい
て「有機則」という。）第28条第2項の規定による測定を行う場合にあつ
ては，特化則第2条第3号の2に規定する特別有機溶剤（以下この条に
おいて「特別有機溶剤」という。）を含む。）の濃度の測定は，別表第2（特
別有機溶剤にあつては，別表第1）の上欄〔編注：左欄〕に掲げる物の種
類に応じて，それぞれ同表の中欄に掲げる試料採取方法又はこれと同等

以上の性能を有する試料採取方法及び同表の下欄〔編注：右欄〕に掲げ
る分析方法又はこれと同等以上の性能を有する分析方法によらなければ
ならない。

② 　前項の規定にかかわらず，空気中の次に掲げる物（特化則第36条の5
において準用する有機則第28条第2項の規定による測定を行う場合にあ
つては，第10条第2項第5号，第7号又は第9号から第11号までに掲げ
る物を含む。）の濃度の測定は，検知管方式による測定機器又はこれと同
等以上の性能を有する測定機器を用いる方法によることができる。ただ
し，空気中の次の各号のいずれかに掲げる物（特化則第36条の5におい
て準用する有機則第28条第2項の規定による測定を行う場合にあつては，
第10条第2項第5号，第7号又は第9号から第11号までに掲げる物のい
ずれかを含む。）の濃度を測定する場合において，当該物以外の物が測定
値に影響を及ぼすおそれのあるときは，この限りでない。

1　アセトン

2　イソブチルアルコール

3　イソプロピルアルコール

4　イソペンチルアルコール（別名イソアミルアルコール）

5　エチルエーテル

6　キシレン

7　クレゾール

8　クロルベンゼン

9　酢酸イソブチル

10　酢酸イソプロピル

11　酢酸エチル

12　酢酸ノルマル−ブチル

13　シクロヘキサノン

14　1,2−ジクロルエチレン（別名二塩化アセチレン）

15　N,N−ジメチルホルムアミド

16　テトラヒドロフラン

17　1,1,1−トリクロルエタン

18　トルエン

19　二硫化炭素

20　ノルマルヘキサン

21　2-ブタノール

22　メチルエチルケトン

23　メチルシクロヘキサノン

③　前二項の規定にかかわらず，令別表第6の2第1号から第47号までに掲げる物（特別有機溶剤（令別表第3第2号3の3，18の3，18の4，19の2，19の3，22の3又は33の2に掲げる物にあっては，前項各号又は第10条第2項第5号，第7号若しくは第9号から第11号までに掲げる物を主成分とする混合物として製造され，又は取り扱われる場合に限る。以下この条において同じ。）を含み，令別表第6の2第2号，第6号から第10号まで，第17号，第20号から第22号まで，第24号，第34号，第39号，第40号，第42号，第44号，第45号及び第47号に掲げる物にあっては，前項各号又は第10条第2項第5号，第7号若しくは第9号から第11号までに掲げる物を主成分とする混合物として製造され，又は取り扱われる場合に限る。以下この条において「有機溶剤」という。）について有機則第28条の2第1項（特化則第36条の5において準用する場合を含む。）の規定による測定結果の評価が2年以上行われ，その間，当該評価の結果，第1管理区分に区分されることが継続した単位作業場所については，所轄労働基準監督署長の許可を受けた場合には，当該有機溶剤の濃度の測定（特別有機溶剤にあつては，特化則第36条の5において準用する有機則第28条第2項の規定に基づき行うものに限る。）は，検知管方式による測定機器又はこれと同等以上の性能を有する測定機器を用いる方法によることができる。この場合において，当該単位作業場所における1以上の測定点において第1項に掲げる方法（特別有機溶剤にあつては，第10条第1項に掲げる方法）を同時に行うものとする。

④　第2条第1項第1号から第3号までの規定は，前三項に規定する測定について準用する。この場合において，同条第1項第1号，第1号の2及び第2号の2中「土石，岩石，鉱物，金属又は炭素の粉じん」とある

のは「令別表第6の2第1号から第47号までに掲げる有機溶剤（特別有
機溶剤を含む。）」と，同項第3号ただし書中「相対濃度指示方法」
とあるのは「直接捕集方法又は検知管方式による測定機器若しくはこれ
と同等以上の性能を有する測定機器を用いる方法」と読み替えるものと
する。

⑤　第10条第5項の規定は，第1項に規定する測定について準用する。こ
の場合において，同条第5項中「前項」とあるのは「第13条第4項」と，
「第1項」とあるのは「同条第1項」と，「令別表第3第1号6又は同表
第2号2，3の2，5，8から11まで，13，13の2，15，15の2，19，
19の4，20から22まで，23，23の2，26，27の2，30，31の2から33
まで，34の3若しくは36に掲げる物（以下この項において「個人サンプ
リング法対象特化物」という。）」とあるのは「令別表第6の2第1号か
ら第47号までに掲げる有機溶剤（特化則第36条の5において準用する
有機則第28条第2項の規定による測定を行う場合にあつては，特別有機
溶剤を含む。）」と，第10条第5項第2号，第3号及び第5号中「個人サ
ンプリング法対象特化物」とあるのは「令別表第6の2第1号から第47
号までに掲げる有機溶剤（特化則第36条の5において準用する有機則第
28条第2項の規定による測定を行う場合にあつては，特別有機溶剤を含
む。）」と読み替えるものとする。

⑥　略

別表第2　略

作業環境測定法

（作業環境測定の実施）

第3条　事業者は，労働安全衛生法第65条第1項の規定により，指定作業
場について作業環境測定を行うときは，厚生労働省令で定めるところに
より，その使用する作業環境測定士にこれを実施させなければならない。

②　事業者は，前項の規定による作業環境測定を行うことができないとき
は，厚生労働省令で定めるところにより，当該作業環境測定を作業環境
測定機関に委託しなければならない。

②後段　略

（測定結果の評価）

第28条の2　事業者は，前条第2項の屋内作業場について，同項又は法第65
　　条第5項の規定による測定を行つたときは，その都度，速やかに，厚生
　　労働大臣の定める作業環境評価基準に従つて，作業環境の管理の状態に
　　応じ，第1管理区分，第2管理区分又は第3管理区分に区分することに
　　より当該測定の結果の評価を行わなければならない。

（根65の2―②）

②　事業者は，前項の規定による評価を行つたときは，その都度次の事項
　　を記録して，これを3年間保存しなければならない。

　　1　評価日時

　　2　評価箇所

　　3　評価結果

　　4　評価を実施した者の氏名　　　　　（根65の2―③　103―①）

【要　旨】

　本条は，法第65条の2の規定に基づき，作業環境測定結果の評価を行い，
その結果を記録しなければならないこと，及びその評価結果についての記
録とその保存について規定したものである。

【解　説】

1　第1管理区分から第3管理区分までの区分の方法は，作業環境評価基
　準により定められており，各管理区分はそれぞれの状態をいう。

管 理 区 分	作 業 場 の 状 態
第1管理区分	当該単位作業場所のほとんど（95%以上）の場所で気中有害物質の濃度が管理濃度を超えない状態
第2管理区分	当該単位作業場所の気中有害物質の濃度の平均が管理濃度を超えない状態
第3管理区分	当該単位作業場所の気中有害物質の濃度の平均が管理濃度を超える状態

2　昭和63年改正により第1管理区分が一定期間継続した場所について
　は，作業環境測定基準に定めるところに従い，通常の方法に代わる測定
　方法が認められることとなった。

（評価の結果に基づく措置）

第28条の3　事業者は，前条第1項の規定による評価の結果，第3管理区分
　　に区分された場所については，直ちに，施設，設備，作業工程又は作業
　　方法の点検を行い，その結果に基づき，施設又は設備の設置又は整備，作
　　業工程又は作業方法の改善その他作業環境を改善するため必要な措置を
　　講じ，当該場所の管理区分が第1管理区分又は第2管理区分となるよう
　　にしなければならない。　　　　　　　　　　　　　（根65の2―①）

②　事業者は，前項の規定による措置を講じたときは，その効果を確認す
　　るため，同項の場所について当該有機溶剤の濃度を測定し，及びその結
　　果の評価を行わなければならない。　　　　　　　　（根65の2―①）

③　事業者は，第1項の場所については，労働者に有効な呼吸用保護具を
　　使用させるほか，健康診断の実施その他労働者の健康の保持を図るため
　　必要な措置を講ずるとともに，前条第2項の規定による評価の記録，第1
　　項の規定に基づき講ずる措置及び前項の規定に基づく評価の結果を次に
　　掲げるいずれかの方法によつて労働者に周知させなければならない。

　1　常時各作業場の見やすい場所に掲示し，又は備え付けること。

　2　書面を労働者に交付すること。

　3　事業者の使用に係る電子計算機に備えられたファイル又は電磁的記
　　録媒体（電磁的記録（電子的方式，磁気的方式その他人の知覚によつ
　　ては認識することができない方式で作られる記録であつて，電子計算
　　機による情報処理の用に供されるものをいう。）に係る記録媒体をいう。
　　以下同じ。）をもつて調製するファイルに記録し，かつ，各作業場に労
　　働者が当該記録の内容を常時確認できる機器を設置すること。

　4　事業者は，第1項の場所において作業に従事する者（労働者を除く。）
　　に対し，当該場所については，有効な呼吸用保護具を使用する必要が

ある旨を周知させなければならない。　　　　　　　　　　（根拠65の2―①）

第28条の3の2　事業者は，前条第2項の規定による評価の結果，第3管理区分に区分された場所（同条第1項に規定する措置を講じていないこと又は当該措置を講じた後同条第2項の評価を行つていないことにより，第1管理区分又は第2管理区分となつていないものを含み，第5項各号の措置を講じているものを除く。）については，遅滞なく，次に掲げる事項について，事業場における作業環境の管理について必要な能力を有すると認められる者（当該事業場に属さない者に限る。以下この条において「作業環境管理専門家」という。）の意見を聴かなければならない。

　1　当該場所について，施設又は設備の設置又は整備，作業工程又は作業方法の改善その他作業環境を改善するために必要な措置を講ずることにより第1管理区分又は第2管理区分とすることの可否

　2　当該場所について，前号において第1管理区分又は第2管理区分とすることが可能な場合における作業環境を改善するために必要な措置の内容　　　　　　　　　　　　　　　　　　　　　　　（根拠65の2―①）

②　事業者は，前項の第3管理区分に区分された場所について，同項第1号の規定により作業環境管理専門家が第1管理区分又は第2管理区分とすることが可能と判断した場合は，直ちに，当該場所について，同項第2号の事項を踏まえ，第1管理区分又は第2管理区分とするために必要な措置を講じなければならない。　　　　　　　　　　　（根拠65の2―①）

③　事業者は，前項の規定による措置を講じたときは，その効果を確認するため，同項の場所について当該有機溶剤の濃度を測定し，及びその結果を評価しなければならない。　　　　　　　　　　　　　（根拠65の2―①）

④　事業者は，第1項の第3管理区分に区分された場所について，前項の規定による評価の結果，第3管理区分に区分された場合又は第1項第1号の規定により作業環境管理専門家が当該場所を第1管理区分若しくは第2管理区分とすることが困難と判断した場合は，直ちに，次に掲げる措置を講じなければならない。

　1　当該場所について，厚生労働大臣の定めるところにより，労働者の身体に装着する試料採取器等を用いて行う測定その他の方法による測

定（以下この条において「個人サンプリング測定等」という。）により，有機溶剤の濃度を測定し，厚生労働大臣の定めるところにより，その結果に応じて，労働者に有効な呼吸用保護具を使用させること（当該場所において作業の一部を請負人に請け負わせる場合にあつては，労働者に有効な呼吸用保護具を使用させ，かつ，当該請負人に対し，有効な呼吸用保護具を使用する必要がある旨を周知させること。）。ただし，前項の規定による測定（当該測定を実施していない場合（第1項第1号の規定により作業環境管理専門家が当該場所を第1管理区分又は第2管理区分とすることが困難と判断した場合に限る。）は，前条第2項の規定による測定）を個人サンプリング測定等により実施した場合は，当該測定をもつて，この号における個人サンプリング測定等とすることができる。

2　前号の呼吸用保護具（面体を有するものに限る。）について，当該呼吸用保護具が適切に装着されていることを厚生労働大臣の定める方法により確認し，その結果を記録し，これを3年間保存すること。

3　保護具に関する知識及び経験を有すると認められる者のうちから保護具着用管理責任者を選任し，次の事項を行わせること。

イ　前二号及び次項第1号から第3号までに掲げる措置に関する事項（呼吸用保護具に関する事項に限る。）を管理すること。

ロ　有機溶剤作業主任者の職務（呼吸用保護具に関する事項に限る。）について必要な指導を行うこと。

ハ　第1号及び次項第2号の呼吸用保護具を常時有効かつ清潔に保持すること。

4　第1項の規定による作業環境管理専門家の意見の概要，第2項の規定に基づき講ずる措置及び前項の規定に基づく評価の結果を，前条第3項各号に掲げるいずれかの方法によつて労働者に周知させること。

（根拠65の2─①）

⑤　事業者は，前項の措置を講ずべき場所について，第1管理区分又は第2管理区分と評価されるまでの間，次に掲げる措置を講じなければならない。この場合においては，第28条第2項の規定による測定を行うことを

要しない。

　1　6月以内ごとに1回，定期に，個人サンプリング測定等により有機溶剤の濃度を測定し，前項第1号に定めるところにより，その結果に応じて，労働者に有効な呼吸用保護具を使用させること。

　2　前号の呼吸用保護具（面体を有するものに限る。）を使用させるときは，1年以内ごとに1回，定期に，当該呼吸用保護具が適切に装着されていることを前項第2号に定める方法により確認し，その結果を記録し，これを3年間保存すること。

　3　当該場所において作業の一部を請負人に請け負わせる場合にあつては，当該請負人に対し，第1号の呼吸用保護具を使用する必要がある旨を周知させること。　　　　　　　　　　　　　　（根拠65の2―①）

⑥　事業者は，第4項第1号の規定による測定（同号ただし書の測定を含む。）又は前項第1号の規定による測定を行つたときは，その都度，次の事項を記録し，これを3年間保存しなければならない。

　1　測定日時

　2　測定方法

　3　測定箇所

　4　測定条件

　5　測定結果

　6　測定を実施した者の氏名

　7　測定結果に応じた有効な呼吸用保護具を使用させたときは，当該呼吸用保護具の概要　　　　　　　　　　　　　　　（根拠65の2―①）

⑦　事業者は，第4項の措置を講ずべき場所に係る前条第2項の規定による評価及び第3項の規定による評価を行つたときは，次の事項を記録し，これを3年間保存しなければならない。

　1　評価日時

　2　評価箇所

　3　評価結果

　4　評価を実施した者の氏名　　　　　　　　　　　（根拠65の2―①）

第28条の3の3　事業者は，前条第4項各号に掲げる措置を講じたときは，

遅滞なく，第3管理区分措置状況届（様式第2号の3）を所轄労働基準監督署長に提出しなければならない。　　　　　　　　（根100─(1)）

第28条の4　事業者は，第28条の2第1項の規定による評価の結果，第2管理区分に区分された場所については，施設，設備，作業工程又は作業方法の点検を行い，その結果に基づき，施設又は設備の設置又は整備，作業工程又は作業方法の改善その他作業環境を改善するため必要な措置を構ずるよう努めなければならない。　　　　　　　　（根65の2─①）

②　前項に定めるもののほか，事業者は，同項の場所については，第28条の2第2項の規定による評価の記録及び前項の規定に基づき講ずる措置を次に掲げるいずれかの方法によつて労働者に周知させなければならない。

1　常時各作業場の見やすい場所に掲示し，又は備え付けること。

2　書面を労働者に交付すること。

3　事業者の使用に係る電子計算機に備えられたファイル又は電磁的記録媒体をもつて調製するファイルに記録し，かつ，各作業場に労働者が当該記録の内容を常時確認できる機器を設置すること。

（根65の2─①）

【要　旨】

　第28条の3は，評価の結果第3管理区分に区分された場所について講ずべき措置について規定したもので，第28条の3の2及び第28条の3の3は，評価の結果が第3管理区分の事業場に対する措置の強化及びその手続きを規定したものである。また，第28条の4は評価の結果第2管理区分に区分された場所について講ずべき措置について規定したものである。

【解　説】

1　第28条の3第1項の「直ちに」とは，施設，設備，作業工程又は作業方法の点検及び点検結果に基づく改善措置を直ちに行う趣旨であるが，改善措置については，これに要する合理的な時間については考慮されるものである。

2　第28条の3第2項の測定及び評価は，第1項の規定による措置の効果を確認するために行うものであるから，措置を講ずる前に行った方法と同じ方法で行うこと，すなわち作業環境測定基準及び作業環境評価基準に従って行うことが適当である。

3　第28条の3第3項の「労働者に有効な呼吸用保護具を使用させる」のは，第1項の規定による措置を講ずるまでの応急的なものであり，呼吸用保護具の使用をもって当該措置に代えることができる趣旨ではない。なお，局部的に濃度の高い場所があることにより第3管理区分に区分された場所については，当該場所の労働者のうち，濃度の高い位置で作業を行うものにのみ呼吸用保護具を着用させることとして差し支えない。

4　第28条の3第3項の「健康診断の実施その他労働者の健康の保持を図るため必要な措置」については，作業環境測定の評価の結果，労働者に著しいばく露があったと推定される場合等で，産業医等が必要と認めたときに行うべきものである。

　　また，第28条の作業環境測定を行い，第3管理区分に区分された場合には，第28条の2第2項に基づく評価の記録，第28条の3第1項に基づき講ずる措置及び同条第2項に基づく評価の結果を，第2管理区分に区分された場合には，第28条の2第2項に基づく評価の記録及び第28条の4第1項に基づき講ずる措置を，労働者に周知しなければならないこと。

5　周知の対象となる労働者には，直接雇用関係にある産業保健スタッフ及び労働者派遣事業の適正な運営の確保及び派遣労働者の保護等に関する法律（昭和60年法律第88号。以下「労働者派遣法」という。）第45条第3項の規定により，派遣労働者が含まれること。なお，直接雇用関係にない産業保健スタッフに対しても周知を行うことが望ましいこと。また，請負人の労働者に対しては請負人である事業者が周知を行うこととなるが，「製造業における元方事業者による総合的な安全衛生管理のための指針について」（平成18年8月1日基発第0801010号。以下「元方指

針通達」という。）別添1第1の10において，元方事業者が実施した作業環境測定の結果は，当該測定の範囲において作業を行う関係請負人が活用できることとしていること。

　なお，周知に当たっては，可能な限り作業環境の評価結果の周知と同じ時期に労働者に作業環境を改善するため必要な措置について説明を併せて行うことが望ましいこと。また，有機溶剤中毒予防規則による規制対象とされていない有害物が併用されている場合，仮に規制対象物の評価結果が第1管理区分であっても，当該有害物へのばく露により労働者に危険を及ぼし，又は労働者の健康障害を生ずるおそれのある場合には，事業者は労働者に呼吸用保護具着用等の措置が必要であることについても説明を行うことが望ましいこと。

6　第28条の3の2は，作業環境測定の評価結果が第3管理区分に区分された場合の強化措置として，次のとおり規定している。

⑴　第28条の3の2第1項については，次のとおりである。

　　①　第3管理区分となる作業場所には，局所排気装置の設置等が技術的に困難な場合があることから，作業環境を改善するための措置について高度な知見を有する専門家の視点により改善の可否，改善措置の内容について意見を求め，改善の取組等を図る趣旨である。このため，客観的で幅広い知見に基づく専門的意見が得られるよう，作業環境管理専門家は，当該事業場に属さない者に限定している。

　　②　作業環境管理専門家の意見は，必要な措置を講ずることにより，第1管理区分又は第2管理区分とすることの可能性の有無についての意見を聴く趣旨であり，当該改善結果を保証することまで求める趣旨ではない。また，本規定の作業環境管理専門家の意見聴取にあたり，事業者は，作業環境管理専門家から意見聴取を行う上で必要となる業務に関する情報を求められたときは，速やかに，これを提供する必要がある。

③ 「作業環境管理専門家」には，次に掲げる者が含まれる。

ア　別に定める化学物質管理専門家の要件に該当する者

イ　労働衛生コンサルタント（試験の区分が労働衛生工学であるものに合格した者に限る。）又は労働安全コンサルタント（試験の区分が化学であるものに合格した者に限る。）であって，3年以上化学物質又は粉じんの管理に係る業務に従事した経験を有する者

ウ　6年以上，衛生工学衛生管理者としてその業務に従事した経験を有する者

エ　衛生管理士(法第83条第1項の労働衛生コンサルタント試験(試験の区分が労働衛生工学であるものに限る。）に合格した者に限る。）に選任された者であって，3年以上労働災害防止団体法第11条第1項の業務又は化学物質の管理に係る業務を行った経験を有する者

オ　6年以上，作業環境測定士としてその業務に従事した経験を有する者

カ　4年以上，作業環境測定士としてその業務に従事した経験を有する者であって，公益社団法人日本作業環境測定協会が実施する研修又は講習のうち，同協会が化学物質管理専門家の業務実施に当たり，受講することが適当と定めたものを全て修了した者

キ　オキュペイショナル・ハイジニスト資格又はそれと同等の外国の資格を有する者

(2)　第28条の3の2第2項の「直ちに」については，作業環境管理専門家の意見を踏まえた改善措置の実施準備に直ちに着手するという趣旨であり，措置そのものの実施を直ちに求める趣旨ではなく，準備に要する合理的な時間の範囲内で実施すれば足りるものである。

(3)　第28条の3の2第3項の「測定及びその結果の評価」は，作業環境管理専門家の意見を踏まえて講じた改善措置の効果を確認するために

行うものであるから，改善措置を講ずる前に行った方法と同じ方法で
行う。なお，作業場所全体の作業環境を評価する場合は，作業環境測
定基準及び作業環境評価基準に従って行う。

　　また，本規定の測定及びその結果の評価は，作業環境管理専門家が
作業場所の作業環境を改善することが困難と判断した場合であって
も，事業者が必要と認める場合は実施して差し支えない。

⑷　第28条の3の2第4項は，有効な呼吸用保護具の選定にあたっての
対象物質の濃度の測定において，個人サンプリング測定等により行い，
その結果に応じて，労働者に有効な呼吸用保護具を選定する趣旨であ
る。

　　また，呼吸用保護具の装着の確認は，面体と顔面の密着性等につい
て確認する趣旨であることから，フード形，フェイスシールド形等の
面体を有しない呼吸用保護具を確認の対象から除く趣旨である。

⑸　第28条の3の2第5項は，作業環境管理専門家の意見に基づく改善
措置等を実施してもなお，第3管理区分に区分された場所について，
化学物質等へのばく露による健康障害から労働者を守るため，定期的
な測定を行い，その結果に基づき労働者に有効な呼吸用保護具を使用
させる等の必要な措置の実施を義務付ける趣旨である。

7　第28条の3の3は，第3管理区分となった作業場所について第28条の
3の2第4項の措置を講じた場合，その措置内容等を第三管理区分措置
状況届により所轄労働基準監督署長に提出することを求める趣旨であ
り，この様式の提出後，当該作業場所が第2管理区分又は第1管理区分
になった場合に，所轄労働基準監督署長へ改めて報告を求める趣旨では
ない。

【参　考】

労働安全衛生法
（作業環境測定の結果の評価等）
第65条の2　事業者は，前条第1項又は第5項の規定による作業環境測定の
　結果の評価に基づいて，労働者の健康を保持するため必要があると認め
　られるときは，厚生労働省令で定めるところにより，施設又は設備の設
　置又は整備，健康診断の実施その他の適切な措置を講じなければならな
　い。
②　事業者は，前項の評価を行うに当たつては，厚生労働省令で定めると
　ころにより，厚生労働大臣の定める作業環境評価基準に従つて行わなけ
　ればならない。
③　事業者は，前項の規定による作業環境測定の結果の評価を行つたとき
　は，厚生労働省令で定めるところにより，その結果を記録しておかなけ
　ればならない。

第6章　健康診断

　本章は，法第66条，第66条の4，第66条の5及び令第22条の規定に基づき，有機溶剤に係る特殊健康診断について具体的に定めたものである。

　すなわち，第29条は，健康診断を行うべき業務，時期及びその診断項目について定めたものであり，第30条は記録の作成及び保存について，第30条の2は健康診断の結果についての医師からの意見聴取について，第30条の2の2及び第30条の3は健康診断結果の通知及び報告について，第30条の4は事故等の際に行うべき緊急診断についてそれぞれ定め，また，第31条は，第29条及び第30条の規定の適用除外について定めている。

　（健康診断）

第29条　令第22条第1項第6号の厚生労働省令で定める業務は，屋内作業場等（第3種有機溶剤等にあつては，タンク等の内部に限る。）における有機溶剤業務のうち，第3条第1項の場合における同項の業務以外の業務とする。

②　事業者は，前項の業務に常時従事する労働者に対し，雇入れの際，当該業務への配置替えの際及びその後6月以内ごとに1回，定期に，次の項目について医師による健康診断を行わなければならない。

　1　業務の経歴の調査

　2　作業条件の簡易な調査

　3　有機溶剤による健康障害の既往歴並びに自覚症状及び他覚症状の既往歴の有無の検査，別表の下欄〔編注：右欄〕に掲げる項目（尿中の有機溶剤の代謝物の量の検査に限る。）についての既往の検査結果の調査並びに別表の下欄〔編注：右欄〕（尿中の有機溶剤の代謝物の量の検査を除く。）及び第5項第2号から第5号までに掲げる項目についての既往の異常所見の有無の調査

　4　有機溶剤による自覚症状又は他覚症状と通常認められる症状の有無

の検査 （根66―②）

③　事業者は，前項に規定するもののほか，第1項の業務で別表の上欄〔編注：左欄〕に掲げる有機溶剤等に係るものに常時従事する労働者に対し，雇入れの際，当該業務への配置替えの際及びその後6月以内ごとに1回，定期に，別表の上欄〔編注：左欄〕に掲げる有機溶剤等の区分に応じ，同表の下欄〔編注：右欄〕に掲げる項目について医師による健康診断を行わなければならない。

④　前項の健康診断（定期のものに限る。）は，前回の健康診断において別表の下欄〔編注：右欄〕に掲げる項目（尿中の有機溶剤の代謝物の量の検査に限る。）について健康診断を受けた者については，医師が必要でないと認めるときは，同項の規定にかかわらず，当該項目を省略することができる。

⑤　事業者は，第2項の労働者で医師が必要と認めるものについては，第2項及び第3項の規定により健康診断を行わなければならない項目のほか，次の項目の全部又は一部について医師による健康診断を行わなければならない。

1　作業条件の調査
2　貧血検査
3　肝機能検査
4　腎機能検査
5　神経学的検査

⑥　第1項の業務が行われる場所について第28条の2第1項の規定による評価が行われ，かつ，次の各号のいずれにも該当するときは，当該業務に係る直近の連続した3回の第2項の健康診断（当該労働者について行われた当該連続した3回の健康診断に係る雇入れ，配置換え及び6月以内ごとの期間に関して第3項の健康診断が行われた場合においては，当該連続した3回の健康診断に係る雇入れ，配置換え及び6月以内ごとの期間に係る同項の健康診断を含む。）の結果（前項の規定により行われる項目に係るものを含む。），新たに当該業務に係る有機溶剤による異常所

見があると認められなかつた労働者については，第2項及び第3項の健
康診断（定期のものに限る。）は，これらの規定にかかわらず，1年以内
ごとに1回，定期に，行えば足りるものとする。ただし，同項の健康診
断を受けた者であつて，連続した3回の同項の健康診断を受けていない
者については，この限りでない。

1　当該業務を行う場所について，第28条の2第1項の規定による評価の
結果，直近の評価を含めて連続して3回，第1管理区分に区分された
（第4条の2第1項の規定により，当該場所について第28条の2第1項
の規定が適用されない場合は，過去1年6月の間，当該場所の作業環
境が同項の第1管理区分に相当する水準にある）こと。

2　当該業務について，直近の第2項の規定に基づく健康診断の実施後に
作業方法を変更（軽微なものを除く。）していないこと。

別表（第29条関係）

有　機　溶　剤　等		項　　　　目
(1)	1　エチレングリコールモノエチル エーテル（別名セロソルブ） 2　エチレングリコールモノエチル エーテルアセテート(別名セロソ ルブアセテート) 3　エチレングリコールモノ－ノル マル－ブチルエーテル（別名ブチ ルセロソルブ） 4　エチレングリコールモノメチル エーテル(別名メチルセロソルブ) 5　前各号に掲げる有機溶剤のいず れかをその重量の5パーセントを 超えて含有する物	血色素量及び赤血球数の検査
(2)	1　オルト－ジクロルベンゼン 2　クレゾール 3　クロルベンゼン 4　1,2-ジクロルエチレン（別名二 塩化アセチレン）	血清グルタミックオキサロア セチックトランスアミナーゼ (GOT)，血清グルタミック ピルビックトランスアミナー ゼ(GPT)及び血清ガンマ－グ

	5　前各号に掲げる有機溶剤のいずれかをその重量の5パーセントを超えて含有する物	ルタミルトランスペプチダーゼ(γ-GTP) の検査（以下「肝機能検査」という。）
(3)	1　キシレン 2　前号に掲げる有機溶剤をその重量の5パーセントを超えて含有する物	尿中のメチル馬尿酸の量の検査
(4)	1　N,N-ジメチルホルムアミド 2　前号に掲げる有機溶剤をその重量の5パーセントを超えて含有する物	1　肝機能検査 2　尿中のN-メチルホルムアミドの量の検査
(5)	1　1,1,1-トリクロルエタン 2　前号に掲げる有機溶剤をその重量の5パーセントを超えて含有する物	尿中のトリクロル酢酸又は総三塩化物の量の検査
(6)	1　トルエン 2　前号に掲げる有機溶剤をその重量の5パーセントを超えて含有する物	尿中の馬尿酸の量の検査
(7)	1　二硫化炭素 2　前号に掲げる有機溶剤をその重量の5パーセントを超えて含有する物	眼底検査
(8)	1　ノルマルヘキサン 2　前号に掲げる有機溶剤をその重量の5パーセントを超えて含有する物	尿中の2・5-ヘキサンジオンの量の検査

【要　旨】

　本条は，法第66条第2項及び令第22条第1項第6号の規定に基づき，屋内作業場等における第1種有機溶剤等若しくは第2種有機溶剤等に係る有機溶剤業務又はタンク等の内部における第3種有機溶剤等に係る有機溶剤

業務にあっては，当該業務に常時従事する労働者に対し，6カ月以内ごと
に1回健康診断を行うべきこと及び健康診断項目を定めるとともに，当該
業務への配置替え又は雇入れの際にも同様の健康診断を行わなければなら
ないことを定めている。

【解　説】

1　第2項の「当該業務への配置替えの際」とは，その事業場において，
　他の業務から有機溶剤業務に配置転換する直前においての意である。

2　第2項第1号の「業務の経歴」は雇入れの際又は配置替えの際の健康
　診断を行うときに詳細に聴取すべきものである。

3　第2項第2号の「作業条件の簡易な調査」は，労働者の当該物質への
　ばく露状況の概要を把握するため，前回の特殊健康診断以降の作業条件
　の変化，環境中の有機溶剤の濃度に関する情報，作業時間，ばく露の頻
　度，有機溶剤の蒸気の発散源からの距離，保護具の使用状況等について，
　医師が主に当該労働者から聴取することにより調査するものである。こ
　のうち，環境中の有機溶剤の濃度に関する情報の収集については，当該
　労働者から聴取する方法のほか，衛生管理者等から作業環境測定の結果
　等をあらかじめ聴取する方法がある。

　　また，経皮吸収されやすい化学物質については，皮膚への付着が常態
　化している状況や，保護具を着用していない皮膚に固体，液体又は高濃
　度の気体の状態で接触している状況等がある場合に過剰なばく露をして
　いるおそれがあるため，必ず皮膚接触の有無を確認する。

　　なお，「作業条件の簡易な調査」の問診票については，平成21年3月
　25日基安労発第0325001号「『ニッケル化合物』及び『砒素及びその化
　合物』に係る健康診断の実施に当たって留意すべき事項について」別紙
　「作業条件の簡易な調査における問診票（例）」を参考にすること。

4　第2項第3号の「既往歴」は，雇入れの際又は配置替えの際の健康診
　断にあってはそれ以前の症状又は疾病，定期の健康診断にあっては前回

の健康診断の後に生じた症状又は疾病をいう。

5　第2項第3号の「有機溶剤による健康障害の既往歴の有無の検査」とは，過去に有機溶剤による貧血，肝機能障害，腎機能障害，末梢神経障害等の健康障害があったかどうかを調査することをいう。

6　第2項第3号の「有機溶剤による自覚症状及び他覚症状の既往歴の有無の検査」とは，過去に有機溶剤による別添の表1〔編注：表1（次頁参照）〕の症状のそれぞれがあったかどうかを調査することをいう。

7　第2項第3号の「尿中の有機溶剤の代謝物の量の検査」とは，有機溶剤中毒予防規則別表（以下「有機則別表」という。）下欄の「尿中のメチル馬尿酸の量の検査」，「尿中のN-メチルホルムアミドの量の検査」，「尿中のトリクロル酢酸又は総三塩化物の量の検査」，「尿中の馬尿酸の量の検査」，「尿中の2・5-ヘキサンジオンの量の検査」をいう。これらの検査は，適切な採取時期に採取された，適切な尿を用いて行うことが大切であり，また，これらの検査の結果の評価に際しては，その経時的な変化に留意して行うことが重要である。このため次のことを参考に行うことが必要である。

　検査のための尿の採取時期は，尿中の有機溶剤の代謝物の濃度が最も高値を示す時期とすべきものである。

　作業日が連続している場合においては，連続した作業日のうちで後半の作業日の当該作業終了時(注)に行うことが望ましいが，「尿中のメチル馬尿酸の量の検査」，「尿中のN-メチルホルムアミドの量の検査」，「尿中の馬尿酸の量の検査」，並びに「尿中の2・5-ヘキサンジオンの量の検査」のための尿の採取時期については，連続した作業日の最初の日を除いた，いずれかの作業日の作業終了時で差し支えない。

(注)　「連続した作業日のうちで後半の作業日の当該作業終了時」とは，例えば，月曜日から金曜日まで連日ほぼ同一時間当該有機溶剤業務に従事している労働者の場合，木曜日又は金曜日の当該作業終了時をいう。

　また,「作業終了時」とは,例えば9時から17時まで当該有機溶剤業務に従事している労働者の場合,17時頃をいい,この場合の尿の採取方法は,15時前後に排尿した後,17時頃に尿を採取するものである。

　また,採取した尿は,可及的速やかに検査することが望ましいものであるが,尿を保存する場合は,冷凍保存を原則とするが,冷蔵保存する場合は,特に尿の腐敗等による検査値への影響を考慮すべきものである。
　さらに,尿の排泄量が極端に多いか又は少ない尿を用いることは,検査結果に影響を与えるので,労働者に対し,適切な水分摂取について指導することや,飲酒は,検査結果に影響を与えるので,尿の採取前日から採取までの間は飲酒を控えるよう,あらかじめ労働者に対してその旨指導することが必要である。

8　第2項第3号の「既往の異常所見の有無の調査」とは,過去の貧血に関する検査,肝機能に関する検査,眼底検査,腎機能に関する検査及び神経学的検査における異常所見の有無を調査することをいう。

9　第2項第4号の「有機溶剤による自覚症状又は他覚症状と通常認められる症状の有無の検査」は,有機溶剤による生体影響等健康への影響を総合的に把握するうえで重要な検査である。この検査の結果は,医師が必要と認めた場合の健康診断項目の実施や医師が必要でないと認めた場合の健康診断項目の省略等の判断の際の重要な基準ともなるものであるので,次表に掲げる症状のすべてについて,その有無を確認しなければならないものである。
　なお,適宜問診票を用いても差し支えないが,その際には医師による

表1　有機溶剤による自覚症状及び他覚症状

1.頭重　2.頭痛　3.めまい　4.悪心　5.嘔吐　6.食欲不振　7.腹痛　8.体重減少　9.心悸亢進　10.不眠　11.不安感　12.焦燥感　13.集中力の低下　14.振戦　15.上気道又は眼の刺激症状　16.皮膚又は粘膜の異常　17.四肢末端部の疼痛　18.知覚異常　19.握力減退　20.膝蓋腱・アキレス腱反射異常　21.視力低下　22.その他

全症状にわたる十分な問診を行うべきものである。

10　第3項は，有機則別表に掲げる有機溶剤等の種類に応じ，貧血の検査として血色素量及び赤血球数の検査，肝機能の検査としてGOT，GPT及びγ-GTPの検査，尿中の有機溶剤の代謝物の量の検査又は眼底検査を行うことを規定したものである。

11　第4項の規定に基づき，医師が必要でないと認めて健康診断項目を省略する場合には，次に示すところによることが必要である。

〔省略の要件〕

　有機溶剤中毒予防規則第29条第4項の規定に基づき，医師が必要でないと認め，尿中の有機溶剤の代謝物の量の検査の実施が省略できるときは，次に示す条件をすべて満たす場合とするが，この判断は産業医等の医師が当該作業現場の実態を十分に把握して，総合的に行うべきものであること。

　なお，省略可能とされた労働者がその実施を希望する場合は，その理由等を聴取した上で判断すること。

⑴　前回の健康診断を起点とする連続過去3回の有機溶剤健康診断において，異常と思われる所見が認められないこと。

⑵　「尿中の有機溶剤の代謝物の量の検査」については，前回の当該検査を起点とする連続過去3回の検査の結果，明らかな増加傾向や急激な増減がないと判断されること。

⑶　今回の当該健康診断において，前出の有機溶剤による自覚症状及び他覚症状の表に掲げる自覚症状又は他覚症状のすべてについて，その有無を検査し，その結果，異常と思われる所見がないこと。

⑷　作業環境の状態及び作業の状態等が従前と変化がなく，かつその管理が適切に行われていると判断されること。

12　一般的に労働者がどのように作業をしているのか，またどのような作業環境の下で労働しているのかを把握しなければならないことはもちろ

んのことである。

　第5項第1号の「作業条件の調査」は，個々の労働者の所見を評価するに当たり労働者の健康状態を把握し，適切な判断を下すために作業条件を確認する必要があると判断される場合などにおいて，健康診断の一環として行わなければならないものであり，具体的には，当該有機溶剤等の取扱い方法及び量（ことに健康診断時における状況），作業時間，作業姿勢，労働衛生保護具の種類と着用状況，局所排気装置・全体換気装置の稼働状況，作業環境測定の結果，臨時的作業の有無とその内容を調べること等がある。

13　第5項第2号の「貧血検査」とは，有機則別表の(1)に掲げる有機溶剤等に対しては血色素量及び赤血球数の検査以外の貧血に関する検査をいい，それ以外の有機溶剤等に対しては血色素量及び赤血球数の検査を含む貧血に関する検査をいう。

　貧血に関する検査には，血色素量及び赤血球数の検査以外にヘマトクリット値，網状赤血球数の検査等がある。

14　第5項第3号の「肝機能検査」とは，有機則別表の(2)，(4)に掲げる有機溶剤等に対してはGOT，GPT，γ-GTP以外の肝機能に関する検査をいい，それ以外の有機溶剤等に対してはGOT，GPT，γ-GTPの検査を含む肝機能に関する検査をいう。

　肝機能に関する検査にはGOT，GPT，γ-GTPの検査以外に血清の総蛋白，ビリルビン，アルカリフォスファターゼ，乳酸脱水素酵素の検査等がある。

15　第5項第4号の「腎機能検査」には，尿中蛋白量，尿中糖量，尿比重の検査，尿沈渣顕微鏡検査等がある。

16　第5項第5号の「神経学的検査」には，筋力検査，運動機能検査，腱反射の検査，感覚検査等がある。

17　第6項は，労働者の化学物質のばく露の程度が低い場合は健康障害の

リスクが低いと考えられることから，作業環境測定の評価結果等について一定の要件を満たす場合に健康診断の実施頻度を緩和できることとしたものである。

18　第6項による健康診断の実施頻度の緩和は，事業者が労働者ごとに行う必要がある。

19　第6項の「健康診断の実施後に作業方法を変更（軽微なものを除く。）していないこと」とは，ばく露量に大きな影響を与えるような作業方法の変更がないことであり，例えば，リスクアセスメント対象物の使用量又は使用頻度に大きな変更がない場合等をいう。

20　事業者が健康診断の実施頻度を緩和するに当たっては，労働衛生に係る知識又は経験のある医師等の専門家の助言を踏まえて判断することが望ましい。

21　第6項による健康診断の実施頻度の緩和は，本規定施行後の直近の健康診断実施日以降に，本規定に規定する要件を全て満たした時点で，事業者が労働者ごとに判断して実施する。なお，特殊健康診断の実施頻度の緩和に当たって，所轄労働基準監督署や所轄都道府県労働局に対して届出等を行う必要はない。

【参　考】

労働安全衛生法施行令
（健康診断を行うべき有害な業務）
第22条　法第66条第2項前段の政令で定める有害な業務は，次のとおりとする。
　第1号−第5号　略
　　6　屋内作業場又はタンク，船倉若しくは坑の内部その他の厚生労働省令で定める場所において別表第6の2に掲げる有機溶剤を製造し，又は取り扱う業務で，厚生労働省令で定めるもの
　②・③　略

労働安全衛生法
（健康診断）
第66条　事業者は，労働者に対し，厚生労働省令で定めるところにより，医師による健康診断を行わなければならない。
②　事業者は，有害な業務で，政令で定めるものに従事する労働者に対し，厚生労働省令で定めるところにより，医師による特別の項目についての健康診断を行なわなければならない。有害な業務で，政令で定めるものに従事させたことのある労働者で，現に使用しているものについても，同様とする。
③－⑤　略

（健康診断の結果）
第30条　事業者は，前条第2項，第3項又は第5項の健康診断（法第66条第5項ただし書の場合における当該労働者が受けた健康診断を含む。次条において「有機溶剤等健康診断」という。）の結果に基づき，有機溶剤等健康診断個人票（様式第3号）を作成し，これを5年間保存しなければならない。　　　　　　　　　　（根66の3　103―①）
様式第3号（第30条関係）〈後掲　第4編参照〉

【要　旨】
　本条は，前条の健康診断に関する記録の作成及び保存について定めたものである。
【解　説】
1　本条の「有機溶剤等健康診断個人票」（様式第3号）については，備考欄に掲げた事項のほか，次の事項に留意して記入する必要がある。
⑴　健康診断個人票の様式に記載された検査値の単位以外の単位を使用する場合には，使用した単位を記入すること。

⑵　「有機溶剤による既往歴」の欄には，有機溶剤による既往の疾病名並びに既往の自覚症状及び他覚症状を記入すること。

　　なお，自覚症状及び他覚症状を記入するに当たっては，前出有機溶剤による自覚症状及び他覚症状の表に示す番号を記入することで足りる。

⑶　「代謝物の検査」の左欄には，対象有機溶剤の番号及び名称を記入するとともに，（　）内には，代謝物の検査の内容の番号を記入すること。

　　例えば，キシレンに係る業務において，尿中メチル馬尿酸の検査を行った場合は，「11 キシレン⑴」のように記入すること。

【参　考】

労働安全衛生法
（健康診断）
第66条　事業者は，労働者に対し，厚生労働省令で定めるところにより，医師による健康診断を行わなければならない。
②－④　略
⑤　労働者は，前各項の規定により事業者が行なう健康診断を受けなければならない。ただし，事業者の指定した医師又は歯科医師が行なう健康診断を受けることを希望しない場合において，他の医師又は歯科医師の行なうこれらの規定による健康診断に相当する健康診断を受け，その結果を証明する書面を事業者に提出したときは，この限りでない。

（健康診断の結果についての医師からの意見聴取）
第30条の2　有機溶剤等健康診断の結果に基づく法第66条の4の規定による医師からの意見聴取は，次に定めるところにより行わなければならない。
1　有機溶剤等健康診断が行われた日（法第66条第5項ただし書の場合にあつては，当該労働者が健康診断の結果を証明する書面を事業者に提出した日）から3月以内に行うこと。

　　2　聴取した医師の意見を有機溶剤等健康診断個人票に記載すること。
②　事業者は，医師から，前項の意見聴取を行う上で必要となる労働者の
　業務に関する情報を求められたときは，速やかに，これを提供しなけれ
　ばならない。　　　　　　　　　　　　　　　　　　　　　（根66の 4）

【要　旨】

健康診断の結果についての医師からの意見の聴取の期限及び方法を定め
たものである。

【解　説】

1　医師からの意見聴取は労働者の健康状況から緊急に法第66条の 5 第 1
　項の措置を構ずべき必要がある場合には，できるだけ速やかに行われる
　必要がある。

2　意見聴取は，事業者が意見を述べる医師に対し，健康診断の個人票の
　様式の「医師の意見欄」に当該意見を記載させ，これを確認することと
　する。

3　特殊健康診断の異常所見者に対する就業上の措置に関する医師からの
　意見聴取において医師が意見を述べるに当たっては，特殊健康診断にお
　いて把握した情報に加えて，労働者の労働時間，業務内容等の情報を把
　握することも必要な場合があることなどから，事業者は，医師から意見
　聴取を行う上で必要となる当該労働者の業務に関する情報を求められた
　場合は，速やかに，当該情報を提供しなければならない。

　　「労働者の業務に関する情報」には，特殊健康診断の対象となる有害
　業務以外の業務を含む，労働者の作業環境，労働時間，作業態様，作業
　負荷の状況，深夜業等の回数・時間数等がある。

【参　考】

労働安全衛生法
（健康診断の結果についての医師等からの意見聴取）

第66条の4　事業者は，第66条第1項から第4項まで若しくは第5項ただし
　　書又は第66条の2の規定による健康診断の結果（当該健康診断の項目に
　　異常の所見があると診断された労働者に係るものに限る。）に基づき，当
　　該労働者の健康を保持するために必要な措置について，厚生労働省令で
　　定めるところにより，医師又は歯科医師の意見を聴かなければならない。
（健康診断実施後の措置）

第66条の5　事業者は，前条の規定による医師又は歯科医師の意見を勘案し，
　　その必要があると認めるときは，当該労働者の実情を考慮して，就業場
　　所の変更，作業の転換，労働時間の短縮，深夜業の回数の減少等の措置
　　を講ずるほか，作業環境測定の実施，施設又は設備の設置又は整備，当
　　該医師又は歯科医師の意見の衛生委員会若しくは安全衛生委員会又は労
　　働時間等設定改善委員会（労働時間等の設定の改善に関する特別措置法
　　（平成4年法律第90号）第7条に規定する労働時間等設定改善委員会をい
　　う。以下同じ。）への報告その他の適切な措置を講じなければならない。
②・③　略

（健康診断の結果の通知）

第30条の2の2　事業者は，第29条第2項，第3項又は第5項の健康診断を
　　受けた労働者に対し，遅滞なく，当該健康診断の結果を通知しなければ
　　ならない。　　　　　　　　　　　　　　　　　　　　　　（根66の6）

【要　旨】

　本条は，有機溶剤等健康診断の結果についての，労働者への通知につい
て定めたものである。

【解　説】

事業者は，有機溶剤等健康診断の結果について，遅滞なく，労働者に対して通知しなければならない。「遅滞なく」とは，事業者が，健康診断を実施した医師，健康診断機関等から結果を受け取った後，速やかにという趣旨である。

【参　考】

> 労働安全衛生法
> （健康診断の結果の通知）
> 第66条の6　事業者は，第66条第1項から第4項までの規定により行う健康
> 　診断を受けた労働者に対し，厚生労働省令で定めるところにより，当該
> 　健康診断の結果を通知しなければならない。

（健康診断結果報告）
第30条の3　事業者は，第29条第2項，第3項又は第5項の健康診断（定期
　のものに限る。）を行つたときは，遅滞なく，有機溶剤等健康診断結果報
　告書（様式第3号の2）を所轄労働基準監督署長に提出しなければならな
　い。　　　　　　　　　　　　　　　　　　　　　　　　　（根100—①）
様式第3号の2（第30条の3関係）〈後掲　第4編参照〉

【要　旨】

本条は，定期健康診断結果の報告について定めたものである。

【解　説】

1　本条の規定による報告書は，労働者数のいかんにかかわらず，第29条の
　規定による健康診断を行ったすべての事業者が提出しなければならない。

2　報告の集計の都合上，一定期間をまとめて報告する場合には暦年を超
　えて報告しないこと。

3　結果報告書における分布の区分は，正常・異常の鑑別を目的としたものではない。

4　本条の「有機溶剤等健康診断結果報告書」（様式第3号の2）については，当該様式の備考欄に掲げられている事項のほか次の事項に留意して記入する必要がある。

　①　有機溶剤中毒予防規則別表(1)の右欄に掲げる有機溶剤等に係る血色素量及び赤血球数の検査の結果は，「貧血検査」の欄に記入すること。

　②　「代謝物の検査」の欄の有機溶剤の名称等は，第30条の解説1(3)の例にならい記入すること。

5　結果報告書には，産業医の氏名並びに所属機関の名称及び所在地を記入しなければならないが，その趣旨及び留意すべき事項は次のとおりである。

　(1)　趣　旨

　労働者の健康診断については，法の定めるところにより，事業者にその実施を義務づけ，これを結果報告にまとめて所轄労働基準監督署長に提出することを求めている。

　一方，法では，常時50人以上の労働者を使用する事業者に対して，産業医を選任し，その者の職務として，健康診断の実施とその結果に基づく事後措置その他労働者の健康管理に関すること等を行うことを定めている。

　しかし，現状では産業医を選任している事業場において当該事業の産業医以外の医師によって健康診断を実施した場合，多くの事業場はその結果を当該産業医に了知させていないきらいがあり，そのため産業医として専門的立場から総合的な労働者の健康管理に対する指導・助言を行い難い状況にある。

　そこで，今般，産業医に当該事業場の労働者の健康診断の実施結果を了知させ，その後の適切な労働者の健康管理の一助とするために，健康

診断結果報告書に産業医の氏名欄を設け，産業医に自ら記名させることと
したものである。

　また，労働衛生行政を効果的に推進するためには，行政機関が健康診
断実施機関の名称，所在地を記載する欄を設け，事業者に記載させるこ
ととしたものである。

　なお，健康診断結果等の報告書における産業医等の押印，署名及び電子
署名は，報告書の電子化や電子申請の促進の観点から不要となった。

(2)　留意すべき事項

　①　産業医が健康診断結果報告書に記名することは，自ら当該事業場
　　の労働者の健康診断を実施した場合を除き，医療行為としての健康
　　診断及びその結果について責任を負うものではないこと。

　②　健康診断実施機関の名称等の欄には，いわゆる健康診断機関，病
　　院，医院，診療所等当該健康診断を実施した機関の名称等を記入す
　　るものであること。

　（緊急診断）

第30条の4　事業者は，労働者が有機溶剤により著しく汚染され，又はこれ
　　を多量に吸入したときは，速やかに，当該労働者に医師による診察又は
　　処置を受けさせなければならない。

②　事業者は，有機溶剤業務の一部を請負人に請け負わせるときは，当該
　　請負人に対し，有機溶剤により著しく汚染され，又はこれを多量に吸入
　　したときは，速やかに医師による診察又は処置を受ける必要がある旨を
　　周知させなければならない。　　　　　　　　　　　　（根22―①）

【要　旨】

　本条は，事故等の発生した場合に行うべき緊急診断について定めたもの
である。

【解　説】

1　緊急診断は，当該事故等により汚染を生じた有機溶剤の種類，性状等及び汚染又は吸入の程度等に応じ，急性中毒，皮膚障害等について行う必要がある。

　　なお，汚染を生じた有機溶剤等が加鉛ガソリンである場合又は特定化学物質が所定量を超えて含まれている場合には，それぞれ四アルキル鉛中毒予防規則第25条又は特定化学物質障害予防規則第42条の規定に基づく緊急診断を併せて行わなければならない。

2　救援活動その他により関係労働者以外の者についても有機溶剤による健康障害が生じるおそれがあるので，緊急診断の対象者の選定に当たっては，この点に留意する必要がある。

3　第2項の「周知」については，第13条の2の解説5と同じ。

（健康診断の特例）

第31条　事業者は，第29条第2項，第3項又は第5項の健康診断を3年以上行い，その間，当該健康診断の結果，新たに有機溶剤による異常所見があると認められる労働者が発見されなかつたときは，所轄労働基準監督署長の許可を受けて，その後における第29条第2項，第3項又は第5項の健康診断，第30条の有機溶剤等健康診断個人票の作成及び保存並びに第30条の2の医師からの意見聴取を行わないことができる。

（根66―②　66の4　103―①）

②　前項の許可を受けようとする事業者は，有機溶剤等健康診断特例許可申請書（様式第4号）に申請に係る有機溶剤業務に関する次の書類を添えて，所轄労働基準監督署長に提出しなければならない。

1　作業場の見取図

2　作業場に換気装置その他有機溶剤の蒸気の発散を防止する設備が設けられているときは，当該設備等を示す図面及びその性能を記載した書面

　　3　当該有機溶剤業務に従事する労働者について申請前3年間に行つた

　　　第29条第2項，第3項又は第5項の健康診断の結果を証明する書面

③　所轄労働基準監督署長は，前項の申請書の提出を受けた場合において，

　　第1項の許可をし，又はしないことを決定したときは，遅滞なく，文書

　　で，その旨を当該事業者に通知しなければならない。

④　第1項の許可を受けた事業者は，第2項の申請書及び書類に記載され

　　た事項に変更を生じたときは，遅滞なく，文書で，その旨を所轄労働基

　　準監督署長に報告しなければならない。　　　　　　　　（根100―①）

⑤　所轄労働基準監督署長は，前項の規定による報告を受けた場合及び事

　　業場を臨検した場合において，第1項の許可に係る有機溶剤業務に従事

　　する労働者について新たに有機溶剤による異常所見を生ずるおそれがあ

　　ると認めたときは，遅滞なく，当該許可を取り消すものとする。

様式第4号（第31条関係）〈後掲　第4編参照〉

【要　　旨】

　本規則の規定に従い設備，管理，保護具等に関し適切な措置を講じれば，

有機溶剤中毒の予防が期待されるわけであるが，本条は，その結果が3年

間の健康診断によって実証された場合には，所轄労働基準監督署長の許可

を受けることによって，第29条第2項，第30条及び第30条の2の規定によ

る健康診断，その結果の記録及び保存並びに医師からの意見聴取を行わな

いことができることを定めたものである。

【解　　説】

1　作業環境の改善その他により有機溶剤中毒の予防の効果があがり，そ

　のことが健康診断の結果によって実証されれば，その後において環境条

　件等が悪化しない限り，有機溶剤中毒を発見するための健康診断を引き

　続き行う必要は認められなくなる。本条は，このような場合について，

　健康診断に関する規定の適用除外を定めたものであるが，この場合，予

　防の効果があがったことを実証する健康診断そのものが的確に行われた

こと及び作業方法，作業環境等が将来において悪化しないことが確実で
あることを必要とする。本条が，所轄労働基準監督署長の許可を特例の
要件としているのは，前述の事実についての判断を公の立場から厳正に
行うためである。

2　本条の許可は，特例の成立要件である点において第13条の許可と同じ
であるが，期間の定めがない点については，第3条の認定と同様である。

3　第1項の「異常所見」とは，有機溶剤中毒の発現過程において疾病と
しての定型的な症状を形成する以前の何らかの徴候を示す初期的な段階
の症状をいう。

4　第2項第3号の書面は，当該健康診断を行った医師が証明したものを
いう。

5　第4項の「申請書及び書類に記載された事項に変更を生じたとき」と
は，当該変更により労働者に異常所見を生ずるおそれがあるか否かを問
わない。異常所見を生ずるおそれがあるか否かの判断は，報告を受けた
所轄労働基準監督署長が行い，おそれがあると認めた場合は，第5項の
規定により，許可を取り消すこととなる。

6　本条の規定により許可を受けた場合であっても，第30条の3の緊急診
断の規定は適用されるものである。

第7章 保 護 具

　本章は，労働者が有機溶剤の蒸気を吸入することを防ぐために必要な保護具について，これを労働者に使用させるべき事業者の義務と，これを着用すべき労働者の義務とを定めたものである。

　労働者が有機溶剤の蒸気を吸入することを防止するには，換気装置その他の設備を設置して作業環境の改善を図ることが先決であって，保護具は，環境の改善ができない場合又は環境の改善だけでは不十分な場合に，補足的手段として使用されるべきものである。本章も，このような考え方に基づき，第2章に定める設備との関連において，保護具の使用を定めている。

　すなわち，第2章において設備の設置が義務づけられていない業務については送気マスクを使用させるべきことを第32条に定め，全体換気装置を設けた業務については原則として送気マスク，有機ガス用防毒マスク又は有機ガス用の防毒機能を有する電動ファン付き呼吸用保護具のいずれかを使用させるべきことを第33条に定めている。有機溶剤の蒸気の発散源を密閉する設備又は局所排気装置を設けた業務については本章の規定は適用されないが，ただ有機溶剤の蒸気の発散源を密閉する設備を開く業務については，第33条において保護具の使用が義務づけられている。また，第33条の2は，保護具は必要な数以上備えるべきこと等を，第34条は，労働者が保護具を使用しなければならないことを定めたものである。

　労働衛生保護具については，労働安全衛生規則第3編第2章にも種々の規定が設けられているので，有機溶剤の蒸気に関しては本章の規定と競合することとなるが，両者の関係は次のとおりである。

1　本章の規定が適用されない有機溶剤業務については，労働安全衛生規則第593条の規定は適用される余地はないこと。ただし，当該業務について有機溶剤以外の有害な要因が存するときは，その限度において同条

の適用があること。

2 本規則の対象となる有機溶剤のうち，皮膚若しくは眼に障害を与える
 もの又は皮膚から侵入して中毒を起こすものに係る有機溶剤業務につい
 ては，労働安全衛生規則第594条の規定が適用されること。

労働安全衛生規則

（皮膚障害等防止用の保護具）

第594条　事業者は，皮膚若しくは眼に障害を与える物を取り扱う業務又は
　有害物が皮膚から吸収され，若しくは侵入して，健康障害若しくは感染
　をおこすおそれのある業務においては，当該業務に従事する労働者に使
　用させるために，塗布剤，不浸透性の保護衣，保護手袋，履物又は保護
　眼鏡等適切な保護具を備えなければならない。

②　略

（送気マスクの使用）

第32条　事業者は，次の各号のいずれかに掲げる業務に労働者を従事させ
　るときは，当該業務に従事する労働者に送気マスクを使用させなければ
　ならない。

　1　第1条第1項第6号ヲに掲げる業務

　2　第9条第2項の規定により有機溶剤の蒸気の発散源を密閉する設備，
　　局所排気装置，プッシュプル型換気装置及び全体換気装置を設けない
　　で行うタンク等の内部における業務　　　　　　　　　　（根22─(1)）

②　事業者は，前項各号のいずれかに掲げる業務の一部を請負人に請
　け負わせるときは，当該請負人に対し，送気マスクを使用する必
　要がある旨を周知させなければならない。　　　　　　　（根22─(1)）

③　第13条の2第2項の規定は，第1項の規定により労働者に送気マスク
　を使用させた場合について準用する。　　　　　　　　　（根22─(1)）

【要　旨】

　本条は，第2章において設備の設置が義務づけられていない業務について労働者に送気マスクを使用させるべきことを定めるとともに，送気マスクを使用させる場合に必要な措置について定めたものである。

【解　説】

1　呼吸用保護具は，その構造，機能からろ過式マスクと給気式マスクの2つに大きく分けられる。

　ろ過式マスクには大気中の粉じんに対して有効な防じんマスク，大気中の有毒ガス，有害蒸気に有効な防毒マスクがある。さらに，防毒マスクは対象ガスの種類によって分けられており，有機溶剤の蒸気に対するものは「有機ガス用防毒マスク」である。また，給気式マスクには新鮮な空気をホース又はエアラインを通して供給する「送気マスク」と空気ボンベ又は酸素ボンベを装備した自給式呼吸器とがある（下図参照）。

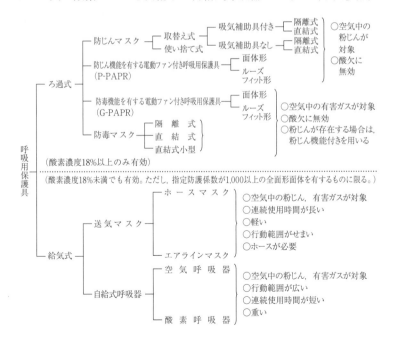

　　本規則では呼吸用保護具として送気マスクを使用しなければならない業務について定めたものである。

2　第1項第1号の業務は第5条及び第6条の規定の適用が除外され，また第1項第2号の業務は第9条第2項の規定により特例として設備の設置が免除され，いずれも設備が設置されないこととなっているので，本条は，特にこれらの業務については，防毒マスクではなく，より安全な送気マスクの使用を義務づけたものである。

　　なお，第1項第2号の業務については，第9条第2号において送気マスクを備えることを条件として設備の設置が免除されているものであり，従って，送気マスクはすでに備えられているわけであるが，本条により，事業者はその送気マスクを備えるだけでなく，労働者に使用させなければならないことが定められている。

3　第1項第2号の業務は，当該タンク等の内部において有機溶剤業務以外の業務を同時に行っているときは，当該業務も含むものである。従って，有機溶剤業務に従事している労働者だけでなく，当該タンク等の内部において有機溶剤業務以外の業務に従事している労働者についても送気マスクを使用させなければならない。

4　第2項の「周知」については，第13条の2の解説5と同じ。

5　第3項の措置は，空気の取入口を有害な空気が発散していない場所に設けることをいう。

（呼吸用保護具の使用）

第33条　事業者は，次の各号のいずれかに掲げる業務に労働者を従事させるときは，当該業務に従事する労働者に送気マスク，有機ガス用防毒マスク又は有機ガス用の防毒機能を有する電動ファン付き呼吸用保護具を使用させなければならない。

　1　第6条第1項の規定により全体換気装置を設けたタンク等の内部に

　　　における業務

　2　第8条第2項の規定により有機溶剤の蒸気の発散源を密閉する設備，
　　局所排気装置及びプッシュプル型換気装置を設けないで行うタンク等
　　の内部における業務

　3　第9条第1項の規定により有機溶剤の蒸気の発散源を密閉する設備
　　及び局所排気装置を設けないで吹付けによる有機溶剤業務を行う屋内
　　作業場等のうちタンク等の内部以外の場所における業務

　4　第10条の規定により有機溶剤の蒸気の発散源を密閉する設備，局所
　　排気装置及びプッシュプル型換気装置を設けないで行う屋内作業場等
　　における業務

　5　第11条の規定により有機溶剤の蒸気の発散源を密閉する設備，局所
　　排気装置及びプッシュプル型換気装置を設けないで行う屋内作業場に
　　おける業務

　6　プッシュプル型換気装置を設け，荷台にあおりのある貨物自動車等
　　当該プッシュプル型換気装置のブース内の気流を乱すおそれのある形
　　状を有する物について有機溶剤業務を行う屋内作業場等における業務

　7　屋内作業場等において有機溶剤の蒸気の発散源を密閉する設備（当
　　該設備中の有機溶剤等が清掃等により除去されているものを除く。）を
　　開く業務　　　　　　　　　　　　　　　　　　　　　　（根22―(1)）

②　事業者は，前項各号のいずれかに掲げる業務の一部を請負人に請け負
　わせるときは，当該請負人に対し，送気マスク，有機ガス用防毒マス
　ク又は有機ガス用の防毒機能を有する電動ファン付き呼吸用保護具を
　使用する必要がある旨を周知させなければならない。　　（根22―(1)）

③　第13条の2第2項の規定は，第1項の規定により労働者に送気マスク
　を使用させた場合について準用する。　　　　　　　　　　（根22―(1)）

【要　旨】

　本条は，全体換気装置又はプッシュプル型換気装置が設けられているが
それだけでは有機溶剤中毒の予防に不十分な業務及び有機溶剤の蒸気の発
散源を密閉する設備を開く業務等について，送気マスク，有機ガス用防毒

マスク又は有機ガス用の防毒機能を有する電動ファン付き呼吸用保護具の
いずれかを使用させなければならないことを定めたものである。

【解　説】

1　第3種有機溶剤等に係る有機溶剤業務をタンク等の内部において行う
場合において，有機溶剤の蒸気の発散源を密閉する設備及び局所排気装
置を設けないで全体換気装置を設けたときは，それのみによっては中毒
の予防に不十分であるため，第1項第1号の業務として保護具の使用を
義務づけたものである。

2　第1項第2号から第5号までの業務は，本来第5条又は第6条第2項
の規定により有機溶剤の蒸気の発散源を密閉する設備，局所排気装置又
はプッシュプル型換気装置の設置を義務づけられていた業務であり，そ
れぞれ第8条第2項，第9条第1項，第10条及び第11条において全体換
気装置による代替を認めることとした代わりに，本条において保護具の
使用が規定されたものである(ただし，第1項第3号の業務にあっては，
吹付けによる有機溶剤業務を行う場合に限る。)。

3　第1項第1号から第5号までの業務は局所排気装置等を設けないこと
とした屋内作業場等における全ての業務をいうものであるから，当該作
業場内において有機溶剤業務以外の業務を同時に行っているときは，当
該業務に従事する労働者についても，本条の規定により保護具を使用さ
せなければならない。

4　第1項第6号の「荷台にあおりのある貨物自動車等」の「等」には船底
が下におかれたため内部に気流が停滞するモーターボートが含まれる。

5　第1項第7号の業務は，具体的にはビスコースを製造する工程におい
て硫化機を開く作業等をいう。このような業務においては，密閉設備内
から一時的に発散する大量の蒸気を労働者が直接吸入することとなるの
で，本条において保護具の使用が義務づけられたものである。

6　第2項の「周知」については，第13条の2の解説5と同じ。

（保護具の数等）

第33条の2　事業者は，第13条の2第1項第2号，第18条の2第1項第2号，第32条第1項又は前条第1項の保護具については，同時に就業する労働者の人数と同数以上を備え，常時有効かつ清潔に保持しなければならない。

（根22―(1)）

【要　旨】

本条は，保護具については，必要な数以上を備え，常時有効かつ清潔に保持しなければならないことを定めたものである。

【解　説】

本条は，保護具の数等については，従来は労働安全衛生規則第596条によることとしていたが，その趣旨を明らかにしたものである。

【参　考】

労働安全衛生規則

（呼吸用保護具等）

第593条　事業者は，著しく暑熱又は寒冷な場所における業務，多量の高熱物体，低温物体又は有害物を取り扱う業務，有害な光線にさらされる業務，ガス，蒸気又は粉じんを発散する有害な場所における業務，病原体による汚染のおそれの著しい業務その他有害な業務においては，当該業務に従事する労働者に使用させるために，保護衣，保護眼鏡，呼吸用保護具等適切な保護具を備えなければならない。

②　事業者は，前項の業務の一部を請負人に請け負わせるときは，当該請負人に対し，保護衣，保護眼鏡，呼吸用保護具等適切な保護具について，備えておくこと等によりこれらを使用することができるようにする必要がある旨を周知させなければならない。

（皮膚障害等防止用の保護具）

第594条　事業者は，皮膚若しくは眼に障害を与える物を取り扱う業務又は

有害物が皮膚から吸収され，若しくは侵入して，健康障害若しくは感染をおこすおそれのある業務においては，当該業務に従事する労働者に使用させるために，塗布剤，不浸透性の保護衣，保護手袋，履物又は保護眼鏡等適切な保護具を備えなければならない。

② 事業者は，前項の業務の一部を請負人に請け負わせるときは，当該請負人に対し，塗布剤，不浸透性の保護衣，保護手袋，履物又は保護眼鏡等適切な保護具について，備えておくこと等によりこれらを使用することができるようにする必要がある旨を周知させなければならない。

第594条の2　事業者は，化学物質又は化学物質を含有する製剤（皮膚若しくは眼に障害を与えるおそれ又は皮膚から吸収され，若しくは皮膚に侵入して，健康障害を生ずるおそれがあることが明らかなものに限る。以下「皮膚等障害化学物質等」という。）を製造し，又は取り扱う業務（法及びこれに基づく命令の規定により労働者に保護具を使用させなければならない業務及び皮膚等障害化学物質等を密閉して製造し，又は取り扱う業務を除く。）に労働者を従事させるときは，不浸透性の保護衣，保護手袋，履物又は保護眼鏡等適切な保護具を使用させなければならない。

② 事業者は，前項の業務の一部を請負人に請け負わせるときは，当該請負人に対し，同項の保護具を使用する必要がある旨を周知させなければならない。

第594条の3　事業者は，化学物質又は化学物質を含有する製剤（皮膚等障害化学物質等及び皮膚若しくは眼に障害を与えるおそれ又は皮膚から吸収され，若しくは皮膚に侵入して，健康障害を生ずるおそれがないことが明らかなものを除く。）を製造し，又は取り扱う業務（法及びこれに基づく命令の規定により労働者に保護具を使用させなければならない業務及びこれらの物を密閉して製造し，又は取り扱う業務を除く。）に労働者を従事させるときは，当該労働者に保護衣，保護手袋，履物又は保護眼鏡等適切な保護具を使用させるよう努めなければならない。

② 事業者は，前項の業務の一部を請負人に請け負わせるときは，当該請負人に対し，同項の保護具について，これらを使用する必要がある旨を周知させるよう努めなければならない。

（保護具の数等）

第596条 事業者は，第593条第1項，第594条第1項，第594条の2第1項
及び前条第1項に規定する保護具については，同時に就業する労働者の
人数と同数以上を備え，常時有効かつ清潔に保持しなければならない。

（労働者の使用義務）

第597条 第593条第1項，第594条第1項，第594条の2第1項及び第595条
第1項に規定する業務に従事する労働者は，事業者から当該業務に必要
な保護具の使用を命じられたときは，当該保護具を使用しなければなら
ない。

（専用の保護具等）

第598条 事業者は，保護具又は器具の使用によつて，労働者に疾病感染の
おそれがあるときは，各人専用のものを備え，又は疾病感染を予防する
措置を講じなければならない。

（労働者の使用義務）

第34条 第13条の2第1項第2号及び第18条の2第1項第2号の業務並び
に第32条第1項各号及び第33条第1項各号に掲げる業務に従事する労働
者は，当該業務に従事する間，それぞれ第13条の2第1項第2号，第18
条の2第1項第2号，第32条第1項又は第33条第1項の保護具を使用し
なければならない。 （根26）

【要　旨】

本条は，第13条の2第1項第2号及び第18条の2第1項第2号並びに第
32条及び第33条に規定する保護具を労働者は就業中使用しなければならな
いことを定めたものである。

【解　説】

本条は，法第26条に規定されている労働者の遵守事項を法第27条の規定
に基づいて具体的に定めたものである。

【参　考】

労働安全衛生法

第26条　労働者は，事業者が第20条から第25条まで及び前条第1項の規定に基づき講ずる措置に応じて，必要な事項を守らなければならない。

第27条　第20条から第25条まで及び第25条の2第1項の規定により事業者が講ずべき措置及び前条の規定により労働者が守らなければならない事項は，厚生労働省令で定める。

②　前項の厚生労働省令を定めるに当たつては，公害（環境基本法（平成5年法律第91号）第2条第3項に規定する公害をいう。）その他一般公衆の災害で，労働災害と密接に関連するものの防止に関する法令の趣旨に反しないように配慮しなければならない。

第8章　有機溶剤の貯蔵及び空容器の処理

　本章は，有機溶剤の貯蔵及び使用の空容器の処理について定めたものである。すなわち，第35条は，有機溶剤等を屋内に貯蔵する際にとるべき措置について，また，第36条は，有機溶剤等を入れてあった空容器の保管方法について，それぞれ定めたものである。

　なお，本章の規定は，有機溶剤業務であるか否かにかかわらず，有機溶剤等を製造し，又は取り扱うすべての事業場に適用される。

　（有機溶剤等の貯蔵）

第35条　事業者は，有機溶剤等を屋内に貯蔵するときは，有機溶剤等がこぼれ，漏えいし，しみ出し，又は発散するおそれのない蓋又は栓をした堅固な容器を用いるとともに，その貯蔵場所に，次の設備を設けなければならない。

　1　当該屋内で作業に従事する者のうち貯蔵に関係する者以外の者がその貯蔵場所に立ち入ることを防ぐ設備

　2　有機溶剤の蒸気を屋外に排出する設備　　　　　　　　（根22―(1)）

【要　旨】

　本条は，有機溶剤等を貯蔵する場合の容器及び貯蔵場所の設備について定めたものである。

【解　説】

1　第1号の「設備」とは，施錠，縄による区画等をいうものである。また，第2号の「設備」とは，窓，排気管等をいい，必ずしも動力により排出することを要しないものである。

2　本条の規定は，貯蔵場所において有機溶剤の蒸気が発散しているか否かにかかわらず適用されるが，当該場所において現に有機溶剤の蒸気が

発散し，これにより作業環境中の空気が有害な程度まで汚染されている場合には，本条の規定とともに労働安全衛生規則第585条の規定もあわせて適用される。

【参　考】

労働安全衛生規則

（立入禁止等）

第585条　事業者は，次の場所に関係者以外の者が立ち入ることについて，禁止する旨を見やすい箇所に表示することその他の方法により禁止するとともに，表示以外の方法により禁止したときは，当該場所が立入禁止である旨を見やすい箇所に表示しなければならない。

第1号−第4号　略

5　ガス，蒸気又は粉じんを発散する有害な場所

第6号，第7号　略

②　前項の規定により立入りを禁止された場所の周囲において作業に従事する者は，当該場所には，みだりに立ち入つてはならない。

（空容器の処理）

第36条　事業者は，有機溶剤等を入れてあつた空容器で有機溶剤の蒸気が発散するおそれのあるものについては，当該容器を密閉するか，又は当該容器を屋外の一定の場所に集積しておかなければならない。

(根22—(1))

【要　旨】

空容器の内面に有機溶剤等が付着している場合には，容器に有機溶剤等が満たされている場合よりも有機溶剤と空気との接触面が広いため，有機溶剤の蒸気の発散量が多くなる。そのような空容器について本条は，それを密閉するか，又は屋外に集積させることを義務づけたものである。

第9章　有機溶剤作業主任者技能講習

本章は，法第76条の規定に基づき，第19条に係る有機溶剤作業主任者の技能講習の科目等について定めたものである。

第37条　有機溶剤作業主任者技能講習は，学科講習によつて行う。

（根76―③）

②　学科講習は，有機溶剤に係る次の科目について行う。

　1　健康障害及びその予防措置に関する知識

　2　作業環境の改善方法に関する知識

　3　保護具に関する知識

　4　関係法令　　　　　　　　　　　　　　　　　　（根76―③）

③　労働安全衛生規則第80条から第82条の2まで及び前二項に定めるもののほか，有機溶剤作業主任者技能講習の実施について必要な事項は，厚生労働大臣が定める。　　　　　　　　　　　　　（根76―③）

【要　旨】

本条は，学科講習についての科目，受講手続，技能講習修了証の交付，再交付又は書替えについて定めたものである。

【解　説】

有機溶剤作業主任者技能講習の講習規程〔編注：化学物質関係作業主任者技能講習規程。後掲　第4編参照〕の細部については，次のように解釈されている。

1　第1条関係

⑴　表（安全衛生法別表第20第11号）の「条件」欄の「実務」とは，管理，監督，指導，設計等の業務をさすものである。

⑵　表の「健康障害及びその予防措置に関する知識」の項の「条件」の
　欄第2号の「同等以上の知識経験を有する者」は，次に掲げる者が該
　当する。
　①　医師として5年以上の経験を有する者
　②　薬剤師として7年以上の経験を有する者
⑶　表の「作業環境の改善方法に関する知識」の項の「条件」の欄第2
　号の「同等以上の知識経験を有する者」は，次に掲げる者が該当する。
　①　高等学校等において工学に関する学科を修めて卒業した者で，そ
　　の後5年以上労働衛生に係る工学に関する研究又は実務に従事した
　　経験を有するもの。
　②　衛生管理者として5年以上労働衛生に係る工学に関する研究又は
　　実務に従事した経験を有する者
　③　労働衛生コンサルタント（試験の区分が労働衛生工学である者に
　　限る。）
⑷　表の「保護具に関する知識」の項の「条件」の欄第2号の「同等以
　上の知識経験を有する者」は，次に掲げる者が該当すること。
　①　高等学校等において工学に関する学科を修めて卒業した者で，そ
　　の後5年以上保護具に関する研究又は実務に従事した経験を有する
　　もの
　②　衛生管理者として5年以上労働衛生保護具に関する実務に従事し
　　た経験を有する者
　③　労働衛生コンサルタント（試験の区分が労働衛生工学である者に
　　限る。）
⑸　表の「関係法令」の項の「条件」の欄第2号の「同等以上の知識経
　験を有する者」は，高等学校等を卒業した者で，その後5年以上労働
　衛生の業務に従事した経験を有するものが該当する。

2　第2条関係

⑴　表の「健康障害及びその予防措置に関する知識」の項の「範囲」に
は，有機溶剤中毒予防規則第29条第2項及び第3項に定められている
健康診断項目に関することが含まれるものである。

⑵　表の「講習時間」の欄に掲げる時間数は，必要最少限の時間数を示
すものである。

【参　考】

労働安全衛生規則

（受講手続）

第80条　技能講習を受けようとする者は，技能講習受講申込書（様式第15
号）を当該技能講習を行う登録教習機関に提出しなければならない。

（技能講習修了証の交付）

第81条　技能講習を行つた登録教習機関は，当該講習を修了した者に対し，
遅滞なく，技能講習修了証（様式第17号）を交付しなければならない。

（技能講習修了証の再交付等）

第82条　技能講習修了証の交付を受けた者で，当該技能講習に係る業務に
現に就いているもの又は就こうとするものは，これを減失し，又は損傷
したときは，第3項に規定する場合を除き，技能講習修了証再交付申込
書（様式第18号）を技能講習修了証の交付を受けた登録教習機関に提出
し，技能講習修了証の再交付を受けなければならない。

②　前項に規定する者は，氏名を変更したときは，第3項に規定する場合
を除き，技能講習修了証書替申込書（様式第18号）を技能講習修了証の
交付を受けた登録教習機関に提出し，技能講習修了証の書替えを受けな
ければならない。

③　第1項に規定する者は，技能講習修了証の交付を受けた登録教習機関
が当該技能講習の業務を廃止した場合（当該登録を取り消された場合及
び当該登録がその効力を失つた場合を含む。）及び労働安全衛生法及びこ
れに基づく命令に係る登録及び指定に関する省令（昭和47年労働省令第

44号）第24条第1項ただし書に規定する場合に，これを滅失し，若しく
は損傷したとき又は氏名を変更したときは，技能講習修了証明書交付申
込書（様式第18号）を同項ただし書に規定する厚生労働大臣が指定する
機関に提出し，当該技能講習を修了したことを証する書面の交付を受け
なければならない。

④　前項の場合において，厚生労働大臣が指定する機関は，同項の書面の
交付を申し込んだ者が同項に規定する技能講習以外の技能講習を修了し
ているときは，当該技能講習を行つた登録教習機関からその者の当該技
能講習の修了に係る情報の提供を受けて，その者に対して，同項の書面
に当該技能講習を修了した旨を記載して交付することができる。

（技能講習の細目）

第83条　第79条から前条までに定めるもののほか，法別表第18第1号から
第17号まで及び第28号から第35号までに掲げる技能講習の実施について
必要な事項は，厚生労働大臣が定める。

様式第15号（第75条，第80条関係）

（　　　　　）技能講習
運転実技教習 受講申込書

（　ふ　り　が　な　） 氏　　　　　　　　名	
旧姓を使用した氏名又は通称の併記の希望の有無　　有　／　無 （　い　ず　れ　か　を　○　で　囲　む　）	
併　記　を　希　望　す　る 氏　名　又　は　通　称	
生　　　年　　　月　　　日	
住　　　　　　　　　　所	
講習の一部免除を希望する範囲	

　　　　　　　　　　　年　　月　　日

収　　入 印　　紙

　　　　　　　　　　　　　　　申込者　氏　　　　　名

（　　　　　　殿）

備考
　1　表題の（　　　）内には，受講しようとする技能講習又は運転実技教習の種類を記入すること。
　2　表題中，「技能講習」又は「運転実技教習」のうち該当しない文字は，抹消すること。
　3　「氏名」の欄は，旧姓を使用した氏名又は通称の併記の希望の有無を○で囲むこと。併記を希望する場合には，併記を希望する氏名又は通称を記入すること。
　4　技能講習を受けようとする者は，技能講習を受けることのできる資格を有することを証する書面を添付すること。
　5　技能講習の一部の免除を受けようとする者は，その資格を有することを証する書面を添付すること。
　6　都道府県労働局長の行う技能講習を受講する者にあつては，受講料は収入印紙を受講申込書に貼り付けて納入するものとし，その収入印紙は，申込者において消印しないこと。
　7　末尾の（　　　）内には，技能講習を行う都道府県労働局長又は技能講習若しくは運転実技教習を行う登録教習機関の名称を記入すること。

様式第17号（第81条関係）

（第4面）　　　　　　　　　　　　　（第1面）

注　意　事　項 1　本修了証は，大切にし，作業中は必ず携帯すること。 2　本修了証を滅失し，又は損傷したときは，再交付を受けること。 3　「備考」の欄は，本人において記入しないこと。	（　　）技能講習修了証

64 mm

91 mm　　　　　　　　　　　　　91 mm

（第2面）　　　　　　　　　　　　　（第3面）

第　　号 　　　年　　月　　日交付 都道府県労働局長 登録教習機関　印	氏　名＿＿＿＿＿＿＿＿ 　　　年　　月　　日生
備　考	住　所

備考
1　技能講習の受講の申込時に旧姓を使用した氏名又は通称(以下「旧姓等」という。)の併記の希望があつた場合には，氏名と合わせて括弧書きで併記を希望する旧姓等を記入すること。
2　「備考」の欄には，旧姓等を併記する場合は括弧書きで記載されたものが旧姓等である旨，その他必要な事項を記入すること。

様式第18号（第82条関係）

$$（　　　　　）技能講習\begin{pmatrix}修　了　証　再　交　付\\修　了　証　書　替\\修　了　証　明　書　交　付\end{pmatrix}申込書$$

（ ふ り が な ） 氏　　　　　　名	
旧姓を使用した氏名又は通称の併記の希望の有無　　　有　／　無 （ い ず れ か を ○ で 囲 む ）	
併記を希望する 氏 名 又 は 通 称	
生　　年　　月　　日	
住　　　　　　　　所	
再 交 付 等 の 理 由	

　　年　　月　　日

　　　　　　　　　　　　　　　　　　　　　　申込者　氏　　　　　　　名

（　　　　　　　）殿

備考
　1　表題の（　）内には労働安全衛生法別表第18各号の技能講習の種類を記入
　　し，「修了証再交付」，「修了証書替」及び「修了証明書交付」のうち，該当し
　　ない文字を抹消すること。
　2　「氏名」の欄は，旧姓を使用した氏名又は通称の併記の希望の有無を○で囲む
　　こと。併記を希望する場合には，併記を希望する氏名又は通称を記入すること。
　3　損傷による修了証の再交付又は修了証明書の交付の申込みの場合にあつては
　　旧修了証を，氏名の変更による修了証の書替え又は修了証明書の交付の申込み
　　の場合にあつては旧修了証及び記載事項の異動を証する書面を添付すること。
　4　末尾の（　）内には，技能講習修了証の交付を受けた登録教習機関（登録教
　　習機関が当該技能講習の業務を廃止した場合（当該登録を取り消された場合及
　　び当該登録がその効力を失つた場合を含む。）及び労働安全衛生法及びこれに
　　基づく命令に係る登録及び指定に関する省令第24条第1項ただし書に規定する
　　場合にあつては，同項ただし書に規定する厚生労働大臣が指定する機関）の名
　　称を記入すること。

労働安全衛生法

（技能講習）

第76条　第14条又は第61条第1項の技能講習（以下「技能講習」という。）は，別表第18に掲げる区分ごとに，学科講習又は実技講習によつて行う。

②　技能講習を行なつた者は，当該技能講習を修了した者に対し，厚生労働省令で定めるところにより，技能講習修了証を交付しなければならない。

③　技能講習の受講資格及び受講手続その他技能講習の実施について必要な事項は，厚生労働省令で定める。

別表第18（第76条関係）

　1-21　略

　22　有機溶剤作業主任者技能講習

　以下　略

第3編

計画の届出

第1章　計画の届出

　本章は，法第88条第1項の規定に基づき，有機溶剤業務に係る設備等の設置，移転又は変更に係る届出について定めたものである。従来は，改正前の有機溶剤中毒予防規則第37条に規定されていたが，平成6年の労働安全衛生規則等の改正に伴い，労働安全衛生規則に基づく届出となった。

労働安全衛生規則
（計画の届出をすべき機械等）
第85条　法第88条第1項の厚生労働省令で定める機械等は，法に基づく他の省令に定めるもののほか，別表第7の上欄に掲げる機械等とする。ただし，別表第7の上欄に掲げる機械等で次の各号のいずれかに該当するものを除く。
　1　機械集材装置，運材索道（架線，搬器，支柱及びこれらに附属する物により構成され，原木又は薪炭材を一定の区間空中において運搬する設備をいう。以下同じ。），架設通路及び足場以外の機械等（法第37条第1項の特定機械等及び令第6条第14号の型枠支保工（以下「型枠支保工」という。）を除く。）で，6月未満の期間で廃止するもの
　2　機械集材装置，運材索道，架設通路又は足場で，組立てから解体までの期間が60日未満のもの
（計画の届出等）
第86条　事業者は，別表第7の上欄に掲げる機械等を設置し，若しくは移転し，又はこれらの主要構造部分を変更しようとするときは，法第88条第1項の規定により，様式第20号による届書に，当該機械等の種類に応じて同表の中欄に掲げる事項を記載した書面及び同表の下欄に掲げる図面等を添えて，所轄労働基準監督署長に提出しなければならない。
　2　特定化学物質障害予防規則（昭和47年労働省令第39号。以下「特化則」という。）第49条第1項の規定による申請をした者が行う別表第7

　　の16の項から20の3の項までの上欄に掲げる機械等の設置については，
　　法第88条第1項の規定による届出は要しないものとする。

③　石綿則第47条第1項又は第48条の3第1項の規定による申請をした
　　者が行う別表第7の25の項の上欄〔編注・左欄〕に掲げる機械等の設置
　　については，法第88条第1項の規定による届出は要しないものとする。

別表第7（第85条，第86条関係）（抄）

機械等の種類	事　項	図　面　等
13　有機則第5条又は第6条（特化則第38条の8においてこれらの規定を準用する場合を含む。）の有機溶剤の蒸気の発散源を密閉する設備，局所排気装置，プッシュプル型換気装置又は全体換気装置（移動式のものを除く。）	1　有機溶剤業務（有機則第1条第1項第6号に掲げる有機溶剤業務をいう。以下この項において同じ。）の概要 2　有機溶剤（令別表第6の2に掲げる有機溶剤をいう。以下この項において同じ。）の蒸気の発散源となる機械又は設備の概要 3　有機溶剤の蒸気の発散の抑制の方法 4　有機溶剤の蒸気の発散源を密閉する設備にあつては，密閉の方式及び当該設備の主要部分の構造の概要 5　全体換気装置にあつては，型式，当該装置の主要部分の構造の概要及びその機能	1　設備等の図面 2　有機溶剤業務を行う作業場所の図面 3　局所排気装置にあつては局所排気装置摘要書（様式第25号） 4　プッシュプル型換気装置にあつてはプッシュプル型換気装置摘要書（様式第26号）

様式第20号（第86条関係）

機械等　設置・移転・変更届

事業の種類		事業場の名称		常時使用する 労働者数	
設　置　地			主たる事務 所の所在地	電話　（　　　）	
計画の概要					

製造し，又は取 り扱う物質等及 び当該業務に従 事する労働者数	種　類　等		取　扱　量		従事労働者数		
					男	女	計

参画者の氏名		参加者の 経歴の概要	
工　事　着　手 予定年月日		工　事　落　成 予定年月日	

年　　　月　　　日

事業者職氏名　　　　　　　

労働基準監督署長　殿

備考

　1　表題の「設置」，「移転」及び「変更」のうち，該当しない文字を抹消すること。

　2　「事業の種類」の欄は，日本標準産業分類の中分類により記入すること。

　3　「設置地」の欄は，「主たる事務所の所在地」と同一の場合は記入を要しないこと。

　4　「計画の概要」の欄は，機械等の設置，移転又は変更の概要を簡潔に記入すること。

　5　「製造し，又は取り扱う物質等及び当該業務に従事する労働者数」の欄は，別表第7の
　　　13の項から25の項まで（22の項を除く。）の上欄に掲げる機械等の設置等の場合に記
　　　入すること。

　　　この場合において，以下の事項に注意すること。

　　イ　別表第7の21の項の上欄に掲げる機械等の設置等の場合は，「種類等」及び「取

扱量」の記入は要しないこと。

ロ　「種類等」の欄は，有機溶剤等にあってはその名称及び有機溶剤中毒予防規則第1
　　条第1項第3号から第5号までに掲げる区分を，鉛等にあってはその名称を，焼結
　　鉱等にあっては焼結鉱，煙灰又は電解スライムの別を，四アルキル鉛等にあっては
　　四アルキル鉛又は加鉛ガソリンの別を，粉じんにあっては粉じんとなる物質の種類
　　を記入すること。

ハ　「取扱量」の欄には，日，週，月等一定の期間に通常取り扱う量を記入し，別表第
　　7の14の項の上欄に掲げる機械等の設置等の場合は，鉛等又は焼結鉱の種類ごとに
　　記入すること。

ニ　「従事労働者数」の欄は，別表第7の14の項，15の項，23の項及び24の項の上
　　欄に掲げる機械等の設置等の場合は，合計数の記入で足りること。

6　「参画者の氏名」及び「参画者の経歴の概要」の欄は，型枠支保工又は足場に係る工
　事の場合に記入すること。

7　「参画者の経歴の概要」の欄には，参画者の資格に関する職歴，勤務年数等を記入す
　ること。

8　別表第7の22の項の上欄に掲げる機械等の設置等の場合は，「事業場の名称」の欄
　には建築物の名称を，「常時使用する労働者」の欄には利用事業場数及び利用労働者数
　を，「設置地」の欄には建築物の住所を，「計画の概要」の欄には建築物の用途，建築
　物の大きさ（延床面積及び階数），設備の種類（空気調和設備，機械換気設備の別）及
　び換気の方式を記入し，その他の事項については記入を要しないこと。

9　この届出に記載しきれない事項は，別紙に記載して添付すること。

様式第 25 号（別表第 7 関係）

局所排気装置摘要書

別表第 7 の区分		
対象作業工程名		
局所排気を行うべき物質の名称		
局所排気装置の配置図及び排気系統を示す線図		

フード	番　　号					
	型　　式	囲い式 外付け式 （側方,下方,上方） レシーバー式	囲い式 外付け式 （側方,下方,上方） レシーバー式	囲い式 外付け式 （側方,下方,上方） レシーバー式	囲い式 外付け式 （側方,下方,上方） レシーバー式	囲い式 外付け式 （側方,下方,上方） レシーバー式
	制御風速（m/s）					
	排風量（m³/min）					
	フードの形状, 寸法, 発散源との位置関係を示す図面					

局所排気装置の設計計算値	装置全体の圧力損失（hPa）及び計算方法				
	ファン前後の速度圧差（hPa）		ファン前後の静圧差（hPa）		

設置ファン等の仕様	排風機	最大静圧（hPa）					
		ファン静圧（hPa）		ファン型式	ターボ　ラジエアル　シロッコ 遠心斜流軸流 アキシャル （ガイドベーン（有,無）） その他（　　　）	ミット リミットロード エアホイル プレートファン ボルテックス
		排風量（m³/min）				
		回転数（rpm）				
		静圧効率（%）				
		軸動力（kW）				
	ファンを駆動する電動機	型式	定格出力（kW）	相	電圧（V）	定格周波数（Hz）	回転数（rpm）

定格処理風量（m³/min）		圧力損失の大きさ（hPa）	（定格値）　（設計値）

空気清浄装置	除じん装置	前置き除じん装置の有無及び型式	有（型式　　　　　）　無		
		主　方　式 形状及び寸法		粉じん取出方法	
		集じん容量（g/h）		粉じん落とし機械	有（自動式・手動式）　　無

	排ガス処理装置	ガス中に液を分散させる方式 ガス・液ともに分散させる方式 液中にガスを分散させる方式 吸　着　方　式 その他（　　　　　）	吸収液又は吸着剤	水 水酸化ナトリウム 消　石　灰 アンモニア水 硫　酸 活　性　炭 その他（　　　）	処理後の措置	再　生　・　回　収 却 埋　没 焼 廃棄物処理業者への委託処理 そ　の　他

備考
1　「別表第 7 の区分」の欄には，当該局所排気装置に該当する別表第 7 の項の番号を記入すること。
2　別表第 7 の 24 の項の局所排気装置にあっては，「対象作業工程名」の欄に粉じん障害防止規則別表第 2 の号別区分を記入すること。
3　「フード」の欄には，各フードごとに番号を記入し，型式については該当するもの（外付け式のフードにあっては，吸引方向）に○を付するとともに，所要事項を記入すること。
4　「設置ファン等の仕様」の欄の排風機のうち，「最大静圧」以外は，ファンの動作点の数値を記入すること。「ファン型式」の欄は，該当するものに○を付すること。
5　別表第 7 の 13 の項の局所排気装置にあっては，「空気清浄装置」の欄は記入を要しないこと。また，同表の 14 の項又は 24 の項の局所排気装置にあっては，「空気清浄装置」の欄のうち除じん装置の欄のみ記入すること。
6　「空気清浄装置」の欄のうち「排ガス処理装置」，「吸収液又は吸着剤」及び「処理後の措置」の欄は，該当するものに○を付すること。
7　「空気清浄装置」の欄のうち排ガス処理装置については，その図面を添付すること。
8　この摘要書に記載しきれない事項は，別紙に記載して添付すること。

様式第26号（別表第7 関係）

プッシュプル型換気装置摘要書

<table>
<tr><td colspan="2">対象作業工程名</td><td colspan="4"></td></tr>
<tr><td colspan="2">換気を行うべき物質の名称</td><td colspan="4"></td></tr>
<tr><td colspan="2" rowspan="2">プッシュプル型換気装置の型式等</td><td>型　　式</td><td colspan="3">密閉式（送風機（有・無））・開放式</td></tr>
<tr><td>気流の向き</td><td colspan="3">下降流・斜降流・水平流・その他（　　　　）</td></tr>
<tr><td colspan="2">プッシュプル型換気装置の配置図及び給排気系統を示す線図</td><td colspan="4"></td></tr>
<tr><td rowspan="5">フード等</td><td>吹出し開口面面積（m²）</td><td></td><td>吸込み開口面面積(m²)</td><td colspan="2"></td></tr>
<tr><td>吹出し開口面風速（m/s）</td><td></td><td>吸込み開口面風速(m/s)</td><td colspan="2"></td></tr>
<tr><td>吹出し風量（m³/min）</td><td></td><td>吸込み風量(m³/min)</td><td colspan="2"></td></tr>
<tr><td>吹出し側フード，吸込み側フード及びブースの構造を示す図面</td><td colspan="4"></td></tr>
<tr><td></td><td></td><td colspan="2">給　気　側</td><td colspan="2">排　気　側</td></tr>
<tr><td rowspan="3">換気装置の設計値</td><td rowspan="3">プッシュプル型</td><td>装置全体の圧力損失（hPa）及び計算方法</td><td></td><td colspan="2"></td></tr>
<tr><td>ファン前後の速度圧差(hPa)</td><td></td><td colspan="2"></td></tr>
<tr><td>ファン前後の静圧差（hPa）</td><td></td><td colspan="2"></td></tr>
<tr><td rowspan="13">設置ファン等の仕様</td><td rowspan="6">送風機等</td><td>ファ　ン　型　式</td><td colspan="2">ターボ，ラジアル，リミットロード，エアホイル，シロッコ，遠心軸流，斜流，アキシャル（ガイドベーン(有，無)），その他(　　)</td><td colspan="2">ターボ，ラジアル，リミットロード，エアホイル，シロッコ，遠心軸流，斜流，アキシャル（ガイドベーン(有，無)），その他(　　)</td></tr>
<tr><td>最　大　静　圧（ hPa ）</td><td colspan="2"></td><td colspan="2"></td></tr>
<tr><td>ファン静圧（hPa）</td><td colspan="2"></td><td colspan="2"></td></tr>
<tr><td>送風量及び排風量(m³/min)</td><td colspan="2"></td><td colspan="2"></td></tr>
<tr><td>回　転　数（ rpm ）</td><td colspan="2"></td><td colspan="2"></td></tr>
<tr><td>静　圧　効　率（ % ）</td><td colspan="2"></td><td colspan="2"></td></tr>
<tr><td rowspan="7">電動機（ファンを駆動する）</td><td>軸　動　力（ kW ）</td><td colspan="2"></td><td colspan="2"></td></tr>
<tr><td>型　　　　　式</td><td colspan="4"></td></tr>
<tr><td>定　格　出　力（ kW ）</td><td colspan="4"></td></tr>
<tr><td>相</td><td colspan="4"></td></tr>
<tr><td>電　　　　圧（ V ）</td><td colspan="4"></td></tr>
<tr><td>定格周波数（ Hz ）</td><td colspan="4"></td></tr>
<tr><td>回　転　数（ rpm ）</td><td colspan="4"></td></tr>
<tr><td rowspan="4">除じん装置</td><td colspan="2">前置き除じん装置の有無及び型式</td><td colspan="4">有（型式　　　　　）　　無</td></tr>
<tr><td colspan="2">主　　方　　式</td><td colspan="2"></td><td>粉じん取出方法</td><td></td></tr>
<tr><td colspan="2">形　状　及　び　寸　法</td><td colspan="2"></td><td>粉じん落とし機構</td><td>有（自動式・手動式）
無</td></tr>
<tr><td colspan="2">集　じ　ん　容　量（g/h）</td><td colspan="2"></td><td></td><td></td></tr>
</table>

備考
1　「プッシュプル型換気装置の型式等」の欄は，該当するものに○を付すこと。
2　送風機を設けないプッシュプル型換気装置については，「給気側」の欄の記入を要しないこと。
3　吹出し側フード，吸込み側フード及びブースの構造を示す図面には，寸法を記入すること。
4　吹出し側フードの開口部の任意の点と吸込み側フードの開口部の任意の点を結ぶ線分が通ることのある区域以外の区域を換気区域とするときは，当該換気区域を明示すること。
5　「ファン式」の欄は，該当するものに○を付すこと。「最大静圧」の欄以外は，ファンの動作点の数値を記入すること。
6　別表第7の13の項のプッシュプル型換気装置にあつては，「除じん装置」の欄は記入を要しないこと。
7　この摘要書に記載しきれない事項は，別紙に記載して添付すること。

第4編

関係法令

1　労働安全衛生法（抄）

（昭和 47 年 6 月 8 日法律第 57 号）
（最終改正　令和 4 年 6 月 17 日法律第 68 号）

労働安全衛生法施行令（抄）

（昭和 47 年 8 月 19 日政令第 318 号）
（最終改正　令和 5 年 9 月 6 日政令第 276 号）

労働安全衛生規則（抄）

（昭和 47 年 9 月 30 日労働省令第 32 号）
（最終改正　令和 5 年 12 月 27 日厚生労働省令第 165 号）

第 1 章　総　則

概　要

　昭和 40 年代前半にいたるわが国の産業経済の発展は，世界にも類のない目ざましいものがあり，それに伴い，技術革新，生産設備の高度化等が急激に進展した。ところが，この著しい経済興隆のかげには多くの労働者が労働災害を被っているという現実があり，しかも，これらの労働災害は，

(1)　建設業等屋外産業的業種において高い災害率

(2)　中小零細企業および構内下請企業において多発傾向

(3)　重大災害が増加の傾向

(4)　新技術や新工法の採用，有害な化学物質の使用等により新しい災害要因が増加し，また，職業性疾病が増大

(5)　被災可能性の高い中高年齢労働者や未熟練労働者が増加

(6)　公害や公衆災害に関係のある労働災害が増大

等の問題点があり，また，在来型の災害はなおもあとを絶たないという状況にあった。

　そこで，この法律は，これらの問題点を踏まえ，最低基準の遵守確保を図るとともに，事業場内における安全衛生管理体制の確立，安全衛生に関する企業の自主的活動の促進等労働災害の防止に関する総合的，計画的な対策を推進することにより職場における労働者の安全と健康を確保し，さらに，快適な職場環境の形成を促進することを目的として制定されたものである。

　第1章では，この法律の目的および用語の意義を述べるとともに事業者をはじめ労働災害を防止するために関連のある者に対しその責務を明らかにしている。

（目　的）

第1条　この法律は，労働基準法（昭和22年法律第49号）と相まつて，労働災害の防止のための危害防止基準の確立，責任体制の明確化及び自主的活動の促進の措置を講ずる等その防止に関する総合的計画的な対策を推進することにより職場における労働者の安全と健康を確保するとともに，快適な職場環境の形成を促進することを目的とする。

（定　義）

第2条　この法律において，次の各号に掲げる用語の意義は，それぞれ当該各号に定めるところによる。

1　労働災害　労働者の就業に係る建設物，設備，原材料，ガス，蒸気，粉じん等により，又は作業行動その他業務に起因して，労働者が負傷し，疾病にかかり，又は死亡することをいう。

2　労働者　労働基準法第9条に規定する労働者（同居の親族のみを使

用する事業又は事務所に使用される者及び家事使用人を除く。）をい
う。

3　事業者　事業を行う者で，労働者を使用するものをいう。

3の2　化学物質　元素及び化合物をいう。

4　作業環境測定　作業環境の実態をは握するため空気環境その他の作
業環境について行うデザイン，サンプリング及び分析(解析を含む。）
をいう。

（事業者等の責務）

第3条　事業者は，単にこの法律で定める労働災害の防止のための最低
基準を守るだけでなく，快適な職場環境の実現と労働条件の改善を通じ
て職場における労働者の安全と健康を確保するようにしなければならな
い。また，事業者は，国が実施する労働災害の防止に関する施策に協力
するようにしなければならない。

②　機械，器具その他の設備を設計し，製造し，若しくは輸入する者，原
材料を製造し，若しくは輸入する者又は建設物を建設し，若しくは設計
する者は，これらの物の設計，製造，輸入又は建設に際して，これらの
物が使用されることによる労働災害の発生の防止に資するように努めな
ければならない。

③　建設工事の注文者等仕事を他人に請け負わせる者は，施工方法，工期
等について，安全で衛生的な作業の遂行をそこなうおそれのある条件を
附さないように配慮しなければならない。

第4条　労働者は，労働災害を防止するため必要な事項を守るほか，事
業者その他の関係者が実施する労働災害の防止に関する措置に協力する
ように努めなければならない。

第3章　安全衛生管理体制

概　要

　　労働災害を防止するための責任が事業者にあることはいうまでもないことであるが，企業全体の積極的な自主活動がなければ労働災害の絶滅は期し難いものである。

　　このような企業の自立的な安全衛生活動を制度的に確立させ，的確に促進させるために，この法律では，組織的な安全衛生管理体制の充実について規定している。

　　この法律に基づく安全衛生組織には，次の2通りのものがある。

⑴　労働災害を防止するための一般的な安全衛生管理組織として

①　総括安全衛生管理者

②　安全管理者

③　衛生管理者（衛生工学衛生管理者を含む。）

④　安全衛生推進者（衛生推進者を含む。）

⑤　産業医

⑥　作業主任者

があり，安全衛生に関する調査審議機関として，安全委員会および衛生委員会ならびに安全衛生委員会がある。

　　この法律では，安全衛生管理が企業の生産ラインと一体的に運営されることを期待し，一定規模以上の事業場には当該事業の実施を統括管理する者をもって総括安全衛生管理者に充てさせることとしている。

　　また，安全管理者および衛生管理者は，総括安全衛生管理者を補佐する者として位置づけられるとともに，安全衛生推進者，産業医，作業主任者についてもその役割が明確に規定されている。

⑵　一の場所において，請負契約関係下にある数事業者が混在して事業を行うことから生ずる労働災害を防止するための安全衛生管理組織

としては，
① 統括安全衛生責任者
② 元方安全衛生管理者
③ 店社安全衛生管理者
④ 安全衛生責任者
があり，また，関係請負人を含めての協議組織がある。

統括安全衛生責任者は，当該場所においてその事業の実施を統括管理する者をもって充てることとし，その職務として当該場所において各事業場の労働者が混在して働くことによって生ずる労働災害を防止するための事項を統括管理することになっている。

また，統括安全衛生責任者を選任した事業者から一定の業種のものは，元方安全衛生管理者を置き，統括安全衛生責任者の職務のうち技術的事項を管理させることとしている。

統括安全衛生責任者および元方安全衛生管理者を選任しなくてもよい場合であっても，一定のものについては，店社安全衛生管理者を選任し，当該場所において，各事業場の労働者が混在して働くことによって生ずる労働災害を防止するための事項に関する必要措置を担当する者に対し指導を行う，毎月1回建設現場を巡視する，などの業務を行わせることになっている。

さらに，下請事業における安全衛生責任体制を確立するため，統括安全衛生責任者を選任すべき事業者以外の請負人においては，安全衛生責任者を置き，統括安全衛生責任者からの指示，連絡等を受け，これを関係者に伝達する等の措置をとらせることとしている。

第14条では，労働災害を防止するために管理を必要とする一定の危険または有害な作業については，都道府県労働局長の免許を受けた者または一定の技能講習を修了した者のうちから作業主任者を選任し，その者に労働者の指揮その他の事項を行わせなければならないこ

とを定めており，有機溶剤業務のほか30種の業務について選任が義
務づけられている。

（総括安全衛生管理者）

第 10 条　事業者は，政令で定める規模の事業場ごとに，厚生労働省令で
定めるところにより，総括安全衛生管理者を選任し，その者に安全管理
者，衛生管理者又は第25条の2第2項の規定により技術的事項を管理
する者の指揮をさせるとともに，次の業務を統括管理させなければなら
ない。

1　労働者の危険又は健康障害を防止するための措置に関すること。

2　労働者の安全又は衛生のための教育の実施に関すること。

3　健康診断の実施その他健康の保持増進のための措置に関すること。

4　労働災害の原因の調査及び再発防止対策に関すること。

5　前各号に掲げるもののほか，労働災害を防止するため必要な業務で，
厚生労働省令で定めるもの

②　総括安全衛生管理者は，当該事業場においてその事業の実施を統括管
理する者をもつて充てなければならない。

③　都道府県労働局長は，労働災害を防止するため必要があると認めると
きは，総括安全衛生管理者の業務の執行について事業者に勧告すること
ができる。

⋯⋯労働安全衛生法施行令⋯⋯⋯⋯⋯⋯⋯⋯⋯⋯⋯⋯⋯⋯⋯⋯⋯⋯⋯⋯⋯⋯

（総括安全衛生管理者を選任すべき事業場）

第 2 条　労働安全衛生法（以下「法」という。）第10条第1項の政令で定
める規模の事業場は，次の各号に掲げる業種の区分に応じ，常時当該各
号に掲げる数以上の労働者を使用する事業場とする。

1　林業，鉱業，建設業，運送業及び清掃業　100人

2　製造業（物の加工業を含む。），電気業，ガス業，熱供給業，水道業，
通信業，各種商品卸売業，家具・建具・じゆう器等卸売業，各種商品

　　小売業，家具・建具・じゆう器小売業，燃料小売業，旅館業，ゴルフ

　　場業，自動車整備業及び機械修理業　300 人

　3　その他の業種　1,000 人

――労働安全衛生規則――

（総括安全衛生管理者の選任）

第2条　法第10条第1項の規定による総括安全衛生管理者の選任は，総括
　　安全衛生管理者を選任すべき事由が発生した日から 14 日以内に行なわな
　　ければならない。

②　事業者は，総括安全衛生管理者を選任したときは，遅滞なく，様式第3
　　号による報告書を，当該事業場の所在地を管轄する労働基準監督署長（以
　　下「所轄労働基準監督署長」という。）に提出しなければならない。

（総括安全衛生管理者の代理者）

第3条　事業者は，総括安全衛生管理者が旅行，疾病，事故その他やむを
　　得ない事由によつて職務を行なうことができないときは，代理者を選任
　　しなければならない。

（安全管理者）

第 11 条　第1項　略

②　労働基準監督署長は，労働災害を防止するため必要があると認めると
　　きは，事業者に対し，安全管理者の増員又は解任を命ずることができる。

（衛生管理者）

第 12 条　事業者は，政令で定める規模の事業場ごとに，都道府県労働局
　　長の免許を受けた者その他厚生労働省令で定める資格を有する者のうち
　　から，厚生労働省令で定めるところにより，当該事業場の業務の区分に
　　応じて，衛生管理者を選任し，その者に第 10 条第1項各号の業務（第
　　25 条の2第2項の規定により技術的事項を管理する者を選任した場合
　　においては，同条第1項各号の措置に該当するものを除く。）のうち衛

生に係る技術的事項を管理させなければならない。

② 　前条第2項の規定は，衛生管理者について準用する。

労働安全衛生法施行令

（衛生管理者を選任すべき事業場）

第 4 条　法第12条第1項の政令で定める規模の事業場は，常時50人以上
の労働者を使用する事業場とする。

労働安全衛生規則

（衛生管理者の選任）

第 7 条　法第12条第1項の規定による衛生管理者の選任は，次に定める
ところにより行わなければならない。

1 　衛生管理者を選任すべき事由が発生した日から14日以内に選任する
こと。

2 　その事業場に専属の者を選任すること。ただし，2人以上の衛生管
理者を選任する場合において，当該衛生管理者の中に第10条第3号に
掲げる者がいるときは，当該者のうち1人については，この限りでない。

3 　次に掲げる業種の区分に応じ，それぞれに掲げる者のうちから選任
すること。

　　イ　農林畜水産業，鉱業，建設業，製造業（物の加工業を含む。），電
気業，ガス業，水道業，熱供給業，運送業，自動車整備業，機械修
理業，医療業及び清掃業　第1種衛生管理者免許若しくは衛生工学
衛生管理者免許を有する者又は第10条各号に掲げる者

　　ロ　その他の業種　第1種衛生管理者免許，第2種衛生管理者免許若
しくは衛生工学衛生管理者免許を有する者又は第10条各号に掲げる者

4 　次の表の上欄〔編注：左欄〕に掲げる事業場の規模に応じて，同表
の下欄〔編注：右欄〕に掲げる数以上の衛生管理者を選任すること。

事業場の規模（常時使用する労働者数）	衛生管理者数
50人以上200人以下	1 人
200人を超え500人以下	2 人
500人を超え1,000人以下	3 人

1,000 人を超え 2,000 人以下	4 人
2,000 人を超え 3,000 人以下	5 人
3,000 人を超える場合	6 人

5　次に掲げる事業場にあつては，衛生管理者のうち少なくとも 1 人を専任の衛生管理者とすること。

イ　常時 1,000 人を超える労働者を使用する事業場

ロ　常時 500 人を超える労働者を使用する事業場で，坑内労働又は労働基準法施行規則（昭和 22 年厚生省令第 23 号）第 18 条各号に掲げる業務に常時 30 人以上の労働者を従事させるもの

6　常時 500 人を超える労働者を使用する事業場で，坑内労働又は労働基準法施行規則第 18 条第 1 号，第 3 号から第 5 号まで若しくは第 9 号に掲げる業務に常時 30 人以上の労働者を従事させるものにあつては，衛生管理者のうち 1 人を衛生工学衛生管理者免許を受けた者のうちから選任すること。

②　第 2 条第 2 項及び第 3 条の規定は，衛生管理者について準用する。

（衛生管理者の資格）

第 10 条　法第 12 条第 1 項の厚生労働省令で定める資格を有する者は，次のとおりとする。

1　医師

2　歯科医師

3　労働衛生コンサルタント

4　前三号に掲げる者のほか，厚生労働大臣の定める者

（衛生管理者の定期巡視及び権限の付与）

第 11 条　衛生管理者は，少なくとも毎週 1 回作業場等を巡視し，設備，作業方法又は衛生状態に有害のおそれがあるときは，直ちに，労働者の健康障害を防止するため必要な措置を講じなければならない。

②　事業者は，衛生管理者に対し，衛生に関する措置をなし得る権限を与えなければならない。

（衛生工学に関する事項の管理）

第 12 条　事業者は，第7条第1項第6号の規定により選任した衛生管理者に，法第10条第1項各号の業務のうち衛生に係る技術的事項で衛生工学に関するものを管理させなければならない。

（安全衛生推進者等）

第 12 条の 2　事業者は，第11条第1項の事業場及び前条第1項の事業場以外の事業場で，厚生労働省令で定める規模のものごとに，厚生労働省令で定めるところにより，安全衛生推進者（第11条第1項の政令で定める業種以外の業種の事業場にあつては，衛生推進者）を選任し，その者に第10条第1項各号の業務（第25条の2第2項の規定により技術的事項を管理する者を選任した場合においては，同条第1項各号の措置に該当するものを除くものとし，第11条第1項の政令で定める業種以外の業種の事業場にあつては，衛生に係る業務に限る。）を担当させなければならない。

── 労働安全衛生規則 ──────────

（安全衛生推進者等を選任すべき事業場）

第 12 条の 2　法第12条の2の厚生労働省令で定める規模の事業場は，常時10人以上50人未満の労働者を使用する事業場とする。

（安全衛生推進者等の選任）

第 12 条の 3　法第12条の2の規定による安全衛生推進者又は衛生推進者（以下「安全衛生推進者等」という。）の選任は，都道府県労働局長の登録を受けた者が行う講習を修了した者その他法第10条第1項各号の業務（衛生推進者にあつては，衛生に係る業務に限る。）を担当するため必要な能力を有すると認められる者のうちから，次に定めるところにより行わなければならない。

　1　安全衛生推進者等を選任すべき事由が発生した日から14日以内に選任すること。

　2　その事業場に専属の者を選任すること。ただし，労働安全コンサル

　タント，労働衛生コンサルタントその他厚生労働大臣が定める者のう
　ちから選任するときは，この限りでない。
② 次に掲げる者は，前項の講習の講習科目（安全衛生推進者に係るもの
　に限る。）のうち厚生労働大臣が定めるものの免除を受けることができる。
　1 第5条各号に掲げる者
　2 第10条各号に掲げる者
（安全衛生推進者等の氏名の周知）
第 12 条の4 事業者は，安全衛生推進者等を選任したときは，当該安全衛
　生推進者等の氏名を作業場の見やすい箇所に掲示する等により関係労働
　者に周知させなければならない。

（産業医等）

第 13 条 事業者は，政令で定める規模の事業場ごとに，厚生労働省令で
　定めるところにより，医師のうちから産業医を選任し，その者に労働者
　の健康管理その他の厚生労働省令で定める事項（以下「労働者の健康管
　理等」という。）を行わせなければならない。
② 産業医は，労働者の健康管理等を行うのに必要な医学に関する知識に
　ついて厚生労働省令で定める要件を備えた者でなければならない。
③ 産業医は，労働者の健康管理等を行うのに必要な医学に関する知識に
　基づいて，誠実にその職務を行わなければならない。
④ 産業医を選任した事業者は，産業医に対し，厚生労働省令で定めると
　ころにより，労働者の労働時間に関する情報その他の産業医が労働者の
　健康管理等を適切に行うために必要な情報として厚生労働省令で定める
　ものを提供しなければならない。
⑤ 産業医は，労働者の健康を確保するため必要があると認めるときは，
　事業者に対し，労働者の健康管理等について必要な勧告をすることがで
　きる。この場合において，事業者は，当該勧告を尊重しなければならな
　い。

⑥　事業者は，前項の勧告を受けたときは，厚生労働省令で定めるところにより，当該勧告の内容その他の厚生労働省令で定める事項を衛生委員会又は安全衛生委員会に報告しなければならない。

第13条の2　事業者は，前条第1項の事業場以外の事業場については，労働者の健康管理等を行うのに必要な医学に関する知識を有する医師その他厚生労働省令で定める者に労働者の健康管理等の全部又は一部を行わせるように努めなければならない。

②　前条第4項の規定は，前項に規定する者に労働者の健康管理等の全部又は一部を行わせる事業者について準用する。この場合において，同条第4項中「提供しなければ」とあるのは，「提供するように努めなければ」と読み替えるものとする。

第13条の3　事業者は，産業医又は前条第1項に規定する者による労働者の健康管理等の適切な実施を図るため，産業医又は同項に規定する者が労働者からの健康相談に応じ，適切に対応するために必要な体制の整備その他の必要な措置を講ずるように努めなければならない。

労働安全衛生法施行令

（産業医を選任すべき事業場）

第5条　法第13条第1項の政令で定める規模の事業場は，常時50人以上の労働者を使用する事業場とする。

労働安全衛生規則

（産業医の選任等）

第13条　法第13条第1項の規定による産業医の選任は，次に定めるところにより行わなければならない。

　1　産業医を選任すべき事由が発生した日から14日以内に選任すること。

　2　次に掲げる者（イ及びロにあつては，事業場の運営について利害関係を有しない者を除く。）以外の者のうちから選任すること。

  イ 事業者が法人の場合にあつては当該法人の代表者

  ロ 事業者が法人でない場合にあつては事業を営む個人

  ハ 事業場においてその事業の実施を統括管理する者

3 常時1,000人以上の労働者を使用する事業場又は次に掲げる業務に常時500人以上の労働者を従事させる事業場にあつては，その事業場に専属の者を選任すること。

  イ 多量の高熱物体を取り扱う業務及び著しく暑熱な場所における業務

  ロ 多量の低温物体を取り扱う業務及び著しく寒冷な場所における業務

  ハ ラジウム放射線，エックス線その他の有害放射線にさらされる業務

  ニ 土石，獣毛等のじんあい又は粉末を著しく飛散する場所における業務

  ホ 異常気圧下における業務

  ヘ さく岩機，鋲打機等の使用によつて，身体に著しい振動を与える業務

  ト 重量物の取扱い等重激な業務

  チ ボイラー製造等強烈な騒音を発する場所における業務

  リ 坑内における業務

  ヌ 深夜業を含む業務

  ル 水銀，砒素，黄りん，弗化水素酸，塩酸，硝酸，硫酸，青酸，か性アルカリ，石炭酸その他これらに準ずる有害物を取り扱う業務

  ヲ 鉛，水銀，クロム，砒素，黄りん，弗化水素，塩素，塩酸，硝酸，亜硫酸，硫酸，一酸化炭素，二硫化炭素，青酸，ベンゼン，アニリンその他これらに準ずる有害物のガス，蒸気又は粉じんを発散する場所における業務

  ワ 病原体によつて汚染のおそれが著しい業務

  カ その他厚生労働大臣が定める業務

4 常時3,000人をこえる労働者を使用する事業場にあつては，2人以上の産業医を選任すること。

② 第2条第2項の規定は，産業医について準用する。ただし，学校保健安全法（昭和33年法律第56号）第23条（就学前の子どもに関する教育，保育等の総合的な提供の推進に関する法律（平成18年法律第77号。以下この項及び第44条の2第1項において「認定こども園法」という。）第27条において準用する場合を含む。）の規定により任命し，又は委嘱された学校医で，当該学校（同条において準用する場合にあつては，認定こども園法第2条第7項に規定する幼保連携型認定こども園）において産業医の職務を行うこととされたものについては，この限りでない。

③ 第8条の規定は，産業医について準用する。この場合において，同条中「前条第1項」とあるのは，「第13条第1項」と読み替えるものとする。

④ 事業者は，産業医が辞任したとき又は産業医を解任したときは，遅滞なく，その旨及びその理由を衛生委員会又は安全衛生委員会に報告しなければならない。

（産業医及び産業歯科医の職務等）

第14条　法第13条第1項の厚生労働省令で定める事項は，次に掲げる事項で医学に関する専門的知識を必要とするものとする。

1　健康診断の実施及びその結果に基づく労働者の健康を保持するための措置に関すること。

2　法第66条の8第1項及び第66条の8の2第1項に規定する面接指導並びに法第66条の9に規定する必要な措置の実施並びにこれらの結果に基づく労働者の健康を保持するための措置に関すること。

3　法第66条の10第1項に規定する心理的な負担の程度を把握するための検査の実施並びに同条第3項に規定する面接指導の実施及びその結果に基づく労働者の健康を保持するための措置に関すること。

4　作業環境の維持管理に関すること。

5　作業の管理に関すること。

6　前各号に掲げるもののほか，労働者の健康管理に関すること。

7　健康教育，健康相談その他労働者の健康の保持増進を図るための措置に関すること。

8　衛生教育に関すること。

　9　労働者の健康障害の原因の調査及び再発防止のための措置に関すること。

② 法第13条第2項の厚生労働省令で定める要件を備えた者は，次のとおりとする。

　1　法第13条第1項に規定する労働者の健康管理等（以下「労働者の健康管理等」という。）を行うのに必要な医学に関する知識についての研修であつて厚生労働大臣の指定する者（法人に限る。）が行うものを修了した者

　2　産業医の養成等を行うことを目的とする医学の正規の課程を設置している産業医科大学その他の大学であつて厚生労働大臣が指定するものにおいて当該課程を修めて卒業した者であつて，その大学が行う実習を履修したもの

　3　労働衛生コンサルタント試験に合格した者で，その試験の区分が保健衛生であるもの

　4　学校教育法による大学において労働衛生に関する科目を担当する教授，准教授又は講師（常時勤務する者に限る。）の職にあり，又はあつた者

　5　前各号に掲げる者のほか，厚生労働大臣が定める者

③ 産業医は，第1項各号に掲げる事項について，総括安全衛生管理者に対して勧告し，又は衛生管理者に対して指導し，若しくは助言することができる。

④ 事業者は，産業医が法第13条第3項の規定による勧告をしたこと又は前項の規定による勧告，指導若しくは助言をしたことを理由として，産業医に対し，解任その他不利益な取扱いをしないようにしなければならない。

⑤ 事業者は，令第22条第3項の業務に常時50人以上の労働者を従事させる事業場については，第1項各号に掲げる事項のうち当該労働者の歯又はその支持組織に関する事項について，適時，歯科医師の意見を聴くようにしなければならない。

⑥ 前項の事業場の労働者に対して法第66条第3項の健康診断を行なつた歯科医師は，当該事業場の事業者又は総括安全衛生管理者に対し，当該

労働者の健康障害（歯又はその支持組織に関するものに限る。）を防止するため必要な事項を勧告することができる。

⑦　産業医は，労働者の健康管理等を行うために必要な医学に関する知識及び能力の維持向上に努めなければならない。

（産業医に対する情報の提供）

第 14 条の2　法第13条第4項の厚生労働省令で定める情報は，次に掲げる情報とする。

　　1　法第66条の5第1項，第66条の8第5項（法第66条の8の2第2項において読み替えて準用する場合を含む。）又は第66条の10第6項の規定により既に講じた措置又は講じようとする措置の内容に関する情報（これらの措置を講じない場合にあつては，その旨及びその理由）

　　2　第52条の2第1項又は第52条の7の2第1項の超えた時間が1月当たり80時間を超えた労働者の氏名及び当該労働者に係る当該超えた時間に関する情報

　　3　前二号に掲げるもののほか，労働者の業務に関する情報であつて産業医が労働者の健康管理等を適切に行うために必要と認めるもの

②　法第13条第4項の規定による情報の提供は，次の各号に掲げる情報の区分に応じ，当該各号に定めるところにより行うものとする。

　　1　前項第1号に掲げる情報　法第66条の4，第66条の8第4項（法第66条の8の2第2項において準用する場合を含む。）又は第66条の10第5項の規定による医師又は歯科医師からの意見聴取を行つた後，遅滞なく提供すること。

　　2　前項第2号に掲げる情報　第52条の2第2項（第52条の7の2第2項において準用する場合を含む。）の規定により同号の超えた時間の算定を行つた後，速やかに提供すること。

　　3　前項第3号に掲げる情報　産業医から当該情報の提供を求められた後，速やかに提供すること。

（産業医による勧告等）

第 14 条の3　産業医は，法第13条第5項の勧告をしようとするときは，あらかじめ，当該勧告の内容について，事業者の意見を求めるものとする。

②　事業者は，法第13条第5項の勧告を受けたときは，次に掲げる事項を

記録し，これを 3 年間保存しなければならない。

1　当該勧告の内容

2　当該勧告を踏まえて講じた措置の内容（措置を講じない場合にあつ
ては，その旨及びその理由）

③　法第 13 条第 6 項の規定による報告は，同条第 5 項の勧告を受けた後遅
滞なく行うものとする。

④　法第 13 条第 6 項の厚生労働省令で定める事項は，次に掲げる事項とす
る。

1　当該勧告の内容

2　当該勧告を踏まえて講じた措置又は講じようとする措置の内容（措
置を講じない場合にあつては，その旨及びその理由）

（産業医に対する権限の付与等）

第 14 条の 4　事業者は，産業医に対し，第 14 条第 1 項各号に掲げる事項
をなし得る権限を与えなければならない。

②　前項の権限には，第 14 条第 1 項各号に掲げる事項に係る次に掲げる事
項に関する権限が含まれるものとする。

1　事業者又は総括安全衛生管理者に対して意見を述べること。

2　第 14 条第 1 項各号に掲げる事項を実施するために必要な情報を労働
者から収集すること。

3　労働者の健康を確保するため緊急の必要がある場合において，労働
者に対して必要な措置をとるべきことを指示すること。

（産業医の定期巡視）

第 15 条　産業医は，少なくとも毎月 1 回（産業医が，事業者から，毎月 1
回以上，次に掲げる情報の提供を受けている場合であって，事業者の同
意を得ているときは，少なくとも 2 月に 1 回）作業場等を巡視し，作業
方法又は衛生状態に有害のおそれがあるときは，直ちに，労働者の健康
障害を防止するため必要な措置を講じなければならない。

1　第 11 条第 1 項の規定により衛生管理者が行う巡視の結果

2　前号に掲げるもののほか，労働者の健康障害を防止し，又は労働者
の健康を保持するために必要な情報であつて，衛生委員会又は安全衛
生委員会における調査審議を経て事業者が産業医に提供することとし

たもの

（産業医を選任すべき事業場以外の事業場の労働者の健康管理等）

第 15 条の 2　法第 13 条の 2 第 1 項の厚生労働省令で定める者は，労働者
の健康管理等を行うのに必要な知識を有する保健師とする。

②　事業者は，法第 13 条第 1 項の事業場以外の事業場について，法第 13
条の 2 第 1 項に規定する者に労働者の健康管理等の全部又は一部を行わ
せるに当たつては，労働者の健康管理等を行う同項に規定する医師の選
任，国が法第 19 条の 3 に規定する援助として行う労働者の健康管理等に
係る業務についての相談その他の必要な援助の事業の利用等に努めるも
のとする。

③　第 14 条の 2 第 1 項の規定は法第 13 条の 2 第 2 項において準用する法
第 13 条第 4 項の厚生労働省令で定める情報について，第 14 条の 2 第 2
項の規定は法第 13 条の 2 第 2 項において準用する法第 13 条第 4 項の規
定による情報の提供について，それぞれ準用する。

（作業主任者）

第 14 条　事業者は，高圧室内作業その他の労働災害を防止するための管
理を必要とする作業で，政令で定めるものについては，都道府県労働局
長の免許を受けた者又は都道府県労働局長の登録を受けた者が行う技能
講習を修了した者のうちから，厚生労働省令で定めるところにより，当
該作業の区分に応じて，作業主任者を選任し，その者に当該作業に従事
する労働者の指揮その他の厚生労働省令で定める事項を行わせなければ
ならない。

労働安全衛生法施行令

（作業主任者を選任すべき作業）

第 6 条　法第 14 条の政令で定める作業は，次のとおりとする。

　1-17，19-21 及び 23　略

　18　別表第 3 に掲げる特定化学物質を製造し，又は取り扱う作業（試験
　　研究のため取り扱う作業及び同表第 2 号 3 の 3，11 の 2，13 の 2，15，15

の2，18の2から18の4まで，19の2から19の4まで，22の2から22の5まで，23の2，33の2若しくは34の3に掲げる物又は同号37に掲げる物で同号3の3，11の2，13の2，15，15の2，18の2から18の4まで，19の2から19の4まで，22の2から22の5まで，23の2，33の2若しくは34の3に係るものを製造し，又は取り扱う作業で厚生労働省令で定めるものを除く。）

22　屋内作業場又はタンク，船倉若しくは坑の内部その他の厚生労働省令で定める場所において別表第6の2に掲げる有機溶剤（当該有機溶剤と当該有機溶剤以外の物との混合物で，当該有機溶剤を当該混合物の重量の5パーセントを超えて含有するものを含む。第21条第10号及び第22条第1項第6号において同じ。）を製造し，又は取り扱う業務で，厚生労働省令で定めるものに係る作業

別表第6の2　有機溶剤（第6条，第21条，第22条関係）

1　アセトン

2　イソブチルアルコール

3　イソプロピルアルコール

4　イソペンチルアルコール（別名イソアミルアルコール）

5　エチルエーテル

6　エチレングリコールモノエチルエーテル（別名セロソルブ）

7　エチレングリコールモノエチルエーテルアセテート（別名セロソルブアセテート）

8　エチレングリコールモノ－ノルマル－ブチルエーテル（別名ブチルセロソルブ）

9　エチレングリコールモノメチルエーテル（別名メチルセロソルブ）

10　オルト－ジクロルベンゼン

11　キシレン

12　クレゾール

13　クロルベンゼン

14　削除

15　酢酸イソブチル

16　酢酸イソプロピル

17　酢酸イソペンチル（別名酢酸イソアミル）

18　酢酸エチル

19　酢酸ノルマル−ブチル

20　酢酸ノルマル−プロピル

21　酢酸ノルマル−ペンチル（別名酢酸ノルマル−アミル）

22　酢酸メチル

23　削除

24　シクロヘキサノール

25　シクロヘキサノン

26　削除

27　削除

28　1,2−ジクロルエチレン（別名二塩化アセチレン）

29　削除

30　N,N−ジメチルホルムアミド

31　削除

32　削除

33　削除

34　テトラヒドロフラン

35　1,1,1−トリクロルエタン

36　削除

37　トルエン

38　二硫化炭素

39　ノルマルヘキサン

40　1−ブタノール

41　2−ブタノール

42　メタノール

43　削除

44　メチルエチルケトン

45　メチルシクロヘキサノール

46　メチルシクロヘキサノン

47　メチル－ノルマル－ブチルケトン

48　ガソリン

49　コールタールナフサ（ソルベントナフサを含む。）

50　石油エーテル

51　石油ナフサ

52　石油ベンジン

53　テレビン油

54　ミネラルスピリット（ミネラルシンナー，ペトロリウムスピリット，ホワイトスピリット及びミネラルターペンを含む。）

55　前各号に掲げる物のみから成る混合物

労働安全衛生規則

（作業主任者の選任）

第16条　法第14条の規定による作業主任者の選任は，別表第1の上欄〔編注：左欄〕に掲げる作業の区分に応じて，同表の中欄に掲げる資格を有する者のうちから行なうものとし，その作業主任者の名称は，同表の下欄〔編注：右欄〕に掲げるとおりとする。

別表第1（第16条，第17条関係）（抄）

作業の区分	資格を有する者	名　称
令第6条第18号の作業のうち，特別有機溶剤又は令別表第3第2号37に掲げる物で特別有機溶剤に係るものを製造し，又は取り扱う作業	有機溶剤作業主任者技能講習を修了した者	特定化学物質作業主任者（特別有機溶剤等関係）
令第6条第22号の作業	有機溶剤作業主任者技能講習を修了した者	有機溶剤作業主任者

②　略

（作業主任者の職務の分担）

第 17 条　事業者は，別表第1の上欄〔編注：左欄〕に掲げる一の作業を同一の場所で行なう場合において，当該作業に係る作業主任者を2人以上選任したときは，それぞれの作業主任者の職務の分担を定めなければならない。

（作業主任者の氏名等の周知）

第 18 条　事業者は，作業主任者を選任したときは，当該作業主任者の氏名及びその者に行なわせる事項を作業場の見やすい箇所に掲示する等により関係労働者に周知させなければならない。

（統括安全衛生責任者）

第 15 条　事業者で，一の場所において行う事業の仕事の一部を請負人に請け負わせているもの（当該事業の仕事の一部を請け負わせる契約が二以上あるため，その者が二以上あることとなるときは，当該請負契約のうちの最も先次の請負契約における注文者とする。以下「元方事業者」という。）のうち，建設業その他政令で定める業種に属する事業（以下「特定事業」という。）を行う者（以下「特定元方事業者」という。）は，その労働者及びその請負人（元方事業者の当該事業の仕事が数次の請負契約によつて行われるときは，当該請負人の請負契約の後次のすべての請負契約の当事者である請負人を含む。以下「関係請負人」という。）の労働者が当該場所において作業を行うときは，これらの労働者の作業が同一の場所において行われることによつて生ずる労働災害を防止するため，統括安全衛生責任者を選任し，その者に元方安全衛生管理者の指揮をさせるとともに，第30条第1項各号の事項を統括管理させなければならない。ただし，これらの労働者の数が政令で定める数未満であるときは，この限りでない。

② 　統括安全衛生責任者は，当該場所においてその事業の実施を統括管理する者をもつて充てなければならない。

③ 第30条第4項の場合において，同項のすべての労働者の数が政令で定める数以上であるときは，当該指名された事業者は，これらの労働者に関し，これらの労働者の作業が同一の場所において行われることによつて生ずる労働災害を防止するため，統括安全衛生責任者を選任し，その者に元方安全衛生管理者の指揮をさせるとともに，同条第1項各号の事項を統括管理させなければならない。この場合においては，当該指名された事業者及び当該指名された事業者以外の事業者については，第1項の規定は，適用しない。

④ 第1項又は前項に定めるもののほか，第25条の2第1項に規定する仕事が数次の請負契約によつて行われる場合においては，第1項又は前項の規定により統括安全衛生責任者を選任した事業者は，統括安全衛生責任者に第30条の3第5項において準用する第25条の2第2項の規定により技術的事項を管理する者の指揮をさせるとともに，同条第1項各号の措置を統括管理させなければならない。

⑤ 第10条第3項の規定は，統括安全衛生責任者の業務の執行について準用する。この場合において，同項中「事業者」とあるのは，「当該統括安全衛生責任者を選任した事業者」と読み替えるものとする。

・・・・ 労働安全衛生法施行令 ・・・・・

（統括安全衛生責任者を選任すべき業種等）

第7条 法第15条第1項の政令で定める業種は，造船業とする。

② 法第15条第1項ただし書及び第3項の政令で定める労働者の数は，次の各号に掲げる仕事の区分に応じ，当該各号に定める数とする。

　1 ずい道等の建設の仕事，橋梁（りょう）の建設の仕事（作業場所が狭いこと等により安全な作業の遂行が損なわれるおそれのある場所として厚生労働省令で定める場所において行われるものに限る。）又は圧気工法による作業を行う仕事 常時30人

　2 前号に掲げる仕事以外の仕事 常時50人

（元方安全衛生管理者）

第15条の2　前条第1項又は第3項の規定により統括安全衛生責任者を選任した事業者で，建設業その他政令で定める業種に属する事業を行うものは，厚生労働省令で定める資格を有する者のうちから，厚生労働省令で定めるところにより，元方安全衛生管理者を選任し，その者に第30条第1項各号の事項のうち技術的事項を管理させなければならない。

②　第11条第2項の規定は，元方安全衛生管理者について準用する。この場合において，同項中「事業者」とあるのは，「当該元方安全衛生管理者を選任した事業者」と読み替えるものとする。

（店社安全衛生管理者）

第15条の3　建設業に属する事業の元方事業者は，その労働者及び関係請負人の労働者が一の場所（これらの労働者の数が厚生労働省令で定める数未満である場所及び第15条第1項又は第3項の規定により統括安全衛生責任者を選任しなければならない場所を除く。）において作業を行うときは，当該場所において行われる仕事に係る請負契約を締結している事業場ごとに，これらの労働者の作業が同一の場所で行われることによつて生ずる労働災害を防止するため，厚生労働省令で定める資格を有する者のうちから，厚生労働省令で定めるところにより，店社安全衛生管理者を選任し，その者に，当該事業場で締結している当該請負契約に係る仕事を行う場所における第30条第1項各号の事項を担当する者に対する指導その他厚生労働省令で定める事項を行わせなければならない。

②　第30条第4項の場合において，同項のすべての労働者の数が厚生労働省令で定める数以上であるとき（第15条第1項又は第3項の規定により統括安全衛生責任者を選任しなければならないときを除く。）は，当該指名された事業者で建設業に属する事業の仕事を行うものは，当該場所において行われる仕事に係る請負契約を締結している事業場ごとに，これらの労働者に関し，これらの労働者の作業が同一の場所で行われる

ことによつて生ずる労働災害を防止するため，厚生労働省令で定める資格を有する者のうちから，厚生労働省令で定めるところにより，店社安全衛生管理者を選任し，その者に，当該事業場で締結している当該請負契約に係る仕事を行う場所における第30条第1項各号の事項を担当する者に対する指導その他厚生労働省令で定める事項を行わせなければならない。この場合においては，当該指名された事業者及び当該指名された事業者以外の事業者については，前項の規定は適用しない。

（安全衛生責任者）

第16条　第15条第1項又は第3項の場合において，これらの規定により統括安全衛生責任者を選任すべき事業者以外の請負人で，当該仕事を自ら行うものは，安全衛生責任者を選任し，その者に統括安全衛生責任者との連絡その他の厚生労働省令で定める事項を行わせなければならない。

② 前項の規定により安全衛生責任者を選任した請負人は，同項の事業者に対し，遅滞なく，その旨を通報しなければならない。

（安全委員会）

第17条　①・② 略

③ 安全委員会の議長は，第1号の委員がなるものとする。

④ 事業者は，第1号の委員以外の委員の半数については，当該事業場に労働者の過半数で組織する労働組合があるときにおいてはその労働組合，労働者の過半数で組織する労働組合がないときにおいては労働者の過半数を代表する者の推薦に基づき指名しなければならない。

⑤ 前二項の規定は，当該事業場の労働者の過半数で組織する労働組合との間における労働協約に別段の定めがあるときは，その限度において適用しない。

（衛生委員会）

第18条　事業者は，政令で定める規模の事業場ごとに，次の事項を調査審議させ，事業者に対し意見を述べさせるため，衛生委員会を設けなけ

ればならない。

1　労働者の健康障害を防止するための基本となるべき対策に関すること。

2　労働者の健康の保持増進を図るための基本となるべき対策に関すること。

3　労働災害の原因及び再発防止対策で,衛生に係るものに関すること。

4　前三号に掲げるもののほか,労働者の健康障害の防止及び健康の保持増進に関する重要事項

②　衛生委員会の委員は,次の者をもつて構成する。ただし,第1号の者である委員は,1人とする。

1　総括安全衛生管理者又は総括安全衛生管理者以外の者で当該事業場においてその事業の実施を統括管理するもの若しくはこれに準ずる者のうちから事業者が指名した者

2　衛生管理者のうちから事業者が指名した者

3　産業医のうちから事業者が指名した者

4　当該事業場の労働者で,衛生に関し経験を有するもののうちから事業者が指名した者

③　事業者は,当該事業場の労働者で,作業環境測定を実施している作業環境測定士であるものを衛生委員会の委員として指名することができる。

④　第17条第3項から第5項までの規定は,衛生委員会について準用する。この場合において,同条第3項及び第4項中「第1号の委員」とあるのは,「第18条第2項第1号の者である委員」と読み替えるものとする。

労働安全衛生法施行令

(衛生委員会を設けるべき事業場)

第9条　法第18条第1項の政令で定める規模の事業場は,常時50人以上の労働者を使用する事業場とする。

―― 労働安全衛生規則 ――

（衛生委員会の付議事項）

第 22 条 法第 18 条第 1 項第 4 号の労働者の健康障害の防止及び健康の保持増進に関する重要事項には，次の事項が含まれるものとする。

1 衛生に関する規程の作成に関すること。

2 法第 28 条の 2 第 1 項又は第 57 条の 3 第 1 項及び第 2 項の危険性又は有害性等の調査及びその結果に基づき講ずる措置のうち，衛生に係るものに関すること。

3 安全衛生に関する計画（衛生に係る部分に限る。）の作成，実施，評価及び改善に関すること。

4 衛生教育の実施計画の作成に関すること。

5 法第 57 条の 4 第 1 項及び第 57 条の 5 第 1 項の規定により行われる有害性の調査並びにその結果に対する対策の樹立に関すること。

6 法第 65 条第 1 項又は第 5 項の規定により行われる作業環境測定の結果及びその結果の評価に基づく対策の樹立に関すること。

7 定期に行われる健康診断，法第 66 条第 4 項の規定による指示を受けて行われる臨時の健康診断，法第 66 条の 2 の自ら受けた健康診断及び法に基づく他の省令の規定に基づいて行われる医師の診断，診察又は処置の結果並びにその結果に対する対策の樹立に関すること。

8 労働者の健康の保持増進を図るため必要な措置の実施計画の作成に関すること。

9 長時間にわたる労働による労働者の健康障害の防止を図るための対策の樹立に関すること。

10 労働者の精神的健康の保持増進を図るための対策の樹立に関すること。

11 第 577 条の 2 第 1 項，第 2 項及び第 8 項の規定により講ずる措置に関すること並びに同条第 3 項及び第 4 項の医師又は歯科医師による健康診断の実施に関すること。

12 厚生労働大臣，都道府県労働局長，労働基準監督署長，労働基準監督官又は労働衛生専門官から文書により命令，指示，勧告又は指導を受けた事項のうち，労働者の健康障害の防止に関すること。

（安全衛生委員会）

第 19 条　事業者は，第17条及び前条の規定により安全委員会及び衛生委員会を設けなければならないときは，それぞれの委員会の設置に代えて，安全衛生委員会を設置することができる。

②　安全衛生委員会の委員は，次の者をもつて構成する。ただし，第1号の者である委員は，1人とする。

1　総括安全衛生管理者又は総括安全衛生管理者以外の者で当該事業場においてその事業の実施を統括管理するもの若しくはこれに準ずる者のうちから事業者が指名した者

2　安全管理者及び衛生管理者のうちから事業者が指名した者

3　産業医のうちから事業者が指名した者

4　当該事業場の労働者で，安全に関し経験を有するもののうちから事業者が指名した者

5　当該事業場の労働者で，衛生に関し経験を有するもののうちから事業者が指名した者

③　事業者は，当該事業場の労働者で，作業環境測定を実施している作業環境測定士であるものを安全衛生委員会の委員として指名することができる。

④　第17条第3項から第5項までの規定は，安全衛生委員会について準用する。この場合において，同条第3項及び第4項中「第1号の委員」とあるのは，「第19条第2項第1号の者である委員」と読み替えるものとする。

（安全管理者等に対する教育等）

第 19 条の2　事業者は，事業場における安全衛生の水準の向上を図るため，安全管理者，衛生管理者，安全衛生推進者，衛生推進者その他労働災害の防止のための業務に従事する者に対し，これらの者が従事する業務に関する能力の向上を図るための教育，講習等を行い，又はこれらを受ける機会を与えるように努めなければならない。

② 厚生労働大臣は，前項の教育，講習等の適切かつ有効な実施を図るため必要な指針を公表するものとする。

③ 厚生労働大臣は，前項の指針に従い，事業者又はその団体に対し，必要な指導等を行うことができる。

（国の援助）

第19条の3 国は，第13条の2第1項の事業場の労働者の健康の確保に資するため，労働者の健康管理等に関する相談，情報の提供その他の必要な援助を行うように努めるものとする。

第4章　労働者の危険又は健康障害を防止するための措置

概　要

　事業者に，その使用する労働者の危険または健康障害を防止するための措置を講じさせることが，労働災害防止の基本であることはいうまでもない。

　この法律では，事業者の講ずべき措置は新しい型の労働災害の防止にも対処しうるような規制内容になっており，産業社会の実態に即応した危害防止基準が定められることとなっている。

　そのように定められた危害防止基準をさらに具体化し，職場の実態に合わせて有効に労働災害を防止するためには，法定の危害防止基準を積極的に複雑多岐な職場の実態に即応させる手法が必要である。このため国としても，より具体的，個別的な内容を持たせた技術上の指針を業種または作業ごとに公表することとしている。

　また有害性の調査の実施を指示することがあるが，がんその他の重度の健康障害を労働者に生ずるおそれのある化学物質等について，これらを製造し，または取り扱う事業者が労働者の健康障害を防止するための指針を，厚生労働大臣は公表することができる旨の規定も設けている。

さらに，事業者が事業場の安全衛生水準を自主的に向上させるため，職場の危険・有害要因を特定し，それぞれのリスクを評価して，それに基づきリスクの低減措置を実施する「危険性又は有害性等の調査」（リスクアセスメント）を行うこととされている。

（事業者の講ずべき措置等）

第20条　事業者は，次の危険を防止するため必要な措置を講じなければならない。

　1　機械，器具その他の設備（以下「機械等」という。）による危険

　2　爆発性の物，発火性の物，引火性の物等による危険

　3　電気，熱その他のエネルギーによる危険

第22条　事業者は，次の健康障害を防止するため必要な措置を講じなければならない。

　1　原材料，ガス，蒸気，粉じん，酸素欠乏空気，病原体等による健康障害

　2　放射線，高温，低温，超音波，騒音，振動，異常気圧等による健康障害

　3　計器監視，精密工作等の作業による健康障害

　4　排気，排液又は残さい物による健康障害

第23条　事業者は，労働者を就業させる建設物その他の作業場について，通路，床面，階段等の保全並びに換気，採光，照明，保温，防湿，休養，避難及び清潔に必要な措置その他労働者の健康，風紀及び生命の保持のため必要な措置を講じなければならない。

第24条　事業者は，労働者の作業行動から生ずる労働災害を防止するため必要な措置を講じなければならない。

第25条　事業者は，労働災害発生の急迫した危険があるときは，直ちに作業を中止し，労働者を作業場から退避させる等必要な措置を講じなければならない。

第25条の2　建設業その他政令で定める業種に属する事業の仕事で，政

令で定めるものを行う事業者は，爆発，火災等が生じたことに伴い労働者の救護に関する措置がとられる場合における労働災害の発生を防止するため，次の措置を講じなければならない。

1　労働者の救護に関し必要な機械等の備付け及び管理を行うこと。

2　労働者の救護に関し必要な事項についての訓練を行うこと。

3　前二号に掲げるもののほか，爆発，火災等に備えて，労働者の救護に関し必要な事項を行うこと。

②　前項に規定する事業者は，厚生労働省令で定める資格を有する者のうちから，厚生労働省令で定めるところにより，同項各号の措置のうち技術的事項を管理する者を選任し，その者に当該技術的事項を管理させなければならない。

第26条　労働者は，事業者が第20条から第25条まで及び前条第1項の規定に基づき講ずる措置に応じて，必要な事項を守らなければならない。

第27条　第20条から第25条まで及び第25条の2第1項の規定により事業者が講ずべき措置及び前条の規定により労働者が守らなければならない事項は，厚生労働省令で定める。

②　前項の厚生労働省令を定めるに当たつては，公害（環境基本法（平成5年法律第91号）第2条第3項に規定する公害をいう。）その他一般公衆の災害で，労働災害と密接に関連するものの防止に関する法令の趣旨に反しないように配慮しなければならない。

（技術上の指針等の公表等）

第28条　厚生労働大臣は，第20条から第25条まで及び第25条の2第1項の規定により事業者が講ずべき措置の適切かつ有効な実施を図るため必要な業種又は作業ごとの技術上の指針を公表するものとする。

②　厚生労働大臣は，前項の技術上の指針を定めるに当たつては，中高年齢者に関して，特に配慮するものとする。

③　厚生労働大臣は，次の化学物質で厚生労働大臣が定めるものを製造し，

又は取り扱う事業者が当該化学物質による労働者の健康障害を防止するための指針を公表するものとする。

1　第57条の4第4項の規定による勧告又は第57条の5第1項の規定による指示に係る化学物質

2　前号に掲げる化学物質以外の化学物質で，がんその他の重度の健康障害を労働者に生ずるおそれのあるもの

④　厚生労働大臣は，第1項又は前項の規定により，技術上の指針又は労働者の健康障害を防止するための指針を公表した場合において必要があると認めるときは，事業者又はその団体に対し，当該技術上の指針又は労働者の健康障害を防止するための指針に関し必要な指導等を行うことができる。

　（事業者の行うべき調査等）

第28条の2　事業者は，厚生労働省令で定めるところにより，建設物，設備，原材料，ガス，蒸気，粉じん等による，又は作業行動その他業務に起因する危険性又は有害性等（第57条第1項の政令で定める物及び第57条の2第1項に規定する通知対象物による危険性又は有害性等を除く。）を調査し，その結果に基づいて，この法律又はこれに基づく命令の規定による措置を講ずるほか，労働者の危険又は健康障害を防止するため必要な措置を講ずるように努めなければならない。ただし，当該調査のうち，化学物質，化学物質を含有する製剤その他の物で労働者の危険又は健康障害を生ずるおそれのあるものに係るもの以外のものについては，製造業その他厚生労働省令で定める業種に属する事業者に限る。

②　厚生労働大臣は，前条第1項及び第3項に定めるもののほか，前項の措置に関して，その適切かつ有効な実施を図るため必要な指針を公表するものとする。

③　厚生労働大臣は，前項の指針に従い，事業者又はその団体に対し，必要な指導，援助等を行うことができる。

（元方事業者の講ずべき措置等）

第 29 条　元方事業者は，関係請負人及び関係請負人の労働者が，当該仕事に関し，この法律又はこれに基づく命令の規定に違反しないよう必要な指導を行なわなければならない。

②　元方事業者は，関係請負人又は関係請負人の労働者が，当該仕事に関し，この法律又はこれに基づく命令の規定に違反していると認めるときは，是正のため必要な指示を行なわなければならない。

③　前項の指示を受けた関係請負人又はその労働者は，当該指示に従わなければならない。

（特定元方事業者等の講ずべき措置）

第 30 条　特定元方事業者は，その労働者及び関係請負人の労働者の作業が同一の場所において行われることによつて生ずる労働災害を防止するため，次の事項に関する必要な措置を講じなければならない。

1　協議組織の設置及び運営を行うこと。

2　作業間の連絡及び調整を行うこと。

3　作業場所を巡視すること。

4　関係請負人が行う労働者の安全又は衛生のための教育に対する指導及び援助を行うこと。

5　仕事を行う場所が仕事ごとに異なることを常態とする業種で，厚生労働省令で定めるものに属する事業を行う特定元方事業者にあつては，仕事の工程に関する計画及び作業場所における機械，設備等の配置に関する計画を作成するとともに，当該機械，設備等を使用する作業に関し関係請負人がこの法律又はこれに基づく命令の規定に基づき講ずべき措置についての指導を行うこと。

6　前各号に掲げるもののほか，当該労働災害を防止するため必要な事項

②　特定事業の仕事の発注者（注文者のうち，その仕事を他の者から請け

負わないで注文している者をいう。以下同じ。）で，特定元方事業者以外のものは，一の場所において行なわれる特定事業の仕事を二以上の請負人に請け負わせている場合において，当該場所において当該仕事に係る二以上の請負人の労働者が作業を行なうときは，厚生労働省令で定めるところにより，請負人で当該仕事を自ら行なう事業者であるもののうちから，前項に規定する措置を講ずべき者として1人を指名しなければならない。一の場所において行なわれる特定事業の仕事の全部を請け負つた者で，特定元方事業者以外のもののうち，当該仕事を二以上の請負人に請け負わせている者についても，同様とする。

③　前項の規定による指名がされないときは，同項の指名は，労働基準監督署長がする。

④　第2項又は前項の規定による指名がされたときは，当該指名された事業者は，当該場所において当該仕事の作業に従事するすべての労働者に関し，第1項に規定する措置を講じなければならない。この場合においては，当該指名された事業者及び当該指名された事業者以外の事業者については，第1項の規定は，適用しない。

第30条の2　製造業その他政令で定める業種に属する事業（特定事業を除く。）の元方事業者は，その労働者及び関係請負人の労働者の作業が同一の場所において行われることによつて生ずる労働災害を防止するため，作業間の連絡及び調整を行うことに関する措置その他必要な措置を講じなければならない。

②　前条第2項の規定は，前項に規定する事業の仕事の発注者について準用する。この場合において，同条第2項中「特定元方事業者」とあるのは「元方事業者」と，「特定事業の仕事を二以上」とあるのは「仕事を二以上」と，「前項」とあるのは「次条第1項」と，「特定事業の仕事の全部」とあるのは「仕事の全部」と読み替えるものとする。

③　前項において準用する前条第2項の規定による指名がされないとき

は，同項の指名は，労働基準監督署長がする。

④　第2項において準用する前条第2項又は前項の規定による指名がされ
たときは，当該指名された事業者は，当該場所において当該仕事の作業
に従事するすべての労働者に関し，第1項に規定する措置を講じなけれ
ばならない。この場合においては，当該指名された事業者及び当該指名
された事業者以外の事業者については，同項の規定は，適用しない。

第30条の3　第25条の2第1項に規定する仕事が数次の請負契約によ
つて行われる場合（第4項の場合を除く。）においては，元方事業者は，
当該場所において当該仕事の作業に従事するすべての労働者に関し，同
条第1項各号の措置を講じなければならない。この場合においては，当
該元方事業者及び当該元方事業者以外の事業者については，同項の規定
は，適用しない。

②　第30条第2項の規定は，第25条の2第1項に規定する仕事の発注者
について準用する。この場合において，第30条第2項中「特定元方事
業者」とあるのは「元方事業者」と，「特定事業の仕事を二以上」とあ
るのは「仕事を二以上」と，「前項に規定する措置」とあるのは「第25
条の2第1項各号の措置」と，「特定事業の仕事の全部」とあるのは「仕
事の全部」と読み替えるものとする。

③　前項において準用する第30条第2項の規定による指名がされないと
きは，同項の指名は，労働基準監督署長がする。

④　第2項において準用する第30条第2項又は前項の規定による指名が
されたときは，当該指名された事業者は，当該場所において当該仕事の
作業に従事するすべての労働者に関し，第25条の2第1項各号の措置
を講じなければならない。この場合においては，当該指名された事業者
及び当該指名された事業者以外の事業者については，同項の規定は，適
用しない。

⑤　第25条の2第2項の規定は，第1項に規定する元方事業者及び前項

の指名された事業者について準用する。この場合においては，当該元方事業者及び当該指名された事業者並びに当該元方事業者及び当該指名された事業者以外の事業者については，同条第2項の規定は，適用しない。
（注文者の講ずべき措置）

第31条　特定事業の仕事を自ら行う注文者は，建設物，設備又は原材料（以下「建設物等」という。）を，当該仕事を行う場所においてその請負人（当該仕事が数次の請負契約によつて行われるときは，当該請負人の請負契約の後次のすべての請負契約の当事者である請負人を含む。第31条の4において同じ。）の労働者に使用させるときは，当該建設物等について，当該労働者の労働災害を防止するため必要な措置を講じなければならない。

②　前項の規定は，当該事業の仕事が数次の請負契約によつて行なわれることにより同一の建設物等について同項の措置を講ずべき注文者が二以上あることとなるときは，後次の請負契約の当事者である注文者については，適用しない。

第31条の2　化学物質，化学物質を含有する製剤その他の物を製造し，又は取り扱う設備で政令で定めるものの改造その他の厚生労働省令で定める作業に係る仕事の注文者は，当該物について，当該仕事に係る請負人の労働者の労働災害を防止するため必要な措置を講じなければならない。

第31条の3　建設業に属する事業の仕事を行う二以上の事業者の労働者が一の場所において機械で厚生労働省令で定めるものに係る作業（以下この条において「特定作業」という。）を行う場合において，特定作業に係る仕事を自ら行う発注者又は当該仕事の全部を請け負つた者で，当該場所において当該仕事の一部を請け負わせているものは，厚生労働省令で定めるところにより，当該場所において特定作業に従事するすべての労働者の労働災害を防止するため必要な措置を講じなければならない。

②　前項の場合において，同項の規定により同項に規定する措置を講ずべ

き者がいないときは，当該場所において行われる特定作業に係る仕事の
全部を請負人に請け負わせている建設業に属する事業の元方事業者又は
第 30 条第 2 項若しくは第 3 項の規定により指名された事業者で建設業
に属する事業を行うものは，前項に規定する措置を講ずる者を指名する
等当該場所において特定作業に従事するすべての労働者の労働災害を防
止するため必要な配慮をしなければならない。

（違法な指示の禁止）

第 31 条の 4　注文者は，その請負人に対し，当該仕事に関し，その指示
に従つて当該請負人の労働者を労働させたならば，この法律又はこれに
基づく命令の規定に違反することとなる指示をしてはならない。

（請負人の講ずべき措置等）

第 32 条　第 30 条第 1 項又は第 4 項の場合において，同条第 1 項に規定
する措置を講ずべき事業者以外の請負人で，当該仕事を自ら行うものは，
これらの規定により講ぜられる措置に応じて，必要な措置を講じなけれ
ばならない。

②　第 30 条の 2 第 1 項又は第 4 項の場合において，同条第 1 項に規定す
る措置を講ずべき事業者以外の請負人で，当該仕事を自ら行うものは，
これらの規定により講ぜられる措置に応じて，必要な措置を講じなけれ
ばならない。

③　第 30 条の 3 第 1 項又は第 4 項の場合において，第 25 条の 2 第 1 項各
号の措置を講ずべき事業者以外の請負人で，当該仕事を自ら行うものは，
第 30 条の 3 第 1 項又は第 4 項の規定により講ぜられる措置に応じて，必
要な措置を講じなければならない。

④　第 31 条第 1 項の場合において，当該建設物等を使用する労働者に係
る事業者である請負人は，同項の規定により講ぜられる措置に応じて，
必要な措置を講じなければならない。

⑤　第 31 条の 2 の場合において，同条に規定する仕事に係る請負人は，同

条の規定により講ぜられる措置に応じて，必要な措置を講じなければな
らない。

⑥　第30条第1項若しくは第4項，第30条の2第1項若しくは第4項，
第30条の3第1項若しくは第4項，第31条第1項又は第31条の2の
場合において，労働者は，これらの規定又は前各項の規定により講ぜら
れる措置に応じて，必要な事項を守らなければならない。

⑦　第1項から第5項までの請負人及び前項の労働者は，第30条第1項
の特定元方事業者等，第30条の2第1項若しくは第30条の3第1項の
元方事業者等，第31条第1項若しくは第31条の2の注文者又は第1項
から第5項までの請負人が第30条第1項若しくは第4項，第30条の2
第1項若しくは第4項，第30条の3第1項若しくは第4項，第31条第
1項，第31条の2又は第1項から第5項までの規定に基づく措置の実
施を確保するためにする指示に従わなければならない。

──労働安全衛生規則──
（有機溶剤等の容器の集積箇所の統一）
第641条　特定元方事業者は，その労働者及び関係請負人の労働者の作業
　が同一の場所において行われる場合において，当該場所に次の容器が集
　積されるとき（第2号に掲げる容器については，屋外に集積されるとき
　に限る。）は，当該容器を集積する箇所を統一的に定め，これを関係請負
　人に周知させなければならない。
　1　有機溶剤等（有機則第1条第1項第2号の有機溶剤等をいう。以下
　　同じ。）又は特別有機溶剤等（特化則第2条第1項第3号の3の特別有
　　機溶剤等をいう。以下同じ。）を入れてある容器
　2　有機溶剤等又は特別有機溶剤等を入れてあつた空容器で有機溶剤又
　　は特別有機溶剤（特化則第2条第1項第3号の2の特別有機溶剤をい
　　う。以下同じ。）の蒸気が発散するおそれのあるもの
②　特定元方事業者及び関係請負人は，当該場所に前項の容器を集積する

とき（同項第2号に掲げる容器については，屋外に集積するときに限る。）は，同項の規定により統一的に定められた箇所に集積しなければならない。

（有機溶剤等の容器の集積箇所の統一）

第643条の5 第641条第1項の規定は，元方事業者について準用する。

② 第641条第2項の規定は，元方事業者及び関係請負人について準用する。

第5章 機械等並びに危険物及び有害物に関する規制

概 要

機械，器具その他の設備による危険から労働災害を防止するためには，製造，流通段階において一定の基準により規制することが重要である。

有機溶剤業務に関連する器具であって政令で定めるものには呼吸用保護具である防毒マスク及び防毒機能を有する電動ファン付き呼吸用保護具があるが，これらの製造，譲渡について一定の規制がなされている。

すなわち，有機ガス用防毒マスク及び有機ガス用の防毒機能を有する電動ファン付き呼吸用保護具については厚生労働大臣の定める規格に合致したものであり，型式について検定を受けたものでなければならないこととされている。

なお，有機溶剤業務を行う場所に設ける局所排気装置，プッシュプル型換気装置については，定期に自主検査を行うべきことを定めており，具体的には有機溶剤中毒予防規則に規定されている。

一定の危険物及び有害物については名称等の表示・文書交付制度が設けられているが，これは労働者が取り扱う場合の名称，成分，その危険性及び有害性，取扱上注意すべき事項等を事前に承知していなかったために生ずる労働災害を防止することを目的とするものであり，

譲渡・提供者が事前に化学物質等の危険性及び有害性等を知らせるこ
ととされている。

　さらに，労働者の健康障害を防止することを目的として，安全デー
タシート（SDS）交付義務の対象となる通知対象物について事業場に
おけるリスクアセスメントが義務付けられ，その結果に基づいて措置
を講ずることとなっている。業種，事業場規模にかかわらず，対象と
なる化学物質の製造・取扱いを行うすべての事業場が対象となる。

第1節　機械等に関する規制

（譲渡等の制限等）

第42条　特定機械等以外の機械等で，別表第2に掲げるものその他危険
　若しくは有害な作業を必要とするもの，危険な場所において使用するも
　の又は危険若しくは健康障害を防止するため使用するもののうち，政令
　で定めるものは，厚生労働大臣が定める規格又は安全装置を具備しなけ
　れば，譲渡し，貸与し，又は設置してはならない。

別表第2（第42条関係）

　1-8及び10-16　略

　9　防毒マスク

労働安全衛生法施行令

　（厚生労働大臣が定める規格又は安全装置を具備すべき機械等）

第13条　①-④　略

⑤　次の表の上欄〔編注：左欄〕に掲げる機械等には，それぞれ同表の下
　欄〔編注：右欄〕に掲げる機械等を含まないものとする。

（略）	（略）
法別表第2第9号に掲げる防毒マスク	ハロゲンガス用又は有機ガス用防毒マスクその他厚生労働省令で定めるもの以外の防毒マスク

（略）	（略）
法別表第2第16号に掲げる電動ファン付き呼吸用保護具	ハロゲンガス用又は有機ガス用の防毒機能を有する電動ファン付き呼吸用保護具その他厚生労働省令で定めるもの以外の防毒機能を有する電動ファン付き呼吸用保護具

── 労働安全衛生規則 ──

（規格を具備すべき防毒マスク）

第26条　令第13条第5項の厚生労働省令で定める防毒マスクは，次のとおりとする。

1　一酸化炭素用防毒マスク

2　アンモニア用防毒マスク

3　亜硫酸ガス用防毒マスク

（規格を具備すべき防毒機能を有する電動ファン付き呼吸用保護具）

第26条の2　令第13条第5項の厚生労働省令で定める防毒機能を有する電動ファン付き呼吸用保護具は，次のとおりとする。

1　アンモニア用の防毒機能を有する電動ファン付き呼吸用保護具

2　亜硫酸ガス用の防毒機能を有する電動ファン付き呼吸用保護具

（規格に適合した機械等の使用）

第27条　事業者は，法別表第2に掲げる機械等及び令第13条第3項各号に掲げる機械等については，法第42条の厚生労働大臣が定める規格又は安全装置を具備したものでなければ，使用してはならない。

（型式検定）

第44条の2　第42条の機械等のうち，別表第4に掲げる機械等で政令で定めるものを製造し，又は輸入した者は，厚生労働省令で定めるところにより，厚生労働大臣の登録を受けた者（以下「登録型式検定機関」という。）が行う当該機械等の型式についての検定を受けなければならない。ただし，当該機械等のうち輸入された機械等で，その型式につい

て次項の検定が行われた機械等に該当するものは，この限りでない。

②　前項に定めるもののほか，次に掲げる場合には，外国において同項本
文の機械等を製造した者（以下この項及び第44条の4において「外国
製造者」という。）は，厚生労働省令で定めるところにより，当該機械
等の型式について，自ら登録型式検定機関が行う検定を受けることがで
きる。

1　当該機械等を本邦に輸出しようとするとき。

2　当該機械等を輸入した者が外国製造者以外の者（以下この号におい
て単に「他の者」という。）である場合において，当該外国製造者が
当該他の者について前項の検定が行われることを希望しないとき。

③・④　略

⑤　型式検定を受けた者は，当該型式検定に合格した型式の機械等を本邦
において製造し，又は本邦に輸入したときは，当該機械等に，厚生労働
省令で定めるところにより，型式検定に合格した型式の機械等である旨
の表示を付さなければならない。型式検定に合格した型式の機械等を本
邦に輸入した者（当該型式検定を受けた者以外の者に限る。）について
も，同様とする。

⑥　型式検定に合格した型式の機械等以外の機械等には，前項の表示を付
し，又はこれと紛らわしい表示を付してはならない。

⑦　第1項本文の機械等で，第5項の表示が付されていないものは，使用
してはならない。

別表第4（第44条の2関係）

1－5及び7－12　略

6　防毒マスク

13　電動ファン付き呼吸用保護具

労働安全衛生法施行令

（型式検定を受けるべき機械等）

第 14 条の2　法第 44 条の 2 第 1 項の政令で定める機械等は，次に掲げる機
械等（本邦の地域内で使用されないことが明らかな場合を除く。）とする。

　1 －5　略

　6　防毒マスク（ハロゲンガス用又は有機ガス用のものその他厚生労働
　　省令で定めるものに限る。）

　7 －13　略

　14　防毒機能を有する電動ファン付き呼吸用保護具（ハロゲンガス用又
　　は有機ガス用のものその他厚生労働省令で定めるものに限る。）

（定期自主検査）

第 45 条　事業者は，ボイラーその他の機械等で，政令で定めるものにつ
いて，厚生労働省令で定めるところにより，定期に自主検査を行ない，
及びその結果を記録しておかなければならない。

②－④　略

労働安全衛生法施行令

（定期に自主検査を行うべき機械等）

第 15 条　法第 45 条第 1 項の政令で定める機械等は，次のとおりとする。

　1 －8 及び 10・11　略

　9　局所排気装置，プッシュプル型換気装置，除じん装置，排ガス処理
　　装置及び排液処理装置で，厚生労働省令で定めるもの

②　略

　　第 2 節　危険物及び有害物に関する規制

（表示等）

第 57 条　爆発性の物，発火性の物，引火性の物その他の労働者に危険を
生ずるおそれのある物若しくはベンゼン，ベンゼンを含有する製剤その

他の労働者に健康障害を生ずるおそれのある物で政令で定めるもの又は前条第1項の物を容器に入れ，又は包装して，譲渡し，又は提供する者は，厚生労働省令で定めるところにより，その容器又は包装（容器に入れ，かつ，包装して，譲渡し，又は提供するときにあつては，その容器）に次に掲げるものを表示しなければならない。ただし，その容器又は包装のうち，主として一般消費者の生活の用に供するためのものについては，この限りでない。

1　次に掲げる事項

　イ　名称

　ロ　人体に及ぼす作用

　ハ　貯蔵又は取扱い上の注意

　ニ　イからハまでに掲げるもののほか，厚生労働省令で定める事項

2　当該物を取り扱う労働者に注意を喚起するための標章で厚生労働大臣が定めるもの

②　前項の政令で定める物又は前条第1項の物を前項に規定する方法以外の方法により譲渡し，又は提供する者は，厚生労働省令で定めるところにより，同項各号の事項を記載した文書を，譲渡し，又は提供する相手方に交付しなければならない。

（文書の交付等）

第57条の2　労働者に危険若しくは健康障害を生ずるおそれのある物で政令で定めるもの又は第56条第1項の物（以下この条及び次条第1項において「通知対象物」という。）を譲渡し，又は提供する者は，文書の交付その他厚生労働省令で定める方法により通知対象物に関する次の事項（前条第2項に規定する者にあつては，同項に規定する事項を除く。）を，譲渡し，又は提供する相手方に通知しなければならない。ただし，主として一般消費者の生活の用に供される製品として通知対象物を譲渡し，又は提供する場合については，この限りでない。

1　名称

2　成分及びその含有量

3　物理的及び化学的性質

4　人体に及ぼす作用

5　貯蔵又は取扱い上の注意

6　流出その他の事故が発生した場合において講ずべき応急の措置

7　前各号に掲げるもののほか，厚生労働省令で定める事項

②　通知対象物を譲渡し，又は提供する者は，前項の規定により通知した事項に変更を行う必要が生じたときは，文書の交付その他厚生労働省令で定める方法により，変更後の同項各号の事項を，速やかに，譲渡し，又は提供した相手方に通知するよう努めなければならない。

③　前二項に定めるもののほか，前二項の通知に関し必要な事項は，厚生労働省令で定める。

労働安全衛生法施行令

（名称等を表示すべき危険物及び有害物）

第18条　法第57条第1項の政令で定める物は，次のとおりとする。

1　別表第9に掲げる物（アルミニウム，イットリウム，インジウム，カドミウム，銀，クロム，コバルト，すず，タリウム，タングステン，タンタル，銅，鉛，ニッケル，白金，ハフニウム，フェロバナジウム，マンガン，モリブデン又はロジウムにあつては，粉状のものに限る。）

2　別表第9に掲げる物を含有する製剤その他の物で，厚生労働省令で定めるもの

3　略

（名称等を通知すべき危険物及び有害物）

第18条の2　法第57条の2第1項の政令で定める物は，次のとおりとする。

1　別表第9に掲げる物

2　別表第9に掲げる物を含有する製剤その他の物で，厚生労働省令で定めるもの

3　別表第3第1号1から7までに掲げる物を含有する製剤その他の物（同号8に掲げる物を除く。）で，厚生労働省令で定めるもの

別表第9　名称等を通知すべき危険物及び有害物（第18条，第18条の2関係）

1　アクリルアミド

2　アクリル酸

3　アクリル酸エチル

3の2　アクリル酸2-（ジメチルアミノ）エチル

4　アクリル酸ノルマル-ブチル

5　アクリル酸2-ヒドロキシプロピル

6　アクリル酸メチル

7　アクリロニトリル

8　アクロレイン

8の2　アザチオプリン

9　アジ化ナトリウム

10　アジピン酸
11　アジポニトリル
11の2　亜硝酸イソブチル
11の3　アスファルト
11の4　アセタゾラミド（別名アセタゾ
　　　ールアミド）
11の5　アセチルアセトン
12　アセチルサリチル酸（別名アスピリ
　　ン）
13　アセトアミド
14　アセトアルデヒド
15　アセトニトリル
16　アセトフェノン
17　アセトン
18　アセトンシアノヒドリン
18の2　アセトンチオセミカルバゾン
19　アニリン
19の2　アニリンとホルムアルデヒドの
　　　重縮合物
19の3　アフラトキシン
20　アミド硫酸アンモニウム
21　2-アミノエタノール
21の2　2-アミノエタンチオール（別名
　　　システアミン）
21の3　N-(2-アミノエチル)-2-アミノ
　　　エタノール
21の4　3-アミノ-N-エチルカルバゾー
　　　ル
22　4-アミノ-6-ターシャリーブチル-3-
　　メチルチオ-1, 2, 4-トリアジン-5(4 H)
　　-オン（別名メトリブジン）
23　3-アミノ-1 H-1, 2, 4-トリアゾール
　　（別名アミトロール）
24　4-アミノ-3, 5, 6-トリクロロピリジ
　　ン-2-カルボン酸（別名ピクロラム）
24の2　(S)-2-アミノ-3-[4-[ビス(2-ク
　　　ロロエチル)アミノ]フェニル]プロパ
　　　ン酸（別名メルファラン）
24の3　2-アミノ-4-[ヒドロキシ(メチ
　　　ル)ホスホリル]ブタン酸及びそのアン
　　　モニウム塩
25　2-アミノピリジン
25の2　3-アミノ-1-プロペン

25の3　4-アミノ-1-ベータ-D-リボフ
　　　ラノシル-1, 3, 5-トリアジン-2(1 H)-
　　　オン
26　亜硫酸水素ナトリウム
27　アリルアルコール
28　1-アリルオキシ-2, 3-エポキシプロ
　　パン
28の2　4-アリル-1, 2-ジメトキシベン
　　　ゼン
29　アリル水銀化合物
30　アリル-ノルマル-プロピルジスルフ
　　ィド
31　亜りん酸トリメチル
32　アルキルアルミニウム化合物
33　アルキル水銀化合物
33の2　17 アルファーアセチルオキシ-6
　　　-クロロ-プレグナ-4, 6-ジエン-3, 20-
　　　ジオン
34　3-(アルファーアセトニルベンジル)-
　　4-ヒドロキシクマリン（別名ワルファ
　　リン）
35　アルファ・アルファージクロロトル
　　エン
36　アルファーメチルスチレン
37　アルミニウム及びその水溶性塩
38　アンチモン及びその化合物
38の2　アントラセン
39　アンモニア
39の2　石綿（第16条第1項第4号イ
　　　からハまでに掲げる物で同号の厚生労
　　　働省令で定めるものに限る。）
40　3-イソシアナトメチル-3, 5, 5-トリ
　　メチルシクロヘキシル＝イソシアネー
　　ト
40の2　イソシアン酸 3, 4-ジクロロフ
　　　ェニル
41　イソシアン酸メチル
42　イソプレン
42の2　4, 4′-イソプロピリデンジフェ
　　　ノール（別名ビスフェノール A）
43　N-イソプロピルアニリン
44　N-イソプロピルアミノホスホン酸
　　O-エチル-O-(3-メチル-4-メチルチオ

フェニル）（別名フェナミホス）

45　イソプロピルアミン

46　イソプロピルエーテル

47　削除

48　イソペンチルアルコール（別名イソ
　　アミルアルコール）

49　イソホロン

50　一塩化硫黄

51　一酸化炭素

52　一酸化窒素

53　一酸化二窒素

54　イットリウム及びその化合物

55　イプシロン-カプロラクタム

55の2　イブプロフェン

56　2-イミダゾリジンチオン

57　4,4′-(4-イミノシクロヘキサ-2,5-
　　ジエニリデンメチル）ジアニリン塩酸
　　塩（別名 CI ベイシックレッド 9）

58　インジウム及びその化合物

59　インデン

59の2　ウラン

60　ウレタン

61　エタノール

62　エタンチオール

63　エチリデンノルボルネン

64　エチルアミン

64の2　O-エチル-O-(2-イソプロポキ
　　シカルボニルフェニル)-N-イソプロ
　　ピルチオホスホルアミド（別名イソフ
　　ェンホス）

65　エチルエーテル

65の2　O-エチル=S,S-ジプロピル=
　　ホスホロジチオアート（別名エトプロ
　　ホス）

66　エチル-セカンダリ-ペンチルケトン

66の2　N-エチル-N-ニトロソ尿素

67　エチル-パラ-ニトロフェニルチオノ
　　ベンゼンホスホネイト（別名 EPN）

67の2　1-エチルピロリジン-2-オン

68　O-エチル-S-フェニル=エチルホス
　　ホノチオロチオナート(別名ホノホス)

68の2　5-エチル-5-フェニルバルビツ
　　ル酸（別名フェノバルビタール）

68の3　S-エチル=ヘキサヒドロ-1 H-
　　アゼピン-1-カルボチオアート（別名
　　モリネート）

69　2-エチルヘキサン酸

70　エチルベンゼン

70の2　（3 S,4 R)-3-エチル-4-[(1-メ
　　チル-1 H-イミダゾール-5-イル）メチ
　　ル]オキソラン-2-オン（別名ピロカル
　　ピン）

71　エチルメチルケトンペルオキシド

71の2　O-エチル=S-1-メチルプロピ
　　ル=(2-オキソ-3-チアゾリジニル）ホ
　　スホノチオアート（別名ホスチアゼー
　　ト）

72　N-エチルモルホリン

72の2　エチレン

73　エチレンイミン

74　エチレンオキシド

75　エチレングリコール

75の2　エチレングリコールジエチルエ
　　ーテル（別名 1,2-ジエトキシエタン）

76　エチレングリコールモノイソプロピ
　　ルエーテル

77　エチレングリコールモノエチルエー
　　テル（別名セロソルブ）

78　エチレングリコールモノエチルエー
　　テルアセテート（別名セロソルブアセ
　　テート）

79　エチレングリコールモノ-ノルマル-
　　ブチルエーテル（別名ブチルセロソル
　　ブ）

79の2　エチレングリコールモノブチル
　　エーテルアセタート

80　エチレングリコールモノメチルエー
　　テル（別名メチルセロソルブ）

81　エチレングリコールモノメチルエー
　　テルアセテート

82　エチレンクロロヒドリン

83　エチレンジアミン

83の2　N,N′-エチレンビス（ジチオカ
　　ルバミン酸）マンガン（別名マンネブ）

84　1,1′-エチレン-2,2′-ビピリジニウ
　　ム=ジブロミド（別名ジクアット）

85　2-エトキシ-2,2-ジメチルエタン

86　2-(4-エトキシフェニル)-2-メチルプロピル＝3-フェノキシベンジルエーテル（別名エトフェンプロックス）

87　エピクロロヒドリン

87の2　エフェドリン

88　1,2-エポキシ-3-イソプロポキシプロパン

89　2,3-エポキシ-1-プロパナール

90　2,3-エポキシ-1-プロパノール

91　2,3-エポキシプロピル＝フェニルエーテル

92　エメリー

93　エリオナイト

94　塩化亜鉛

94の2　塩化アクリロイル

95　塩化アリル

96　塩化アンモニウム

97　塩化シアン

98　塩化水素

99　塩化チオニル

100　塩化ビニル

101　塩化ベンジル

102　塩化ベンゾイル

103　塩化ホスホリル

103の2　塩基性フタル酸鉛

104　塩素

105　塩素化カンフェン（別名トキサフェン）

106　塩素化ジフェニルオキシド

107　黄りん

108　4,4′-オキシビス（2-クロロアニリン）

109　オキシビス（チオホスホン酸）O,O,O′,O′-テトラエチル（別名スルホテップ）

110　4,4′-オキシビスベンゼンスルホニルヒドラジド

110の2　1,1′-オキシビス（2,3,4,5,6-ペンタブロモベンゼン）（別名デカブロモジフェニルエーテル）

111　オキシビスホスホン酸四ナトリウム

111の2　オキシラン-2-カルボキサミド

111の3　オクタクロルテトラヒドロメタノフタラン

112　オクタクロロナフタレン

113　1,2,4,5,6,7,8,8-オクタクロロ-2,3,3a,4,7,7a-ヘキサヒドロ-4,7-メタノ-1H-インデン（別名クロルデン）

114　2-オクタノール

114の2　オクタブロモジフェニルエーテル

114の3　オクタメチルピロホスホルアミド（別名シュラーダン）

115　オクタン

115の2　オクチルアミン（別名モノオクチルアミン）

116　オゾン

117　オメガ-クロロアセトフェノン

118　オーラミン

119　オルト-アニシジン

120　オルト-クロロスチレン

121　オルト-クロロトルエン

122　オルト-ジクロロベンゼン

123　オルト-セカンダリーブチルフェノール

124　オルト-ニトロアニソール

125　オルト-フタロジニトリル

125の2　過酢酸

126　過酸化水素

127　ガソリン

128　カテコール

129　カドミウム及びその化合物

130　カーボンブラック

131　カルシウムシアナミド

132　ぎ酸

133　ぎ酸エチル

134　ぎ酸メチル

135　キシリジン

136　キシレン

136の2　キノリン及びその塩酸塩

137　銀及びその水溶性化合物

138　クメン

139　グルタルアルデヒド

140　クレオソート油

141　クレゾール
142　クロム及びその化合物
143　クロロアセチル＝クロリド
144　クロロアセトアルデヒド
145　クロロアセトン
146　クロロエタン（別名塩化エチル）
146の2　2-クロロエタンスルホニル＝
　　クロリド
147　2-クロロ-4-エチルアミノ-6-イソ
　　プロピルアミノ-1,3,5-トリアジン（別
　　名アトラジン）
147の2　N-(2-クロロエチル)-N′-シク
　　ロヘキシル-N-ニトロソ尿素
147の3　N-(2-クロロエチル)-N-ニト
　　ロソ-N′-[(2R,3R,4S,5R)-3,4,5,6
　　-テトラヒドロキシ-1-オキソヘキサン
　　-2-イル]尿素
147の4　N-(2-クロロエチル)-N′-(4-
　　メチルシクロヘキシル)-N-ニトロソ
　　尿素
147の5　2-クロロ-N-(エトキシメチル)
　　-N-(2-エチル-6-メチルフェニル）ア
　　セトアミド
148　4-クロロ-オルト-フェニレンジア
　　ミン
148の2　クロロぎ酸エチル（別名クロ
　　ロ炭酸エチル）
148の3　3-クロロ-N-(3-クロロ-5-トリ
　　フルオロメチル-2-ピリジル)-アルフ
　　ァ,アルファ,アルファ-トリフルオロ-
　　2,6-ジニトロ-パラ-トルイジン（別名
　　フルアジナム）
148の4　クロロ酢酸
149　クロロジフルオロメタン（別名
　　HCFC-22)
149の2　クロロ炭酸フェニルエステル
150　2-クロロ-6-トリクロロメチルピリ
　　ジン（別名ニトラピリン）
150の2　1-クロロ-4-(トリクロロメチ
　　ル）ベンゼン
150の3　クロロトリフルオロエタン（別
　　名HCFC-133)
151　2-クロロ-1,1,2-トリフルオロエチ

ルジフルオロメチルエーテル（別名エ
ンフルラン）
152　1-クロロ-1-ニトロプロパン
152の2　2-クロロニトロベンゼン
153　クロロピクリン
153の2　3-(6-クロロピリジン-3-イル
　　メチル)-1,3-チアゾリジン-2-イリデ
　　ンシアナミド（別名チアクロプリド）
153の3　4-[4-(4-クロロフェニル)-4-
　　ヒドロキシピペリジン-1-イル]-1-(4-
　　フルオロフェニル)ブタン-1-オン（別
　　名ハロペリドール）
154　クロロフェノール
155　2-クロロ-1,3-ブタジエン
155の2　1-クロロ-2-プロパノール
155の3　2-クロロ-1-プロパノール
155の4　3-クロロ-1,2-プロパンジオー
　　ル
156　2-クロロプロピオン酸
157　2-クロロベンジリデンマロノニト
　　リル
158　クロロベンゼン
159　クロロペンタフルオロエタン（別
　　名CFC-115)
160　クロロホルム
161　クロロメタン（別名塩化メチル）
162　4-クロロ-2-メチルアニリン及びそ
　　の塩酸塩
162の2　O-3-クロロ-4-メチル-2-オキ
　　ソ-2H-クロメン-7-イル＝O′O″-ジエ
　　チル＝ホスホロチオアート
162の3　1-クロロ-2-メチル-1-プロペ
　　ン（別名1-クロロイソブチレン）
163　クロロメチルメチルエーテル
164　軽油
165　けつ岩油
165の2　結晶質シリカ
166　ケテン
167　ゲルマン
168　鉱油
169　五塩化りん
170　固形パラフィン
171　五酸化バナジウム

172 コバルト及びその化合物
173 五弗化臭素
174 コールタール
175 コールタールナフサ
175の2 コレカルシフェロール（別名ビタミンD3）
176 酢酸
177 酢酸エチル
178 酢酸1,3-ジメチルブチル
179 酢酸鉛
180 酢酸ビニル
181 酢酸ブチル
182 酢酸プロピル
183 酢酸ベンジル
184 酢酸ペンチル（別名酢酸アミル）
184の2 酢酸マンガン（Ⅱ）
185 酢酸メチル
186 サチライシン
186の2 三塩化ほう素
187 三塩化りん
188 酸化亜鉛
189 削除
190 酸化カルシウム
191 酸化チタン（Ⅳ）
192 酸化鉄
193 1,2-酸化ブチレン
194 酸化プロピレン
195 酸化メシチル
196 三酸化二ほう素
197 三臭化ほう素
197の2 三弗化アルミニウム
198 三弗化塩素
199 三弗化ほう素
200 次亜塩素酸カルシウム
201 N,N'-ジアセチルベンジジン
201の2 ジアセトキシプロペン
202 ジアセトンアルコール
203 ジアゾメタン
204 シアナミド
205 2-シアノアクリル酸エチル
206 2-シアノアクリル酸メチル
207 2,4-ジアミノアニソール
208 4,4'-ジアミノジフェニルエーテル

209 4,4'-ジアミノジフェニルスルフィド
210 4,4'-ジアミノ-3,3'-ジメチルジフェニルメタン
211 2,4-ジアミノトルエン
212 四アルキル鉛
213 シアン化カリウム
214 シアン化カルシウム
215 シアン化水素
216 シアン化ナトリウム
216の2 (SP-4-2)-ジアンミンジクロリド白金（別名シスプラチン）
216の3 ジイソブチルアミン
217 ジイソブチルケトン
217の2 2,3:4,5-ジ-O-イソプロピリデン-1-O-スルファモイル-ベータ-D-フルクトピラノース
218 ジイソプロピルアミン
218の2 ジイソプロピル-S-(エチルスルフィニルメチル)-ジチオホスフェイト
219 ジエタノールアミン
219の2 N,N-ジエチル亜硝酸アミド
220 2-(ジエチルアミノ)エタノール
221 ジエチルアミン
221の2 ジエチル-4-クロルフェニルメルカプトメチルジチオホスフェイト
222 ジエチルケトン
222の2 ジエチル-1-(2',4'-ジクロルフェニル)-2-クロルビニルホスフェイト
222の3 ジエチル-(1,3-ジチオシクロペンチリデン)-チオホスホルアミド
222の4 ジエチルスチルベストロール（別名スチルベストロール）
223 ジエチル-パラ-ニトロフェニルチオホスフェイト（別名パラチオン）
224 1,2-ジエチルヒドラジン
224の2 N,N-ジエチルヒドロキシルアミン
224の3 ジエチルホスホロクロリドチオネート
224の4 ジエチレングリコールモノブ

チルエーテル

224の5　ジエチレングリコールモノメ
　　チルエーテル（別名メチルカルビトー
　　ル）

225　ジエチレントリアミン

226　四塩化炭素

227　1,4-ジオキサン

228　1,4-ジオキサン-2,3-ジイルジチオ
　　ビス（チオホスホン酸）O,O,O′,O′-
　　テトラエチル（別名ジオキサチオン）

229　1,3-ジオキソラン

229の2　2-(1,3-ジオキソラン-2-イル)
　　-フェニル-N-メチルカルバメート

229の3　シクロスポリン

230　シクロヘキサノール

231　シクロヘキサノン

232　シクロヘキサン

232の2　シクロヘキシミド

233　シクロヘキシルアミン

234　2-シクロヘキシルビフェニル

235　シクロヘキセン

236　シクロペンタジエニルトリカルボ
　　ニルマンガン

237　シクロペンタジエン

238　シクロペンタン

238の2　シクロホスファミド及びその
　　一水和物

238の3　2,4-ジクロルフェニル 4′-ニ
　　トロフェニルエーテル（別名 NIP）

239　ジクロロアセチレン

240　ジクロロエタン

240の2　4,4′-(2,2-ジクロロエタン-
　　1,1-ジイル) ジ（クロロベンゼン）

240の3　ジクロロエチルホルマール

241　ジクロロエチレン

241の2　4,4′-(2,2-ジクロロエテン-
　　1,1-ジイル) ジ（クロロベンゼン）

241の3　ジクロロ酢酸

242　3,3′-ジクロロ-4,4′-ジアミノジフ
　　ェニルメタン

243　ジクロロジフルオロメタン（別名
　　CFC-12）

244　1,3-ジクロロ-5,5-ジメチルイミダ

ゾリジン-2,4-ジオン

245　3,5-ジクロロ-2,6-ジメチル-4-ピ
　　リジノール（別名クロピドール）

246　ジクロロテトラフルオロエタン(別
　　名 CFC-114)

247　2,2-ジクロロ-1,1,1-トリフルオロ
　　エタン（別名 HCFC-123）

248　1,1-ジクロロ-1-ニトロエタン

248の2　1,4-ジクロロ-2-ニトロベンゼ
　　ン

248の3　2,4-ジクロロ-1-ニトロベンゼ
　　ン

248の4　2,2-ジクロロ-N-[2-ヒドロキ
　　シ-1-(ヒドロキシメチル)-2-(4-ニト
　　ロフェニル) エチル]アセトアミド（別
　　名クロラムフェニコール）

249　3-(3,4-ジクロロフェニル)-1,1-ジ
　　メチル尿素（別名ジウロン）

249の2　(RS)-3-(3,5-ジクロロフェニ
　　ル)-5-メチル-5-ビニル-1,3-オキサゾ
　　リジン-2,4-ジオン（別名ビンクロゾ
　　リン）

249の3　3-(3,4-ジクロロフェニル)-1-
　　メトキシ-1-メチル尿素（別名リニュ
　　ロン）

250　2,4-ジクロロフェノキシエチル硫
　　酸ナトリウム

251　2,4-ジクロロフェノキシ酢酸

251の2　(RS)-2-(2,4-ジクロロフェノ
　　キシ) プロピオン酸（別名ジクロルプ
　　ロップ）

252　1,4-ジクロロ-2-ブテン

253　ジクロロフルオロメタン（別名
　　HCFC-21）

254　1,2-ジクロロプロパン

255　2,2-ジクロロプロピオン酸

256　1,3-ジクロロプロペン

257　ジクロロメタン（別名二塩化メチ
　　レン）

258　四酸化オスミウム

258の2　ジシアノメタン（別名マロノ
　　ニトリル）

259　ジシアン

260　ジシクロペンタジエニル鉄

261　ジシクロペンタジエン

262　2,6-ジーターシャリーブチル-4-クレゾール

263　1,3-ジチオラン-2-イリデンマロン酸ジイソプロピル（別名イソプロチオラン）

264　ジチオりん酸 O-エチル-O-(4-メチルチオフェニル)-S-ノルマル-プロピル（別名スルプロホス）

265　ジチオりん酸 O,O-ジエチル-S-(2-エチルチオエチル)（別名ジスルホトン）

266　ジチオりん酸 O,O-ジエチル-S-エチルチオメチル（別名ホレート）

266の2　ジチオりん酸 O,O-ジエチル-S-(ターシャリーブチルチオメチル)（別名テルブホス）

267　ジチオりん酸 O,O-ジメチル-S-[(4-オキソ-1,2,3-ベンゾトリアジン-3(4H)-イル)メチル]（別名アジンホスメチル）

268　ジチオりん酸 O,O-ジメチル-S-1,2-ビス（エトキシカルボニル）エチル（別名マラチオン）

268の2　ジナトリウム＝4-アミノ-3-[4′-(2,4-ジアミノフェニルアゾ)-1,1′-ビフェニル-4-イルアゾ]-5-ヒドロキシ-6-フェニルアゾ-2,7-ナフタレンジスルホナート（別名 CI ダイレクトブラック 38）

269　ジナトリウム＝4-[(2,4-ジメチルフェニル)アゾ]-3-ヒドロキシ-2,7-ナフタレンジスルホナート（別名ポンソー MX）

270　ジナトリウム＝8-[[3,3′-ジメチル-4′-[[4-[[(4-メチルフェニル)スルホニル]オキシ]フェニル]アゾ][1,1′-ビフェニル]-4-イル]アゾ]-7-ヒドロキシ-1,3-ナフタレンジスルホナート（別名 CI アシッドレッド 114）

271　ジナトリウム＝3-ヒドロキシ-4-[(2,4,5-トリメチルフェニル)アゾ]-

2,7-ナフタレンジスルホナート（別名ポンソー 3R）

272　2,4-ジニトロトルエン

272の2　2,6-ジニトロトルエン

272の3　2,4-ジニトロフェノール

273　ジニトロベンゼン

273の2　2,4-ジニトロ-6-(1-メチルプロピル)-フェノール

274　2-(ジーノルマル-ブチルアミノ)エタノール

275　ジーノルマル-プロピルケトン

275の2　ジビニルスルホン（別名ビニルスルホン）

276　ジビニルベンゼン

276の2　2-ジフェニルアセチル-1,3-インダンジオン

277　ジフェニルアミン

277の2　5,5-ジフェニル-2,4-イミダゾリジンジオン

278　ジフェニルエーテル

278の2　ジプロピル-4-メチルチオフェニルホスフェイト

279　1,2-ジブロモエタン（別名 EDB）

280　1,2-ジブロモ-3-クロロプロパン

281　ジブロモジフルオロメタン

281の2　ジベンゾ[a,j]アクリジン

281の3　ジベンゾ[a,h]アントラセン（別名1,2:5,6-ジベンゾアントラセン）

282　ジベンゾイルペルオキシド

283　ジボラン

284　N,N-ジメチルアセトアミド

285　N,N-ジメチルアニリン

286　[4-[[4-[(ジメチルアミノ)フェニル][4-[エチル（3-スルホベンジル）アミノ]フェニル]メチリデン]シクロヘキサン-2,5-ジエン-1-イリデン]（エチル）（3-スルホナトベンジル）アンモニウムナトリウム塩（別名ベンジルバイオレット 4B）

286の2　(4-[[4-(ジメチルアミノ)フェニル](フェニル)メチリデン]シクロヘキサ-2,5-ジエン-1-イリデン)(ジメ

チル）アンモニウム＝クロリド（別名
マラカイトグリーン塩酸塩）

287 ジメチルアミン

287の2 N,N-ジメチルエチルアミン

288 ジメチルエチルメルカプトエチル
チオホスフェイト（別名メチルジメト
ン）

289 ジメチルエトキシシラン

290 ジメチルカルバモイル＝クロリド

290の2 3,7-ジメチルキサンチン（別
名テオブロミン）

291 ジメチル-2,2-ジクロロビニルホス
フェイト（別名DDVP）

292 ジメチルジスルフィド

292の2 N,N-ジメチルチオカルバミン
酸S-4-フェノキシブチル（別名フェ
ノチオカルブ）

292の3 O,O-ジメチル-チオホスホリ
ル＝クロリド

292の4 ジメチル＝2,2,2-トリクロロ-
1-ヒドロキシエチルホスホナート（別
名DEP）

293 N,N-ジメチルニトロソアミン

294 ジメチル-パラ-ニトロフェニルチ
オホスフェイト（別名メチルパラチオ
ン）

295 ジメチルヒドラジン

296 1,1′-ジメチル-4,4′-ビピリジニウ
ム塩

297 2-(4,6-ジメチル-2-ピリミジニル
アミノカルボニルアミノスルフォニ
ル)安息香酸メチル（別名スルホメチ
ュロンメチル）

298 N,N-ジメチルホルムアミド

299 (1R,3R)-2,2-ジメチル-3-(2-メ
チル-1-プロペニル)シクロプロパンカ
ルボン酸(5-フェニルメチル-3-フラニ
ル)メチル

299の2 1,2-ジメトキシエタン

300 1-[(2,5-ジメトキシフェニル)ア
ゾ]-2-ナフトール（別名シトラスレッ
ドナンバー2）

301 臭化エチル

302 臭化水素

303 臭化メチル

304 しゅう酸

304の2 十三酸化八ほう素二ナトリウ
ム四水和物

305 臭素

306 臭素化ビフェニル

307 硝酸

308 硝酸アンモニウム

309 硝酸ノルマル-プロピル

310 硝酸リチウム

311 しよう脳

312 シラン

313 ジルコニウム化合物

314 人造鉱物繊維

315 水銀及びその無機化合物

316 水酸化カリウム

317 水酸化カルシウム

318 水酸化セシウム

319 水酸化ナトリウム

320 水酸化リチウム

321 水素化リチウム

322 すず及びその化合物

323 スチレン

324 削除

325 ステアリン酸ナトリウム

326 ステアリン酸鉛

327 ステアリン酸マグネシウム

328 ストリキニーネ

329 石油エーテル

330 石油ナフサ

331 石油ベンジン

332 セスキ炭酸ナトリウム

332の2 L-セリル-L-バリル-L-セリル
-L-グルタミル-L-イソロイシル-L-グ
ルタミニル-L-ロイシル-L-メチオニ
ル-L-ヒスチジル-L-アスパラギニル-
L-ロイシルグリシル-L-リシル-L-ヒ
スチジル-L-ロイシル-L-アスパラギ
ニル-L-セリル-L-メチオニル-L-グル
タミル-L-アルギニル-L-バリル-L-グ
ルタミル-L-トリプトフィル-L-ロイ
シル-L-アルギニル-L-リシル-L-リシ

ル-L-ロイシル-L-グルタミニル-L-ア
スパルチル-L-バリル-L-ヒスチジル-
L-アスパラギニル-L-フェニルアラニ
ン（別名テリパラチド）

333　セレン及びその化合物

333の2　ダイオキシン類（別表第3第
1号3に掲げる物に該当するものを除
く。）

334　2-ターシャリーブチルイミノ-3-イ
ソプロピル-5-フェニルテトラヒドロ-
4H-1,3,5-チアジアジン-4-オン（別
名ブプロフェジン）

334の2　3-(4-ターシャリーブチルフェ
ニル)-2-メチルプロパナール

335　タリウム及びその水溶性化合物

336　炭化けい素

337　タングステン及びその水溶性化合
物

337の2　炭酸リチウム

338　タンタル及びその酸化物

338の2　2-(1,3-チアゾール-4-イル)-1
H-ベンゾイミダゾール

338の3　2-チオキソ-3,5-ジメチルテト
ラヒドロ-2H-1,3,5-チアジアジン（別
名ダゾメット）

339　チオジ(パラ-フェニレン)-ジオキ
シービス(チオホスホン酸)O,O,O′,O′
-テトラメチル（別名テメホス）

340　チオ尿素

341　4,4′-チオビス(6-ターシャリーブチ
ル-3-メチルフェノール)

342　チオフェノール

343　チオりん酸O,O-ジエチル-O-(2-
イソプロピル-6-メチル-4-ピリミジニ
ル)（別名ダイアジノン）

344　チオりん酸O,O-ジエチル-エチル
チオエチル（別名ジメトン）

345　チオりん酸O,O-ジエチル-O-(6-
オキソ-1-フェニル-1,6-ジヒドロ-3-
ピリダジニル)（別名ピリダフェンチ
オン）

346　チオりん酸O,O-ジエチル-O-(3,
5,6-トリクロロ-2-ピリジル)（別名ク

ロルピリホス）

346の2　チオりん酸O,O-ジエチル-O-
(2-ピラジニル)（別名チオナジン）

347　チオりん酸O,O-ジエチル-O-[4-
(メチルスルフィニル)フェニル]（別
名フェンスルホチオン）

348　チオりん酸O,O-ジメチル-O-
(2,4,5-トリクロロフェニル)（別名ロ
ンネル）

349　チオりん酸O,O-ジメチル-O-(3-
メチル-4-ニトロフェニル)（別名フェ
ニトロチオン）

350　チオりん酸O,O-ジメチル-O-(3-
メチル-4-メチルチオフェニル)（別名
フェンチオン）

351　デカボラン

351の2　デキストラン鉄

352　鉄水溶性塩

353　1,4,7,8-テトラアミノアントラキ
ノン（別名ジスパースブルー1）

354　テトラエチルチウラムジスルフィ
ド（別名ジスルフィラム）

355　テトラエチルピロホスフェイト(別
名TEPP）

356　テトラエトキシシラン

357　1,1,2,2-テトラクロロエタン（別
名四塩化アセチレン）

358　N-(1,1,2,2-テトラクロロエチル
チオ)-1,2,3,6-テトラヒドロフタルイ
ミド（別名キャプタフォル）

359　テトラクロロエチレン（別名パー
クロルエチレン）

360　削除

361　テトラクロロジフルオロエタン(別
名CFC-112）

362　テトラクロロナフタレン

363　1,2,3,4-テトラクロロベンゼン

364　テトラナトリウム＝3,3′-[(3,3′-
ジメチル-4,4′-ビフェニリレン）ビス
(アゾ)ビス[5-アミノ-4-ヒドロキシ-
2,7-ナフタレンジスルホナート]（別
名トリパンブルー）

365　テトラナトリウム＝3,3′-[(3,3′-

ジメトキシ-4,4′-ビフェニリレン）ビ
ス（アゾ）］ビス［5-アミノ-4-ヒドロキ
シ-2,7-ナフタレンジスルホナート］
（別名 CI ダイレクトブルー 15）

366　テトラニトロメタン
367　テトラヒドロフラン
367の2　テトラヒドロメチル無水フタ
　　ル酸
368　テトラフルオロエチレン
368の2　2,3,5,6-テトラフルオロ-4-メ
　　チルベンジル＝(Z)-3-(2-クロロ-
　　3,3,3-トリフルオロ-1-プロペニル)-
　　2,2-ジメチルシクロプロパンカルボキ
　　シラート（別名テフルトリン）
369　1,1,2,2-テトラブロモエタン
370　テトラブロモメタン
371　テトラメチルこはく酸ニトリル
372　テトラメチルチウラムジスルフィ
　　ド（別名チウラム）
372の2　テトラメチル尿素
373　テトラメトキシシラン
374　テトリル
375　テルフェニル
376　テルル及びその化合物
377　テレビン油
378　テレフタル酸
379　銅及びその化合物
380　灯油
380の2　(1′S-トランス)-7-クロロ-
　　2′,4,6-トリメトキシ-6′-メチルス
　　ピロ［ベンゾフラン-2(3H),1′-シク
　　ロヘキサ-2′-エン]-3,4′-ジオン（別
　　名グリセオフルビン）
380の3　トリウム＝ビス（エタンジオ
　　アート）
381　トリエタノールアミン
382　トリエチルアミン
382の2　トリエチレンチオホスホルア
　　ミド（別名チオテパ）
382の3　トリクロロアセトアルデヒド
　　（別名クロラール）
383　トリクロロエタン
383の2　2,2,2-トリクロロ-1,1-エタン

ジオール（別名抱水クロラール）
384　トリクロロエチレン
385　トリクロロ酢酸
386　1,1,2-トリクロロ-1,2,2-トリフル
　　オロエタン
387　トリクロロナフタレン
388　1,1,1-トリクロロ-2,2-ビス（4-ク
　　ロロフェニル）エタン（別名DDT）
389　1,1,1-トリクロロ-2,2-ビス（4-メ
　　トキシフェニル）エタン（別名メトキ
　　シクロル）
389の2　トリクロロ（フェニル）シラ
　　ン
390　2,4,5-トリクロロフェノキシ酢酸
391　トリクロロフルオロメタン（別名
　　CFC-11）
392　1,2,3-トリクロロプロパン
393　1,2,4-トリクロロベンゼン
394　トリクロロメチルスルフェニル＝
　　クロリド
395　N-(トリクロロメチルチオ)-
　　1,2,3,6-テトラヒドロフタルイミド
　　（別名キャプタン）
396　トリシクロヘキシルすず＝ヒドロ
　　キシド
397　1,3,5-トリス（2,3-エポキシプロ
　　ピル)-1,3,5-トリアジン-2,4,6(1H,3
　　H,5H)-トリオン
398　トリス（N,N-ジメチルジチオカル
　　バメート）鉄（別名ファーバム）
399　トリニトロトルエン
399の2　トリニトロレゾルシン鉛
400　トリフェニルアミン
400の2　トリブチルアミン
401　トリブロモメタン
402　2-トリメチルアセチル-1,3-インダ
　　ンジオン
402の2　2,4,6-トリメチルアニリン（別
　　名メシジン）
403　トリメチルアミン
403の2　1,3,7-トリメチルキサンチン
　　（別名カフェイン）
404　トリメチルベンゼン

404の2　1,1,1-トリメチロールプロパ
　　　ントリアクリル酸エステル
404の3　5-[(3,4,5-トリメトキシフェ
　　　ニル)メチル]ピリミジン-2,4-ジアミ
　　　ン
405　トリレンジイソシアネート
406　トルイジン
407　トルエン
407の2　ナトリウム=2-プロピルペン
　　　タノアート
408　ナフタレン
408の2　ナフタレン-1,4-ジオン
409　1-ナフチルチオ尿素
410　1-ナフチル-N-メチルカルバメー
　　　ト(別名カルバリル)
411　鉛及びその無機化合物
412　二亜硫酸ナトリウム
413　ニコチン
413の2　二酢酸ジオキシドウラン(Ⅵ)及
　　　びその二水和物
414　二酸化硫黄
415　二酸化塩素
416　二酸化窒素
416の2　二硝酸ジオキシドウラン(Ⅵ)
　　　六水和物
417　二硝酸プロピレン
418　ニッケル及びその化合物
419　ニトリロ三酢酸
420　5-ニトロアセナフテン
421　ニトロエタン
422　ニトログリコール
423　ニトログリセリン
423の2　6-ニトロクリセン
424　ニトロセルローズ
424の2　N-ニトロソフェニルヒドロキ
　　　シルアミンアンモニウム塩
425　N-ニトロソモルホリン
426　ニトロトルエン
426の2　1-ニトロピレン
426の3　1-(4-ニトロフェニル)-3-(3-
　　　ピリジルメチル)ウレア
427　ニトロプロパン
428　ニトロベンゼン

429　ニトロメタン
429の2　二ナトリウム=エタン-1,2-ジ
　　　イルジカルバモジチオアート
430　乳酸ノルマル-ブチル
431　二硫化炭素
432　ノニン
433　ノルマル-ブチルアミン
434　ノルマル-ブチルエチルケトン
435　ノルマル-ブチル-2,3-エポキシプ
　　　ロピルエーテル
436　N-[1-(N-ノルマル-ブチルカルバ
　　　モイル)-1H-2-ベンゾイミダゾリル]
　　　カルバミン酸メチル(別名ベノミル)
436の2　発煙硫酸
437　白金及びその水溶性塩
438　ハフニウム及びその化合物
439　パラ-アニシジン
439の2　パラ-エトキシアセトアニリド
　　　(別名フェナセチン)
440　パラクロロアニリン
440の2　パラ-クロロ-アルファ,アルフ
　　　ァ,アルファ-トリフルオロトルエン
440の3　パラ-クロロトルエン
441　パラ-ジクロロベンゼン
442　パラ-ジメチルアミノアゾベンゼン
442の2　パラ-ターシャリ-ブチル安息
　　　香酸
443　パラ-ターシャリ-ブチルトルエン
444　パラ-ニトロアニリン
444の2　パラ-ニトロ安息香酸
445　パラ-ニトロクロロベンゼン
446　パラ-フェニルアゾアニリン
447　パラ-ベンゾキノン
447の2　パラ-メトキシニトロベンゼン
448　パラ-メトキシフェノール
449　バリウム及びその水溶性化合物
449の2　2,2'-ビオキシラン
450　ピクリン酸
451　ビス(2,3-エポキシプロピル)エー
　　　テル
452　1,3-ビス[(2,3-エポキシプロピル)
　　　オキシ]ベンゼン
452の2　4-[4-[ビス(2-クロロエチル)

アミノ]フェニル]ブタン酸

453 ビス(2-クロロエチル)エーテル

454 ビス(2-クロロエチル)スルフィド（別名マスタードガス）

454の2 N,N-ビス(2-クロロエチル)-2-ナフチルアミン

454の3 N,N′-ビス(2-クロロエチル)-N-ニトロソ尿素

454の4 ビス(2-クロロエチル)メチルアミン（別名 HN2）

455 N,N-ビス(2-クロロエチル)メチルアミン-N-オキシド

455の2 ビス(3,4-ジクロロフェニル)ジアゼン

456 ビス(ジチオりん酸)S,S′-メチレン-O,O,O′,O′-テトラエチル（別名エチオン）

457 ビス(2-ジメチルアミノエチル)エーテル

457の2 2,2-ビス(4′-ハイドロキシ-3′,5′-ジブロモフェニル)プロパン

457の3 5,8-ビス[2-(2-ヒドロキシエチルアミノ)エチルアミノ]-1,4-アントラキノンジオール=二塩酸塩

457の4 3,3-ビス(4-ヒドロキシフェニル)-1,3-ジヒドロイソベンゾフラン-1-オン（別名フェノールフタレイン）

457の5 S,S-ビス(1-メチルプロピル)=O-エチル=ホスホロジチオアート（別名カズサホス）

458 砒素及びその化合物

459 ヒドラジン及びその一水和物

460 ヒドラジンチオカルボヒドラジド

460の2 2-ヒドロキシアセトニトリル

460の3 3-ヒドロキシ-1,3,5(10)-エストラトリエン-17-オン（別名エストロン）

460の4 8-ヒドロキシキノリン（別名8-キノリノール）

460の5 (5S,5aR,8aR,9R)-9-(4-ヒドロキシ-3,5-ジメトキシフェニル)-8-オキソ-5,5a,6,8,8a,9-ヘキサヒドロフロ[3′,4′:6,7]ナフト[2,3-d][1,3]

ジオキソール-5-イル=4,6-O-[(R)-エチリデン]-ベータ-D-グルコピラノシド（別名エトポシド）

460の6 (5S,5aR,8aR,9R)-9-(4-ヒドロキシ-3,5-ジメトキシフェニル)-8-オキソ-5,5a,6,8,8a,9-ヘキサヒドロフロ[3′,4′:6,7]ナフト[2,3-d][1,3]ジオキソール-5-イル=4,6-O-[(R)-2-チエニルメチリデン]-ベータ-D-グルコピラノシド（別名テニポシド）

460の7 N-(ヒドロキシメチル)アクリルアミド

461 ヒドロキノン

462 4-ビニル-1-シクロヘキセン

463 4-ビニルシクロヘキセンジオキシド

464 ビニルトルエン

464の2 4-ビニルピリジン

464の3 N-ビニル-2-ピロリドン

465 ビフェニル

466 ピペラジン二塩酸塩

467 ピリジン

468 ピレトラム

468の2 フィゾスチグミン（別名エセリン）

468の3 フェニルアセトニトリル（別名シアン化ベンジル）

468の4 フェニルイソシアネート

469 フェニルオキシラン

469の2 2-(フェニルパラクロルフェニルアセチル)-1,3-インダンジオン

470 フェニルヒドラジン

471 フェニルホスフィン

472 フェニレンジアミン

473 フェノチアジン

474 フェノール

475 フェロバナジウム

476 1,3-ブタジエン

477 ブタノール

477の2 フタル酸ジイソブチル

478 フタル酸ジエチル

478の2 フタル酸ジシクロヘキシル

479 フタル酸ジ-ノルマル-ブチル

479の2　フタル酸ジヘキシル
479の3　フタル酸ジペンチル
480　フタル酸ジメチル
480の2　フタル酸ノルマル-ブチル＝ベ
　　　ンジル
481　フタル酸ビス（2-エチルヘキシル）
　　　（別名 DEHP）
482　ブタン
482の2　ブタン-1,4-ジイル＝ジメタン
　　　スルホナート
482の3　2,3-ブタンジオン（別名ジア
　　　セチル）
483　1-ブタンチオール
483の2　ブチルイソシアネート
483の3　ブチルリチウム
484　弗化カルボニル
485　弗化ビニリデン
486　弗化ビニル
486の2　弗素エデン閃石
487　弗素及びその水溶性無機化合物
488　2-ブテナール
488の2　ブテン
488の3　5-フルオロウラシル
489　フルオロ酢酸ナトリウム
490　フルフラール
491　フルフリルアルコール
492　1,3-プロパンスルトン
492の2　プロパンニトリル（別名プロ
　　　ピオノニトリル）
492の3　プロピオンアルデヒド
493　プロピオン酸
494　プロピルアルコール
494の2　2-プロピル吉草酸
495　プロピレンイミン
496　プロピレングリコールモノメチル
　　　エーテル
496の2　N,N'-プロピレンビス（ジチオ
　　　カルバミン酸）と亜鉛の重合物（別名
　　　プロピネブ）
497　2-プロピン-1-オール
497の2　プロペン
497の3　ブロムアセトン
498　ブロモエチレン

499　2-ブロモ-2-クロロ-1,1,1-トリフ
　　　ルオロエタン（別名ハロタン）
500　ブロモクロロメタン
500の2　ブロモジクロロ酢酸
501　ブロモジクロロメタン
502　5-ブロモ-3-セカンダリ-ブチル-6-
　　　メチル-1,2,3,4-テトラヒドロピリミ
　　　ジン-2,4-ジオン（別名ブロマシル）
503　ブロモトリフルオロメタン
503の2　1-ブロモプロパン
504　2-ブロモプロパン
504の2　3-ブロモ-1-プロペン（別名臭
　　　化アリル）
505　ヘキサクロロエタン
506　1,2,3,4,10,10-ヘキサクロロ-6,7-
　　　エポキシ-1,4,4 a,5,6,7,8,8 a-オクタ
　　　ヒドロ-エキソ-1,4-エンド-5,8-ジメ
　　　タノナフタレン（別名ディルドリン）
507　1,2,3,4,10,10-ヘキサクロロ-6,7-
　　　エポキシ-1,4,4 a,5,6,7,8,8 a-オクタ
　　　ヒドロ-エンド-1,4-エンド-5,8-ジメ
　　　タノナフタレン（別名エンドリン）
508　1,2,3,4,5,6-ヘキサクロロシクロ
　　　ヘキサン（別名リンデン）
509　ヘキサクロロシクロペンタジエン
510　ヘキサクロロナフタレン
511　1,4,5,6,7,7-ヘキサクロロビシク
　　　ロ[2,2,1]-5-ヘプテン-2,3-ジカルボ
　　　ン酸（別名クロレンド酸）
512　1,2,3,4,10,10-ヘキサクロロ-1,4,
　　　4 a,5,8,8 a-ヘキサヒドロ-エキソ-1,4
　　　-エンド-5,8-ジメタノナフタレン（別
　　　名アルドリン）
513　ヘキサクロロヘキサヒドロメタノ
　　　ベンゾジオキサチエピンオキサイド
　　　（別名ベンゾエピン）
514　ヘキサクロロベンゼン
515　ヘキサヒドロ-1,3,5-トリニトロ-
　　　1,3,5-トリアジン（別名シクロナイト）
516　ヘキサフルオロアセトン
516の2　ヘキサフルオロアルミン酸三
　　　ナトリウム
516の3　ヘキサフルオロプロペン

516の4　ヘキサブロモシクロドデカン
516の5　ヘキサメチルパラローズアニ
　　　リンクロリド（別名クリスタルバイオ
　　　レット）
517　ヘキサメチルホスホリックトリア
　　　ミド
518　ヘキサメチレンジアミン
519　ヘキサメチレン＝ジイソシアネー
　　　ト
520　ヘキサン
521　1-ヘキセン
522　ベーターブチロラクトン
523　ベーターブロピオラクトン
524　1,4,5,6,7,8,8-ヘプタクロロ-2,3-
　　　エポキシ-2,3,3 a,4,7,7 a-ヘキサヒド
　　　ロ-4,7-メタノ-1 H-インデン（別名ヘ
　　　プタクロルエポキシド）
525　1,4,5,6,7,8,8-ヘプタクロロ-3 a,
　　　4,7,7 a-テトラヒドロ-4,7-メタノ-1
　　　H-インデン（別名ヘプタクロル）
526　ヘプタン
527　ベルオキソ二硫酸アンモニウム
528　ベルオキソ二硫酸カリウム
529　ベルオキソ二硫酸ナトリウム
530　ペルフルオロオクタン酸及びその
　　　アンモニウム塩
530の2　ペルフルオロ（オクタン-1-ス
　　　ルホン酸）（別名PFOS）
530の3　ペルフルオロノナン酸
530の4　ベンジルアルコール
531　ベンゼン
532　1,2,4-ベンゼントリカルボン酸
　　　1,2-無水物
533　ベンゾ[a]アントラセン
534　ベンゾ[a]ピレン
535　ベンゾフラン
536　ベンゾ[e]フルオラセン
536の2　ペンタカルボニル鉄
537　ペンタクロロナフタレン
538　ペンタクロロニトロベンゼン
539　ペンタクロロフェノール（別名
　　　PCP）及びそのナトリウム塩
540　1-ペンタナール

541　1,1,3,3,3-ペンタフルオロ-2-（ト
　　　リフルオロメチル)-1-プロペン（別名
　　　PFIB）
542　ペンタボラン
543　ペンタン
543の2　ほう酸アンモニウム
544　ほう酸及びそのナトリウム塩
545　ホスゲン
545の2　ポリ[グアニジン-N,N′-ジイ
　　　ルヘキサン-1,6-ジイルイミノ(イミノ
　　　メチレン)]塩酸塩
546　（2-ホルミルヒドラジノ)-4-(5-ニ
　　　トロ-2-フリル）チアゾール
547　ホルムアミド
548　ホルムアルデヒド
549　マゼンタ
550　マンガン及びその無機化合物
551　ミネラルスピリット（ミネラルシ
　　　ンナー，ペトロリウムスピリット，ホ
　　　ワイトスピリット及びミネラルターペ
　　　ンを含む。）
552　無水酢酸
553　無水フタル酸
554　無水マレイン酸
555　メターキシリレンジアミン
556　メタクリル酸
556の2　メタクリル酸2-イソシアナト
　　　エチル
556の3　メタクリル酸2,3-エポキシプ
　　　ロピル
556の4　メタクリル酸クロリド
556の5　メタクリル酸2-（ジエチルア
　　　ミノ）エチル
557　メタクリル酸メチル
558　メタクリロニトリル
559　メタージシアノベンゼン
560　メタノール
560の2　メタバナジン酸アンモニウム
560の3　メタンスルホニル＝クロリド
560の4　メタンスルホニル＝フルオリ
　　　ド
561　メタンスルホン酸エチル
562　メタンスルホン酸メチル

563　メチラール
564　メチルアセチレン
565　N-メチルアニリン
566　2,2′-[[4-(メチルアミノ)-3-ニト
　　ロフェニル]アミノ]ジエタノール（別
　　名 HC ブルーナンバー 1）
567　N-メチルアミノホスホン酸 O-(4-
　　ターシャリーブチル-2-クロロフェニ
　　ル)-O-メチル（別名クルホメート）
568　メチルアミン
568の2　メチル＝イソチオシアネート
569　メチルイソブチルケトン
569の2　メチルイソプロペニルケトン
570　メチルエチルケトン
571　N-メチルカルバミン酸 2-イソプロ
　　ピルオキシフェニル（別名プロポキス
　　ル）
572　N-メチルカルバミン酸 2,3-ジヒド
　　ロ-2,2-ジメチル-7-ベンゾ[b]フラニ
　　ル（別名カルボフラン）
573　N-メチルカルバミン酸 2-セカンダ
　　リーブチルフェニル（別名フェノブカ
　　ルブ）
573の2　メチル＝カルボノクロリダー
　　ト
573の3　メチル＝3-クロロ-5-(4,6-ジ
　　メトキシ-2-ピリミジニルカルバモイ
　　ルスルファモイル)-1-メチルピラゾー
　　ル-4-カルボキシラート（別名ハロス
　　ルフロンメチル）
574　メチルシクロヘキサノール
575　メチルシクロヘキサノン
576　メチルシクロヘキサン
577　2-メチルシクロペンタジエニルト
　　リカルボニルマンガン
577の2　N-メチルジチオカルバミン酸
　　（別名カーバム）
578　2-メチル-4,6-ジニトロフェノール
579　2-メチル-3,5-ジニトロベンズアミ
　　ド（別名ジニトルミド）
579の2　メチル-N′,N′-ジメチル-N-
　　[(メチルカルバモイル)オキシ]-1-チオ
　　オキサムイミデート（別名オキサミル）

580　メチルーターシャリーブチルエーテ
　　ル（別名 MTBE）
581　5-メチル-1,2,4-トリアゾロ[3,4-
　　b]ベンゾチアゾール（別名トリシク
　　ラゾール）
582　2-メチル-4-(2-トリルアゾ）アニ
　　リン
582の2　メチルナフタレン
582の3　2-メチル-5-ニトロアニリン
583　2-メチル-1-ニトロアントラキノン
584　N-メチル-N-ニトロソカルバミン
　　酸エチル
584の2　N-メチル-N-ニトロソ尿素
584の3　N-メチル-N′-ニトロ-N-ニト
　　ロソグアニジン
585　メチル-ノルマル-ブチルケトン
586　メチル-ノルマル-ペンチルケトン
587　メチルヒドラジン
588　メチルビニルケトン
588の2　3-(1-メチル-2-ピロリジニル)
　　ピリジン硫酸塩（別名ニコチン硫酸塩）
588の3　N-メチル-2-ピロリドン
589　1-[(2-メチルフェニル)アゾ]-2-ナ
　　フトール（別名オイルオレンジ SS）
589の2　3-メチル-1-(プロパン-2-イ
　　ル)-1 H-ピラゾール-5-イル＝ジメチ
　　ルカルバマート
590　メチルプロピルケトン
590の2　メチル-(4-ブロム-2,5-ジクロ
　　ルフェニル)-チオノベンゼンホスホネ
　　イト
591　5-メチル-2-ヘキサノン
591の2　メチル＝ベンゾイミダゾール-
　　2-イルカルバマート（別名カルベンダ
　　ジム）
592　4-メチル-2-ペンタノール
593　2-メチル-2,4-ペンタンジオール
593の2　メチルホスホン酸ジクロリド
593の3　メチルホスホン酸ジメチル
594　N-メチルホルムアミド
595　S-メチル-N-(メチルカルバモイル
　　オキシ）チオアセチミデート（別名メ
　　ソミル）

595の2 2-メチル-1-[4-(メチルチオ)フェニル]-2-モルホリノ-1-プロパノン

595の3 7-メチル-3-メチレン-1,6-オクタジエン

596 メチルメルカプタン

597 4,4′-メチレンジアニリン

598 メチレンビス(4,1-シクロヘキシレン)＝ジイソシアネート

598の2 4,4′-メチレンビス(N,N-ジメチルアニリン)

598の3 メチレンビスチオシアネート

599 メチレンビス(4,1-フェニレン)＝ジイソシアネート（別名MDI）

599の2 4,4′-メチレンビス(2-メチルシクロヘキサンアミン)

599の3 メトキシ酢酸

599の4 4-メトキシ-7H-フロ[3,2-g][1]ベンゾピラン-7-オン

599の5 9-メトキシ-7H-フロ[3,2-g][1]ベンゾピラン-7-オン

599の6 4-メトキシベンゼン-1,3-ジアミン硫酸塩

600 2-メトキシ-5-メチルアニリン

601 1-(2-メトキシ-2-メチルエトキシ)-2-プロパノール

601の2 2-メトキシ-2-メチルブタン（別名ターシャリーアミルメチルエーテル）

602 メルカプト酢酸

602の2 6-メルカプトプリン

602の3 2-メルカプトベンゾチアゾール

602の4 モノフルオール酢酸

602の5 モノフルオール酢酸アミド

602の6 モノフルオール酢酸パラブロムアニリド

603 モリブデン及びその化合物

604 モルホリン

605 沃素及びその化合物

606 ヨードホルム

606の2 四ナトリウム＝6,6′-[(3,3′-ジメトキシ[1,1′-ビフェニル]-4,4′-ジイル)ビス(ジアゼニル)]ビス(4-アミノ-5-ヒドロキシナフタレン-1,3-ジスルホナート)

606の3 四ナトリウム＝6,6′-[([1,1′-ビフェニル]-4,4′-ジイル)ビス(ジアゼニル)]ビス(4-アミノ-5-ヒドロキシナフタレン-2,7-ジスルホナート)

606の4 ラクトニトリル（別名アセトアルデヒドシアンヒドリン）

606の5 ラサロシド

606の6 リチウム＝ビス(トリフルオロメタンスルホン)イミド

607 硫化カリウム

607の2 硫化カルボニル

608 硫化ジメチル

609 硫化水素

610 硫化水素ナトリウム

611 硫化ナトリウム

612 硫化りん

613 硫酸

614 硫酸ジイソプロピル

615 硫酸ジエチル

616 硫酸ジメチル

617 りん化水素

618 りん酸

619 りん酸ジ-ノルマル-ブチル

620 りん酸ジ-ノルマル-ブチル＝フェニル

621 りん酸1,2-ジブロモ-2,2-ジクロロエチル＝ジメチル（別名ナレド）

622 りん酸ジメチル＝(E)-1-(N,N-ジメチルカルバモイル)-1-プロペン-2-イル（別名ジクロトホス）

623 りん酸ジメチル＝(E)-1-(N-メチルカルバモイル)-1-プロペン-2-イル（別名モノクロトホス）

624 りん酸ジメチル＝1-メトキシカルボニル-1-プロペン-2-イル（別名メビンホス）

625 りん酸トリス(2-クロロエチル)

626 りん酸トリス(2,3-ジブロモプロピル)

626の2 りん酸トリス(ジメチルフェニ

ル)
626の3　りん酸トリトリル
627　りん酸トリ−ノルマル−ブチル
628　りん酸トリフェニル
628の2　りん酸トリメチル
629　レゾルシノール
630　六塩化ブタジエン
631　ロジウム及びその化合物
632　ロジン
633　ロテノン

令和5年8月30日政令第265号の改正により，令和7年4月1日より安衛令第18条，第18条の2及び別表第9が以下のとおりとなる。

(名称等を表示すべき危険物及び有害物)
第18条　法第57条第1項の政令で定める物は，次のとおりとする。
　1　別表第9に掲げる物(アルミニウム，イットリウム，インジウム，カドミウム，銀，クロム，コバルト，すず，タリウム，タングステン，タンタル，銅，鉛，ニッケル，ハフニウム，マンガン又はロジウムにあつては，粉状のものに限る。)
　2　国が行う化学品の分類(産業標準化法(昭和24年法律第185号)に基づく日本産業規格Ｚ7252(GHSに基づく化学品の分類方法)に定める方法による化学物質の危険性及び有害性の分類をいう。)の結果，危険性又は有害性があるものと令和3年3月31日までに区分された物(次条第2号において「特定危険性有害性区分物質」という。)のうち，次に掲げる物以外のもので厚生労働省令で定めるもの
　　イ　別表第3第1号1から7までに掲げる物
　　ロ　前号に掲げる物
　　ハ　危険性があるものと区分されていない物であつて，粉じんの吸入によりじん肺その他の呼吸器の健康障害を生ずる有害性のみがあるものと区分されたもの
　　3　前二号に掲げる物を含有する製剤その他の物(前二号に掲げる物の含有量が厚生労働大臣の定める基準未満であるものを除く。)
　4　略
(名称等を通知すべき危険物及び有害物)
第18条の2　法第57条の2第1項の政令で定める物は，次のとおりとする。
　1　別表第9に掲げる物
　2　特定危険性有害性区分物質のうち，次に掲げる物以外のもので厚生労働省令で定めるもの
　　イ　別表第3第1号1から7までに掲げる物
　　ロ　前号に掲げる物
　　ハ　危険性があるものと区分されていない物であつて，粉じんの吸入によりじん肺その他の呼吸器の健康障害を生ずる有害性のみがあるものと区分されたもの
　　3　前二号に掲げる物を含有する製剤その他の物(前二号に掲げる物の含有量が厚生労働大臣の定める基準未満であるものを除く。)
　4　略
別表第9　名称等を表示し，又は通知すべき危険物及び有害物(第18条，第18条の2関係)
　1　アリル水銀化合物
　2　アルキルアルミニウム化合物
　3　アルキル水銀化合物
　4　アルミニウム及びその水溶性塩
　5　アンチモン及びその化合物
　6　イットリウム及びその化合物
　7　インジウム及びその化合物
　8　ウラン及びその化合物
　9　カドミウム及びその化合物
　10　銀及びその水溶性化合物
　11　クロム及びその化合物
　12　コバルト及びその化合物
　13　ジルコニウム化合物
　14　水銀及びその無機化合物

15 すず及びその化合物
16 セレン及びその化合物
17 タリウム及びその水溶性化合物
18 タングステン及びその水溶性化合物
19 タンタル及びその酸化物
20 鉄水溶性塩
21 テルル及びその化合物
22 銅及びその化合物
23 鉛及びその無機化合物
24 ニッケル及びその化合物

25 白金及びその水溶性塩
26 ハフニウム及びその化合物
27 バリウム及びその水溶性化合物
28 砒素及びその化合物
29 弗素及びその水溶性無機化合物
30 マンガン及びその無機化合物
31 モリブデン及びその化合物
32 沃素及びその化合物
33 ロジウム及びその化合物

┌─ 労働安全衛生規則 ─────────────────────

（名称等を表示すべき危険物及び有害物）

第 30 条　令第18条第2号の厚生労働省令で定める物は，別表第2の上欄〔編注：左欄〕に掲げる物を含有する製剤その他の物（同欄に掲げる物の含有量が同表の中欄に定める値である物並びに四アルキル鉛を含有する製剤その他の物（加鉛ガソリンに限る。）及びニトログリセリンを含有する製剤その他の物（98パーセント以上の不揮発性で水に溶けない鈍感剤で鈍性化した物であつて，ニトログリセリンの含有量が1パーセント未満のものに限る。）を除く。）とする。ただし，運搬中及び貯蔵中において固体以外の状態にならず，かつ，粉状にならない物（次の各号のいずれかに該当するものを除く。）を除く。

1　危険物（令別表第1に掲げる危険物をいう。以下同じ。）

2　危険物以外の可燃性の物等爆発又は火災の原因となるおそれのある物

3　酸化カルシウム，水酸化ナトリウム等を含有する製剤その他の物であつて皮膚に対して腐食の危険を生ずるもの

令和5年9月29日厚生労働省令第121号の改正により，令和7年4月1日より第30条が以下のとおりとなる。

第30条　令第18条第2号の厚生労働省令で定める物は，別表第2の物の欄に掲げる物とする。ただし，運搬中及び貯蔵中において固体以外の状態にならず，かつ，粉状にならない物（次の各号のいずれかに該当するものを除く。）を除く。

1　危険物（令別表第1に掲げる危険物をいう。以下同じ。）

2　危険物以外の可燃性の物等爆発又は火災の原因となるおそれのある物

3　酸化カルシウム，水酸化ナトリウム等を含有する製剤その他の物であつて皮膚に対して腐食の危険を生ずるもの

別表第2（第30条，第34条の2関係）——有機溶剤以外は省略——

物	第30条に規定する含有量(重量パーセント)	第34条の2に規定する含有量(重量パーセント)
アセトン	1パーセント未満	0.1パーセント未満
イソペンチルアルコール（別名イソアミルアルコール）	1パーセント未満	1パーセント未満
エチルエーテル	1パーセント未満	0.1パーセント未満
エチレングリコールモノエチルエーテル（別名セロソルブ）	0.3パーセント未満	0.1パーセント未満
オルト－ジクロロベンゼン	1パーセント未満	1パーセント未満
キシレン	0.3パーセント未満	0.1パーセント未満
クレゾール	1パーセント未満	0.1パーセント未満
クロロベンゼン	1パーセント未満	0.1パーセント未満
酢酸エチル	1パーセント未満	1パーセント未満
酢酸メチル	1パーセント未満	1パーセント未満
シクロヘキサノール	1パーセント未満	0.1パーセント未満
シクロヘキサノン	1パーセント未満	0.1パーセント未満
N・N－ジメチルホルムアミド	0.3パーセント未満	0.1パーセント未満
テトラヒドロフラン	1パーセント未満	0.1パーセント未満
トルエン	0.3パーセント未満	0.1パーセント未満
二硫化炭素	0.3パーセント未満	0.1パーセント未満
メタノール	0.3パーセント未満	0.1パーセント未満
メチルエチルケトン	1パーセント未満	1パーセント未満
メチルシクロヘキサノール	1パーセント未満	1パーセント未満
メチルシクロヘキサノン	1パーセント未満	1パーセント未満
メチル－ノルマル－ブチルケトン	1パーセント未満	1パーセント未満

＊　令和5年9月29日厚生労働省令第121号の改正により，令和7年4月1日より別表第2の「第30条に規定する含有量（重量パーセント）」欄及び「第34条の2に規定する含有量（重量パーセント）」欄が削除され，「物」の右欄に「備考」欄が加わる。

（名称等の表示）

第 32 条　法第 57 条第 1 項の規定による表示は，当該容器又は包装に，同
　　項各号に掲げるもの（以下この条において「表示事項等」という。）を印
　　刷し，又は表示事項等を印刷した票箋を貼り付けて行わなければならな
　　い。ただし，当該容器又は包装に表示事項等の全てを印刷し，又は表示
　　事項等の全てを印刷した票箋を貼り付けることが困難なときは，表示事
　　項等のうち同項第 1 号ロからニまで及び同項第 2 号に掲げるものについ
　　ては，これらを印刷した票箋を容器又は包装に結びつけることにより表
　　示することができる。

第 33 条　法第 57 条第 1 項第 1 号ニの厚生労働省令で定める事項は，次の
　　とおりとする。

　1　法第 57 条第 1 項の規定による表示をする者の氏名（法人にあつては，
　　その名称），住所及び電話番号

　2　注意喚起語

　3　安定性及び反応性

第 33 条の 2　事業者は，令第 17 条に規定する物又は令第 18 条各号に掲
　　げる物を容器に入れ，又は包装して保管するとき（法第 57 条第 1 項の規
　　定による表示がされた容器又は包装により保管するときを除く。）は，当
　　該物の名称及び人体に及ぼす作用について，当該物の保管に用いる容器
　　又は包装への表示，文書の交付その他の方法により，当該物を取り扱う
　　者に，明示しなければならない。

（文書の交付）

第 34 条　法第 57 条第 2 項の規定による文書は，同条第 1 項に規定する方
　　法以外の方法により譲渡し，又は提供する際に交付しなければならない。
　　ただし，継続的に又は反復して譲渡し，又は提供する場合において，既
　　に当該文書の交付がなされているときは，この限りでない。

（名称等を通知すべき危険物及び有害物）

第 34 条の 2　令第 18 条の 2 第 2 号の厚生労働省令で定める物は，別表第
　　2 の上欄〔編注：左欄〕に掲げる物を含有する製剤その他の物（同欄に
　　掲げる物の含有量が同表の下欄〔編注：右欄〕に定める値である物及び

ニトログリセリンを含有する製剤その他の物（98パーセント以上の不揮
発性で水に溶けない鈍感剤で鈍性化した物であつて，ニトログリセリン
の含有量が0.1パーセント未満のものに限る。）を除く。）とする。

令和5年9月29日厚生労働省令第121号の改正により，令和7年4月1日より第34
条の2が以下のとおりとなる。
第34条の2　令第18条の2第2号の厚生労働省令で定める物は，別表第2の物の欄
　　に掲げる物とする。

（名称等の通知）
第34条の2の3　法第57条の2第1項及び第2項の厚生労働省令で定め
る方法は，磁気ディスク，光ディスクその他の記録媒体の交付，ファク
シミリ装置を用いた送信若しくは電子メールの送信又は当該事項が記載
されたホームページのアドレス（二次元コードその他のこれに代わるも
のを含む。）及び当該アドレスに係るホームページの閲覧を求める旨の伝
達とする。

第34条の2の4　法第57条の2第1項第7号の厚生労働省令で定める事
項は，次のとおりとする。

1　法第57条の2第1項の規定による通知を行う者の氏名（法人にあつ
ては，その名称），住所及び電話番号
2　危険性又は有害性の要約
3　安定性及び反応性
4　想定される用途及び当該用途における使用上の注意
5　適用される法令
6　その他参考となる事項

第34条の2の5　法第57条の2第1項の規定による通知は，同項の通知
対象物を譲渡し，又は提供する時までに行わなければならない。ただし，
継続的に又は反復して譲渡し，又は提供する場合において，既に当該通
知が行われているときは，この限りでない。

②　法第57条の2第1項の通知対象物を譲渡し，又は提供する者は，同項
第4号の事項について，直近の確認を行つた日から起算して5年以内ご

とに1回，最新の科学的知見に基づき，変更を行う必要性の有無を確認
し，変更を行う必要があると認めるときは，当該確認をした日から1年
以内に，当該事項に変更を行わなければならない。

③　前項の者は，同項の規定により法第57条の2第1項第4号の事項に変
更を行つたときは，変更後の同号の事項を，適切な時期に，譲渡し，又
は提供した相手方の事業者に通知するものとし，文書若しくは磁気ディ
スク，光ディスクその他の記録媒体の交付，ファクシミリ装置を用いた
送信若しくは電子メールの送信又は当該事項が記載されたホームページ
のアドレス（二次元コードその他のこれに代わるものを含む。）及び当該
アドレスに係るホームページの閲覧を求める旨の伝達により，変更後の
当該事項を，当該相手方の事業者が閲覧できるようにしなければならな
い。

第34条の2の6　法第57条の2第1項第2号の事項のうち，成分の含有
量については，令別表第3第1号1から7までに掲げる物及び令別表第
9に掲げる物ごとに重量パーセントを通知しなければならない。

②　略

令和5年9月29日厚生労働省令第121号の改正により，令和7年4月1日より第34
条の2の6が以下のとおりとなる。
第34条の2の6　法第57条の2第1項第2号の事項のうち，成分の含有量について
は，令第18条の2第1号及び第2号に掲げる物並びに令別表第3第1号1から7
までに掲げる物ごとに重量パーセントを通知しなければならない。
②　略

【参　考】

　化学物質の表示制度は労働安全衛生法に基づくもののほか，「化学物質等の危険
性又は有害性等の表示又は通知等の促進に関する指針（平成28年厚生労働省告
示第208号）」に基づくものがある。この指針および指針に基づく表示制度の概
要については第4編14，15に示す。

　（第57条第1項の政令で定める物及び通知対象物について事業者が行
うべき調査等）

第 57 条の 3 事業者は，厚生労働省令で定めるところにより，第 57 条第 1 項の政令で定める物及び通知対象物による危険性又は有害性等を調査しなければならない。

② 事業者は，前項の調査の結果に基づいて，この法律又はこれに基づく命令の規定による措置を講ずるほか，労働者の危険又は健康障害を防止するため必要な措置を講ずるように努めなければならない。

③ 厚生労働大臣は，第 28 条第 1 項及び第 3 項に定めるもののほか，前二項の措置に関して，その適切かつ有効な実施を図るため必要な指針を公表するものとする。

④ 厚生労働大臣は，前項の指針に従い，事業者又はその団体に対し，必要な指導，援助等を行うことができる。

── 労働安全衛生規則 ─────────────

（化学物質管理者が管理する事項等）

第 12 条の 5 事業者は，法第 57 条の 3 第 1 項の危険性又は有害性等の調査（主として一般消費者の生活の用に供される製品に係るものを除く。以下「リスクアセスメント」という。）をしなければならない令第 18 条各号に掲げる物及び法第 57 条の 2 第 1 項に規定する通知対象物（以下「リスクアセスメント対象物」という。）を製造し，又は取り扱う事業場ごとに，化学物質管理者を選任し，その者に当該事業場における次に掲げる化学物質の管理に係る技術的事項を管理させなければならない。ただし，法第 57 条第 1 項の規定による表示（表示する事項及び標章に関することに限る。），同条第 2 項の規定による文書の交付及び法第 57 条の 2 第 1 項の規定による通知（通知する事項に関することに限る。）（以下この条において「表示等」という。）並びに第 7 号に掲げる事項（表示等に係るものに限る。以下この条において「教育管理」という。）を，当該事業場以外の事業場（以下この項において「他の事業場」という。）において行つている場合においては，表示等及び教育管理に係る技術的事項については，他の事業場において選任した化学物質管理者に管理させなければならない。

　1　法第57条第1項の規定による表示，同条第2項の規定による文書及び法第57条の2第1項の規定による通知に関すること。

　2　リスクアセスメントの実施に関すること。

　3　第577条の2第1項及び第2項の措置その他法第57条の3第2項の措置の内容及びその実施に関すること。

　4　リスクアセスメント対象物を原因とする労働災害が発生した場合の対応に関すること。

　5　第34条の2の8第1項各号の規定によるリスクアセスメントの結果の記録の作成及び保存並びにその周知に関すること。

　6　第577条の2第11項の規定による記録の作成及び保存並びにその周知に関すること。

　7　第1号から第4号までの事項の管理を実施するに当たつての労働者に対する必要な教育に関すること。

② 事業者は，リスクアセスメント対象物の譲渡又は提供を行う事業場（前項のリスクアセスメント対象物を製造し，又は取り扱う事業場を除く。）ごとに，化学物質管理者を選任し，その者に当該事業場における表示等及び教育管理に係る技術的事項を管理させなければならない。ただし，表示等及び教育管理を，当該事業場以外の事業場（以下この項において「他の事業場」という。）において行つている場合においては，表示等及び教育管理に係る技術的事項については，他の事業場において選任した化学物質管理者に管理させなければならない。

③ 前二項の規定による化学物質管理者の選任は，次に定めるところにより行わなければならない。

　1　化学物質管理者を選任すべき事由が発生した日から14日以内に選任すること。

　2　次に掲げる事業場の区分に応じ，それぞれに掲げる者のうちから選任すること。

　　イ　リスクアセスメント対象物を製造している事業場　厚生労働大臣が定める化学物質の管理に関する講習を修了した者又はこれと同等以上の能力を有すると認められる者

　　ロ　イに掲げる事業場以外の事業場　イに定める者のほか，第1項各

　　　号の事項を担当するために必要な能力を有すると認められる者
④　事業者は，化学物質管理者を選任したときは，当該化学物質管理者に
　対し，第1項各号に掲げる事項をなし得る権限を与えなければならない。
⑤　事業者は，化学物質管理者を選任したときは，当該化学物質管理者の
　氏名を事業場の見やすい箇所に掲示すること等により関係労働者に周知
　させなければならない。
（保護具着用管理責任者の選任等）
第 12 条の6　化学物質管理者を選任した事業者は，リスクアセスメントの
　結果に基づく措置として，労働者に保護具を使用させるときは，保護具
　着用管理責任者を選任し，次に掲げる事項を管理させなければならない。
　1　保護具の適正な選択に関すること。
　2　労働者の保護具の適正な使用に関すること。
　3　保護具の保守管理に関すること。
②　前項の規定による保護具着用管理責任者の選任は，次に定めるところ
　により行わなければならない。
　1　保護具着用管理責任者を選任すべき事由が発生した日から 14 日以内
　　に選任すること。
　2　保護具に関する知識及び経験を有すると認められる者のうちから選
　　任すること。
③　事業者は，保護具着用管理責任者を選任したときは，当該保護具着用
　管理責任者に対し，第1項に掲げる業務をなし得る権限を与えなければ
　ならない。
④　事業者は，保護具着用管理責任者を選任したときは，当該保護具着用
　管理責任者の氏名を事業場の見やすい箇所に掲示すること等により関係
　労働者に周知させなければならない。
（リスクアセスメントの実施時期等）
第 34 条の2の7　リスクアセスメントは，次に掲げる時期に行うものとす
　る。
　1　リスクアセスメント対象物を原材料等として新規に採用し，又は変
　　更するとき。
　2　リスクアセスメント対象物を製造し，又は取り扱う業務に係る作業

の方法又は手順を新規に採用し，又は変更するとき。

　3　前二号に掲げるもののほか，リスクアセスメント対象物による危険
　　性又は有害性等について変化が生じ，又は生ずるおそれがあるとき。

②　リスクアセスメントは，リスクアセスメント対象物を製造し，又は取
　り扱う業務ごとに，次に掲げるいずれかの方法（リスクアセスメントの
　うち危険性に係るものにあつては，第1号又は第3号（第1号に係る部
　分に限る。）に掲げる方法に限る。）により，又はこれらの方法の併用に
　より行わなければならない。

　1　当該リスクアセスメント対象物が当該業務に従事する労働者に危険
　　を及ぼし，又は当該リスクアセスメント対象物により当該労働者の健
　　康障害を生ずるおそれの程度及び当該危険又は健康障害の程度を考慮
　　する方法

　2　当該業務に従事する労働者が当該リスクアセスメント対象物にさら
　　される程度及び当該リスクアセスメント対象物の有害性の程度を考慮
　　する方法

　3　前二号に掲げる方法に準ずる方法

（リスクアセスメントの結果等の記録及び保存並びに周知）

第34条の2の8　事業者は，リスクアセスメントを行つたときは，次に掲
　げる事項について，記録を作成し，次にリスクアセスメントを行うまで
　の期間（リスクアセスメントを行つた日から起算して3年以内に当該リ
　スクアセスメント対象物についてリスクアセスメントを行つたときは，3
　年間）保存するとともに，当該事項を，リスクアセスメント対象物を製
　造し，又は取り扱う業務に従事する労働者に周知させなければならない。

　1　当該リスクアセスメント対象物の名称

　2　当該業務の内容

　3　当該リスクアセスメントの結果

　4　当該リスクアセスメントの結果に基づき事業者が講ずる労働者の危
　　険又は健康障害を防止するため必要な措置の内容

②　前項の規定による周知は，次に掲げるいずれかの方法により行うもの
　とする。

　1　当該リスクアセスメント対象物を製造し，又は取り扱う各作業場の

見やすい場所に常時掲示し，又は備え付けること。

2　書面を，当該リスクアセスメント対象物を製造し，又は取り扱う業務に従事する労働者に交付すること。

3　事業者の使用に係る電子計算機に備えられたファイル又は電磁的記録媒体をもつて調整するファイルに記録し，かつ，当該リスクアセスメント対象物を製造し，又は取り扱う各作業場に，当該リスクアセスメント対象物を製造し，又は取り扱う業務に従事する労働者が当該記録の内容を常時確認できる機器を設置すること。

（指針の公表）

第34条の2の9　第24条の規定は，法第57条の3第3項の規定による指針の公表について準用する。

（改善の指示等）

第34条の2の10　労働基準監督署長は，化学物質による労働災害が発生した，又はそのおそれがある事業場の事業者に対し，当該事業場において化学物質の管理が適切に行われていない疑いがあると認めるときは，当該事業場における化学物質の管理の状況について改善すべき旨を指示することができる。

②　前項の指示を受けた事業者は，遅滞なく，事業場における化学物質の管理について必要な知識及び技能を有する者として厚生労働大臣が定めるもの（以下この条において「化学物質管理専門家」という。）から，当該事業場における化学物質の管理の状況についての確認及び当該事業場が実施し得る望ましい改善措置に関する助言を受けなければならない。

③　前項の確認及び助言を求められた化学物質管理専門家は，同項の事業者に対し，当該事業場における化学物質の管理の状況についての確認結果及び当該事業場が実施し得る望ましい改善措置に関する助言について，速やかに，書面により通知しなければならない。

④　事業者は，前項の通知を受けた後，1月以内に，当該通知の内容を踏まえた改善措置を実施するための計画を作成するとともに，当該計画作成後，速やかに，当該計画に従い必要な改善措置を実施しなければならない。

⑤　事業者は，前項の計画を作成後，遅滞なく，当該計画の内容について，第3項の通知及び前項の計画の写しを添えて，改善計画報告書（様式第4号）により，所轄労働基準監督署長に報告しなければならない。

⑥　事業者は，第4項の規定に基づき実施した改善措置の記録を作成し，当該記録について，第3項の通知及び第4項の計画とともに3年間保存しなければならない。

（化学物質の有害性の調査）

第57条の4　化学物質による労働者の健康障害を防止するため，既存の化学物質として政令で定める化学物質（第3項の規定によりその名称が公表された化学物質を含む。）以外の化学物質（以下この条において「新規化学物質」という。）を製造し，又は輸入しようとする事業者は，あらかじめ，厚生労働省令で定めるところにより，厚生労働大臣の定める基準に従つて有害性の調査（当該新規化学物質が労働者の健康に与える影響についての調査をいう。以下この条において同じ。）を行い，当該新規化学物質の名称，有害性の調査の結果その他の事項を厚生労働大臣に届け出なければならない。ただし，次の各号のいずれかに該当するときその他政令で定める場合は，この限りでない。

1　当該新規化学物質に関し，厚生労働省令で定めるところにより，当該新規化学物質について予定されている製造又は取扱いの方法等からみて労働者が当該新規化学物質にさらされるおそれがない旨の厚生労働大臣の確認を受けたとき。

2　当該新規化学物質に関し，厚生労働省令で定めるところにより，既に得られている知見等に基づき厚生労働省令で定める有害性がない旨の厚生労働大臣の確認を受けたとき。

3　当該新規化学物質を試験研究のため製造し，又は輸入しようとするとき。

　　4　当該新規化学物質が主として一般消費者の生活の用に供される製品
　　　（当該新規化学物質を含有する製品を含む。）として輸入される場合で，
　　　厚生労働省令で定めるとき。

②　有害性の調査を行つた事業者は，その結果に基づいて，当該新規化学
　物質による労働者の健康障害を防止するため必要な措置を速やかに講じ
　なければならない。

③　厚生労働大臣は，第1項の規定による届出があつた場合（同項第2号
　の規定による確認をした場合を含む。）には，厚生労働省令で定めると
　ころにより，当該新規化学物質の名称を公表するものとする。

④　厚生労働大臣は，第1項の規定による届出があつた場合には，厚生労
　働省令で定めるところにより，有害性の調査の結果について学識経験者
　の意見を聴き，当該届出に係る化学物質による労働者の健康障害を防止
　するため必要があると認めるときは，届出をした事業者に対し，施設又
　は設備の設置又は整備，保護具の備付けその他の措置を講ずべきことを
　勧告することができる。

⑤　前項の規定により有害性の調査の結果について意見を求められた学識
　経験者は，当該有害性の調査の結果に関して知り得た秘密を漏らしては
　ならない。ただし，労働者の健康障害を防止するためやむを得ないとき
　は，この限りでない。

........労働安全衛生法施行令
　（法第57条の4第1項の政令で定める化学物質）
　第 18 条の3　法第57条の4第1項の政令で定める化学物質は，次のとお
　　りとする。
　　1　元素
　　2　天然に産出される化学物質
　　3　放射性物質
　　4　附則第9条の2の規定により厚生労働大臣がその名称等を公表した

　　化学物質

（法第57条の4第1項ただし書の政令で定める場合）

第18条の4　法第57条の4第1項ただし書の政令で定める場合は，同項に規定する新規化学物質（以下この条において「新規化学物質」という。）を製造し，又は輸入しようとする事業者が，厚生労働省令で定めるところにより，一の事業場における1年間の製造量又は輸入量（当該新規化学物質を製造し，及び輸入しようとする事業者にあつては，これらを合計した量）が100キログラム以下である旨の厚生労働大臣の確認を受けた場合において，その確認を受けたところに従つて当該新規化学物質を製造し，又は輸入しようとするときとする。

労働安全衛生規則

（有害性の調査）

第34条の3　法第57条の4第1項の規定による有害性の調査は，次に定めるところにより行わなければならない。

　1　変異原性試験，化学物質のがん原性に関し変異原性試験と同等以上の知見を得ることができる試験又はがん原性試験のうちいずれかの試験を行うこと。

　2　組織，設備等に関し有害性の調査を適正に行うため必要な技術的基礎を有すると認められる試験施設等において行うこと。

②　前項第2号の試験施設等が具備すべき組織，設備等に関する基準は，厚生労働大臣が定める。

（新規化学物質の名称，有害性の調査の結果等の届出）

第34条の4　法第57条の4第1項の規定による届出をしようとする者は，様式第4号の3による届書に，当該届出に係る同項に規定する新規化学物質（以下この節において「新規化学物質」という。）について行つた前条第1項に規定する有害性の調査の結果を示す書面，当該有害性の調査が同条第2項の厚生労働大臣が定める基準を具備している試験施設等において行われたことを証する書面及び当該新規化学物質について予定されている製造又は取扱いの方法を記載した書面を添えて，厚生労働大臣

に提出しなければならない。

（労働者が新規化学物質にさらされるおそれがない旨の厚生労働大臣の確
　　認の申請等）

第 34 条の 5　法第 57 条の 4 第 1 項第 1 号の確認を受けようとする者は，当
　　該確認に基づき最初に新規化学物質を製造し，又は輸入する日の 30 日前
　　までに様式第 4 号の 4 による申請書に，当該新規化学物質について予定
　　されている製造又は取扱いの方法を記載した書面を添えて，厚生労働大
　　臣に提出しなければならない。

（新規化学物質の有害性がない旨の厚生労働大臣の確認の申請）

第 34 条の 8　法第 57 条の 4 第 1 項第 2 号の確認を受けようとする者は，当
　　該確認に基づき最初に新規化学物質を製造し，又は輸入する日の 30 日前
　　までに様式第 4 号の 4 による申請書に，当該新規化学物質に関し既に得
　　られている次条の有害性がない旨の知見等を示す書面を添えて，厚生労
　　働大臣に提出しなければならない。

（法第 57 条の 4 第 1 項第 2 号の厚生労働省令で定める有害性）

第 34 条の 9　法第 57 条の 4 第 1 項第 2 号の厚生労働省令で定める有害性
　　は，がん原性とする。

（少量新規化学物質の製造又は輸入に係る厚生労働大臣の確認の申請等）

第 34 条の 10　令第 18 条の 4 の確認を受けようとする者は，当該確認に基
　　づき最初に新規化学物質を製造し，又は輸入する日の 30 日前までに様式
　　第 4 号の 4 による申請書を厚生労働大臣に提出しなければならない。

第 57 条の 5　厚生労働大臣は，化学物質で，がんその他の重度の健康障
　　害を労働者に生ずるおそれのあるものについて，当該化学物質による労
　　働者の健康障害を防止するため必要があると認めるときは，厚生労働省
　　令で定めるところにより，当該化学物質を製造し，輸入し，又は使用し
　　ている事業者その他厚生労働省令で定める事業者に対し，政令で定める
　　有害性の調査（当該化学物質が労働者の健康障害に及ぼす影響について
　　の調査をいう。）を行い，その結果を報告すべきことを指示することが

できる。

② 前項の規定による指示は，化学物質についての有害性の調査に関する技術水準，調査を実施する機関の整備状況，当該事業者の調査の能力等を総合的に考慮し，厚生労働大臣の定める基準に従つて行うものとする。

③ 厚生労働大臣は，第1項の規定による指示を行おうとするときは，あらかじめ，厚生労働省令で定めるところにより，学識経験者の意見を聴かなければならない。

④ 第1項の規定による有害性の調査を行つた事業者は，その結果に基づいて，当該化学物質による労働者の健康障害を防止するため必要な措置を速やかに講じなければならない。

⑤ 第3項の規定により第1項の規定による指示について意見を求められた学識経験者は，当該指示に関して知り得た秘密を漏らしてはならない。ただし，労働者の健康障害を防止するためやむを得ないときは，この限りでない。

労働安全衛生法施行令

（法第57条の5第1項の政令で定める有害性の調査）

第 18 条の5　法第57条の5第1項の政令で定める有害性の調査は，実験動物を用いて吸入投与，経口投与等の方法により行うがん原性の調査とする。

労働安全衛生規則

（化学物質の有害性の調査の指示）

第 34 条の18　法第57条の5第1項の規定による指示は，同項に規定する有害性の調査を行うべき化学物質の名称，当該調査を行うべき理由，当該調査の方法その他必要な事項を記載した文書により行うものとする。

第6章　労働者の就業に当たつての措置

概　要

　労働災害を防止するためには，特に労働衛生関係の場合，労働者が有害原因にばく露されないように施設の整備をはじめ健康管理上のいろいろの措置を講ずることが必要であるが，あわせて，作業につく労働者に対する安全衛生教育の徹底等もきわめて重要なことである。このような観点からこの法律では，新規雇入れ時のほか，作業内容変更時においても安全衛生教育を行うべきことを定め，また，職長その他の現場監督者に対する安全衛生教育についても規定している。

（安全衛生教育）

第59条　事業者は，労働者を雇い入れたときは，当該労働者に対し，厚生労働省令で定めるところにより，その従事する業務に関する安全又は衛生のための教育を行なわなければならない。

②　前項の規定は，労働者の作業内容を変更したときについて準用する。

③　事業者は，危険又は有害な業務で，厚生労働省令で定めるものに労働者をつかせるときは，厚生労働省令で定めるところにより，当該業務に関する安全又は衛生のための特別の教育を行なわなければならない。

─ 労働安全衛生規則 ─────────────────

（雇入れ時等の教育）

第35条　事業者は，労働者を雇い入れ，又は労働者の作業内容を変更したときは，当該労働者に対し，遅滞なく，次の事項のうち当該労働者が従事する業務に関する安全又は衛生のため必要な事項について，教育を行なわなければならない。

　1　機械等，原材料等の危険性又は有害性及びこれらの取扱い方法に関すること。

　2　安全装置，有害物抑制装置又は保護具の性能及びこれらの取扱い方

法に関すること。

3 作業手順に関すること。

4 作業開始時の点検に関すること。

5 当該業務に関して発生するおそれのある疾病の原因及び予防に関すること。

6 整理, 整頓及び清潔の保持に関すること。

7 事故時等における応急措置及び退避に関すること。

8 前各号に掲げるもののほか, 当該業務に関する安全又は衛生のために必要な事項

② 事業者は, 前項各号に掲げる事項の全部又は一部に関し十分な知識及び技能を有していると認められる労働者については, 当該事項についての教育を省略することができる。

第 60 条 事業者は, その事業場の業種が政令で定めるものに該当するときは, 新たに職務につくこととなつた職長その他の作業中の労働者を直接指導又は監督する者（作業主任者を除く。）に対し, 次の事項について, 厚生労働省令で定めるところにより, 安全又は衛生のための教育を行なわなければならない。

1 作業方法の決定及び労働者の配置に関すること。

2 労働者に対する指導又は監督の方法に関すること。

3 前二号に掲げるもののほか, 労働災害を防止するため必要な事項で, 厚生労働省令で定めるもの

労働安全衛生法施行令

（職長等の教育を行うべき業種）

第 19 条 法第 60 条の政令で定める業種は, 次のとおりとする。

1 建設業

2 製造業。ただし, 次に掲げるものを除く。

イ たばこ製造業

ロ 繊維工業（紡績業及び染色整理業を除く。）

ハ 衣服その他の繊維製品製造業

　ニ　紙加工品製造業（セロファン製造業を除く。）

3　電気業

4　ガス業

5　自動車整備業

6　機械修理業

労働安全衛生規則

（職長等の教育）

第 40 条　法第60条第3号の厚生労働省令で定める事項は,次のとおりとする。

1　法第28条の2第1項又は第57条の3第1項及び第2項の危険性又は有害性等の調査及びその結果に基づき講ずる措置に関すること。

2　異常時等における措置に関すること。

3　その他現場監督者として行うべき労働災害防止活動に関すること。

② 　法第60条の安全又は衛生のための教育は，次の表の上欄〔編注：左欄〕に掲げる事項について，同表の下欄〔編注：右欄〕に掲げる時間以上行わなければならないものとする。

事　　　　　　項	時　　　間
法第60条第1号に掲げる事項 1　作業手順の定め方 2　労働者の適正な配置の方法	2 時　間
法第60条第2号に掲げる事項 1　指導及び教育の方法 2　作業中における監督及び指示の方法	2.5時　間
前項第1号に掲げる事項 1　危険性又は有害性等の調査の方法 2　危険性又は有害性等の調査の結果に基づき講ずる措置 3　設備，作業等の具体的な改善の方法	4 時　間
前項第2号に掲げる事項 1　異常時における措置 2　災害発生時における措置	1.5時　間

前項第3号に掲げる事項 1　作業に係る設備及び作業場所の保守管理の方法 2　労働災害防止についての関心の保持及び労働者の創意工夫を引き出す方法	2 時 間

③　事業者は，前項の表の上欄〔編注：左欄〕に掲げる事項の全部又は一部について十分な知識及び技能を有していると認められる者については，当該事項に関する教育を省略することができる。

第 60 条の2　事業者は，前二条に定めるもののほか，その事業場における安全衛生の水準の向上を図るため，危険又は有害な業務に現に就いている者に対し，その従事する業務に関する安全又は衛生のための教育を行うように努めなければならない。

②　厚生労働大臣は，前項の教育の適切かつ有効な実施を図るため必要な指針を公表するものとする。

③　厚生労働大臣は，前項の指針に従い，事業者又はその団体に対し，必要な指導等を行うことができる。

第7章　健康の保持増進のための措置

概　要

　作業環境の実態を絶えず正確に把握しておくことは，職場における健康の保持増進の第一歩として欠くべからざるものであり，その意味で作業環境測定及びその結果の評価等に関する規定がそのための措置の章に取り入れられている。

　また，この章では健康の保持増進の徹底を図るため，一般の健康診断のほか，一定の有害業務に従事する労働者について行うべき特別の健康診断についてもその根拠を明らかにしている。

　さらに，過重労働による健康障害を防止するため，長時間の時間外労働等の過重な労働を行った労働者に対し，医師による面接指導等を行うとともに，適切な措置を講じなければならないことも定めている。

（作業環境測定）

第65条　事業者は，有害な業務を行う屋内作業場その他の作業場で，政令で定めるものについて，厚生労働省令で定めるところにより，必要な作業環境測定を行い，及びその結果を記録しておかなければならない。

②　前項の規定による作業環境測定は，厚生労働大臣の定める作業環境測定基準に従つて行わなければならない。

③　厚生労働大臣は，第1項の規定による作業環境測定の適切かつ有効な実施を図るため必要な作業環境測定指針を公表するものとする。

④　厚生労働大臣は，前項の作業環境測定指針を公表した場合において必要があると認めるときは，事業者若しくは作業環境測定機関又はこれらの団体に対し，当該作業環境測定指針に関し必要な指導等を行うことができる。

⑤　都道府県労働局長は，作業環境の改善により労働者の健康を保持する

必要があると認めるときは，労働衛生指導医の意見に基づき，厚生労働省令で定めるところにより，事業者に対し，作業環境測定の実施その他必要な事項を指示することができる。

労働安全衛生法施行令

（作業環境測定を行うべき作業場）

第 21 条　法第 65 条第 1 項の政令で定める作業場は，次のとおりとする。

　1 － 9　略

　10　別表第 6 の 2 に掲げる有機溶剤を製造し，又は取り扱う業務で厚生労働省令で定めるものを行う屋内作業場

労働安全衛生規則

（作業環境測定の指示）

第 42 条の 3　法第 65 条第 5 項の規定による指示は，作業環境測定を実施すべき作業場その他必要な事項を記載した文書により行うものとする。

（作業環境測定の結果の評価等）

第 65 条の 2　事業者は，前条第 1 項又は第 5 項の規定による作業環境測定の結果の評価に基づいて，労働者の健康を保持するため必要があると認められるときは，厚生労働省令で定めるところにより，施設又は設備の設置又は整備，健康診断の実施その他の適切な措置を講じなければならない。

②　事業者は，前項の評価を行うに当たつては，厚生労働省令で定めるところにより，厚生労働大臣の定める作業環境評価基準に従つて行わなければならない。

③　事業者は，前項の規定による作業環境測定の結果の評価を行つたときは，厚生労働省令で定めるところにより，その結果を記録しておかなければならない。

（作業の管理）

第 65 条の 3　事業者は，労働者の健康に配慮して，労働者の従事する作業を適切に管理するように努めなければならない。

（健康診断）

第 66 条　事業者は，労働者に対し，厚生労働省令で定めるところにより，医師による健康診断（第 66 条の 10 第 1 項に規定する検査を除く。以下この条及び次条において同じ。）を行わなければならない。

②　事業者は，有害な業務で，政令で定めるものに従事する労働者に対し，厚生労働省令で定めるところにより，医師による特別の項目についての健康診断を行なわなければならない。有害な業務で，政令で定めるものに従事させたことのある労働者で，現に使用しているものについても，同様とする。

③　事業者は，有害な業務で，政令で定めるものに従事する労働者に対し，厚生労働省令で定めるところにより，歯科医師による健康診断を行なわなければならない。

④　都道府県労働局長は，労働者の健康を保持するため必要があると認めるときは，労働衛生指導医の意見に基づき，厚生労働省令で定めるところにより，事業者に対し，臨時の健康診断の実施その他必要な事項を指示することができる。

⑤　労働者は，前各項の規定により事業者が行なう健康診断を受けなければならない。ただし，事業者の指定した医師又は歯科医師が行なう健康診断を受けることを希望しない場合において，他の医師又は歯科医師の行なうこれらの規定による健康診断に相当する健康診断を受け，その結果を証明する書面を事業者に提出したときは，この限りでない。

（自発的健康診断の結果の提出）

第 66 条の 2　午後 10 時から午前 5 時まで（厚生労働大臣が必要であると認める場合においては，その定める地域又は期間については午後 11

時から午前6時まで）の間における業務（以下「深夜業」という。）に従事する労働者であつて，その深夜業の回数その他の事項が深夜業に従事する労働者の健康の保持を考慮して厚生労働省令で定める要件に該当するものは，厚生労働省令で定めるところにより，自ら受けた健康診断（前条第5項ただし書の規定による健康診断を除く。）の結果を証明する書面を事業者に提出することができる。

（健康診断の結果の記録）

第66条の3　事業者は，厚生労働省令で定めるところにより，第66条第1項から第4項まで及び第5項ただし書並びに前条の規定による健康診断の結果を記録しておかなければならない。

（健康診断の結果についての医師等からの意見聴取）

第66条の4　事業者は，第66条第1項から第4項まで若しくは第5項ただし書又は第66条の2の規定による健康診断の結果（当該健康診断の項目に異常の所見があると診断された労働者に係るものに限る。）に基づき，当該労働者の健康を保持するために必要な措置について，厚生労働省令で定めるところにより，医師又は歯科医師の意見を聴かなければならない。

（健康診断実施後の措置）

第66条の5　事業者は，前条の規定による医師又は歯科医師の意見を勘案し，その必要があると認めるときは，当該労働者の実情を考慮して，就業場所の変更，作業の転換，労働時間の短縮，深夜業の回数の減少等の措置を講ずるほか，作業環境測定の実施，施設又は設備の設置又は整備，当該医師又は歯科医師の意見の衛生委員会若しくは安全衛生委員会又は労働時間等設定改善委員会（労働時間等の設定の改善に関する特別措置法（平成4年法律第90号）第7条に規定する労働時間等設定改善委員会をいう。以下同じ。）への報告その他の適切な措置を講じなければならない。

② 厚生労働大臣は，前項の規定により事業者が講ずべき措置の適切かつ有効な実施を図るため必要な指針を公表するものとする。

③ 厚生労働大臣は，前項の指針を公表した場合において必要があると認めるときは，事業者又はその団体に対し，当該指針に関し必要な指導等を行うことができる。

（健康診断の結果の通知）

第66条の6　事業者は，第66条第1項から第4項までの規定により行う健康診断を受けた労働者に対し，厚生労働省令で定めるところにより，当該健康診断の結果を通知しなければならない。

（保健指導等）

第66条の7　事業者は，第66条第1項の規定による健康診断若しくは当該健康診断に係る同条第5項ただし書の規定による健康診断又は第66条の2の規定による健康診断の結果，特に健康の保持に努める必要があると認める労働者に対し，医師又は保健師による保健指導を行うように努めなければならない。

② 労働者は，前条の規定により通知された健康診断の結果及び前項の規定による保健指導を利用して，その健康の保持に努めるものとする。

労働安全衛生施行令

（健康診断を行うべき有害な業務）

第22条　法第66条第2項前段の政令で定める有害な業務は，次のとおりとする。

1-5　略

6　屋内作業場又はタンク，船倉若しくは坑の内部その他の厚生労働省令で定める場所において別表第6の2に掲げる有機溶剤を製造し，又は取り扱う業務で，厚生労働省令で定めるもの

〔編注：有機溶剤中毒予防規則第29条参照〕

②・③　略

──── 労働安全衛生規則 ────

（雇入時の健康診断）

第 43 条　事業者は，常時使用する労働者を雇い入れるときは，当該労働者に対し，次の項目について医師による健康診断を行わなければならない。ただし，医師による健康診断を受けた後，3月を経過しない者を雇い入れる場合において，その者が当該健康診断の結果を証明する書面を提出したときは，当該健康診断の項目に相当する項目については，この限りでない。

1　既往歴及び業務歴の調査

2　自覚症状及び他覚症状の有無の検査

3　身長，体重，腹囲，視力及び聴力（1,000 ヘルツ及び 4,000 ヘルツの音に係る聴力をいう。次条第1項第3号において同じ。）の検査

4　胸部エックス線検査

5　血圧の測定

6　血色素量及び赤血球数の検査（次条第1項第6号において「貧血検査」という。）

7　血清グルタミックオキサロアセチックトランスアミナーゼ（GOT），血清グルタミックピルビックトランスアミナーゼ（GPT）及びガンマーグルタミルトランスペプチダーゼ（γ–GTP）の検査（次条第1項第7号において「肝機能検査」という。）

8　低比重リポ蛋白コレステロール（LDL コレステロール），高比重リポ蛋白コレステロール（HDL コレステロール）及び血清トリグリセライドの量の検査（次条第1項第8号において「血中脂質検査」という。）

9　血糖検査

10　尿中の糖及び蛋白の有無の検査（次条第1項第10号において「尿検査」という。）

11　心電図検査

（定期健康診断）

第 44 条　事業者は，常時使用する労働者（第45条第1項に規定する労働者を除く。）に対し，1年以内ごとに1回，定期に，次の項目について医

師による健康診断を行わなければならない。

　　1　既往歴及び業務歴の調査

　　2　自覚症状及び他覚症状の有無の検査

　　3　身長，体重，腹囲，視力及び聴力の検査

　　4　胸部エックス線検査及び喀痰検査

　　5　血圧の測定

　　6　貧血検査

　　7　肝機能検査

　　8　血中脂質検査

　　9　血糖検査

　　10　尿検査

　　11　心電図検査

②　第1項第3号，第4号，第6号から第9号まで及び第11号に掲げる項目については，厚生労働大臣が定める基準に基づき，医師が必要でないと認めるときは，省略することができる。

③　第1項の健康診断は，前条，第45条の2又は法第66条第2項前段の健康診断を受けた者（前条ただし書に規定する書面を提出した者を含む。）については，当該健康診断の実施の日から1年間に限り，その者が受けた当該健康診断の項目に相当する項目を省略して行うことができる。

④　第1項第3号に掲げる項目（聴力の検査に限る。）は，45歳未満の者（35歳及び40歳の者を除く。）については，同項の規定にかかわらず，医師が適当と認める聴力（1,000ヘルツ又は4,000ヘルツの音に係る聴力を除く。）の検査をもつて代えることができる。

（特定業務従事者の健康診断）

第45条　事業者は，第13条第1項第3号に掲げる業務に常時従事する労働者に対し，当該業務への配置替えの際及び6月以内ごとに1回，定期に，第44条第1項各号に掲げる項目について医師による健康診断を行わなければならない。この場合において，同項第4号の項目については，1年以内ごとに1回，定期に，行えば足りるものとする。

②　前項の健康診断（定期のものに限る。）は，前回の健康診断において第

44条第1項第6号から第9号まで及び第11号に掲げる項目について健康診断を受けた者については，前項の規定にかかわらず，医師が必要でないと認めるときは，当該項目の全部又は一部を省略して行うことができる。

③　第44条第2項及び第3項の規定は，第1項の健康診断について準用する。この場合において，同条第3項中「1年間」とあるのは，「6月間」と読み替えるものとする。

④　第1項の健康診断（定期のものに限る。）の項目のうち第44条第1項第3号に掲げる項目（聴力の検査に限る。）は，前回の健康診断において当該項目について健康診断を受けた者又は45歳未満の者（35歳及び40歳の者を除く。）については，第1項の規定にかかわらず，医師が適当と認める聴力（1,000ヘルツ又は4,000ヘルツの音に係る聴力を除く。）の検査をもつて代えることができる。

（海外派遣労働者の健康診断）

第45条の2　事業者は，労働者を本邦外の地域に6月以上派遣しようとするときは，あらかじめ，当該労働者に対し，第44条第1項各号に掲げる項目及び厚生労働大臣が定める項目のうち医師が必要であると認める項目について，医師による健康診断を行わなければならない。

②　事業者は，本邦外の地域に6月以上派遣した労働者を本邦の地域内における業務に就かせるとき（一時的に就かせるときを除く。）は，当該労働者に対し，第44条第1項各号に掲げる項目及び厚生労働大臣が定める項目のうち医師が必要であると認める項目について，医師による健康診断を行わなければならない。

③　第1項の健康診断は，第43条，第44条，前条又は法第66条第2項前段の健康診断を受けた者（第43条第1項ただし書に規定する書面を提出した者を含む。）については，当該健康診断の実施の日から6月間に限り，その者が受けた当該健康診断の項目に相当する項目を省略して行うことができる。

④　第44条第2項の規定は，第1項及び第2項の健康診断について準用する。この場合において，同条第2項中「，第4号，第6号から第9号まで及び第11号」とあるのは，「及び第4号」と読み替えるものとする。

（給食従業員の検便）

第 47 条　事業者は，事業に附属する食堂又は炊事場における給食の業務に従事する労働者に対し，その雇入れの際又は当該業務への配置替えの際，検便による健康診断を行なわなければならない。

（歯科医師による健康診断）

第 48 条　事業者は，令第 22 条第 3 項の業務に常時従事する労働者に対し，その雇入れの際，当該業務への配置替えの際及び当該業務についた後 6 月以内ごとに 1 回，定期に，歯科医師による健康診断を行なわなければならない。

（健康診断の指示）

第 49 条　法第 66 条第 4 項の規定による指示は，実施すべき健康診断の項目，健康診断を受けるべき労働者の範囲その他必要な事項を記載した文書により行なうものとする。

（労働者の希望する医師等による健康診断の証明）

第 50 条　法第 66 条第 5 項ただし書の書面は，当該労働者の受けた健康診断の項目ごとに，その結果を記載したものでなければならない。

（自発的健康診断）

第 50 条の 2　法第 66 条の 2 の厚生労働省令で定める要件は，常時使用され，同条の自ら受けた健康診断を受けた日前 6 月間を平均して 1 月当たり 4 回以上同条の深夜業に従事したこととする。

第 50 条の 3　前条で定める要件に該当する労働者は，第 44 条第 1 項各号に掲げる項目の全部又は一部について，自ら受けた医師による健康診断の結果を証明する書面を事業者に提出することができる。ただし，当該健康診断を受けた日から 3 月を経過したときは，この限りでない。

第 50 条の 4　法第 66 条の 2 の書面は，当該労働者の受けた健康診断の項目ごとに，その結果を記載したものでなければならない。

（健康診断結果の記録の作成）

第 51 条　事業者は，第 43 条，第 44 条若しくは第 45 条から第 48 条までの健康診断若しくは法第 66 条第 4 項の規定による指示を受けて行つた健康診断（同条第 5 項ただし書の場合において当該労働者が受けた健康診

断を含む。次条において「第43条等の健康診断」という。）又は法第66
条の2の自ら受けた健康診断の結果に基づき，健康診断個人票（様式第5
号）を作成して，これを5年間保存しなければならない。

（健康診断の結果についての医師等からの意見聴取）

第 51 条の2　第43条等の健康診断の結果に基づく法第66条の4の規定に
よる医師又は歯科医師からの意見聴取は，次に定めるところにより行わ
なければならない。

　1　第43条等の健康診断が行われた日（法第66条第5項ただし書の場
　　合にあつては，当該労働者が健康診断の結果を証明する書面を事業者
　　に提出した日）から3月以内に行うこと。

　2　聴取した医師又は歯科医師の意見を健康診断個人票に記載すること。

② 法第66条の2の自ら受けた健康診断の結果に基づく法第66条の4の
　規定による医師からの意見聴取は，次に定めるところにより行わなけれ
　ばならない。

　1　当該健康診断の結果を証明する書面が事業者に提出された日から2
　　月以内に行うこと。

　2　聴取した医師の意見を健康診断個人票に記載すること。

③ 事業者は，医師又は歯科医師から，前二項の意見聴取を行う上で必要
　となる労働者の業務に関する情報を求められたときは，速やかに，これ
　を提供しなければならない。

（指針の公表）

第 51 条の3　第24条の規定は，法第66条の5第2項の規定による指針の
公表について準用する。

（健康診断の結果の通知）

第 51 条の4　事業者は，法第66条第4項又は第43条，第44条若しくは
第45条から第48条までの健康診断を受けた労働者に対し，遅滞なく，当
該健康診断の結果を通知しなければならない。

（健康診断結果報告）

第 52 条　常時50人以上の労働者を使用する事業者は，第44条又は第45
条の健康診断（定期のものに限る。）を行つたときは，遅滞なく，定期健

康診断結果報告書（様式第6号）を所轄労働基準監督署長に提出しなければならない。

② 事業者は，第48条の健康診断（定期のものに限る。）を行つたときは，遅滞なく，有害な業務に係る歯科健康診断結果報告書（様式第6号の2）を所轄労働基準監督署長に提出しなければならない。

（病者の就業禁止）

第68条 事業者は，伝染性の疾病その他の疾病で，厚生労働省令で定めるものにかかつた労働者については，厚生労働省令で定めるところにより，その就業を禁止しなければならない。

（受動喫煙の防止）

第68条の2 事業者は，室内又はこれに準ずる環境における労働者の受動喫煙（健康増進法（平成14年法律第103号）第28条第3号に規定する受動喫煙をいう。第71条第1項において同じ。）を防止するため，当該事業者及び事業場の実情に応じ適切な措置を講ずるよう努めるものとする。

（健康教育等）

第69条 事業者は，労働者に対する健康教育及び健康相談その他労働者の健康の保持増進を図るため必要な措置を継続的かつ計画的に講ずるように努めなければならない。

② 労働者は，前項の事業者が講ずる措置を利用して，その健康の保持増進に努めるものとする。

（体育活動等についての便宜供与等）

第70条 事業者は，前条第1項に定めるもののほか，労働者の健康の保持増進を図るため，体育活動，レクリエーションその他の活動についての便宜を供与する等必要な措置を講ずるように努めなければならない。

（健康の保持増進のための指針の公表等）

第70条の2 厚生労働大臣は，第69条第1項の事業者が講ずべき健康

の保持増進のための措置に関して，その適切かつ有効な実施を図るため必要な指針を公表するものとする。

② 　厚生労働大臣は，前項の指針に従い，事業者又はその団体に対し，必要な指導等を行うことができる。

（健康診査等指針との調和）

第 70 条の 3 　第 66 条第 1 項の厚生労働省令，第 66 条の 5 第 2 項の指針，第 66 条の 6 の厚生労働省令及び前条第 1 項の指針は，健康増進法第 9 条第 1 項に規定する健康診査等指針と調和が保たれたものでなければならない。

第 7 章の 2 　快適な職場環境の形成のための措置

概　要

労働者がその生活時間の多くを過ごす職場について，疲労やストレスを感じることが少ない快適な職場環境を形成する必要がある。この法律では，事業者が講ずる措置について規定するとともに，国は，快適な職場環境の形成のための指針を公表することとしている。

（事業者の講ずる措置）

第 71 条の 2 　事業者は，事業場における安全衛生の水準の向上を図るため，次の措置を継続的かつ計画的に講ずることにより，快適な職場環境を形成するように努めなければならない。

1 　作業環境を快適な状態に維持管理するための措置

2 　労働者の従事する作業について，その方法を改善するための措置

3 　作業に従事することによる労働者の疲労を回復するための施設又は設備の設置又は整備

4 　前三号に掲げるもののほか，快適な職場環境を形成するため必要な措置

（快適な職場環境の形成のための指針の公表等）

第 71 条の 3　厚生労働大臣は，前条の事業者が講ずべき快適な職場環境
　の形成のための措置に関して，その適切かつ有効な実施を図るため必要
　な指針を公表するものとする。

②　厚生労働大臣は，前項の指針に従い，事業者又はその団体に対し，必
　要な指導等を行うことができる。

（国の援助）

第 71 条の 4　国は，事業者が講ずる快適な職場環境を形成するための措
　置の適切かつ有効な実施に資するため，金融上の措置，技術上の助言，
　資料の提供その他の必要な援助に努めるものとする。

第 8 章　免　許　等

概　要

　危険，有害業務であり労働災害を防止するために管理を必要とする
作業について選任を義務づけられている作業主任者および特殊な業務
に就く者に必要とされる資格，技能講習，試験等についての規定がな
されている。

（技能講習）

第 76 条　第 14 条又は第 61 条第 1 項の技能講習（以下「技能講習」とい
　う。）は，別表第 18 に掲げる区分ごとに，学科講習又は実技講習によつ
　て行う。

②　技能講習を行なつた者は，当該技能講習を修了した者に対し，厚生労働
　省令で定めるところにより，技能講習修了証を交付しなければならない。

③　技能講習の受講資格及び受講手続その他技能講習の実施について必要
　な事項は，厚生労働省令で定める。

別表第 18（第 76 条関係）

　1 − 21　略

　22　有機溶剤作業主任者技能講習

　以下　略

労働安全衛生規則

（受講手続）

第 80 条　技能講習を受けようとする者は，技能講習受講申込書（様式第
　15 号）を当該技能講習を行う登録教習機関に提出しなければならない。

（技能講習修了証の交付）

第 81 条　技能講習を行つた登録教習機関は，当該講習を修了した者に対
　し，遅滞なく，技能講習修了証（様式第 17 号）を交付しなければならない。

（技能講習修了証の再交付等）

第 82 条　技能講習修了証の交付を受けた者で，当該技能講習に係る業務
　に現に就いているもの又は就こうとするものは，これを滅失し，又は損
　傷したときは，第 3 項に規定する場合を除き，技能講習修了証再交付申
　込書（様式第 18 号）を技能講習修了証の交付を受けた登録教習機関に提
　出し，技能講習修了証の再交付を受けなければならない。

②　前項に規定する者は，氏名を変更したときは，第 3 項に規定する場合
　を除き，技能講習修了証書替申込書（様式第 18 号）を技能講習修了証の
　交付を受けた登録教習機関に提出し，技能講習修了証の書替えを受けな
　ければならない。

③　第 1 項に規定する者は，技能講習修了証の交付を受けた登録教習機関
　が当該技能講習の業務を廃止した場合（当該登録を取り消された場合及
　び当該登録がその効力を失つた場合を含む。）及び労働安全衛生法及びこ
　れに基づく命令に係る登録及び指定に関する省令（昭和 47 年労働省令第
　44 号）第 24 条第 1 項ただし書に規定する場合に，これを滅失し，若しく
　は損傷したとき又は氏名を変更したときは，技能講習修了証明書交付申
　込書（様式第 18 号）を同項ただし書に規定する厚生労働大臣が指定する
　機関に提出し，当該技能講習を修了したことを証する書面の交付を受け

なければならない。

④ 前項の場合において，厚生労働大臣が指定する機関は，同項の書面の交付を申し込んだ者が同項に規定する技能講習以外の技能講習を修了しているときは，当該技能講習を行つた登録教習機関からその者の当該技能講習の修了に係る情報の提供を受けて，その者に対して，同項の書面に当該技能講習を修了した旨を記載して交付することができる。

（技能講習の細目）

第83条 第79条から前条までに定めるもののほか，法別表第18第1号から第17号まで及び第28号から第35号までに掲げる技能講習の実施について必要な事項は，厚生労働大臣が定める。

第10章 監 督 等

概 要

一定の業種および規模に該当する事業場が，当該事業場の建設物もしくは機械等を設置し，移転し，または変更しようとするときは，当該計画を事前に労働基準監督署長に届け出る義務を課し，法令違反がないかどうかの審査をすることとしている。

（計画の届出等）

第88条 事業者は，機械等で，危険若しくは有害な作業を必要とするもの，危険な場所において使用するもの又は危険若しくは健康障害を防止するため使用するもののうち，厚生労働省令で定めるものを設置し，若しくは移転し，又はこれらの主要構造部分を変更しようとするときは，その計画を当該工事の開始の日の30日前までに，厚生労働省令で定めるところにより，労働基準監督署長に届け出なければならない。ただし，第28条の2第1項に規定する措置その他の厚生労働省令で定める措置を講じているものとして，厚生労働省令で定めるところにより労働基準

監督署長が認定した事業者については，この限りでない。

②　事業者は，建設業に属する事業の仕事のうち重大な労働災害を生ずる
おそれがある特に大規模な仕事で，厚生労働省令で定めるものを開始し
ようとするときは，その計画を当該仕事の開始の日の 30 日前までに，厚
生労働省令で定めるところにより，厚生労働大臣に届け出なければなら
ない。

③　事業者は，建設業その他政令で定める業種に属する事業の仕事（建設
業に属する事業にあつては，前項の厚生労働省令で定める仕事を除く。）
で，厚生労働省令で定めるものを開始しようとするときは，その計画を
当該仕事の開始の日の 14 日前までに，厚生労働省令で定めるところに
より，労働基準監督署長に届け出なければならない。

④　事業者は，第 1 項の規定による届出に係る工事のうち厚生労働省令で
定める工事の計画，第 2 項の厚生労働省令で定める仕事の計画又は前項
の規定による届出に係る仕事のうち厚生労働省令で定める仕事の計画を
作成するときは，当該工事に係る建設物若しくは機械等又は当該仕事か
ら生ずる労働災害の防止を図るため，厚生労働省令で定める資格を有す
る者を参画させなければならない。

⑤　前三項の規定（前項の規定のうち，第 1 項の規定による届出に係る部
分を除く。）は，当該仕事が数次の請負契約によつて行われる場合にお
いて，当該仕事を自ら行う発注者がいるときは当該発注者以外の事業者，
当該仕事を自ら行う発注者がいないときは元請負人以外の事業者につい
ては，適用しない。

⑥　労働基準監督署長は第 1 項又は第 3 項の規定による届出があつた場合
において，厚生労働大臣は第 2 項の規定による届出があつた場合におい
て，それぞれ当該届出に係る事項がこの法律又はこれに基づく命令の規
定に違反すると認めるときは，当該届出をした事業者に対し，その届出
に係る工事若しくは仕事の開始を差し止め，又は当該計画を変更すべき

ことを命ずることができる。

⑦　厚生労働大臣又は労働基準監督署長は，前項の規定による命令（第 2
　項又は第 3 項の規定による届出をした事業者に対するものに限る。）を
　した場合において，必要があると認めるときは，当該命令に係る仕事の
　発注者（当該仕事を自ら行う者を除く。）に対し，労働災害の防止に関
　する事項について必要な勧告又は要請を行うことができる。

┈┈┈ 労働安全衛生法施行令
（計画の届出をすべき業種）
第 24 条　法第 88 条第 3 項の政令で定める業種は，土石採取業とする。

── 労働安全衛生規則 ─
（計画の届出をすべき機械等）
第 85 条　法第 88 条第 1 項の厚生労働省令で定める機械等は，法に基づく
　他の省令に定めるもののほか，別表第 7 の上欄〔編注：左欄〕に掲げる
　機械等とする。ただし，別表第 7 の上欄〔編注：左欄〕に掲げる機械等
　で次の各号のいずれかに該当するものを除く。
　1　機械集材装置，運材索道（架線，搬器，支柱及びこれらに附属する
　　物により構成され，原木又は薪炭材を一定の区間空中において運搬す
　　る設備をいう。以下同じ。），架設通路及び足場以外の機械等（法第 37
　　条第 1 項の特定機械等及び令第 6 条第 14 号の型枠支保工（以下「型枠
　　支保工」という。）を除く。）で，6 月未満の期間で廃止するもの
　2　機械集材装置，運材索道，架設通路又は足場で，組立てから解体ま
　　での期間が 60 日未満のもの
（計画の届出等）
第 86 条　事業者は，別表第 7 の上欄〔編注：左欄〕に掲げる機械等を設
　置し，若しくは移転し，又はこれらの主要構造部分を変更しようとする
　ときは，法第 88 条第 1 項の規定により，様式第 20 号による届書に，当
　該機械等の種類に応じて同表の中欄に掲げる事項を記載した書面及び同
　表の下欄〔編注：右欄〕に掲げる図面等を添えて，所轄労働基準監督署

長に提出しなければならない。

②　特定化学物質障害予防規則（昭和47年労働省令第39号。以下「特化則」という。）第49条第1項の規定による申請をした者が行う別表第7の16の項から20の3の項までの上欄〔編注：左欄〕に掲げる機械等の設置については，法第88条第1項の規定による届出は要しないものとする。

③　石綿則第47条第1項又は第48条の3第1項の規定による申請をした者が行う別表第7の25の項の上欄〈編注・左欄〉に掲げる機械等の設置については，法第88条第1項の規定による届出は要しないものとする。

（法第88条第1項ただし書の厚生労働省令で定める措置）

第 87 条　法第88条第1項ただし書の厚生労働省令で定める措置は，次に掲げる措置とする。

　1　法第28条の2第1項又は第57条の3第1項及び第2項の危険性又は有害性等の調査及びその結果に基づき講ずる措置

　2　前号に掲げるもののほか，第24条の2の指針に従つて事業者が行う自主的活動

（認定の単位）

第 87 条の2　法第88条第1項ただし書の規定による認定（次条から第88条までにおいて「認定」という。）は，事業場ごとに，所轄労働基準監督署長が行う。

別表第7（第85条，第86条関係）（抄）

機械等の種類	事　項	図　面　等
13　有機則第5条又は第6条特化則第38条の8においてこれらの規定を準用する場合を含む。）の有機溶剤の蒸気の発散源を密閉する設備，局所排気装置，プッシュプル型換気装置又は全体換気装置（移動式のものを除く。）	1　有機溶剤業務(有機則第1条第1項第6号に掲げる有機溶剤業務をいう。以下この項において同じ。）の概要 2　有機溶剤(令別表第6の2に掲げる有機溶剤をいう。以下この項において同じ。）の蒸気の発散源となる機械又は設備の概要 3　有機溶剤の蒸気の発散の抑制の方法 4　有機溶剤の蒸気の発散源を密閉する設備にあつては，密閉の方式及び当該設備の主要部分の構造の概要 5　全体換気装置にあつては，型式，当該装置の主要部分の構造の概要及びその機能	1　設備等の図面 2　有機溶剤業務を行う作業場所の図面 3　局所排気装置にあつては局所排気装置摘要書（様式第25号） 4　プッシュプル型換気装置にあつてはプッシュプル型換気装置摘要書（様式第26号）

（報告等）

第100条 厚生労働大臣，都道府県労働局長又は労働基準監督署長は，この法律を施行するため必要があると認めるときは，厚生労働省令で定めるところにより，事業者，労働者，機械等貸与者，建築物貸与者又はコンサルタントに対し，必要な事項を報告させ，又は出頭を命ずることができる。

② 厚生労働大臣，都道府県労働局長又は労働基準監督署長は，この法律を施行するため必要があると認めるときは，厚生労働省令で定めるところにより，登録製造時等検査機関等に対し，必要な事項を報告させることができる。

③ 労働基準監督官は，この法律を施行するため必要があると認めるときは，事業者又は労働者に対し，必要な事項を報告させ，又は出頭を命ずることができる。

労働安全衛生規則

（有害物ばく露作業報告）

第95条の6 事業者は，労働者に健康障害を生ずるおそれのある物で厚生労働大臣が定めるものを製造し，又は取り扱う作業場において，労働者を当該物のガス，蒸気又は粉じんにばく露するおそれのある作業に従事させたときは，厚生労働大臣の定めるところにより，当該物のばく露の防止に関し必要な事項について，様式第21号の7による報告書を所轄労働基準監督署長に提出しなければならない。

（疾病の報告）

第97条の2 事業者は，化学物質又は化学物質を含有する製剤を製造し，又は取り扱う業務を行う事業場において，1年以内に2人以上の労働者が同種のがんに罹患したことを把握したときは，当該罹患が業務に起因するかどうかについて，遅滞なく，医師の意見を聴かなければならない。

② 事業者は，前項の医師が，同項の罹患が業務に起因するものと疑われると判断したときは，遅滞なく，次に掲げる事項について，所轄都道府

県労働局長に報告しなければならない。

1　がんに罹患した労働者が当該事業場で従事した業務において製造し，又は取り扱つた化学物質の名称（化学物質を含有する製剤にあつては，当該製剤が含有する化学物質の名称）

2　がんに罹患した労働者が当該事業場において従事していた業務の内容及び当該業務に従事していた期間

3　がんに罹患した労働者の年齢及び性別

第11章　雑　則

概　要

安衛法は，事業者が，安衛法令の要旨の周知や安衛法令に基づいて作成した書類の保存等を行わなければならないことを雑則で定めている。

（法令等の周知）

第101条　事業者は，この法律及びこれに基づく命令の要旨を常時各作業場の見やすい場所に掲示し，又は備え付けることその他の厚生労働省令で定める方法により，労働者に周知させなければならない。

②　産業医を選任した事業者は，その事業場における産業医の業務の内容その他の産業医の業務に関する事項で厚生労働省令で定めるものを，常時各作業場の見やすい場所に掲示し，又は備え付けることその他の厚生労働省令で定める方法により，労働者に周知させなければならない。

③　前項の規定は，第13条の2第1項に規定する者に労働者の健康管理等の全部又は一部を行わせる事業者について準用する。この場合において，前項中「周知させなければ」とあるのは，「周知させるように努めなければ」と読み替えるものとする。

④　事業者は，第57条の2第1項又は第2項の規定により通知された事

項を，化学物質，化学物質を含有する製剤その他の物で当該通知された
事項に係るものを取り扱う各作業場の見やすい場所に常時掲示し，又は
備え付けることその他の厚生労働省令で定める方法により，当該物を取
り扱う労働者に周知させなければならない。

（書類の保存等）

第 103 条　事業者は，厚生労働省令で定めるところにより，この法律又
はこれに基づく命令の規定に基づいて作成した書類（次項及び第3項の
帳簿を除く。）を，保存しなければならない。

（②，③　略）

第12章　罰　則

概　要

　安衛法は，その厳正な運用を担保するため，違反に対する罰則の規
定を置いている。また，事業者責任主義を採用し，その第122条で両
罰規定を設けており，各条が定めた措置義務者（事業者等）の違反に
ついて，違反の実行行為者（法人の代表者や使用人その他の従事者）
と法人等の両方が罰せられることとなる（法人等に対しては罰金刑）。

第 117 条　第37条第1項，第44条第1項，第44条の2第1項，第56
条第1項，第75条の8第1項（第83条の3及び第85条の3において
準用する場合を含む。）又は第86条第2項の規定に違反した者は，1年
以下の懲役又は100万円以下の罰金に処する。

第 119 条　次の各号のいずれかに該当する者は，6月以下の懲役又は50
万円以下の罰金に処する。

　1　第14条，第20条から第25条まで，第25条の2第1項，第30条
　　の3第1項若しくは第4項，第31条第1項，第31条の2，第33条第
　　1項若しくは第2項，第34条，第35条，第38条第1項，第40条第

1項，第42条，第43条，第44条第6項，第44条の2第7項，第56条第3項若しくは第4項，第57条の4第5項，第57条の5第5項，第59条第3項，第61条第1項，第65条第1項，第65条の4，第68条，第89条第5項（第89条の2第2項において準用する場合を含む。），第97条第2項，第105条又は第108条の2第4項の規定に違反した者

2　第43条の2，第56条第5項，第88条第6項，第98条第1項又は第99条第1項の規定による命令に違反した者

3　第57条第1項の規定による表示をせず，若しくは虚偽の表示をし，又は同条第2項の規定による文書を交付せず，若しくは虚偽の文書を交付した者

4　略

※　令和7年6月1日より，第117条及び第119条中「懲役」が「拘禁刑」に改正される。

第120条　次の各号のいずれかに該当する者は，50万円以下の罰金に処する。

1　第10条第1項，第11条第1項，第12条第1項，第13条第1項，第15条第1項，第3項若しくは第4項，第15条の2第1項，第16条第1項，第17条第1項，第18条第1項，第25条の2第2項（第30条の3第5項において準用する場合を含む。），第26条，第30条第1項若しくは第4項，第30条の2第1項若しくは第4項，第32条第1項から第6項まで，第33条第3項，第40条第2項，第44条第5項，第44条の2第6項，第45条第1項若しくは第2項，第57条の4第1項，第59条第1項（同条第2項において準用する場合を含む。），第61条第2項，第66条第1項から第3項まで，第66条の3，第66条の6，第66条の8の2第1項，第66条の8の4第1項，第87条第6項，第88条第1項から第4項まで，第101条第1項又は第103

　条第1項の規定に違反した者

2　　第11条第2項（第12条第2項及び第15条の2第2項において準
　用する場合を含む。），第57条の5第1項，第65条第5項，第66条
　第4項，第98条第2項又は第99条第2項の規定による命令又は指示
　に違反した者

3　　第44条第4項又は第44条の2第5項の規定による表示をせず，又
　は虚偽の表示をした者

4　　略

5　　第100条第1項又は第3項の規定による報告をせず，若しくは虚偽
　の報告をし，又は出頭しなかつた者

6　　略

第122条　法人の代表者又は法人若しくは人の代理人，使用人その他の
　従業者が，その法人又は人の業務に関して，第116条，第117条，第
　119条又は第120条の違反行為をしたときは，行為者を罰するほか，そ
　の法人又は人に対しても，各本条の罰金刑を科する。

2　有機溶剤中毒予防規則

（昭和 47 年 9 月 30 日労働省令第 36 号）

（最終改正　令和 5 年 12 月 27 日厚生労働省令第 165 号）

目　次

第 1 章　総　則

（定義等）

第 1 条　この省令において，次の各号に掲げる用語の意義は，それぞれ当該各号に定めるところによる。

1　有機溶剤　労働安全衛生法施行令（以下「令」という。）別表第 6 の 2 に掲げる有機溶剤をいう。

2　有機溶剤等　有機溶剤又は有機溶剤含有物（有機溶剤と有機溶剤以外の物との混合物で，有機溶剤を当該混合物の重量の 5 パーセントを超えて含有するものをいう。第 6 号において同じ。）をいう。

3　第 1 種有機溶剤等　有機溶剤等のうち次に掲げる物をいう。

　イ　令別表第 6 の 2 第 28 号又は第 38 号に掲げる物

　ロ　イに掲げる物のみから成る混合物

　　ハ　イに掲げる物と当該物以外の物との混合物で，イに掲げる物を当該混
　　　　合物の重量の5パーセントを超えて含有するもの

4　第2種有機溶剤等　有機溶剤等のうち次に掲げる物をいう。

　　イ　令別表第6の2第1号から第13号まで，第15号から第22号まで，第
　　　　24号，第25号，第30号，第34号，第35号，第37号，第39号から第
　　　　42号まで又は第44号から第47号までに掲げる物

　　ロ　イに掲げる物のみから成る混合物

　　ハ　イに掲げる物と当該物以外の物との混合物で，イに掲げる物又は前号
　　　　イに掲げる物を当該混合物の重量の5パーセントを超えて含有するもの
　　　　（前号ハに掲げる物を除く。）

5　第3種有機溶剤等　有機溶剤等のうち第1種有機溶剤等及び第2種有機
　　溶剤等以外の物をいう。

6　有機溶剤業務　次の各号に掲げる業務をいう。

　　イ　有機溶剤等を製造する工程における有機溶剤等のろ過，混合，攪拌（かくはん），加
　　　　熱又は容器若しくは設備への注入の業務

　　ロ　染料，医薬品，農薬，化学繊維，合成樹脂，有機顔料，油脂，香料，甘
　　　　味料，火薬，写真薬品，ゴム若しくは可塑剤又はこれらのものの中間体
　　　　を製造する工程における有機溶剤等のろ過，混合，攪拌（かくはん）又は加熱の業務

　　ハ　有機溶剤含有物を用いて行う印刷の業務

　　ニ　有機溶剤含有物を用いて行う文字の書込み又は描画の業務

　　ホ　有機溶剤等を用いて行うつや出し，防水その他物の面の加工の業務

　　ヘ　接着のためにする有機溶剤等の塗布の業務

　　ト　接着のために有機溶剤等を塗布された物の接着の業務

　　チ　有機溶剤等を用いて行う洗浄（ヲに掲げる業務に該当する洗浄の業務
　　　　を除く。）又は払しよくの業務

　　リ　有機溶剤含有物を用いて行う塗装の業務（ヲに掲げる業務に該当する
　　　　塗装の業務を除く。）

　　ヌ　有機溶剤等が付着している物の乾燥の業務

　　ル　有機溶剤等を用いて行う試験又は研究の業務

　　ヲ　有機溶剤等を入れたことのあるタンク（有機溶剤の蒸気の発散するお

それがないものを除く。以下同じ。）の内部における業務

② 令第 6 条第 22 号及び第 22 条第 1 項第 6 号の厚生労働省令で定める場所は，次のとおりとする。

1　船舶の内部

2　車両の内部

3　タンクの内部

4　ピットの内部

5　坑の内部

6　ずい道の内部

7　暗きよ又はマンホールの内部

8　箱桁の内部

9　ダクトの内部

10　水管の内部

11　屋内作業場及び前各号に掲げる場所のほか，通風が不十分な場所

（適用の除外）

第 2 条　第 2 章，第 3 章，第 4 章中第 19 条，第 19 条の 2 及び第 24 条から第 26 条まで，第 7 章並びに第 9 章の規定は，事業者が前条第 1 項第 6 号ハからルまでのいずれかに掲げる業務に労働者を従事させる場合において，次の各号のいずれかに該当するときは，当該業務については，適用しない。

1　屋内作業場等（屋内作業場又は前条第 2 項各号に掲げる場所をいう。以下同じ。）のうちタンク等の内部（地下室の内部その他通風が不十分な屋内作業場，船倉の内部その他通風が不十分な船舶の内部，保冷貨車の内部その他通風が不十分な車両の内部又は前条第 2 項第 3 号から第 11 号までに掲げる場所をいう。以下同じ。）以外の場所において当該業務に労働者を従事させる場合で，作業時間 1 時間に消費する有機溶剤等の量が，次の表の上欄〔編注：左欄〕に掲げる区分に応じて，それぞれ同表の下欄〔編注：右欄〕に掲げる式により計算した量（以下「有機溶剤等の許容消費量」という。）を超えないとき。

消費する有機溶剤等の区分	有機溶剤等の許容消費量
第1種有機溶剤等	$W = \dfrac{1}{15} \times A$
第2種有機溶剤等	$W = \dfrac{2}{5} \times A$
第3種有機溶剤等	$W = \dfrac{3}{2} \times A$

備考　この表において，W及びAは，それぞれ次の数値を表わすものとする。

　　　W　有機溶剤等の許容消費量（単位　グラム）

　　　A　作業場の気積（床面から4メートルを超える高さにある空間を除く。単位　立方メートル）。ただし，気積が150立方メートルを超える場合は，150立方メートルとする。

2　タンク等の内部において当該業務に労働者を従事させる場合で，1日に消費する有機溶剤等の量が有機溶剤等の許容消費量を超えないとき。

② 前項第1号の作業時間1時間に消費する有機溶剤等の量及び同項第2号の1日に消費する有機溶剤等の量は，次の各号に掲げる有機溶剤業務に応じて，それぞれ当該各号に掲げるものとする。この場合において，前条第1項第6号トに掲げる業務が同号ヘに掲げる業務に引き続いて同一の作業場において行われるとき，又は同号ヌに掲げる業務が乾燥しようとする物に有機溶剤等を付着させる業務に引き続いて同一の作業場において行われるときは，同号ト又はヌに掲げる業務において消費する有機溶剤等の量は，除外して計算するものとする。

1　前条第1項第6号ハからヘまで，チ，リ又はルのいずれかに掲げる業務　前項第1号の場合にあつては作業時間1時間に，同項第2号の場合にあつては1日に，それぞれ消費する有機溶剤等の量に厚生労働大臣が別に定める数値を乗じて得た量

2　前条第1項第6号ト又はヌに掲げる業務　前項第1号の場合にあつては作業時間1時間に，同項第2号の場合にあつては1日に，それぞれ接着し，又は乾燥する物に塗布され，又は付着している有機溶剤等の量に厚生労働大臣が別に定める数値を乗じて得た量

第3条　この省令（第4章中第27条及び第8章を除く。）は，事業者が第1条第1項第6号ハからルまでのいずれかに掲げる業務に労働者を従事させる場合において，次の各号のいずれかに該当するときは，当該業務については，適用しない。この場合において，事業者は，当該事業場の所在地を管轄する労働基準監督署長（以下「所轄労働基準監督署長」という。）の認定を受けなければならない。

　1　屋内作業場等のうちタンク等の内部以外の場所において当該業務に労働者を従事させる場合で，作業時間1時間に消費する有機溶剤等の量が有機溶剤等の許容消費量を常態として超えないとき。

　2　タンク等の内部において当該業務に労働者を従事させる場合で，1日に消費する有機溶剤等の量が有機溶剤等の許容消費量を常に超えないとき。

②　前条第2項の規定は，前項第1号の作業時間1時間に消費する有機溶剤等の量及び同項第2号の1日に消費する有機溶剤等の量について準用する。

（認定の申請手続等）

第4条　前条第1項の認定（以下この条において「認定」という。）を受けようとする事業者は，有機溶剤中毒予防規則一部適用除外認定申請書（様式第1号）に作業場の見取図を添えて，所轄労働基準監督署長に提出しなければならない。

②　所轄労働基準監督署長は，前項の申請書の提出を受けた場合において，認定をし，又はしないことを決定したときは，遅滞なく，文書でその旨を当該事業者に通知しなければならない。

③　認定を受けた事業者は，当該認定に係る業務が前条第1項各号のいずれかに該当しなくなつたときは，遅滞なく，文書で，その旨を所轄労働基準監督署長に報告しなければならない。

④　所轄労働基準監督署長は，認定を受けた業務が前条第1項各号のいずれかに該当しなくなつたとき，及び前項の報告を受けたときは，遅滞なく，当該認定を取り消すものとする。

（化学物質の管理が一定の水準にある場合の適用除外）

第4条の2　この省令（第6章及び第7章の規定（第32条及び第33条の保護具に係る規定に限る。）を除く。）は，事業場が次の各号（令第22条第1項第6号の業務に労働者が常時従事していない事業場については，第4号を除く。）

に該当すると当該事業場の所在地を管轄する都道府県労働局長（以下この条において「所轄都道府県労働局長」という。）が認定したときは，第28条第1項の業務（第2条第1項の規定により，第2章，第3章，第4章中第19条，第19条の2及び第24条から第26条まで，第7章並びに第9章の規定が適用されない業務を除く。）については，適用しない。

1　事業場における化学物質の管理について必要な知識及び技能を有する者として厚生労働大臣が定めるもの（第5号において「化学物質管理専門家」という。）であつて，当該事業場に専属の者が配置され，当該者が当該事業場における次に掲げる事項を管理していること。

　　イ　有機溶剤に係る労働安全衛生規則（昭和47年労働省令第32号）第34条の2の7第1項に規定するリスクアセスメントの実施に関すること。

　　ロ　イのリスクアセスメントの結果に基づく措置その他当該事業場における有機溶剤による労働者の健康障害を予防するため必要な措置の内容及びその実施に関すること。

2　過去3年間に当該事業場において有機溶剤等による労働者が死亡する労働災害又は休業の日数が4日以上の労働災害が発生していないこと。

3　過去3年間に当該事業場の作業場所について行われた第28条の2第1項の規定による評価の結果が全て第1管理区分に区分されたこと。

4　過去3年間に当該事業場の労働者について行われた第29条第2項，第3項又は第5項の健康診断の結果，新たに有機溶剤による異常所見があると認められる労働者が発見されなかつたこと。

5　過去3年間に1回以上，労働安全衛生規則第34条の2の8第1項第3号及び第4号に掲げる事項について，化学物質管理専門家（当該事業場に属さない者に限る。）による評価を受け，当該評価の結果，当該事業場において有機溶剤による労働者の健康障害を予防するため必要な措置が適切に講じられていると認められること。

6　過去3年間に事業者が当該事業場について労働安全衛生法（以下「法」という。）及びこれに基づく命令に違反していないこと。

②　前項の認定（以下この条において単に「認定」という。）を受けようとする事業場の事業者は，有機溶剤中毒予防規則適用除外認定申請書（様式第1号

の2）により，当該認定に係る事業場が同項第1号及び第3号から第5号まで
に該当することを確認できる書面を添えて，所轄都道府県労働局長に提出し
なければならない。

③　所轄都道府県労働局長は，前項の申請書の提出を受けた場合において，認
定をし，又はしないことを決定したときは，遅滞なく，文書で，その旨を当
該申請書を提出した事業者に通知しなければならない。

④　認定は，3年ごとにその更新を受けなければ，その期間の経過によつて，そ
の効力を失う。

⑤　第1項から第3項までの規定は，前項の認定の更新について準用する。

⑥　認定を受けた事業者は，当該認定に係る事業場が第1項第1号から第5号
までに掲げる事項のいずれかに該当しなくなつたときは，遅滞なく，文書で，
その旨を所轄都道府県労働局長に報告しなければならない。

⑦　所轄都道府県労働局長は，認定を受けた事業者が次のいずれかに該当する
に至つたときは，その認定を取り消すことができる。

1　認定に係る事業場が第1項各号に掲げる事項のいずれかに適合しなくな
つたと認めるとき。

2　不正の手段により認定又はその更新を受けたとき。

3　有機溶剤に係る法第22条及び第57条の3第2項の措置が適切に講じら
れていないと認めるとき。

⑧　前三項の場合における第1項第3号の規定の適用については，同号中「過
去3年間に当該事業場の作業場所について行われた第28条の2第1項の規定
による評価の結果が全て第1管理区分に区分された」とあるのは，「過去3年
間の当該事業場の作業場所に係る作業環境が第28条の2第1項の第1管理区
分に相当する水準にある」とする。

第2章　設　備

（第1種有機溶剤等又は第2種有機溶剤等に係る設備）
第5条　事業者は，屋内作業場等において，第1種有機溶剤等又は第2種有機
溶剤等に係る有機溶剤業務（第1条第1項第6号ヲに掲げる業務を除く。以
下この条及び第13条の2第1項において同じ。）に労働者を従事させるとき

は，当該有機溶剤業務を行う作業場所に，有機溶剤の蒸気の発散源を密閉する設備，局所排気装置又はプッシュプル型換気装置を設けなければならない。

（第3種有機溶剤等に係る設備）

第6条　事業者は，タンク等の内部において，第3種有機溶剤等に係る有機溶剤業務（第1条第1項第6号ヲに掲げる業務及び吹付けによる有機溶剤業務を除く。）に労働者を従事させるときは，当該有機溶剤業務を行う作業場所に，有機溶剤の蒸気の発散源を密閉する設備，局所排気装置，プッシュプル型換気装置又は全体換気装置を設けなければならない。

②　事業者は，タンク等の内部において，吹付けによる第3種有機溶剤等に係る有機溶剤業務に労働者を従事させるときは，当該有機溶剤業務を行う作業場所に，有機溶剤の蒸気の発散源を密閉する設備，局所排気装置又はプッシュプル型換気装置を設けなければならない。

（屋内作業場の周壁が開放されている場合の適用除外）

第7条　次の各号に該当する屋内作業場において，事業者が有機溶剤業務に労働者を従事させるときは，第5条の規定は，適用しない。

　　1　周壁の2側面以上，かつ，周壁の面積の半分以上が直接外気に向つて開放されていること。

　　2　当該屋内作業場に通風を阻害する壁，つい立その他の物がないこと。

（臨時に有機溶剤業務を行う場合の適用除外等）

第8条　臨時に有機溶剤業務を行う事業者が屋内作業場等のうちタンク等の内部以外の場所における当該有機溶剤業務に労働者を従事させるときは，第5条の規定は，適用しない。

②　臨時に有機溶剤業務を行う事業者がタンク等の内部における当該有機溶剤業務に労働者を従事させる場合において，全体換気装置を設けたときは，第5条又は第6条第2項の規定にかかわらず，有機溶剤の蒸気の発散源を密閉する設備，局所排気装置及びプッシュプル型換気装置を設けないことができる。

（短時間有機溶剤業務を行う場合の設備の特例）

第9条　事業者は，屋内作業場等のうちタンク等の内部以外の場所において有機溶剤業務に労働者を従事させる場合において，当該場所における有機溶剤業務に要する時間が短時間であり，かつ，全体換気装置を設けたときは，第5

条の規定にかかわらず，有機溶剤の蒸気の発散源を密閉する設備，局所排気装置及びプッシュプル型換気装置を設けないことができる。

② 事業者は，タンク等の内部において有機溶剤業務に労働者を従事させる場合において，当該場所における有機溶剤業務に要する時間が短時間であり，かつ，送気マスクを備えたとき（当該場所における有機溶剤業務の一部を請負人に請け負わせる場合にあつては，当該場所における有機溶剤業務に要する時間が短時間であり，送気マスクを備え，かつ，当該請負人に対し，送気マスクを備える必要がある旨を周知させるとき）は，第5条又は第6条の規定にかかわらず，有機溶剤の蒸気の発散源を密閉する設備，局所排気装置，プッシュプル型換気装置及び全体換気装置を設けないことができる。

（局所排気装置等の設置が困難な場合における設備の特例）

第 10 条 事業者は，屋内作業場等の壁，床又は天井について行う有機溶剤業務に労働者を従事させる場合において，有機溶剤の蒸気の発散面が広いため第5条又は第6条第2項の規定による設備の設置が困難であり，かつ，全体換気装置を設けたときは，有機溶剤の蒸気の発散源を密閉する設備，局所排気装置及びプッシュプル型換気装置を設けないことができる。

（他の屋内作業場から隔離されている屋内作業場における設備の特例）

第 11 条 事業者は，反応槽その他の有機溶剤業務を行うための設備が常置されており，他の屋内作業場から隔離され，かつ，労働者が常時立ち入る必要がない屋内作業場において当該設備による有機溶剤業務に労働者を従事させる場合において，全体換気装置を設けたときは，第5条又は第6条第2項の規定にかかわらず，有機溶剤の蒸気の発散源を密閉する設備，局所排気装置及びプッシュプル型換気装置を設けないことができる。

（代替設備の設置に伴う設備の特例）

第 12 条 事業者は，次の各号のいずれかに該当するときは，第5条又は第6条第1項の規定にかかわらず，有機溶剤の蒸気の発散源を密閉する設備，局所排気装置，プッシュプル型換気装置及び全体換気装置を設けないことができる。

1 赤外線乾燥炉その他温熱を伴う設備を使用する有機溶剤業務に労働者を従事させる場合において，当該設備から作業場へ有機溶剤の蒸気が拡散しないように，発散する有機溶剤の蒸気を温熱により生ずる上昇気流を利用

して作業場外に排出する排気管等を設けたとき。

2　有機溶剤等が入つている開放槽について，有機溶剤の蒸気が作業場へ拡散しないよう，有機溶剤等の表面を水等で覆い，又は槽の開口部に逆流凝縮機等を設けたとき。

(労働基準監督署長の許可に係る設備の特例)

第13条　事業者は，屋内作業場等において有機溶剤業務に労働者を従事させる場合において，有機溶剤の蒸気の発散面が広いため第5条又は第6条第2項の規定による設備の設置が困難なときは，所轄労働基準監督署長の許可を受けて，有機溶剤の蒸気の発散源を密閉する設備，局所排気装置及びプッシュプル型換気装置を設けないことができる。

②　前項の許可を受けようとする事業者は，局所排気装置等特例許可申請書(様式第2号)に作業場の見取図を添えて，所轄労働基準監督署長に提出しなければならない。

③　所轄労働基準監督署長は，前項の申請書の提出を受けた場合において，第1項の許可をし，又はしないことを決定したときは，遅滞なく，文書で，その旨を当該事業者に通知しなければならない。

第13条の2　事業者は，第5条の規定にかかわらず，次条第1項の発散防止抑制措置(有機溶剤の蒸気の発散を防止し，又は抑制する設備又は装置を設置することその他の措置をいう。以下この条及び次条において同じ。)に係る許可を受けるために同項に規定する有機溶剤の濃度の測定を行うときは，次の措置を講じた上で，有機溶剤の蒸気の発散源を密閉する設備，局所排気装置及びプッシュプル型換気装置を設けないことができる。

1　次の事項を確認するのに必要な能力を有すると認められる者のうちから確認者を選任し，その者に，あらかじめ，次の事項を確認させること。

イ　当該発散防止抑制措置により有機溶剤の蒸気が作業場へ拡散しないこと。

ロ　当該発散防止抑制措置が有機溶剤業務に従事する労働者に危険を及ぼし，又は労働者の健康障害を当該措置により生ずるおそれのないものであること。

2　当該発散防止抑制装置に係る有機溶剤業務に従事する労働者に送気マス

　　ク，有機ガス用防毒マスク又は有機ガス用の防毒機能を有する電動ファン
　　付き呼吸用保護具を使用させること。
　3　前号の有機溶剤業務の一部を請負人に請け負わせるときは，当該請負人
　　に対し，送気マスク，有機ガス用防毒マスク又は有機ガス用の防毒機能を
　　有する電動ファン付き呼吸用保護具を使用する必要がある旨を周知させる
　　こと。
② 事業者は，前項第2号の規定により労働者に送気マスクを使用させたとき
　は，当該労働者が有害な空気を吸入しないように措置しなければならない。
第13条の3　事業者は，第5条の規定にかかわらず，発散防止抑制措置を講じ
　た場合であつて，当該発散防止抑制措置に係る作業場の有機溶剤の濃度の測
　定（当該作業場の通常の状態において，法第65条第2項及び作業環境測定法
　施行規則（昭和50年労働省令第20号）第3条の規定に準じて行われるもの
　に限る。以下この条及び第18条の3において同じ。）の結果を第28条の2第
　1項の規定に準じて評価した結果，第1管理区分に区分されたときは，所轄労
　働基準監督署長の許可を受けて，当該発散防止抑制措置を講ずることにより，
　有機溶剤の蒸気の発散源を密閉する設備，局所排気装置及びプッシュプル型
　換気装置を設けないことができる。
② 前項の許可を受けようとする事業者は，発散防止抑制措置特例実施許可申
　請書（様式第5号）に申請に係る発散防止抑制措置に関する次の書類を添え
　て，所轄労働基準監督署長に提出しなければならない。
　1　作業場の見取図
　2　当該発散防止抑制措置を講じた場合の当該作業場の有機溶剤の濃度の測
　　定の結果及び第28条の2第1項の規定に準じて当該測定の結果の評価を記
　　載した書面
　3　前条第1項第1号の確認の結果を記載した書面
　4　当該発散防止抑制措置の内容及び当該措置が有機溶剤の蒸気の発散の防
　　止又は抑制について有効である理由を記載した書面
　5　その他所轄労働基準監督署長が必要と認めるもの
③ 所轄労働基準監督署長は，前項の申請書の提出を受けた場合において，第1
　項の許可をし，又はしないことを決定したときは，遅滞なく，文書で，その

旨を当該事業者に通知しなければならない。

④　第1項の許可を受けた事業者は，第2項の申請書及び書類に記載された事項に変更を生じたときは，遅滞なく，文書で，その旨を所轄労働基準監督署長に報告しなければならない。

⑤　第1項の許可を受けた事業者は，当該許可に係る作業場についての第28条第2項の測定の結果の評価が第28条の2第1項の第1管理区分でなかつたとき及び第1管理区分を維持できないおそれがあるときは，直ちに，次の措置を講じなければならない。

　　1　当該評価の結果について，文書で，所轄労働基準監督署長に報告すること。

　　2　当該許可に係る作業場について，当該作業場の管理区分が第1管理区分となるよう，施設，設備，作業工程又は作業方法の点検を行い，その結果に基づき，施設又は設備の設置又は整備，作業工程又は作業方法の改善その他作業環境を改善するため必要な措置を講ずること。

　　3　当該許可に係る作業場については，労働者に有効な呼吸用保護具を使用させること。

　　4　事業者は，当該許可に係る作業場において作業に従事する者（労働者を除く。）に対し，有効な呼吸用保護具を使用する必要がある旨を周知させること。

⑥　第1項の許可を受けた事業者は，前項第2号の規定による措置を講じたときは，その効果を確認するため，当該許可に係る作業場について当該有機溶剤の濃度を測定し，及びその結果の評価を行い，並びに当該評価の結果について，直ちに，文書で，所轄労働基準監督署長に報告しなければならない。

⑦　所轄労働基準監督署長は，第1項の許可を受けた事業者が第5項第1号及び前項の報告を行わなかつたとき，前項の評価が第1管理区分でなかつたとき並びに第1項の許可に係る作業場についての第28条第2項の測定の結果の評価が第28条の2第1項の第1管理区分を維持できないおそれがあると認めたときは，遅滞なく，当該許可を取り消すものとする。

第3章　換気装置の性能等

（局所排気装置のフード等）

第14条　事業者は，局所排気装置（第2章の規定により設ける局所排気装置をいう。以下この章及び第19条の2第2号において同じ。）のフードについては，次に定めるところに適合するものとしなければならない。

1　有機溶剤の蒸気の発散源ごとに設けられていること。

2　外付け式のフードは，有機溶剤の蒸気の発散源にできるだけ近い位置に設けられていること。

3　作業方法，有機溶剤の蒸気の発散状況及び有機溶剤の蒸気の比重等からみて，当該有機溶剤の蒸気を吸引するのに適した型式及び大きさのものであること。

② 事業者は，局所排気装置のダクトについては，長さができるだけ短く，ベンドの数ができるだけ少ないものとしなければならない。

（排風機等）

第15条　事業者は，局所排気装置の排風機については，当該局所排気装置に空気清浄装置が設けられているときは，清浄後の空気が通る位置に設けなければならない。ただし，吸引された有機溶剤の蒸気等による爆発のおそれがなく，かつ，フアンの腐食のおそれがないときは，この限りでない。

② 事業者は，全体換気装置（第2章の規定により設ける全体換気装置をいう。以下この章及び第19条の2第2号において同じ。）の送風機又は排風機（ダクトを使用する全体換気装置については，当該ダクトの開口部）については，できるだけ有機溶剤の蒸気の発散源に近い位置に設けなければならない。

（排気口）

第15条の2　事業者は，局所排気装置，プッシュプル型換気装置（第2章の規定により設けるプッシュプル型換気装置をいう。以下この章，第19条の2及び第33条第1項第6号において同じ。），全体換気装置又は第12条第1号の排気管等の排気口を直接外気に向かつて開放しなければならない。

② 事業者は，空気清浄装置を設けていない局所排気装置若しくはプッシュプル型換気装置（屋内作業場に設けるものに限る。）又は第12条第1号の排気

管等の排気口の高さを屋根から1.5メートル以上としなければならない。た
だし，当該排気口から排出される有機溶剤の濃度が厚生労働大臣が定める濃
度に満たない場合は，この限りでない。

（局所排気装置の性能）

第16条　局所排気装置は，次の表の上欄〔編注：左欄〕に掲げる型式に応じ
て，それぞれ同表の下欄〔編注：右欄〕に掲げる制御風速を出し得る能力を
有するものでなければならない。

型　　　　式		制御風速（メートル/秒）
囲　い　式　フ　ー　ド		0.4
外付け式フード	側方吸引型	0.5
	下方吸引型	0.5
	上方吸引型	1.0
備考　1　この表における制御風速は，局所排気装置のすべてのフードを開放した場合の制御風速をいう。 　　　　2　この表における制御風速は，フードの型式に応じて，それぞれ次に掲げる風速をいう。 　　　　イ　囲い式フードにあつては，フードの開口面における最小風速 　　　　ロ　外付け式フードにあつては，当該フードにより有機溶剤の蒸気を吸引しようとする範囲内における当該フードの開口面から最も離れた作業位置の風速		

②　前項の規定にかかわらず，次の各号のいずれかに該当する場合においては，
当該局所排気装置は，その換気量を，発散する有機溶剤等の区分に応じて，そ
れぞれ第17条に規定する全体換気装置の換気量に等しくなるまで下げた場合
の制御風速を出し得る能力を有すれば足りる。

　1　第6条第1項の規定により局所排気装置を設けた場合

　2　第8条第2項，第9条第1項又は第11条の規定に該当し，全体換気装置
　　を設けることにより有機溶剤の蒸気の発散源を密閉する設備及び局所排気
　　装置を設けることを要しないとされる場合で，局所排気装置を設けたとき。

（プッシュプル型換気装置の性能等）

第 16 条の 2　プッシュプル型換気装置は，厚生労働大臣が定める構造及び性能を有するものでなければならない。

（全体換気装置の性能）

第 17 条　全体換気装置は，次の表の上欄〔編注：左欄〕に掲げる区分に応じて，それぞれ同表の下欄〔編注：右欄〕に掲げる式により計算した 1 分間当りの換気量（区分の異なる有機溶剤等を同時に消費するときは，それぞれの区分ごとに計算した 1 分間当りの換気量を合算した量）を出し得る能力を有するものでなければならない。

消費する有機溶剤等の区分	1 分間当りの換気量
第 1 種有機溶剤等	$Q = 0.3\,W$
第 2 種有機溶剤等	$Q = 0.04\,W$
第 3 種有機溶剤等	$Q = 0.01\,W$

　この表において，Q及びWは，それぞれ次の数値を表わすものとする。
　Q　1 分間当りの換気量（単位　立方メートル）
　W　作業時間 1 時間に消費する有機溶剤等の量（単位　グラム）

②　前項の作業時間 1 時間に消費する有機溶剤等の量は，次の各号に掲げる業務に応じて，それぞれ当該各号に掲げるものとする。

1　第 1 条第 1 項第 6 号イ又はロに掲げる業務　作業時間 1 時間に蒸発する有機溶剤の量

2　第 1 条第 1 項第 6 号ハからへまで，チ，リ又はルのいずれかに掲げる業務　作業時間 1 時間に消費する有機溶剤等の量に厚生労働大臣が別に定める数値を乗じて得た量

3　第 1 条第 1 項第 6 号ト又はヌのいずれかに掲げる業務　作業時間 1 時間に接着し，又は乾燥する物に，それぞれ塗布され，又は付着している有機溶剤等の量に厚生労働大臣が別に定める数値を乗じて得た量

③　第 2 条第 2 項本文後段の規定は，前項に規定する作業時間 1 時間に消費する有機溶剤等の量について準用する。

（換気装置の稼働）

第 18 条　事業者は，局所排気装置を設けたときは，労働者が有機溶剤業務に従事する間，当該局所排気装置を第16条第1項の表の上欄〔編注：左欄〕に掲げる型式に応じて，それぞれ同表の下欄〔編注：右欄〕に掲げる制御風速以上の制御風速で稼働させなければならない。

②　前項の規定にかかわらず，第16条第2項各号のいずれかに該当する場合においては，当該局所排気装置は，同項に規定する制御風速以上の制御風速で稼働させれば足りる。

③　事業者は，第1項の局所排気装置を設けた場合であつて，有機溶剤業務の一部を請負人に請け負わせるときは，当該請負人が当該有機溶剤業務に従事する間（労働者が当該有機溶剤業務に従事するときを除く。），当該局所排気装置を第16条第1項の表の上欄〔編注：左欄〕に掲げる型式に応じて，それぞれ同表の下欄〔編注：右欄〕に掲げる制御風速以上の制御風速で稼働させること等について配慮しなければならない。ただし，第16条第2項各号のいずれかに該当する場合においては，当該局所排気装置は，同項に規定する制御風速以上の制御風速で稼働させること等について配慮すれば足りる。

④　事業者は，プッシュプル型換気装置を設けたときは，労働者が有機溶剤業務に従事する間，当該プッシュプル型換気装置を厚生労働大臣が定める要件を満たすように稼働させなければならない。

⑤　事業者は，前項のプッシュプル型換気装置を設けた場合であつて，有機溶剤業務の一部を請負人に請け負わせるときは，当該請負人が当該有機溶剤業務に従事する間（労働者が当該有機溶剤業務に従事するときを除く。），当該プッシュプル型装置を同項の厚生労働大臣が定める要件を満たすように稼働させること等について配慮しなければならない。

⑥　事業者は，全体換気装置を設けたときは，労働者が有機溶剤業務に従事する間，当該全体換気装置を前条第1項の表の上欄〔編注：左欄〕に掲げる区分に応じて，それぞれ同表の下欄〔編注：右欄〕に掲げる1分間当たりの換気量以上の換気量で稼働させなければならない。

⑦　事業者は，前項の全体換気装置を設けた場合であつて，有機溶剤業務の一部を請負人に請け負わせるときは，当該請負人が当該有機溶剤業務に従事す

る間（労働者が当該有機溶剤業務に従事するときを除く。），当該全体換気装置を前条第1項の表の上欄〔編注：左欄〕に掲げる区分に応じて，それぞれ同表の下欄〔編注：右欄〕に掲げる1分間当たりの換気量以上の換気量で稼働させること等について配慮しなければならない。

⑧　事業者は，局所排気装置，プッシュプル型換気装置又は全体換気装置を設けたときは，バッフルを設けて換気を妨害する気流を排除する等当該装置を有効に稼働させるために必要な措置を講じなければならない。

（局所排気装置の稼働の特例）

第18条の2　前条第1項の規定にかかわらず，過去1年6月間，当該局所排気装置に係る作業場に係る第28条第2項及び法第65条第5項の規定による測定並びに第28条の2第1項の規定による当該測定の結果の評価が行われ，当該評価の結果，当該1年6月間，第1管理区分に区分されることが継続した場合であつて，次条第1項の許可を受けるために，同項に規定する有機溶剤の濃度の測定を行うときは，次の措置を講じた上で，当該局所排気装置を第16条第1項の表の上欄〔編注：左欄〕に掲げる型式に応じて，それぞれ同表の下欄〔編注：右欄〕に掲げる制御風速未満の制御風速で稼働させることができる。

1　次の事項を確認するのに必要な能力を有すると認められる者のうちから確認者を選任し，その者に，あらかじめ，次の事項を確認させること。

　イ　当該制御風速で当該局所排気装置を稼働させた場合に，制御風速が安定していること。

　ロ　当該制御風速で当該局所排気装置を稼働させた場合に，当該局所排気装置のフードにより有機溶剤の蒸気を吸引しようとする範囲内における当該フードの開口面から最も離れた作業位置において，有機溶剤の蒸気を吸引できること。

2　当該局所排気装置に係る有機溶剤業務に従事する労働者に送気マスク，有機ガス用防毒マスク又は有機ガス用の防毒機能を有する電動ファン付き呼吸用保護具を使用させること。

3　前号の有機溶剤業務の一部を請負人に請け負わせるときは，当該請負人に対し，送気マスク，有機ガス用防毒マスク又は有機ガス用の防毒機能を

有する電動ファン付き呼吸用保護具を使用する必要がある旨を周知させること。

②　第13条の2第2項の規定は，前項第2号の規定により労働者に送気マスクを使用させた場合について準用する。

第18条の3　第18条第1項の規定にかかわらず，前条の規定により，第16条第1項の表の上欄〔編注：左欄〕に掲げる型式に応じて，それぞれ同表の下欄〔編注：右欄〕に掲げる制御風速未満の制御風速で局所排気装置を稼働させた場合であつても，当該局所排気装置に係る作業場の有機溶剤の濃度の測定の結果を第28条の2第1項の規定に準じて評価した結果，第1管理区分に区分されたときは，所轄労働基準監督署長の許可を受けて，当該局所排気装置を当該制御風速（以下「特例制御風速」という。）で稼働させることができる。

②　前項の許可を受けようとする事業者は，局所排気装置特例稼働許可申請書（様式第2号の2）に申請に係る局所排気装置に関する次の書類を添えて，所轄労働基準監督署長に提出しなければならない。

1　作業場の見取図

2　申請前1年6月間に行つた当該作業場に係る第28条第2項及び法第65条第5項の規定による測定の結果及び第28条の2第1項の規定による当該測定の結果の評価を記載した書面

3　特例制御風速で当該局所排気装置を稼働させた場合の当該作業場の有機溶剤の濃度の測定の結果及び第28条の2第1項の規定に準じて当該測定の結果の評価を記載した書面

4　法第88条第1項本文に規定する届出（以下この号において「届出」という。）を行つたことを証明する書面（同条第1項ただし書の規定による認定を受けたことにより届出を行つていない事業者にあつては，当該認定を受けていることを証明する書面）

5　申請前2年間に行つた第20条第2項に規定する自主検査の結果を記載した書面

③　所轄労働基準監督署長は，前項の申請書の提出を受けた場合において，第1項の許可をし，又はしないことを決定したときは，遅滞なく，文書で，その

旨を当該事業者に通知しなければならない。

④　第1項の許可を受けた事業者は，当該許可に係る作業場について第28条第2項の規定による測定及び第28条の2第1項の規定による当該測定の結果の評価を行つたときは，遅滞なく，文書で，第28条第3項各号の事項及び第28条の2第2項各号の事項を所轄労働基準監督署長に報告しなければならない。

⑤　第1項の許可を受けた事業者は，第2項の申請書及び書類に記載された事項に変更を生じたときは，遅滞なく，文書で，その旨を所轄労働基準監督署長に報告しなければならない。

⑥　所轄労働基準監督署長は，第4項の評価が第1管理区分でなかつたとき及び第1項の許可に係る作業場についての第28条第2項の測定の結果の評価が第28条の2第1項の第1管理区分を維持できないおそれがあると認めたときは，遅滞なく，当該許可を取り消すものとする。

第4章　管　理

（有機溶剤作業主任者の選任）

第19条　令第6条第22号の厚生労働省令で定める業務は，有機溶剤業務（第1条第1項第6号ルに掲げる業務を除く。）のうち次に掲げる業務以外の業務とする。

　　1　第2条第1項の場合における同項の業務

　　2　第3条第1項の場合における同項の業務

②　事業者は，令第6条第22号の作業については，有機溶剤作業主任者技能講習を修了した者のうちから，有機溶剤作業主任者を選任しなければならない。

（有機溶剤作業主任者の職務）

第19条の2　事業者は，有機溶剤作業主任者に次の事項を行わせなければならない。

　　1　作業に従事する労働者が有機溶剤により汚染され，又はこれを吸入しないように，作業の方法を決定し，労働者を指揮すること。

　　2　局所排気装置，プッシュプル型換気装置又は全体換気装置を1月を超えない期間ごとに点検すること。

　　3　保護具の使用状況を監視すること。

4　タンクの内部において有機溶剤業務に労働者が従事するときは，第26条
各号（第2号，第4号及び第7号を除く。）に定める措置が講じられている
ことを確認すること。

（局所排気装置の定期自主検査）

第 20 条　令第15条第1項第9号の厚生労働省令で定める局所排気装置（有機
溶剤業務に係るものに限る。）は，第5条又は第6条の規定により設ける局所
排気装置とする。

② 　事業者は，前項の局所排気装置については，1年以内ごとに1回，定期に，
次の事項について自主検査を行わなければならない。ただし，1年を超える期
間使用しない同項の装置の当該使用しない期間においては，この限りでない。

1　フード，ダクト及びファンの摩耗，腐食，くぼみその他損傷の有無及び
その程度

2　ダクト及び排風機におけるじんあいのたい積状態

3　排風機の注油状態

4　ダクトの接続部における緩みの有無

5　電動機とファンを連結するベルトの作動状態

6　吸気及び排気の能力

7　前各号に掲げるもののほか，性能を保持するため必要な事項

③ 　事業者は，前項ただし書の装置については，その使用を再び開始する際に，
同項各号に掲げる事項について自主検査を行わなければならない。

（プッシュプル型換気装置の定期自主検査）

第 20 条の2　令第15条第1項第9号の厚生労働省令で定めるプッシュプル型
換気装置（有機溶剤業務に係るものに限る。）は，第5条又は第6条の規定に
より設けるプッシュプル型換気装置とする。

② 　前条第2項及び第3項の規定は，前項のプッシュプル型換気装置に関して
準用する。この場合において，同条第2項第3号中「排風機」とあるのは「送
風機及び排風機」と，同項第6号中「吸気」とあるのは「送気，吸気」と読
み替えるものとする。

（記　録）

第21条　事業者は，前二条の自主検査を行なつたときは，次の事項を記録して，

これを3年間保存しなければならない。

1　検査年月日

2　検査方法

3　検査箇所

4　検査の結果

5　検査を実施した者の氏名

6　検査の結果に基づいて補修等の措置を講じたときは，その内容

（点　検）

第22条　事業者は，第20条第1項の局所排気装置をはじめて使用するとき，又は分解して改造若しくは修理を行つたときは，次の事項について点検を行わなければならない。

1　ダクト及び排風機におけるじんあいのたい積状態

2　ダクトの接続部における緩みの有無

3　吸気及び排気の能力

4　前三号に掲げるもののほか，性能を保持するため必要な事項

②　前項の規定は，第20条の2第1項のプッシュプル型換気装置に関して準用する。この場合において，前項第3号中「吸気」とあるのは「送気，吸気」と読み替えるものとする。

（補　修）

第23条　事業者は，第20条第2項及び第3項（第20条の2第2項において準用する場合を含む。）の自主検査又は前条の点検を行なつた場合において，異常を認めたときは，直ちに補修しなければならない。

（掲　示）

第24条　事業者は，屋内作業場等において有機溶剤業務に労働者を従事させるときは，次の事項を，作業中の労働者が容易に知ることができるよう，見やすい場所に掲示しなければならない。

1　有機溶剤により生ずるおそれのある疾病の種類及びその症状

2　有機溶剤等の取扱い上の注意事項

3　有機溶剤による中毒が発生したときの応急処置

4　次に掲げる場所にあつては，有効な呼吸用保護具を使用しなければなら

ない旨及び使用すべき呼吸用保護具

　イ　第13条の2第1項の許可に係る作業場（同項に規定する有機溶剤の濃
　　度の測定を行うときに限る。）

　ロ　第13条の3第1項の許可に係る作業場であつて，第28条第2項の測
　　定の結果の評価が第28条の2第1項の第1管理区分でなかつた作業場及
　　び第1管理区分を維持できないおそれがある作業場

　ハ　第18条の2第1項の許可に係る作業場（同項に規定する有機溶剤の濃
　　度の測定を行うときに限る。）

　ニ　第28条の2第1項の規定による評価の結果，第3管理区分に区分され
　　た場所

　ホ　第28条の3の2第4項及び第5項の規定による措置を講ずべき場所

　ヘ　第32条第1項各号に掲げる業務を行う作業場

　ト　第33条第1項各号に掲げる業務を行う作業場

（有機溶剤等の区分の表示）

第25条　事業者は，屋内作業場等において有機溶剤業務に労働者を従事させ
　るときは，当該有機溶剤業務に係る有機溶剤等の区分を，色分け及び色分け
　以外の方法により，見やすい場所に表示しなければならない。

②　前項の色分けによる表示は，次の各号に掲げる有機溶剤等の区分に応じ，そ
　れぞれ当該各号に定める色によらなければならない。

　1　第1種有機溶剤等　　赤

　2　第2種有機溶剤等　　黄

　3　第3種有機溶剤等　　青

（タンク内作業）

第26条　事業者は，タンクの内部において有機溶剤業務に労働者を従事させ
　るときは，次の措置を講じなければならない。

　1　作業開始前，タンクのマンホールその他有機溶剤等が流入するおそれの
　　ない開口部を全て開放すること。

　2　当該有機溶剤業務の一部を請負人に請け負わせる場合（労働者が当該有
　　機溶剤業務に従事するときを除く。）は，当該請負人の作業開始前，タンク
　　のマンホールその他有機溶剤等が流入するおそれのない開口部を全て開放

すること等について配慮すること。

3　労働者の身体が有機溶剤等により著しく汚染されたとき，及び作業が終了したときは，直ちに労働者に身体を洗浄させ，汚染を除去させること。

4　当該有機溶剤業務の一部を請負人に請け負わせるときは，当該請負人に対し，身体が有機溶剤等により著しく汚染されたとき，及び作業が終了したときは，直ちに身体を洗浄し，汚染を除去する必要がある旨を周知させること。

5　事故が発生したときにタンクの内部の労働者を直ちに退避させることができる設備又は器具等を整備しておくこと。

6　有機溶剤等を入れたことのあるタンクについては，作業開始前に，次の措置を講ずること。

　イ　有機溶剤等をタンクから排出し，かつ，タンクに接続する全ての配管から有機溶剤等がタンクの内部へ流入しないようにすること。

　ロ　水又は水蒸気等を用いてタンクの内壁を洗浄し，かつ，洗浄に用いた水又は水蒸気等をタンクから排出すること。

　ハ　タンクの容積の3倍以上の量の空気を送気し，若しくは排気するか，又はタンクに水を満たした後，その水をタンクから排出すること。

7　当該有機溶剤業務の一部を請負人に請け負わせる場合（労働者が当該有機溶剤業務に従事するときを除く。）は，有機溶剤等を入れたことのあるタンクについては，当該請負人の作業開始前に，前号イからハまでに掲げる措置を講ずること等について配慮すること。

（事故の場合の退避等）

第27条　事業者は，タンク等の内部において有機溶剤業務に労働者を従事させる場合において，次の各号のいずれかに該当する事故が発生し，有機溶剤による中毒の発生のおそれのあるときは，直ちに作業を中止し，作業に従事する者を当該事故現場から退避させなければならない。

1　当該有機溶剤業務を行う場所を換気するために設置した局所排気装置，プッシュプル型換気装置又は全体換気装置の機能が故障等により低下し，又は失われたとき。

2　当該有機溶剤業務を行う場所の内部が有機溶剤等により汚染される事態

が生じたとき。

② 事業者は，前項の事故が発生し，作業を中止したときは，当該事故現場の有機溶剤等による汚染が除去されるまで，作業に従事する者が当該事故現場に立ち入ることについて，禁止する旨を見やすい箇所に表示することその他の方法により禁止しなければならない。ただし，安全な方法によつて，人命救助又は危害防止に関する作業をさせるときは，この限りでない。

第5章　測　定

（測　定）

第 28 条　令第 21 条第 10 号の厚生労働省令で定める業務は，令別表第 6 の 2 第 1 号から第 47 号までに掲げる有機溶剤に係る有機溶剤業務のうち，第 3 条第 1 項の場合における同項の業務以外の業務とする。

② 事業者は，前項の業務を行う屋内作業場について，6 月以内ごとに 1 回，定期に，当該有機溶剤の濃度を測定しなければならない。

③ 事業者は，前項の規定により測定を行なつたときは，そのつど次の事項を記録して，これを 3 年間保存しなければならない。

1　測定日時
2　測定方法
3　測定箇所
4　測定条件
5　測定結果
6　測定を実施した者の氏名
7　測定結果に基づいて当該有機溶剤による労働者の健康障害の予防措置を講じたときは，当該措置の概要

（測定結果の評価）

第 28 条の 2　事業者は，前条第 2 項の屋内作業場について，同項又は法第 65 条第 5 項の規定による測定を行つたときは，その都度，速やかに，厚生労働大臣の定める作業環境評価基準に従つて，作業環境の管理の状態に応じ，第 1 管理区分，第 2 管理区分又は第 3 管理区分に区分することにより当該測定の結果の評価を行わなければならない。

② 事業者は，前項の規定による評価を行つたときは，その都度次の事項を記録して，これを3年間保存しなければならない。

1　評価日時

2　評価箇所

3　評価結果

4　評価を実施した者の氏名

（評価の結果に基づく措置）

第28条の3　事業者は，前条第1項の規定による評価の結果，第3管理区分に区分された場所については，直ちに，施設，設備，作業工程又は作業方法の点検を行い，その結果に基づき，施設又は設備の設置又は整備，作業工程又は作業方法の改善その他作業環境を改善するため必要な措置を講じ，当該場所の管理区分が第1管理区分又は第2管理区分となるようにしなければならない。

② 事業者は，前項の規定による措置を講じたときは，その効果を確認するため，同項の場所について当該有機溶剤の濃度を測定し，及びその結果の評価を行わなければならない。

③ 事業者は，第1項の場所については，労働者に有効な呼吸用保護具を使用させるほか，健康診断の実施その他労働者の健康の保持を図るため必要な措置を講ずるとともに，前条第2項の規定による評価の記録，第1項の規定に基づき講ずる措置及び前項の規定に基づく評価の結果を次に掲げるいずれかの方法によつて労働者に周知させなければならない。

1　常時各作業場の見やすい場所に掲示し，又は備え付けること。

2　書面を労働者に交付すること。

3　事業者の使用に係る電子計算機に備えられたファイル又は電磁的記録媒体（電磁的記録（電子的方式，磁気的方式その他人の知覚によつては認識することができない方式で作られる記録であつて，電子計算機による情報処理に用に供されるものをいう。）に係る記録媒体をいう。以下同じ。）をもつて調整するファイルに記録し，かつ，各作業場に労働者が当該記録の内容を常時確認できる機器を設置すること。

④ 事業者は，第1項の場所において作業に従事する者（労働者を除く。）に対

し，当該場所については，有効な呼吸用保護具を使用する必要がある旨を周知させなければならない。

第28条の3の2　事業者は，前条第2項の規定による評価の結果，第3管理区分に区分された場所（同条第1項に規定する措置を講じていないこと又は当該措置を講じた後同条第2項の評価を行つていないことにより，第1管理区分又は第2管理区分となつていないものを含み，第5項各号の措置を講じているものを除く。）については，遅滞なく，次に掲げる事項について，事業場における作業環境の管理について必要な能力を有すると認められる者（当該事業場に属さない者に限る。以下この条において「作業環境管理専門家」という。）の意見を聴かなければならない。

1　当該場所について，施設又は設備の設置又は整備，作業工程又は作業方法の改善その他作業環境を改善するために必要な措置を講ずることにより第1管理区分又は第2管理区分とすることの可否

2　当該場所について，前号において第1管理区分又は第2管理区分とすることが可能な場合における作業環境を改善するために必要な措置の内容

②　事業者は，前項の第3管理区分に区分された場所について，同項第1号の規定により作業環境管理専門家が第1管理区分又は第2管理区分とすることが可能と判断した場合は，直ちに，当該場所について，同項第2号の事項を踏まえ，第1管理区分又は第2管理区分とするために必要な措置を講じなければならない。

③　事業者は，前項の規定による措置を講じたときは，その効果を確認するため，同項の場所について当該有機溶剤の濃度を測定し，及びその結果を評価しなければならない。

④　事業者は，第1項の第3管理区分に区分された場所について，前項の規定による評価の結果，第3管理区分に区分された場合又は第1項第1号の規定により作業環境管理専門家が当該場所を第1管理区分若しくは第2管理区分とすることが困難と判断した場合は，直ちに，次に掲げる措置を講じなければならない。

1　当該場所について，厚生労働大臣の定めるところにより，労働者の身体に装着する試料採取器等を用いて行う測定その他の方法による測定（以下

この条において「個人サンプリング測定等」という。）により，有機溶剤の濃度を測定し，厚生労働大臣の定めるところにより，その結果に応じて，労働者に有効な呼吸用保護具を使用させること（当該場所において作業の一部を請負人に請け負わせる場合にあつては，労働者に有効な呼吸用保護具を使用させ，かつ，当該請負人に対し，有効な呼吸用保護具を使用する必要がある旨を周知させること。）。ただし，前項の規定による測定（当該測定を実施していない場合（第1項第1号の規定により作業環境管理専門家が当該場所を第1管理区分又は第2管理区分とすることが困難と判断した場合に限る。）は，前条第2項の規定による測定）を個人サンプリング測定等により実施した場合は，当該測定をもつて，この号における個人サンプリング測定等とすることができる。

2　前号の呼吸用保護具（面体を有するものに限る。）について，当該呼吸用保護具が適切に装着されていることを厚生労働大臣の定める方法により確認し，その結果を記録し，これを3年間保存すること。

3　保護具に関する知識及び経験を有すると認められる者のうちから保護具着用管理責任者を選任し，次の事項を行わせること。

イ　前二号及び次項第1号から第3号までに掲げる措置に関する事項（呼吸用保護具に関する事項に限る。）を管理すること。

ロ　有機溶剤作業主任者の職務（呼吸用保護具に関する事項に限る。）について必要な指導を行うこと。

ハ　第1号及び次項第2号の呼吸用保護具を常時有効かつ清潔に保持すること。

4　第1項の規定による作業環境管理専門家の意見の概要，第2項の規定に基づき講ずる措置及び前項の規定に基づく評価の結果を，前条第3項各号に掲げるいずれかの方法によつて労働者に周知させること。

⑤　事業者は，前項の措置を講ずべき場所について，第1管理区分又は第2管理区分と評価されるまでの間，次に掲げる措置を講じなければならない。この場合において，第28条第2項の規定による測定を行うことを要しない。

1　6月以内ごとに1回，定期に，個人サンプリング測定等により有機溶剤の濃度を測定し，前項第1号に定めるところにより，その結果に応じて，労

働者に有効な呼吸用保護具を使用させること。

2　前号の呼吸用保護具（面体を有するものに限る。）を使用させるときは，1年以内ごとに1回，定期に，当該呼吸用保護具が適切に装着されていることを前項第2号に定める方法により確認し，その結果を記録し，これを3年間保存すること。

3　当該場所において作業の一部を請負人に請け負わせる場合にあつては，当該請負人に対し，第1号の呼吸用保護具を使用する必要がある旨を周知させること。

⑥　事業者は，第4項第1号の規定による測定（同号ただし書の測定を含む。）又は前項第1号の規定による測定を行つたときは，その都度，次の事項を記録し，これを3年間保存しなければならない。

1　測定日時

2　測定方法

3　測定箇所

4　測定条件

5　測定結果

6　測定を実施した者の氏名

7　測定結果に応じた有効な呼吸用保護具を使用させたときは，当該呼吸用保護具の概要

⑦　事業者は，第4項の措置を講ずべき場所に係る前条第2項の規定による評価及び第3項の規定による評価を行つたときは，次の事項を記録し，これを3年間保存しなければならない。

1　評価日時

2　評価箇所

3　評価結果

4　評価を実施した者の氏名

第28条の3の3　事業者は，前条第4項各号に掲げる措置を講じたときは，遅滞なく，第3管理区分措置状況届（様式第2号の3）を所轄労働基準監督署長に提出しなければならない。

第28条の4　事業者は，第28条の2第1項の規定による評価の結果，第2管

理区分に区分された場所については，施設，設備，作業工程又は作業方法の
点検を行い，その結果に基づき，施設又は設備の設置又は整備，作業工程又
は作業方法の改善その他作業環境を改善するため必要な措置を講ずるよう努
めなければならない。

② 　前項に定めるもののほか，事業者は，同項の場所については，第 28 条の 2
第 2 項の規定による評価の記録及び前項の規定に基づき講ずる措置を次に掲
げるいずれかの方法によつて労働者に周知させなければならない。

1　常時各作業場の見やすい場所に掲示し，又は備え付けること。

2　書面を労働者に交付すること。

3　事業者の使用に係る電子計算機に備えられたファイル又は電磁的記録媒
　体をもつて調整するファイルに記録し，かつ，各作業場に労働者が当該記
　録の内容を常時確認できる機器を設置すること。

第 6 章　健康診断

（健康診断）

第 29 条　令第 22 条第 1 項第 6 号の厚生労働省令で定める業務は，屋内作業場
　等（第 3 種有機溶剤等にあつては，タンク等の内部に限る。）における有機溶
　剤業務のうち，第 3 条第 1 項の場合における同項の業務以外の業務とする。

② 　事業者は，前項の業務に常時従事する労働者に対し，雇入れの際，当該業
　務への配置替えの際及びその後 6 月以内ごとに 1 回，定期に，次の項目につ
　いて医師による健康診断を行わなければならない。

1　業務の経歴の調査

2　作業条件の簡易な調査

3　有機溶剤による健康障害の既往歴並びに自覚症状及び他覚症状の既往歴
　の有無の検査，別表の下欄〔編注：右欄〕に掲げる項目（尿中の有機溶剤
　の代謝物の量の検査に限る。）についての既往の検査結果の調査並びに別表
　の下欄〔編注：右欄〕（尿中の有機溶剤の代謝物の量の検査を除く。）及び
　第 5 項第 2 号から第 5 号までに掲げる項目についての既往の異常所見の有
　無の調査

4　有機溶剤による自覚症状又は他覚症状と通常認められる症状の有無の検査

③　事業者は，前項に規定するもののほか，第1項の業務で別表の上欄〔編注：
　左欄〕に掲げる有機溶剤等に係るものに常時従事する労働者に対し，雇入れ
　の際，当該業務への配置替えの際及びその後6月以内ごとに1回，定期に，別
　表の上欄〔編注：左欄〕に掲げる有機溶剤等の区分に応じ，同表の下欄〔編
　注：右欄〕に掲げる項目について医師による健康診断を行わなければならない。

④　前項の健康診断（定期のものに限る。）は，前回の健康診断において別表の
　下欄〔編注：右欄〕に掲げる項目（尿中の有機溶剤の代謝物の量の検査に限
　る。）について健康診断を受けた者については，医師が必要でないと認めると
　きは，同項の規定にかかわらず，当該項目を省略することができる。

⑤　事業者は，第2項の労働者で医師が必要と認めるものについては，第2項
　及び第3項の規定により健康診断を行わなければならない項目のほか，次の
　項目の全部又は一部について医師による健康診断を行わなければならない。
　1　作業条件の調査
　2　貧血検査
　3　肝機能検査
　4　腎機能検査
　5　神経学的検査

⑥　第1項の業務が行われる場所について第28条の2第1項の規定による評価
　が行われ，かつ，次の各号のいずれにも該当するときは，当該業務に係る直
　近の連続した3回の第2項の健康診断（当該労働者について行われた当該連
　続した3回の健康診断に係る雇入れ，配置換え及び6月以内ごとの期間に関
　して第3項の健康診断が行われた場合においては，当該連続した3回の健康
　診断に係る雇入れ，配置換え及び6月以内ごとの期間に係る同項の健康診断
　を含む。）の結果（前項の規定により行われる項目に係るものを含む。），新た
　に当該業務に係る有機溶剤による異常所見があると認められなかつた労働者
　については，第2項及び第3項の健康診断（定期のものに限る。）は，これら
　の規定にかかわらず，1年以内ごとに1回，定期に，行えば足りるものとする。
　ただし，同項の健康診断を受けた者であつて，連続した3回の同項の健康診
　断を受けていない者については，この限りでない。
　1　当該業務を行う場所について，第28条の2第1項の規定による評価の結

果，直近の評価を含めて連続して3回，第1管理区分に区分された（第4
条の2第1項の規定により，当該場所について第28条の2第1項の規定が
適用されない場合は，過去1年6月の間，当該場所の作業環境が同項の第1
管理区分に相当する水準にある）こと。

2　当該業務について，直近の第2項の規定に基づく健康診断の実施後に作
業方法を変更（軽微なものを除く。）していないこと。

（健康診断の結果）

第30条　事業者は，前条第2項，第3項又は第5項の健康診断（法第66条第
5項ただし書の場合における当該労働者が受けた健康診断を含む。次条におい
て「有機溶剤等健康診断」という。）の結果に基づき，有機溶剤等健康診断個
人票（様式第3号）を作成し，これを5年間保存しなければならない。

（健康診断の結果についての医師からの意見聴取）

第30条の2　有機溶剤等健康診断の結果に基づく法第66条の4の規定による
医師からの意見聴取は，次に定めるところにより行わなければならない。

1　有機溶剤等健康診断が行われた日（法第66条第5項ただし書の場合にあ
つては，当該労働者が健康診断の結果を証明する書面を事業者に提出した
日）から3月以内に行うこと。

2　聴取した医師の意見を有機溶剤等健康診断個人票に記載すること。

②　事業者は，医師から，前項の意見聴取を行う上で必要となる労働者の業務
に関する情報を求められたときは，速やかに，これを提供しなければなら
ない。

（健康診断の結果の通知）

第30条の2の2　事業者は，第29条第2項，第3項又は第5項の健康診断を
受けた労働者に対し，遅滞なく，当該健康診断の結果を通知しなければなら
ない。

（健康診断結果報告）

第30条の3　事業者は，第29条第2項，第3項又は第5項の健康診断（定期
のものに限る。）を行つたときは，遅滞なく，有機溶剤等健康診断結果報告書
（様式第3号の2）を所轄労働基準監督署長に提出しなければならない。

（緊急診断）

第 30 条の 4 事業者は，労働者が有機溶剤により著しく汚染され，又はこれを多量に吸入したときは，速やかに，当該労働者に医師による診察又は処置を受けさせなければならない。

② 事業者は，有機溶剤業務の一部を請負人に請け負わせるときは，当該請負人に対し，有機溶剤により著しく汚染され，又はこれを多量に吸入したときは，速やかに医師による診察又は処置を受ける必要がある旨を周知させなければならない。

（健康診断の特例）

第 31 条 事業者は，第 29 条第 2 項，第 3 項又は第 5 項の健康診断を 3 年以上行い，その間，当該健康診断の結果，新たに有機溶剤による異常所見があると認められる労働者が発見されなかつたときは，所轄労働基準監督署長の許可を受けて，その後における第 29 条第 2 項，第 3 項又は第 5 項の健康診断，第 30 条の有機溶剤等健康診断個人票の作成及び保存並びに第 30 条の 2 の医師からの意見聴取を行わないことができる。

② 前項の許可を受けようとする事業者は，有機溶剤等健康診断特例許可申請書（様式第 4 号）に申請に係る有機溶剤業務に関する次の書類を添えて，所轄労働基準監督署長に提出しなければならない。

1 作業場の見取図

2 作業場に換気装置その他有機溶剤の蒸気の発散を防止する設備が設けられているときは，当該設備等を示す図面及びその性能を記載した書面

3 当該有機溶剤業務に従事する労働者について申請前 3 年間に行つた第 29 条第 2 項，第 3 項又は第 5 項の健康診断の結果を証明する書面

③ 所轄労働基準監督署長は，前項の申請書の提出を受けた場合において，第 1 項の許可をし，又はしないことを決定したときは，遅滞なく，文書で，その旨を当該事業者に通知しなければならない。

④ 第 1 項の許可を受けた事業者は，第 2 項の申請書及び書類に記載された事項に変更を生じたときは，遅滞なく，文書で，その旨を所轄労働基準監督署長に報告しなければならない。

⑤ 所轄労働基準監督署長は，前項の規定による報告を受けた場合及び事業場

を臨検した場合において，第1項の許可に係る有機溶剤業務に従事する労働者について新たに有機溶剤による異常所見を生ずるおそれがあると認めたときは，遅滞なく，当該許可を取り消すものとする。

第7章 保護具

（送気マスクの使用）

第32条 事業者は，次の各号のいずれかに掲げる業務に労働者を従事させるときは，当該業務に従事する労働者に送気マスクを使用させなければならない。

1 第1条第1項第6号ヲに掲げる業務

2 第9条第2項の規定により有機溶剤の蒸気の発散源を密閉する設備，局所排気装置，プッシュプル型換気装置及び全体換気装置を設けないで行うタンク等の内部における業務

② 事業者は，前項各号のいずれかに掲げる業務の一部を請負人に請け負わせるときは，当該請負人に対し，送気マスクを使用する必要がある旨を周知させなければならない。

③ 第13条の2第2項の規定は，第1項の規定により労働者に送気マスクを使用させた場合について準用する。

（呼吸用保護具の使用）

第33条 事業者は，次の各号のいずれかに掲げる業務に労働者を従事させるときは，当該業務に従事する労働者に送気マスク，有機ガス用防毒マスク又は有機ガス用の防毒機能を有する電動ファン付き呼吸用保護具を使用させなければならない。

1 第6条第1項の規定により全体換気装置を設けたタンク等の内部における業務

2 第8条第2項の規定により有機溶剤の蒸気の発散源を密閉する設備，局所排気装置及びプッシュプル型換気装置を設けないで行うタンク等の内部における業務

3 第9条第1項の規定により有機溶剤の蒸気の発散源を密閉する設備及び局所排気装置を設けないで吹付けによる有機溶剤業務を行う屋内作業場等のうちタンク等の内部以外の場所における業務

4 第10条の規定により有機溶剤の蒸気の発散源を密閉する設備，局所排気装置及びプッシュプル型換気装置を設けないで行う屋内作業場等における業務

5 第11条の規定により有機溶剤の蒸気の発散源を密閉する設備，局所排気装置及びプッシュプル型換気装置を設けないで行う屋内作業場における業務

6 プッシュプル型換気装置を設け，荷台にあおりのある貨物自動車等当該プッシュプル型換気装置のブース内の気流を乱すおそれのある形状を有する物について有機溶剤業務を行う屋内作業場等における業務

7 屋内作業場等において有機溶剤の蒸気の発散源を密閉する設備（当該設備中の有機溶剤等が清掃等により除去されているものを除く。）を開く業務

② 事業者は，前項各号のいずれかに掲げる業務の一部を請負人に請け負わせるときは，当該請負人に対し，送気マスク，有機ガス用防毒マスク又は有機ガス用の防毒機能を有する電動ファン付き呼吸用保護具を使用する必要がある旨を周知させなければならない。

③ 第13条の2第2項の規定は，第1項の規定により労働者に送気マスクを使用させた場合について準用する。

（保護具の数等）

第33条の2 事業者は，第13条の2第1項第2号，第18条の2第1項第2号，第32条第1項又は前条第1項の保護具については，同時に就業する労働者の人数と同数以上を備え，常時有効かつ清潔に保持しなければならない。

（労働者の使用義務）

第34条 第13条の2第1項第2号及び第18条の2第1項第2号の業務並びに第32条第1項各号及び第33条第1項各号に掲げる業務に従事する労働者は，当該業務に従事する間，それぞれ第13条の2第1項第2号，第18条の2第1項第2号，第32条第1項又は第33条第1項の保護具を使用しなければならない。

第8章　有機溶剤の貯蔵及び空容器の処理

（有機溶剤等の貯蔵）

第35条　事業者は，有機溶剤等を屋内に貯蔵するときは，有機溶剤等がこぼれ，漏えいし，しみ出し，又は発散するおそれのない蓋又は栓をした堅固な容器を用いるとともに，その貯蔵場所に，次の設備を設けなければならない。

1　当該屋内で作業に従事する者のうち貯蔵に関係する者以外の者がその貯蔵場所に立ち入ることを防ぐ設備

2　有機溶剤の蒸気を屋外に排出する設備

（空容器の処理）

第36条　事業者は，有機溶剤等を入れてあつた空容器で有機溶剤の蒸気が発散するおそれのあるものについては，当該容器を密閉するか，又は当該容器を屋外の一定の場所に集積しておかなければならない。

第9章　有機溶剤作業主任者技能講習

第37条　有機溶剤作業主任者技能講習は，学科講習によつて行う。

②　学科講習は，有機溶剤に係る次の科目について行う。

1　健康障害及びその予防措置に関する知識

2　作業環境の改善方法に関する知識

3　保護具に関する知識

4　関係法令

③　労働安全衛生規則第80条から第82条の2まで及び前二項に定めるもののほか，有機溶剤作業主任者技能講習の実施について必要な事項は，厚生労働大臣が定める。

附　則（昭和47年9月30日労働省令第36号）抄

（施行期日）

第1条　この省令は昭和47年10月1日から施行する。

（廃止）

第2条　有機溶剤中毒予防規則（昭和35年労働省令第24号）は，廃止する。

（中略）

　附　則（令和4年4月15日厚生労働省令第82号）抄

（施行期日）

1　この省令は，令和5年4月1日から施行する。

　附　則（令和4年5月31日厚生労働省令第91号）抄

（施行期日）

第1条　この省令は，公布の日から施行する。ただし，次の各号に掲げる規定
　は，当該各号に定める日から施行する。
　1　第2条，第4条，第6条，第8条，第10条，第12条及び第14条の規定
　　令和5年4月1日
　2　第3条，第5条，第7条，第9条，第11条，第13条及び第15条の規定
　　令和6年4月1日

（様式に関する経過措置）

第4条　この省令（附則第1条第1号に掲げる規定については，当該規定（第
　4条及び第8条に限る。）。以下同じ。）の施行の際現にあるこの省令による改
　正前の様式による用紙については，当分の間，これを取り繕って使用するこ
　とができる。

（罰則に関する経過措置）

第5条　附則第1条各号に掲げる規定の施行前にした行為に対する罰則の適用
　については，なお従前の例による。

　附　則（令和5年3月27日厚生労働省令第29号）抄

（施行期日）

第1条　この省令は，令和5年10月1日から施行する。

　附　則（令和5年4月21日厚生労働省令第69号）抄

この省令は，公布の日から施行する。

附　則（令和5年4月24日厚生労働省令第70号）抄

この省令は，公布の日から施行する。

附　則（令和5年12月27日厚生労働省令第165号）

この省令は，公布の日から施行する。

別表（第29条関係）

有　機　溶　剤　等	項　　　目
(1)　1　エチレングリコールモノエチルエーテル（別名セロソルブ） 　　2　エチレングリコールモノエチルエーテルアセテート（別名セロソルブアセテート） 　　3　エチレングリコールモノ－ノルマル－ブチルエーテル（別名ブチルセロソルブ） 　　4　エチレングリコールモノメチルエーテル（別名メチルセロソルブ） 　　5　前各号に掲げる有機溶剤のいずれかをその重量の5パーセントを超えて含有する物	血色素量及び赤血球数の検査
(2)　1　オルト－ジクロルベンゼン 　　2　クレゾール 　　3　クロルベンゼン 　　4　1,2－ジクロルエチレン（別名二塩化アセチレン） 　　5　前各号に掲げる有機溶剤のいずれかをその重量の5パーセントを超えて含有する物	血清グルタミックオキサロアセチックトランスアミナーゼ（GOT），血清グルタミックピルビックトランスアミナーゼ（GPT）及び血清ガンマ－グルタミルトランスペプチダーゼ（γ－GTP）の検査（以下「肝機能検査」という。）
(3)　1　キシレン 　　2　前号に掲げる有機溶剤をその重量の5パーセントを超えて含有する物	尿中のメチル馬尿酸の量の検査
(4)　1　N,N－ジメチルホルムアミド 　　2　前号に掲げる有機溶剤をその重量の5パーセントを超えて含有する物	1　肝機能検査 2　尿中のN－メチルホルムアミドの量の検査

(5)	1　1,1,1-トリクロルエタン 2　前号に掲げる有機溶剤をその重量の5パーセントを超えて含有する物	尿中のトリクロル酢酸又は総三塩化物の量の検査
(6)	1　トルエン 2　前号に掲げる有機溶剤をその重量の5パーセントを超えて含有する物	尿中の馬尿酸の量の検査
(7)	1　二硫化炭素 2　前号に掲げる有機溶剤をその重量の5パーセントを超えて含有する物	眼底検査
(8)	1　ノルマルヘキサン 2　前号に掲げる有機溶剤をその重量の5パーセントを超えて含有する物	尿中の2・5-ヘキサンジオンの量の検査

様式第1号（第4条関係）

有機溶剤中毒予防規則一部適用除外認定申請書

事業の種類	事業場の名称	事業場の所在地
		電話 （　　　）
労働者数		
申請に係る有機溶剤業務従事労働者数		
申請に係る有機溶剤業務の概要		
申請に係る有機溶剤業務において使用する有機溶剤等の種類及び量	種　類	消　費　量

　　　年　月　日

　　事業者職氏名

労働基準監督署長殿

備考
1　「事業の種類」の欄は，日本標準産業分類の中分類により記入すること。
2　「種類」の欄は，有機溶剤中毒予防規則第1条第1項第1号から第3号まで及び第5号までに掲げる有機溶剤等の区分により記入すること。
3　「消費量」の欄は，有機溶剤中毒予防規則第3条第1項第1号に該当するときは，作業時間1時間に消費する有機溶剤等の量を，同項第2号に該当するときは，1日に消費する有機溶剤等の量を記入すること。
4　この申請書に記載しきれない事項については，別紙に記載して添付すること。

様式第１号の２（第４条の２関係）

有機溶剤中毒予防規則適用除外認定申請書（新規認定・更新）

事　業　の　種　類	
事　業　場　の　名　称	
事　業　場　の　所　在　地	郵便番号 （　　　　） 電話　　　（　　　）
申 請 に 係 る 有 機 溶 剤 の 名 称	
申請に係る有機溶剤を製造し、又は取り扱う業務に常時従事する労働者の人数	

　　　　年　　　月　　　日

　　　　　　　　　　　事業者職氏名

　　都道府県労働局長　殿

備考
1　表題の「新規認定」又は「更新」のうち該当しない文字は、抹消すること。
2　適用除外の新規認定又は更新を受けようとする事業場の所在地を管轄する都道府県労働局長に提出すること。なお、更新の場合は、過去に適用除外の認定を受けたことを証する書面の写しを添付すること。
3　「事業の種類」の欄は、日本標準産業分類の中分類により記入すること。
4　次に掲げる書面を添付すること。
　①事業場に配置されている化学物質管理専門家が、有機溶剤中毒予防規則第４条の２第１項第１号に規定する事業場における化学物質の管理について必要な知識及び技能を有する者であることを証する書面の写し
　②上記①の者が当該事業場に専属であることを証する書面の写し（当該書面がない場合には、当該事実についての申立書）
　③有機溶剤中毒予防規則第４条の２第１項第３号及び第４号に該当することを証する書面
　④有機溶剤中毒予防規則第４条の２第１項第５号の化学物質管理専門家による評価結果を証する書面
5　4④の書面は、当該評価を実施した化学物質管理専門家が、有機溶剤中毒予防規則第４条の２第１項第１号に規定する事業場における化学物質の管理について必要な知識及び技能を有する者であることを証する書面の写しを併せて添付すること。
6　4④の書面は、評価を実施した化学物質管理専門家が、当該事業場に所属しないことを証する書面の写し（当該書面がない場合には、当該事実についての申立書）を併せて添付すること。
7　この申請書に記載しきれない事項については、別紙に記載して添付すること。

様式第2号（第13条関係）

局所排気装置設置等特例許可申請書

事 業 の 種 類	事 業 場 の 名 称	事 業 場 の 所 在 地
		電話　　（　　　　　）
労　働　者　数		
申請に係る有機溶剤 業務従事労働者数		
申請に係る有機溶剤 業務の概要		
許可を受けようとす る理由		
許可を受けようとす る期間	年　　月　　日～　　年　　月　　日	
参　考　事　項		

　　　　　年　　月　　日

　　　　　　　　　　　　　　　　事業者職氏名

　労働基準監督署長殿

備考
　1　「事業の種類」の欄は，日本標準産業分類の中分類により記入すること。
　2　「参考事項」の欄には，有機溶剤中毒予防規則第5条又は第6条第2項の規
　　定による設備に替えて講ずる措置の概要を記入すること。

様式第2号の2（第18条の3関係）

局所排気装置特例稼働許可申請書

事業場の名称	
所在地	（　　　） 電話（　　　）

事業の種類	労働者数

事　業　の　種　類	数	申請に係る局所排気装置が設けられている作業場の有機溶剤業務従事労働者数	
労　働　者　数			
申請に係る局所排気装置が設けられている作業場の有機溶剤業務の概要			
申請に係る局所排気装置のフードの型式及び制御風速			
申請に係る局所排気装置が設けられている作業場の過去1年6月間の作業環境測定実施年月日及び管理区分		特例制御風速における作業環境測定実施年月日及び管理区分	
申請に係る局所排気装置のフードの特例制御風速		第18条の2第1項第1号イ及びロの確認結果	
第18条の2第1項第1号の確認者の氏名及び略歴			
申請に係る局所排気装置において使用する有機溶剤等の名称及び量			
申請に係る局所排気装置が鉛中毒予防規則、特定化学物質障害予防規則、粉じん障害予防規則又は石綿障害予防規則の規定により設けられている場合にあっては当該規則の名称	鉛中毒予防規則　特定化学物質障害予防規則　粉じん障害予防規則　石綿障害予防規則		

年　　月　　日

労働基準監督署長　殿

事業者職氏名

備考
1　「事業の種類」の欄は、日本標準産業分類の中分類により記入すること。
2　「申請に係る局所排気装置が設けられている作業場の有機溶剤業務の概要」の欄は、申請に係る局所排気装置のフードの型式及び制御風速、申請に係る局所排気装置が設けられている作業場において使用する有機溶剤業務のフード及び当該フードごとに記入すること。
3　「申請に係る局所排気装置が設けられている作業場の過去1年6月間の作業環境測定実施年月日及び管理区分」の欄は、局所排気装置のフードが設けられている作業場の過去1年6月間の作業環境測定に設けられているときは、当該作業場の過去2年6月間の作業環境測定実施年月日及び管理区分を記入すること。「特例制御風速」及び「特例制御風速における作業環境測定実施年月日及び管理区分」の欄は、第18条の2第1項第1号イ及びロの事項を確認するのに必要な作業環境測定結果を記入すること。
4　「第18条の2第1項第1号の確認者の氏名及び略歴」の欄中「略歴」にあっては、第18条の2第1項第1号イ及びロの事項を確認するのに必要な能力に関する資格、職歴、勤務年数を記入すること。
5　「申請に係る局所排気装置が鉛中毒予防規則、特定化学物質障害予防規則、粉じん障害予防規則又は石綿障害予防規則の規定により設けられている場合にあっては当該規則の名称」の欄は、該当するものに○を付すこと。
6　この申請書に記載しきれない事項については、別紙に記載して添付すること。

様式第2号の3（第28条の3の3関係）

<h2 align="center">第三管理区分措置状況届</h2>

事　業　の　種　類		
事　業　場　の　名　称		
事　業　場　の　所　在　地	郵便番号（　　　　　） 　　　　　　　　　　　　　　　　電話　　（　　　）	
労　　働　　者　　数	人	
第三管理区分に区分 された場所において 製造し、又は取り扱う 有機溶剤の名称		
第三管理区分に区分 された場所における 作　業　の　内　容		
作業環境管理専門家 の　意　見　概　要	所属事業場名	
	氏　　　　名	
	作業環境管理 専門家から意見 を聴取した日	年　　　月　　　日
	意　見　概　要	第一管理区分又は第二管理 区分とすることの可否　　　可　・　否
		可の場合、必要な措置の概要
呼吸用保護具等の状況	有効な呼吸用保護具の使用　　　　　　　　　有　・　無 保護具着用管理責任者の選任　　　　　　　有　・　無 作業環境管理専門家意見等の労働者への周知　有　・　無	

　　　年　　　月　　　日

　　　　　　　　　　　　　　　　　　　事業者職氏名

　労働基準監督署長殿

備考
1　「事業の種類」の欄は、日本標準産業分類の中分類により記入すること。
2　次に掲げる書面を添付すること。
　①意見を聴取した作業環境管理専門家が、有機溶剤中毒予防規則第28条の3の2第1項
　　に規定する事業場における作業環境の管理について必要な能力を有する者であること
　　を証する書面の写し
　②作業環境管理専門家から聴取した意見の内容を明らかにする書面
　③この届出に係る作業環境測定の結果及びその結果に基づく評価の記録の写し
　④有機溶剤中毒予防規則第28条の3の2第4項第1号に規定する個人サンプリング測定
　　等の結果の記録の写し
　⑤有機溶剤中毒予防規則第28条の3の2第4項第2号に規定する呼吸用保護具が適切に
　　装着されていることを確認した結果の記録の写し

様式第3号（第30条関係）（表面）

有 機 溶 剤 等 健 康 診 断 個 人 票

氏　　名		生年月日	年 月 日	雇入年月日		年 月 日
		性　別	男 ・ 女			

有 機 溶 剤 業 務 の 経 歴					
健 診 年 月 日	年 月 日	年 月 日	年 月 日	年 月 日	年 月 日
年　　　　　　齢	歳	歳	歳	歳	歳
1.雇入れ 2.配置替え 3.定期の別					
健診対象有機溶剤の名称					
有 機 溶 剤 業 務 名					
作業条件の簡易な調査の結果					
有 機 溶 剤 に よ る 既 往 歴					
自 覚 症 状					
他 覚 症 状					
代謝物の検査	（　）				
	（　）				
	（　）				
	（　）				
	（　）				
	（　）				
貧血検査	血 色 素 量 (g/dl)				
	赤血球数（万/mm³）				
肝機能検査	GOT (IU/l)				
	GPT (IU/l)				
	γ-GTP (IU/l)				
眼 底 検 査					
医師が必要と認める者に行う検査					
作業条件の調査の結果					
貧 血 検 査					
肝 機 能 検 査					
腎 機 能 検 査					
神 経 学 的 検 査					
そ の 他 の 検 査					
医 師 の 診 断					
健康診断を実施した医師の氏名					
医 師 の 意 見					
意見を述べた医師の氏名					
備 考					

様式第3号（第30条関係）（裏面）

備考

1 「1.雇入れ　2.配置替え　3.定期の別」の欄は，該当番号を記入すること。

2 「健診対象有機溶剤の名称」の欄は，労働安全衛生法施行令別表第6の2の号数を記入すること。

3 「有機溶剤業務名」の欄は，有機溶剤中毒予防規則第1条第1項第6号に掲げる業務の番号を記入すること。

4 「自覚症状」及び「他覚症状」の欄は，次の番号を記入すること。

　　1.頭重　2.頭痛　3.めまい　4.悪心　5.嘔吐　6.食欲不振　7.腹痛　8.体重減少　9.心悸亢進　10.不眠　11.不安感　12.焦燥感　13.集中力の低下　14.振戦　15.上気道又は眼の刺激症状　16.皮膚又は粘膜の異常　17.四肢末端部の疼痛　18.知覚異常　19.握力減退　20.膝蓋腱・アキレス腱反射異常　21.視力低下　22.その他

5 「代謝物の検査」の左欄は，有機溶剤中毒予防規則第29条第3項の検査を行ったときに，別表から対象有機溶剤の番号及び名称を記入するとともに，（　）内には検査内容の番号を記入すること。また，単位についても，別表によること。

6 代謝物の検査について，有機溶剤中毒予防規則第29条第4項の規定により，医師が必要でないと認めて省略した場合には，「代謝物の検査」の欄に「＊」を記入すること。この場合，必要により備考欄にその理由等を記入すること。

7 「医師の診断」の欄は，異常なし，要精密検査，要治療等の医師の診断を記入すること。

8 「医師の意見」の欄は，健康診断の結果，異常の所見があると診断された場合に，就業上の措置について医師の意見を記入すること。

別表

有機溶剤の名称	検査内容	単位
11.　キシレン	1.　尿中のメチル馬尿酸	g/l
30.　N，N－ジメチルホルムアミド	1.　尿中のN－メチルホルムアミド	mg/l
31.　スチレン	1.　尿中のマンデル酸	g/l
33.　テトラクロルエチレン	1.　尿中のトリクロル酢酸	mg/l
	2.　尿中の総三塩化物	mg/l
35.　1,1,1－トリクロルエタン	1.　尿中のトリクロル酢酸	mg/l
	2.　尿中の総三塩化物	mg/l
36.　トリクロルエチレン	1.　尿中のトリクロル酢酸	mg/l
	2.　尿中の総三塩化物	mg/l
37.　トルエン	1.　尿中の馬尿酸	g/l
39.　ノルマルヘキサン	1.　尿中の2・5－ヘキサンジオン	mg/l

様式第3号の2（第30条の3関係）（表面）

有機溶剤等健康診断結果報告書

標準字体　0 1 2 3 4 5 6 7 8 9

80302

ページ　総ページ
□ / □

| 労働保険番号 | □□□□□□□□□□□□□□（都道府県）（所掌）管轄　基幹番号　枝番号　被一括事業場番号 | 在籍労働者数 | 人 |

| 事業場の名称 | | 事業の種類 | |
| 事業場の所在地 | 郵便番号（　　　） | 電話　（　　） | |

対象年　7:平成 9:令和→　□□ （　月～　月分）（報告　回目）　健診年月日　7:平成 9:令和→　□□□□□□□

| 健康診断実施機関の名称 | |
| 健康診断実施機関の所在地 | 受診労働者数 □□□□人 |

有機溶剤業務名　有機溶剤業務コード □□□□　具体的業務内容（　　　　　　）　従事労働者数 □□□□人

他覚所見	実施者数 □□□□人 有所見者数 □□□□人	肝機能検査	実施者数 □□□□人 有所見者数 □□□□人	作業条件の調査人数 □□□□人
腎機能検査	□□□□人 □□□□人	眼底検査	□□□□人 □□□□人	所見のあった者の人数（他覚所見のみを除く。） □□□□人
貧血検査	□□□□人 □□□□人	神経内科学的検査	□□□□人 □□□□人	医師の指示人数 □□□□人

代謝物の検査

		有機溶剤コード 検査内容コード	有機溶剤コード 検査内容コード	有機溶剤コード 検査内容コード	有機溶剤コード 検査内容コード
	有機溶剤の名称等	□□ □	□□ □	□□ □	□□ □
	実施者数	□□□□人	□□□□人	□□□□人	□□□人
分布	1	□□□□	□□□□	□□□□	□□□
	2	□□□□	□□□□	□□□□	□□□
	3	□□□□	□□□□	□□□□	□□□

| 産業医 | 氏名 | |
| | 所属機関の名称及び所在地 | |

　　　年　月　日

　　　　事業者職氏名

　　　　労働基準監督署長殿

受付印

様式第3号の2（第30条の3関係）（裏面）

備　考

1　□□□で表示された枠（以下「記入枠」という。）に記入する文字は，光学的文字読取装置（OCR）で直接読み取りを行うので，この用紙は汚したり，穴をあけたり，必要以上に折り曲げたりしないこと。

2　記載すべき事項のない欄又は記入枠は，空欄のままとすること。

3　記入枠の部分は，必ず黒のボールペンを使用し，様式右上に記載された「標準字体」にならつて，枠からはみ出さないように大きめのアラビア数字で明瞭に記載すること。

4　「対象年」の欄は，報告対象とした健康診断の実施年を記入すること。

5　1年を通し順次健診を実施して，一定期間をまとめて報告する場合は，「対象年」の欄の（　月〜　月分）にその期間を記入すること。また，この場合の健診年月日は報告日に最も近い健診年月日を記入すること。

6　「対象年」の欄の（報告　回目）は，当該年の何回目の報告かを記入すること。

7　「事業の種類」の欄は，日本標準産業分類の中分類によつて記入すること。

8　「健康診断実施機関の名称」及び「健康診断実施機関の所在地」の欄は，健康診断を実施した機関が2以上あるときは，その各々について記入すること。

9　「在籍労働者数」，「従事労働者数」及び「受診労働者数」の欄は，健診年月日現在の人数を記入すること。なお，この場合，「在籍労働者数」は常時使用する労働者数を，「従事労働者数」は別表1に掲げる有機溶剤業務に常時従事する労働者数をそれぞれ記入すること。

10　「有機溶剤業務名」の欄は，別表1を参照して，該当コードを全て記入し，（　）内には具体的業務内容を記載すること。

11　「代謝物の検査」の欄の有機溶剤の名称等は，別表2を参照して，それぞれ該当する全ての有機溶剤コード及び検査内容コードを記入すること。また，「代謝物の検査」の欄の分布は，別表2を参照して，該当者数を記入すること。

12　「有機溶剤業務名」及び「代謝物の検査」の欄について記入枠に記入しきれない場合については，報告書を複数枚使用し，2枚目以降の報告書については，記入しきれないコード及び具体的業務内容のほか「労働保険番号」，「健診年月日」及び「事業場の名称」の欄を記入すること。

13　「所見のあつた者の人数」の欄は，各健康診断項目の有所見者数の合計ではなく，健康診断項目のいずれかが有所見であつた者の人数を記入すること。ただし，他覚所見のみの者は含まないこと。

14　「医師の指示人数」の欄は，健康診断の結果，要医療，要精密検査等医師による指示のあつた者の数を記入すること。

別表1

コード	有機溶剤業務の内容
01	有機溶剤等を製造する工程における有機溶剤等のろ過，混合，攪拌，加熱又は容器若しくは設備への注入の業務
02	染料，医薬品，農薬，化学繊維，合成樹脂，有機顔料，油脂，香料，甘味料，火薬，写真薬品，ゴム若しくは可塑剤又はこれらのものの中間体を製造する工程における有機溶剤等のろ過，混合，攪拌又は加熱の業務
03	有機溶剤含有物を用いて行う印刷の業務
04	有機溶剤含有物を用いて行う文字の書込み又は描画の業務
05	有機溶剤等を用いて行うつや出し，防水その他物の面の加工の業務
06	接着のためにする有機溶剤等の塗布の業務
07	接着のために有機溶剤等を塗布された物の接着の業務
08	有機溶剤等を用いて行う洗浄(コード12に掲げる業務に該当する洗浄の業務を除く。) 又は払拭の業務
09	有機溶剤含有物を用いて行う塗装の業務(コード12に掲げる業務に該当する塗装の業務を除く。)
10	有機溶剤等が付着している物の乾燥の業務
11	有機溶剤等を用いて行う試験又は研究の業務
12	有機溶剤等を入れたことのあるタンク (有機溶剤の蒸気の発散するおそれがないものを除く。) の内部における業務

別表 2

有機溶剤コード	有機溶剤の名称	検査内容コード	検　査　内　容	単位	分　　　　　布		
					1	2	3
11	キシレン	1	尿中のメチル馬尿酸	g／ℓ	0.5 以下	0.5 超　1.5 以下	1.5 超
30	N,N-ジメチルホルムアミド	1	尿中の N-メチルホルムアミド	mg／ℓ	10 以下	10 超　40 以下	40 超
35	1,1,1-トリクロルエタン	1	尿中のトリクロル酢酸	mg／ℓ	3 以下	3 超　10 以下	10 超
		2	尿中の総三塩化物	mg／ℓ	10 以下	10 超　40 以下	40 超
37	トルエン	1	尿中の馬尿酸	g／ℓ	1 以下	1 超　2.5 以下	2.5 超
39	ノルマルヘキサン	1	尿中の 2・5-ヘキサンジオン	mg／ℓ	2 以下	2 超　5 以下	5 超

様式第4号（第31条関係）

有機溶剤等健康診断特例許可申請書

事　業　の　種　類	事　業　場　の　名　称	事　業　場　の　所　在　地
		電話　（　　　）　　　）
労　　働　　者　　数		
申請に係る有機溶剤業務従事労働者数		
申請に係る有機溶剤業務の概要		
許可を受けようとする理由		
申請に係る有機溶剤業務において使用する有機溶剤等の種類及び量		
申請に係る有機溶剤業務の作業方法及び作業時間		

　　　年　　月　　日

労働基準監督署長殿

事業者職氏名

備考
1　「事業の種類」の欄は、日本標準産業分類の中分類により記入すること。
2　この申請書に記載しきれない事項については、別紙に記載して添附すること。

様式第5号（第13条の3関係）

発散防止抑制措置特例実施許可申請書

事業の種類	
労働者数	
事業場の名称	
事業場の所在地	電話（　　　）
申請に係る発散防止抑制措置が実施される業務の概要	
申請に係る発散防止抑制措置が実施される事業場の有機溶剤業務従事労働者数	
申請に係る発散防止抑制措置が実施される作業場において使用する有機溶剤の種類及び量	種類　　　消費量
申請に係る発散防止抑制措置を講じた場合の当該作業場の有機溶剤濃度の測定年月日及び管理区分	
第13条の2第1項第1号の確認者の氏名及び略歴	
安全衛生委員会等での審議	有・無
労働者の代表からの意見の聴取	有・無
安全衛生管理体制の概要	
備考	

年　　月　　日

労働基準監督署長　殿

事業者職氏名

[備考]
1　「事業の種類」の欄は、日本標準産業分類の中分類により記入すること。
2　「第13条の2第1項第1号の確認者の氏名及び略歴」の欄中「略歴」にあっては、第13条の2第1項第1号イ及びロの事項を確認するのに必要な能力に関する資格、職歴、勤務年数等を記入すること。
3　申請に係る発散防止抑制措置が他の事業場から製造されたものである場合、「備考」の欄に当該事業場の名称、連絡先等を記入する
4　この申請書に記載しきれない事項については、別紙に記載して添付すること。

3　有機溶剤等の量に乗ずべき数値を定める等の件

（昭和47年9月30日労働省告示第122号）

（最終改正　昭和53年8月7日労働省告示第87号）

　有機溶剤中毒予防規則（昭和47年労働省令第36号）第2条第2項第1号及び第2号並びに第17条第2項第2号及び第3号の規定に基づき，昭和47年労働省告示第122号（有機溶剤等の量に乗ずべき数値を定める等の件）の一部を次のように改正し，昭和53年9月1日から適用する。

　有機溶剤中毒予防規則第2条第2項第1号及び第2号並びに第17条第2項第2号及び第3号に規定する有機溶剤等の量に乗ずべき数値は，有機溶剤にあつては1.0とし，有機溶剤含有物にあつては次の表の上欄〔編注：左欄〕に掲げる有機溶剤含有物の区分に応じ，それぞれ同表の下欄〔編注：右欄〕に掲げる数値とする。

区　　　　　　分		数　値
金属コーテング剤	下塗りコーテング	0.3
	クリヤー	0.5
表 面 加 工 剤	印刷物の表面加工剤	0.5
	その他の表面加工剤	0.5
印 刷 用 イ ン キ	グラビアインキ	0.5
	フレキソインキ	0.5
	スクリーンインキ	0.4
	その他のインキ	0.5
接　　着　　剤	ゴム系接着剤クリヤー	0.7
	ゴム系接着剤マスチツク	0.4
	塩化ビニル樹脂接着剤	0.6
	酢酸ビニル樹脂接着剤クリヤー	0.5
	酢酸ビニル樹脂接着剤マスチツク	0.4
	フエノール樹脂接着剤	0.4
	エポキシ樹脂接着剤	0.2
	ポリウレタン接着剤	0.2

区　　　　　　分		数　値
	メラミン樹脂溶液（繊維加工用）	0.1
	メラミン樹脂溶液（接着・含浸用）	0.3
	粘着剤	0.5
	ニトロセルローズ接着剤	0.6
	酢酸セルローズ接着剤	0.6
	その他の接着剤	0.8
工 業 用 油 剤	ドライクリーニング用油剤	1.0
	金属表面処理用油剤	0.8
	農薬用油剤	0.2
	その他の工業用油剤	0.9
繊 維 用 油 剤	紡績用油剤	0.3
	編織用油剤	0.2
	その他の繊維用油剤	0.5
殺 菌 剤	アセトン含有殺菌剤	0.1
	アルコール含有殺菌剤	0.3
	クレゾール殺菌剤	0.5
	その他の殺菌剤	0.7
塗 料	油ワニス	0.5
	油エナメル	0.3
	油性下地塗料	0.2
	酒精ニス	0.7
	クリヤーラツカー	0.6
	ラツカーエナメル	0.5
	ウツドシーラー	0.8
	サンジングシーラー	0.7
	ラツカープライマー	0.6
	ラツカーパテ	0.3
	ラツカーサーフエサー	0.5
	合成樹脂調合ペイント	0.2
	合成樹脂さび止めペイント	0.2
	フタル酸樹脂ワニス	0.5
	フタル酸樹脂エナメル	0.4
	アミノアルキド樹脂ワニス	0.5
	アミノアルキド樹脂エナメル	0.4
	フエノール樹脂ワニス	0.5
	フエノール樹脂エナメル	0.4

区　　　　　分		数　値
	アクリル樹脂ワニス	0.6
	アクリル樹脂エナメル	0.5
	エポキシ樹脂ワニス	0.5
	エポキシ樹脂エナメル	0.4
	タールエポキシ樹脂塗料	0.4
	ビニル樹脂クリヤー	0.5
	ビニル樹脂エナメル	0.5
	ウオツシユプライマー	0.7
	ポリウレタン樹脂ワニス	0.5
	ポリウレタン樹脂エナメル	0.4
	ステイン	0.8
	水溶性樹脂塗料	0.1
	液状ドライヤー	0.8
	リムーバー	0.8
	シンナー類	1.0
	その他の塗料	0.6
絶縁用ワニス	一般用絶縁ワニス	0.6
	電線用絶縁ワニス	0.7
	その他の絶縁用ワニス	0.9

4　有機溶剤中毒予防規則第15条の2第2項ただし書の規定に基づき厚生労働大臣が定める濃度を定める件

（平成9年3月25日労働省告示第20号）

（最終改正　平成12年12月25日労働省告示第120号）

有機溶剤中毒予防規則（昭和47年労働省令第36号）第15条の2第2項ただし書の規定に基づき，厚生労働大臣が定める濃度を次のように定める。

有機溶剤中毒予防規則第15条の2第2項ただし書の厚生労働大臣が定める濃度は次のとおりとする。

1　排気口から排出される有機溶剤（有機溶剤中毒予防規則第1条第1号に規定する有機溶剤をいう。以下同じ。）の種類が1種類である場合は，当該有機溶剤の種類に応じ，作業環境評価基準（昭和63年労働省告示第79号）別表の下欄に掲げる管理濃度（以下「管理濃度」という。）の2分の1の濃度

2　排気口から排出される有機溶剤の種類が2種類以上である場合は，次の式により計算して得た換算値が2分の1となる濃度

$$C = \sum_{i=1}^{n} \frac{C_i}{E_i}$$

この式において，C, C_i, E_i 及び n は，それぞれ次の値を表すものとする。

C　換算値

C_i　有機溶剤の種類ごとの濃度

E_i　有機溶剤の種類ごとの管理濃度

n　有機溶剤の種類の数

5　有機溶剤中毒予防規則第16条の2の規定に基づき厚生労働大臣が定める構造及び性能を定める件

（平成9年3月25日労働省告示第21号）

（最終改正　平成12年12月25日労働省告示第120号）

　有機溶剤中毒予防規則（昭和47年労働省令第36号）第16条の2の規定に基づき，厚生労働大臣が定める構造及び性能を次のように定め，昭和59年労働省告示第6号（有機溶剤中毒予防規則の規定に基づき労働大臣が定める構造及び性能を定める件）は，廃止する。

　有機溶剤中毒予防規則第16条の2の厚生労働大臣が定める構造及び性能は，次のとおりとする。

1　密閉式プッシュプル型換気装置（ブースを有するプッシュプル型換気装置であって，送風機により空気をブース内へ供給し，かつ，ブースについて，フードの開口部を除き，天井，壁及び床が密閉されているもの並びにブース内へ空気を供給する開口部を有し，かつ，ブースについて，当該開口部及び吸込み側フードの開口部を除き，天井，壁及び床が密閉されているものをいう。以下同じ。）の構造は，次に定めるところに適合するものでなければならない。

　イ　排風機によりブース内の空気を吸引し，当該空気をダクトを通して排気口から排出するものであること。

　ロ　ブース内に下向きの気流（以下「下降気流」という。）を発生させること，有機溶剤の蒸気の発散源にできるだけ近い位置に吸込み側フードを設けること等により，有機溶剤の蒸気の発散源から吸込み側フードへ流れる空気を有機溶剤業務に従事する労働者が吸入するおそれがない構造とすること。

　ハ　ダクトは，長さができるだけ短く，ベントの数ができるだけ少ないものであること。

　ニ　空気清浄装置が設けられているものにあっては，排風機が，清浄後の空気が通る位置に設けられていること。ただし，吸引された有機溶剤の蒸気等による爆発のおそれがなく，かつ，ファンの腐食のおそれがないときは，

この限りでない。

2　密閉式プッシュプル型換気装置の性能は，捕捉面（吸込み側フードから最も離れた位置の有機溶剤の蒸気の発散源を通り，かつ，気流の方向に垂直な平面（ブース内に発生させる気流が下降気流であって，ブース内に有機溶剤業務に従事する労働者が立ち入る構造の密閉式プッシュプル型換気装置にあっては，ブースの床上1.5メートルの高さの水平な平面）をいう。以下この号において同じ。）における気流が次に定めるところに適合するものでなければならない。

$$\sum_{i=1}^{n} \frac{V_i}{n} \geqq 0.2$$

$$\frac{3}{2}\sum_{i=1}^{n} \frac{V_i}{n} \geqq V_1 \geqq \frac{1}{2}\sum_{i=1}^{n} \frac{V_i}{n}$$

$$\frac{3}{2}\sum_{i=1}^{n} \frac{V_i}{n} \geqq V_2 \geqq \frac{1}{2}\sum_{i=1}^{n} \frac{V_i}{n}$$

$$\frac{3}{2}\sum_{i=1}^{n} \frac{V_i}{n} \geqq V_n \geqq \frac{1}{2}\sum_{i=1}^{n} \frac{V_i}{n}$$

これらの式において，n，V_1，V_2，・・・，V_nは，それぞれ次の値を表すものとする。

　　n　捕捉面を16以上の等面積の四辺形（1辺の長さが2メートル以下であるものに限る。）に分けた場合における当該四辺形（当該四辺形の面積が0.25平方メートル以下の場合は，捕捉面を6以上の等面積の四辺形に分けた場合における当該四辺形。以下この号において「四辺形」という。）の総数

　　V_1，V_2，・・・，V_n　ブース内に作業の対象物が存在しない状態での，各々の四辺形の中心点における捕捉面に垂直な方向の風速（単位メートル／秒）

3　開放式プッシュプル型換気装置（密閉式プッシュプル型換気装置以外のプッシュプル型換気装置をいう。以下同じ。）の構造は，次に定めるところに適合するものでなければならない。

　イ　送風機により空気を供給し，かつ，排風機により当該空気を吸引し，当

該空気をダクトを通して排気口から排出するものであること。

ロ　有機溶剤の蒸気の発散源が換気区域（吹出し側フードの開口部の任意の点と吹込み側フードの開口部の任意の点を結ぶ線分が通ることのある区域をいう。以下同じ。）の内部に位置すること。

ハ　換気区域内に下降気流を発生させること，有機溶剤の蒸気の発散源のできるだけ近い位置に吸込み側フードを設けること等により，有機溶剤の蒸気の発散源から吸込み側フードへ流れる空気を有機溶剤業務に従事する労働者が吸入するおそれがない構造とすること。

ニ　ダクトは，長さができるだけ短く，ベントの数ができるだけ少ないものであること。

ホ　空気清浄装置が設けられているものにあっては，排風機が，清浄後の空気が通る位置に設けられていること。ただし，吸引された有機溶剤の蒸気等による爆発のおそれがなく，かつ，ファンの腐食のおそれがないときは，この限りでない。

4　開放式プッシュプル型換気装置の性能は，次に定めるところに適合するものでなければならない。

イ　捕捉面（吸込み側フードから最も離れた位置の有機溶剤の蒸気の発散源を通り，かつ，気流の方向に垂直な平面（換気区域内に発生させる気流が下降気流であって，換気区域内に有機溶剤業務に従事する労働者が立ち入る構造の開放式プッシュプル型換気装置にあっては，換気区域の床上1.5メートルの高さの水平な平面）をいう。以下この号において同じ。）における気流が次に定めるところに適合すること。

$$\sum_{i=1}^{n} \frac{V_i}{n} \geq 0.2$$

$$\frac{3}{2}\sum_{i=1}^{n}\frac{V_i}{n} \geq V_1 \geq \frac{1}{2}\sum_{i=1}^{n}\frac{V_i}{n}$$

$$\frac{3}{2}\sum_{i=1}^{n}\frac{V_i}{n} \geq V_2 \geq \frac{1}{2}\sum_{i=1}^{n}\frac{V_i}{n}$$

$$\frac{3}{2}\sum_{i=1}^{n}\frac{V_i}{n} \geq V_n \geq \frac{1}{2}\sum_{i=1}^{n}\frac{V_i}{n}$$

これらの式において，n，V_1，V_2，・・・，V_nは，それぞれ次の値を表すものとする。

n　捕捉面を 16 以上の等面積の四辺形（1 辺の長さが 2 メートル以下であるものに限る。）に分けた場合における当該四辺形（当該四辺形の面積が 0.25 平方メートル以下の場合は，捕捉面を 6 以上の等面積の四辺形に分けた場合における当該四辺形。以下この号において「四辺形」という。）の総数

V_1，V_2，・・・，V_n　換気区域内に作業の対象物が存在しない状態での，各々の四辺形の中心点における捕捉面に垂直な方向の風速（単位　メートル／秒）

ロ　換気区域と換気区域以外の区域との境界におけるすべての気流が，吸込み側フードの開口部に向かうこと。

6　有機溶剤中毒予防規則第18条第4項の規定に基づき厚生労働大臣が定める要件を定める告示

（平成9年3月25日労働省告示第22号）

（最終改正　令和4年11月17日労働省告示第335号）

　有機溶剤中毒予防規則（昭和47年労働省令第36号）第18条第3項の規定に基づき，厚生労働大臣が定める要件を次のように定め，平成9年10月1日から適用する。

　有機溶剤中毒予防規則第18条第4項の厚生労働大臣が定める要件は，平成9年労働省告示第21号（有機溶剤中毒予防規則第16条の2の規定に基づき厚生労働大臣が定める構造及び性能を定める件。以下単に「告示」という。）第1号に規定する密閉式プッシュプル型換気装置にあっては，告示第2号の捕捉面における気流が同号に定めるところに適合すること，告示第3号に規定する開放式プッシュプル型換気装置にあっては，告示第4号イの捕捉面における気流が同号イに定めるところに，同号ロの気流が同号ロに定めるところにそれぞれ適合することとする。

7 第3管理区分に区分された場所に係る有機溶剤等の濃度の測定の方法等（抜粋）

（令和4年11月30日厚生労働省告示第341号）

（最終改正 令和5年4月17日厚生労働省告示第174号）

有機溶剤中毒予防規則（昭和47年労働省令第36号）第28条の3の2第4項第1号及び第2号，鉛中毒予防規則（昭和47年労働省令第37号）第52条の3の2第4項第1号及び第2号，特定化学物質障害予防規則（昭和47年労働省令第39号）第36条の3の2第4項第1号及び第2号並びに粉じん障害防止規則（昭和54年労働省令第18号）第26条の3の2第4項第1号及び第2号の規定に基づき，第3管理区分に区分された場所に係る有機溶剤等の濃度の測定の方法等を次のように定め，令和6年4月1日から適用する。

第3管理区分に区分された場所に係る有機溶剤等の濃度の測定の方法等

（有機溶剤の濃度の測定の方法等）

第1条 有機溶剤中毒予防規則（昭和47年労働省令第36号。以下「有機則」という。）第28条の3の2第4項（特定化学物質障害予防規則（昭和47年労働省令第39号。以下「特化則」という。）第36条の5において準用する場合を含む。以下同じ。）第1号の規定による測定は，作業環境測定基準（昭和51年労働省告示第46号。以下「測定基準」という。）第13条第5項において読み替えて準用する測定基準第10条第5項各号に定める方法によらなければならない。

② 前項の規定にかかわらず，有機溶剤（特化則第36条の5において準用する有機則第28条の3の2第4項第1号の規定による測定を行う場合にあっては，特化則第2条第1項第3号の2に規定する特別有機溶剤（次項において「特別有機溶剤」という。）を含む。以下同じ。）の濃度の測定は，次に定めるところによることができる。

1 試料空気の採取は，有機則第28条の3の2第4項柱書に規定する第3管理区分に区分された場所において作業に従事する労働者の身体に装着する

試料採取機器を用いる方法により行うこと。この場合において，当該試料採取機器の採取口は，当該労働者の呼吸する空気中の有機溶剤の濃度を測定するために最も適切な部位に装着しなければならない。

2　前号の規定による試料採取機器の装着は，同号の作業のうち労働者にばく露される有機溶剤の量がほぼ均一であると見込まれる作業ごとに，それぞれ，適切な数（2以上に限る。）の労働者に対して行うこと。ただし，当該作業に従事する一の労働者に対して，必要最小限の間隔をおいた2以上の作業日において試料採取機器を装着する方法により試料空気の採取が行われたときは，この限りでない。

3　試料空気の採取の時間は，当該採取を行う作業日ごとに，労働者が第1号の作業に従事する全時間とすること。

③　前二項に定めるところによる測定は，測定基準別表第2（特別有機溶剤にあっては，測定基準別表第1）の上欄に掲げる物の種類に応じ，それぞれ同表の中欄に掲げる試料採取方法又はこれと同等以上の性能を有する試料採取方法及び同表の下欄に掲げる分析方法又はこれと同等以上の性能を有する分析方法によらなければならない。

第2条　有機則第28条の3の2第4項第1号に規定する呼吸用保護具（第6項において単に「呼吸用保護具」という。）は，要求防護係数を上回る指定防護係数を有するものでなければならない。

②　前項の要求防護係数は，次の式により計算するものとする。

$$PF_r = \frac{C}{C_0}$$

この式において，PF_r，C 及び C_0 は，それぞれ次の値を表すものとする。

PF_r　要求防護係数

C　有機溶剤の濃度の測定の結果得られた値

C_0　作業環境評価基準（昭和63年労働省告示第79号。以下この条及び第8条において「評価基準」という。）別表の上欄に掲げる物の種類に応じ，それぞれ同表の下欄に掲げる管理濃度

③　前項の有機溶剤の濃度の測定の結果得られた値は，次の各号に掲げる場合の区分に応じ，それぞれ当該各号に定める値とする。

1　C測定（測定基準第13条第5項において読み替えて準用する測定基準第10条第5項第1号から第4号までの規定により行う測定をいう。次号において同じ。）を行った場合又はA測定（測定基準第13条第4項において読み替えて準用する測定基準第2条第1項第1号から第2号までの規定により行う測定をいう。次号において同じ。）を行った場合（次号に掲げる場合を除く。）　空気中の有機溶剤の濃度の第1評価値（評価基準第2条第1項（評価基準第4条において読み替えて準用する場合を含む。）の第1評価値をいう。以下同じ。）

2　C測定及びD測定（測定基準第13条第5項において読み替えて準用する測定基準第10条第5項第5号及び第6号の規定により行う測定をいう。以下この号において同じ。）を行った場合又はA測定及びB測定（測定基準第13条第4項において読み替えて準用する測定基準第2条第1項第2号の2の規定により行う測定をいう。以下この号において同じ。）を行った場合　空気中の有機溶剤の濃度の第1評価値又はB測定若しくはD測定の測定値（2以上の測定点においてB測定を行った場合又は2以上の者に対してD測定を行った場合には，それらの測定値のうちの最大の値）のうちいずれか大きい値

3　前条第2項に定めるところにより測定を行った場合　当該測定における有機溶剤の濃度の測定値のうち最大の値

④　有機溶剤を2種類以上含有する混合物に係る単位作業場所（測定基準第2条第1項第1号に規定する単位作業場所をいう。）においては，評価基準第2条第4項の規定により計算して得た換算値を測定値とみなして前項第2号及び第3号の規定を適用する。この場合において，第2項の管理濃度に相当する値は，1とするものとする。

⑤　第1項の指定防護係数は，別表第1から別表第4までの上欄に掲げる呼吸用保護具の種類に応じ，それぞれ同表の下欄に掲げる値とする。ただし，別表第5の上欄に掲げる呼吸用保護具を使用した作業における当該呼吸用保護具の外側及び内側の有機溶剤の濃度の測定又はそれと同等の測定の結果により得られた当該呼吸用保護具に係る防護係数が，同表の下欄に掲げる指定防護係数を上回ることを当該呼吸用保護具の製造者が明らかにする書面が当該

呼吸用保護具に添付されている場合は，同表の上欄に掲げる呼吸用保護具の種類に応じ，それぞれ同表の下欄に掲げる値とすることができる。

⑥　呼吸用保護具は，ガス状の有機溶剤を製造し，又は取り扱う作業場においては，当該有機溶剤の種類に応じ，十分な除毒能力を有する吸収缶を備えた防毒マスク又は別表第4に規定する呼吸用保護具でなければならない。

⑦　前項の吸収缶は，使用時間の経過により破過したものであってはならない。

第3条　有機則第28条の3の2第4項第2号の厚生労働大臣の定める方法は，同項第1号の呼吸用保護具（面体を有するものに限る。）を使用する労働者について，日本産業規格T8150（呼吸用保護具の選択，使用及び保守管理方法）に定める方法又はこれと同等の方法により当該労働者の顔面と当該呼吸用保護具の面体との密着の程度を示す係数（以下この条において「フィットファクタ」という。）を求め，当該フィットファクタが要求フィットファクタを上回っていることを確認する方法とする。

②　フィットファクタは，次の式により計算するものとする。

$$FF = \frac{C_{out}}{C_{in}}$$

この式において，FF，C_{out} 及び C_{in} は，それぞれ次の値を表すものとする。
　FF　フィットファクタ
　C_{out}　呼吸用保護具の外側の層的対象物の濃度
　C_{in}　呼吸用保護具の内側の測定対象物の濃度

③　第1項の要求フィットファクタは，呼吸用保護具の種類に応じ，次に掲げる値とする。

1　全面形面体を有する呼吸用保護具　500
2　半面形面体を有する呼吸用保護具　100

第4条　以下略

別表第1（第2条，第5条，第8条及び第11条関係）

防じんマスクの種類			指定防護係数
取替え式	全面形面体	RS3 又は RL3	50
		RS2 又は RL2	14
		RS1 又は RL1	4
	半面形面体	RS3 又は RL3	10
		RS2 又は RL2	10
		RS1 又は RL1	4
使い捨て式		DS3 又は DL3	10
		DS2 又は DL2	10
		DS1 又は DL1	4

備考　RS1，RS2，RS3，RL1，RL2，RL3，DS1，DS2，DS3，DL1，DL2及びDL3は，防じんマスクの規格（昭和63年労働省告示第19号）第1条第3項の規定による区分であること。

別表第2（第2条及び第8条関係）

防毒マスクの種類	指定防護係数
全面形面体	50
半面形面体	10

別表第3（第2条，第5条，第8条及び第11条関係）

電動ファン付き呼吸用保護具の種類				指定防護係数
防じん機能を有する電動ファン付き呼吸用保護具	全面形面体	S級	PS3 又は PL3	1,000
		A級	PS2 又は PL2	90
		A級又はB級	PS1 又は PL1	19
	半面形面体	S級	PS3 又は PL3	50
		A級	PS2 又は PL2	33
		A級又はB級	PS1 又は PL1	14
	フード又はフェイスシールドを有するもの	S級	PS3 又は PL3	25
		A級		20
		S級又はA級	PS2 又は PL2	20
		S級，A級又はB級	PS1 又は PL1	11
防毒機能を有する電動ファン付き呼吸用保護具	防じん機能を有しないもの	全面形面体		1,000
		半面形面体		50
		フード又はフェイスシールドを有するもの		25
	防じん機能を有するもの	全面形面体	PS3 又は PL3	1,000
			PS2 又は PL2	90
			PS1 又は PL1	19
		半面形面体	PS3 又は PL3	50
			PS2 又は PL2	33
			PS1 又は PL1	14
		フード又はフェイスシールドを有するもの	PS3 又は PL3	25
			PS2 又は PL2	20
			PS1 又は PL1	11

備考　S級，A級及びB級は，電動ファン付き呼吸用保護具の規格（平成26年厚生労働省告示第455号）第2条第4項の規定による区分（別表第5において同じ。）であること。PS1，PS2，PS3，PL1，PL2及びPL3は，同条第5項の規定による区分（別表第5において同じ。）であること。

別表第4（第2条，第5条，第8条及び第11条関係）

その他の呼吸用保護具の種類			指定防護係数
循環式呼吸器	全面形面体	圧縮酸素形かつ陽圧形	10,000
		圧縮酸素形かつ陰圧形	50
		酸素発生形	50
	半面形面体	圧縮酸素形かつ陽圧形	50
		圧縮酸素形かつ陰圧形	10
		酸素発生形	10
空気呼吸器	全面形面体	プレッシャデマンド形	10,000
		デマンド形	50
	半面形面体	プレッシャデマンド形	50
		デマンド形	10
エアラインマスク	全面形面体	プレッシャデマンド形	1,000
		デマンド形	50
		一定流量形	1,000
	半面形面体	プレッシャデマンド形	50
		デマンド形	10
		一定流量形	50
	フード又はフェイスシールドを有するもの	一定流量形	25
ホースマスク	全面形面体	電動送風機形	1,000
		手動送風機形又は肺力吸引形	50
	半面形面体	電動送風機形	50
		手動送風機形又は肺力吸引形	10
	フード又はフェイスシールドを有するもの	電動送風機形	25

別表第5（第2条，第5条，第8条及び第11条関係）

呼吸用保護具の種類		指定防護係数
防じん機能を有する電動ファン付き呼吸用保護具であって半面形面体を有するもの	S級かつPS3又はPL3	300
防じん機能を有する電動ファン付き呼吸用保護具であってフードを有するもの		1,000
防じん機能を有する電動ファン付き呼吸用保護具であってフェイスシールドを有するもの		300
防毒機能を有する電動ファン付き呼吸用保護具であって防じん機能を有するもののうち，半面形面体を有するもの	PS3又はPL3	300
防毒機能を有する電動ファン付き呼吸用保護具であって防じん機能を有するもののうち，フードを有するもの		1,000
防毒機能を有する電動ファン付き呼吸用保護具であって防じん機能を有するもののうち，フェイスシールドを有するもの		300
防毒機能を有する電動ファン付き呼吸用保護具であって防じん機能を有しないもののうち，半面形面体を有するもの		300
防毒機能を有する電動ファン付き呼吸用保護具であって防じん機能を有しないもののうち，フードを有するもの		1,000
防毒機能を有する電動ファン付き呼吸用保護具であって防じん機能を有しないもののうち，フェイスシールドを有するもの		300
フードを有するエアラインマスク	一定流量形	1,000

附　則（令和5・3・27　厚生労働省告示第88号）

　この告示は，令和5年10月1日から適用する。ただし，第8条の規定は，令和6年4月1日から適用する。

附　則（令和5・4・17　厚生労働省告示第174号）

　＜前略＞ただし，第2条の規定は，令和6年4月1日から適用する。

8　化学物質関係作業主任者技能講習規程

（平成 6 年 6 月 30 日労働省告示第 65 号）

（最終改正　令和 5 年 4 月 3 日厚生労働省告示第 168 号）

（講師）

第 1 条　有機溶剤作業主任者技能講習〈中略〉（以下「技能講習」と総称する。）の講師は，労働安全衛生法（昭和 47 年法律第 57 号）別表第 20 第 11 号の表の講習科目の欄に掲げる講習科目に応じ，それぞれ同表の条件の欄に掲げる条件のいずれかに適合する知識経験を有する者とする。

〈労働安全衛生法別表第 20 第 11 号〉

　特定化学物質及び四アルキル鉛等作業主任者技能講習，鉛作業主任者技能講習，有機溶剤作業主任者技能講習及び石綿作業主任者技能講習

講習科目		条　　　　　件
学科講習	健康障害及びその予防措置に関する知識	1　学校教育法による大学において医学に関する学科を修めて卒業した者で，その後 2 年以上労働衛生に関する研究又は実務に従事した経験を有するものであること。 2　前号に掲げる者と同等以上の知識経験を有する者であること。
	作業環境の改善方法に関する知識	1　大学等において工学に関する学科を修めて卒業した者で，その後 2 年以上労働衛生に係る工学に関する研究又は実務に従事した経験を有するものであること。 2　前号に掲げる者と同等以上の知識経験を有する者であること。
	保護具に関する知識	1　大学等において工学に関する学科を修めて卒業した者で，その後 2 年以上保護具に関する研究又は実務に従事した経験を有するものであること。 2　前号に掲げる者と同等以上の知識経験を有する者であること。
	関係法令	1　大学等を卒業した者で，その後 1 年以上労働衛生の実務に従事した経験を有するものであること。 2　前号に掲げる者と同等以上の知識経験を有する者であること。

（講習科目の範囲及び時間）

第 2 条　技能講習は，次の表の上欄〔編注：左欄〕に掲げる講習科目に応じ，それぞれ，同表の中欄に掲げる範囲について同表の下欄〔編注：右欄〕に掲げる講習時間により，教本等必要な教材を用いて行うものとする。

講　習　科　目	範　　　　囲 有機溶剤作業主任者技能講習	講習時間
健康障害及びその予防措置に関する知識	有機溶剤による健康障害の病理，症状，予防方法及び応急措置	4 時間
作業環境の改善方法に関する知識	有機溶剤の性質　有機溶剤の製造及び取扱いに係る器具その他の設備の管理　作業環境の評価及び改善の方法	4 時間
保護具に関する知識	有機溶剤の製造又は取扱いに係る保護具の種類，性能，使用方法及び管理	2 時間
関係法令	労働安全衛生法（昭和 47 年法律第 57 号），労働安全衛生法施行令（昭和 47 年政令第 318 号）及び労働安全衛生規則（昭和 47 年労働省令第 32 号）中の関係条項　有機溶剤中毒予防規則	2 時間

（編注）有機溶剤作業主任者技能講習以外は省略。

②　前項の技能講習は，おおむね 100 人以内の受講者を 1 単位として行うものとする。

（修了試験）

第 3 条　技能講習においては，修了試験を行うものとする。

②　前項の修了試験は，講習科目について，筆記試験又は口述試験によって行う。

③　前項に定めるもののほか，修了試験の実施について必要な事項は，厚生労働省労働基準局長の定めるところによる。

9　作業環境測定法（抄）

（昭和 50 年 5 月 1 日法律第 28 号）

（最終改正　令和 4 年 6 月 17 日法律第 68 号）

作業環境測定法施行令（抄）

（昭和 50 年 8 月 1 日政令第 244 号）

（最終改正　令和元年 12 月 13 日政令第 183 号）

作業環境測定法施行規則（抄）

（昭和 50 年 8 月 1 日労働省令第 20 号）

（最終改正　令和 5 年 12 月 26 日厚生労働省令第 164 号）

第1章　総　則

（目　的）

第 1 条　この法律は，労働安全衛生法（昭和 47 年法律第 57 号）と相まつて，作業環境の測定に関し作業環境測定士の資格及び作業環境測定機関等について必要な事項を定めることにより，適正な作業環境を確保し，もつて職場における労働者の健康を保持することを目的とする。

（定　義）

第 2 条　この法律において，次の各号に掲げる用語の意義は，それぞれ当該各号に定めるところによる。

1　事業者　労働安全衛生法第 2 条第 3 号に規定する事業者をいう。

2　作業環境測定　労働安全衛生法第 2 条第 4 号に規定する作業環境測定をいう。

3　指定作業場　労働安全衛生法第 65 条第 1 項の作業場のうち政令で定める作業場をいう。

4　作業環境測定士　第1種作業環境測定士及び第2種作業環境測定士をいう。

5　第1種作業環境測定士　厚生労働大臣の登録を受け，指定作業場について作業環境測定の業務を行うほか，第1種作業環境測定士の名称を用いて事業場（指定作業場を除く。次号において同じ。）における作業環境測定の業務を行う者をいう。

6　第2種作業環境測定士　厚生労働大臣の登録を受け，指定作業場について作業環境測定の業務（厚生労働省令で定める機器を用いて行う分析（解析を含む。）の業務を除く。以下この号において同じ。）を行うほか，第2種作業環境測定士の名称を用いて事業場における作業環境測定の業務を行う者をいう。

7　作業環境測定機関　厚生労働大臣又は都道府県労働局長の登録を受け，他人の求めに応じて，事業場における作業環境測定を行うことを業とする者をいう。

作業環境測定法施行令

（指定作業場）

第 1 条　作業環境測定法（以下「法」という。）第2条第3号の政令で定める作業場は，次のとおりとする。

　1　労働安全衛生法施行令（昭和47年政令第318号）第21条第1号，第7号，第8号及び第10号に掲げる作業場

　2　略

作業環境測定法施行規則

（法第2条第6号の厚生労働省令で定める機器）

第 2 条　作業環境測定法（以下「法」という。）第2条第6号の厚生労働省令で定める機器は，次に掲げる機器（以下「簡易測定機器」という。）以外の機器とする。

　1　検知管方式によりガス若しくは蒸気の濃度を測定する機器又はこれと同等以上の性能を有する機器

　2　グラスフアイバーろ紙（0.3マイクロメートルのステアリン酸粒子を99.9パーセント以上捕集する性能を有するものに限る。）を装着して相対沈降径がおおむね10マイクロメートル以下の浮遊粉じんを重量法により測定する機器を標準として較正された浮遊粉じんの重量を測定する機器

　3　その他厚生労働大臣が定める機器

（作業環境測定の実施）

第 3 条 事業者は，労働安全衛生法第 65 条第 1 項の規定により，指定作業場について作業環境測定を行うときは，厚生労働省令で定めるところにより，その使用する作業環境測定士にこれを実施させなければならない。

② 事業者は，前項の規定による作業環境測定を行うことができないときは，厚生労働省令で定めるところにより，当該作業環境測定を作業環境測定機関に委託しなければならない。ただし，国又は地方公共団体の機関その他の機関で，厚生労働大臣が指定するものに委託するときは，この限りでない。

作業環境測定法施行規則

（作業環境測定の実施）

第 3 条 事業者は，労働安全衛生法（昭和 47 年法律第 57 号）第 65 条第 1 項の規定により，法第 2 条第 3 号に規定する指定作業場（以下「指定作業場」という。）について同条第 2 号に規定する作業環境測定（以下「作業環境測定」という。）を行うときは，次に定めるところによらなければならない。

1 デザイン及びサンプリングは，次に掲げる区分に応じ，それぞれ次に定める者に実施させること。

　イ　当該指定作業場において作業に従事する労働者の身体に装着する試料採取機器等を用いて行う作業環境測定に係るデザイン及びサンプリング（以下「個人サンプリング法」という。）　法第 2 条第 4 号に規定する作業環境測定士（以下「作業環境測定士」という。）のうち，個人サンプリング法について登録を受けているもの

　ロ　個人サンプリング法以外のもの　作業環境測定士

2 分析（解析を含む。以下同じ。）は，次に掲げる区分に応じ，それぞれ次に定める者に実施させること。

　イ　簡易測定機器以外の機器を用いて行う分析　法第 2 条第 5 号に規定する第 1 種作業環境測定士（以下「第 1 種作業環境測定士」という。）のうち，当該指定作業場の属する別表に掲げる作業場の種類について登録を受けているもの

　ロ　イに規定する分析以外のもの　作業環境測定士

②　事業者は，法第3条第1項の規定による作業環境測定を行うことができないときは，次に定めるところによらなければならない。

　1　デザイン及びサンプリングは，次に掲げる区分に応じ，それぞれ次に定める法第2条第7号に規定する作業環境測定機関（以下「作業環境測定機関」という。）又は法第3条第2項ただし書の厚生労働大臣が指定する機関（以下「指定測定機関」という。）に委託すること。

　　イ　個人サンプリング法　個人サンプリング法について登録を受けている作業環境測定機関又は指定測定機関

　　ロ　個人サンプリング法以外のもの　作業環境測定機関又は指定測定機関

　2　分析は，次に掲げる区分に応じ，それぞれ次に定める作業環境測定機関又は指定測定機関に委託すること。

　　イ　簡易測定機器以外の機器を用いて行う分析　当該指定作業場の属する別表に掲げる作業場の種類について登録を受けている作業環境測定機関又は当該作業場の種類について指定を受けている指定測定機関

　　ロ　イに規定する分析以外のもの　作業環境測定機関又は指定測定機関

（法第3条第2項ただし書の規定による指定）

第4条　法第3条第2項ただし書の規定による指定（以下この条において「指定」という。）を受けようとする者は，作業環境測定を行おうとする別表に掲げる作業場の種類を記載した申請書に他人の求めに応じて事業場における作業環境測定を行うことができることを証する業務規程その他の書面を添えて，その者の住所を管轄する都道府県労働局長を経由して厚生労働大臣に提出しなければならない。

②　厚生労働大臣は，指定を受けようとする者が作業環境測定を行うために必要な能力を有すると認めたときは，その者が作業環境測定を行うことができる別表に掲げる作業場の種類を定めて指定を行うものとする。

別表　作業場の種類（第3条－第5条，第6条，第16条，第17条，第51条の8，第52条，第54条，第59条，第61条関係）（抄）

> 5 労働安全衛生法施行令別表第6の2第1号から第47号までに掲げる
> 有機溶剤に係る有機溶剤中毒予防規則（昭和47年労働省令第36号）第
> 1条第1項第6号に規定する有機溶剤業務のうち同令第3条第1項の場
> 合における同項の業務以外の業務を行う屋内作業場又は同表第1号か
> ら第47号までに掲げる有機溶剤を含有する特定有機溶剤混合物（特定
> 化学物質障害予防規則第36条の5に規定する特定有機溶剤混合物をい
> い，有機溶剤中毒予防規則第1条第1項第2号に規定する有機溶剤含
> 有物を除く。）を製造し，又は取り扱う作業場

第 4 条　作業環境測定士は，労働安全衛生法第65条第1項の規定による作業
環境測定を実施するときは，同条第2項の作業環境測定基準に従つてこれを
実施しなければならない。

② 作業環境測定機関は，他人の求めに応じて労働安全衛生法第65条第1項の
規定による作業環境測定を行うときは，同条第2項の作業環境測定基準に従
つてこれを行わなければならない。

第2章　作業環境測定士等

第 1 節　作業環境測定士

（作業環境測定士の資格）

第 5 条　作業環境測定士試験（以下「試験」という。）に合格し，かつ，厚生
労働大臣又は都道府県労働局長の登録を受けた者が行う講習（以下「講習」と
いう。）を修了した者その他これと同等以上の能力を有すると認められる者で，
厚生労働省令で定めるものは，作業環境測定士となる資格を有する。

─── 作業環境測定法施行規則 ───

第 5 条の2　前条第1項の規定にかかわらず，学校教育法による大学若し
くは高等専門学校又は職業能力開発促進法（昭和44年法律第64号）に
よる職業能力開発短期大学校若しくは職業能力開発大学校（以下「大学
等」という。）のうち厚生労働大臣の登録を受けたものにおいて，法第2
条第6号に規定する第2種作業環境測定士（以下この条において「第2
種作業環境測定士」という。）となるために必要な知識及び技能を付与す

る科目として次に掲げるものを修めて卒業し（当該科目を修めて専門職
大学前期課程を修了した者である場合を含む。），又は訓練を修了した者
は，第2種作業環境測定士となる資格を有するものとする。

1　労働衛生一般

2　労働衛生管理

3　労働衛生関係法令

4　作業環境について行うデザイン及びサンプリング

5　作業環境の評価

6　作業環境について行う分析

（欠格条項）

第6条　次の各号のいずれかに該当する者は，作業環境測定士となることがで
きない。

1　心身の故障により作業環境測定士の業務を適正に行うことができない者
として厚生労働省令で定めるもの

2　第12条第2項の規定により登録を取り消され，その取消しの日から起算
して2年を経過しない者

3　この法律又は労働安全衛生法（これらに基づく命令を含む。）の規定に違
反して，罰金以上の刑に処せられ，その執行を終わり，又は執行を受ける
ことがなくなつた日から起算して2年を経過しない者

（登　録）

第7条　作業環境測定士となる資格を有する者が作業環境測定士となるには，
厚生労働省令で定めるところにより，作業環境測定士名簿に，次の事項につ
いて登録を受けなければならない。

1　登録年月日及び登録番号

2　氏名及び生年月日

3　作業環境測定士の種別

4　その他厚生労働省令で定める事項

―― 作業環境測定法施行規則 ――――――――

（登録事項）

第 6 条　法第 7 条第 4 号の厚生労働省令で定める事項は，次に掲げる区分に応じ，それぞれ次に定める事項とする。

　　1　法別表第 1 第 1 種作業環境測定士講習の項講習科目の欄第 2 号又は同表第 2 種作業環境測定士講習の項講習科目の欄第 2 号に掲げる科目のうち個人サンプリング法に係るものを修了した者　個人サンプリング法を行うことができること

　　2　第 1 種作業環境測定士講習を修了した者　法別表第 1 第 1 種作業環境測定士講習の項講習科目の欄第 3 号に掲げる科目に係る指定作業場の種類に応じた別表に掲げる作業場の種類

　　3　第 5 条第 1 項第 2 号又は第 3 号に掲げる者で，同条第 3 項の規定によりその種別が第 1 種作業環境測定士であると厚生労働大臣が認定したもの　その者が作業環境測定を行うことができる別表に掲げる作業場の種類

　　4　第 5 条第 1 項第 2 号又は第 3 号に掲げる者及び第 5 条の 2 の規定により第 2 種作業環境測定士としての資格を有する者　個人サンプリング法を行うことができること

　②　旧姓を使用した氏名又は通称の併記を希望する場合にあつては，前項の厚生労働省令で定める事項は，同項各号に定める事項のほか，その氏名又は通称とする。

（作業環境測定士名簿）

第 8 条　作業環境測定士名簿は，厚生労働省に備える。

②　事業者その他の関係者は，作業環境測定士名簿の閲覧を求めることができる。

（登録の手続）

第 9 条　第 7 条の登録を受けようとする者は，同条第 2 号から第 4 号までに掲げる事項を記載した申請書を厚生労働大臣に提出しなければならない。

②－④　略

（登録の取消し等）

第 12 条　厚生労働大臣は，作業環境測定士が第6条第1号若しくは第3号に該当するに至つたとき，又は第17条の規定により試験の合格の決定を取り消されたときは，その登録を取り消さなければならない。

② 　厚生労働大臣は，作業環境測定士が次の各号のいずれかに該当するときは，その登録を取り消し，又は期間を定めて指定作業場についての作業環境測定の業務の停止若しくはその名称の使用の停止を命ずることができる。

1　登録に関し不正の行為があつたとき。

2　第4条第1項，前条又は第44条第4項の規定に違反したとき。

3　作業環境測定の実施に関し，虚偽の測定結果を表示したとき。

4　第48条第1項の条件に違反したとき。

5　前各号に掲げるもののほか，作業環境測定の業務（当該作業環境測定士が作業環境測定機関の行う作業環境測定の業務に従事する場合における当該業務を含む。）に関し不正の行為があつたとき。

（試　験）

第 14 条　試験は，厚生労働大臣が行う。

② 　試験は，第1種作業環境測定士試験及び第2種作業環境測定士試験とし，厚生労働省令で定めるところにより，筆記試験及び口述試験又は筆記試験のみによつて行う。

③ 　厚生労働大臣は，厚生労働省令で定めるところにより，厚生労働省令で定める資格を有する者に対し，前項の筆記試験又は口述試験の全部又は一部を免除することができる。

　作業環境測定法施行規則

（試　験）

第 14 条　法第14条第2項の第1種作業環境測定士試験（以下「第1種試験」という。）及び同項の第2種作業環境測定士試験（以下「第2種試験」という。）は，筆記試験のみによつて行う。

（受験資格）

第 15 条　次の各号のいずれかに該当する者でなければ，試験を受けることが

できない。

1　学校教育法（昭和22年法律第26号）による大学又は高等専門学校において理科系統の正規の課程を修めて卒業した者（当該課程を修めて同法による専門職大学の前期課程を修了した者を含む。以下「理科系統大学等卒業者」という。）で，その後1年以上労働衛生の実務に従事した経験を有するもの

2　学校教育法による高等学校又は中等教育学校において理科系統の正規の学科を修めて卒業した者で，その後3年以上労働衛生の実務に従事した経験を有するもの

3　前二号に掲げる者と同等以上の能力を有すると認められる者で，厚生労働省令で定めるもの

作業環境測定法施行規則

（受験資格）

第 15 条　法第15条第3号の厚生労働省令で定める者は，次のとおりとする。

1　学校教育法による大学又は高等専門学校において理科系統の正規の課程以外の課程を修めて卒業した者（機構により学士の学位を授与された者（当該課程を修めた者に限る。）若しくはこれと同等以上の学力を有すると認められる者又は当該課程を修めて専門職大学前期課程を修了した者を含む。）で，その後3年以上労働衛生の実務に従事した経験を有するもの

2　学校教育法による高等学校（旧中等学校令（昭和18年勅令第36号）による中等学校を含む。以下同じ。）又は中等教育学校において理科系統の正規の学科以外の学科を修めて卒業した者（学校教育法施行規則（昭和22年文部省令第11号）第150条に規定する者又はこれと同等以上の学力を有すると認められる者を含む。）で，その後5年以上労働衛生の実務に従事した経験を有するもの

3　機構により学士の学位を授与された者（理科系統の正規の課程を修めた者に限る。）又はこれと同等以上の学力を有すると認められる者で，その後1年以上労働衛生の実務に従事した経験を有するもの

3の2 職業能力開発促進法施行規則（昭和44年労働省令第24号）第9条に定める応用課程の高度職業訓練のうち同令別表第7に定めるところにより行われるもの（当該訓練において履修すべき専攻学科の主たる科目が理科系統の科目であるものに限る。）を修了した者で，その後1年以上労働衛生の実務に従事した経験を有するもの

4 職業能力開発促進法施行規則第9条に定める専門課程又は同令第36条の2第2項に定める特定専門課程の高度職業訓練のうち同令別表第6に定めるところにより行われるもの（職業能力開発促進法施行規則等の一部を改正する省令（平成5年労働省令第1号。第6号において「平成5年改正省令」という。）による改正前の職業能力開発促進法施行規則（以下「旧能開規則」という。）別表第3の2に定めるところにより行われる専門課程の養成訓練並びに職業訓練法施行規則及び雇用保険法施行規則の一部を改正する省令（昭和60年労働省令第23号）による改正前の職業訓練法施行規則（次号及び第17条第12号において「昭和60年改正前の職業訓練法施行規則」という。）別表第1の専門訓練課程及び職業訓練法の一部を改正する法律（昭和53年法律第40号）による改正前の職業訓練法（以下「旧職業訓練法」という。）第9条第1項の特別高等訓練課程の養成訓練を含む。）（当該訓練において履修すべき専攻学科又は専門学科の主たる科目が理科系統の科目であるものに限る。）を修了した者で，その後1年以上労働衛生の実務に従事した経験を有するもの

5 職業能力開発促進法施行規則第9条に定める普通課程の普通職業訓練のうち同令別表第2に定めるところにより行われるもの（旧能開規則別表第3に定めるところにより行われる普通課程の養成訓練並びに昭和60年改正前の職業訓練法施行規則別表第1の普通訓練課程及び旧職業訓練法第9条第1項の高等訓練課程の養成訓練を含む。）（当該訓練において履修すべき専攻学科又は専門学科の主たる科目が理科系統の科目であるものに限る。）を修了した者で，その後3年以上労働衛生の実務に従事した経験を有するもの

6 職業訓練法施行規則の一部を改正する省令（昭和53年労働省令第37

号。第17条第12号において「昭和53年改正省令」という。）附則第2条第1項に規定する専修訓練課程の普通職業訓練（平成5年改正省令による改正前の同項に規定する専修訓練課程及び旧職業訓練法第9条第1項の専修訓練課程の養成訓練を含む。）（当該訓練において履修すべき専門学科の主たる科目が理科系統の科目であるものに限る。）を修了した者で，その後4年以上労働衛生の実務に従事した経験を有するもの

7　職業能力開発促進法施行規則別表第11の3の3に掲げる検定職種のうち，1級，2級又は単一等級の技能検定（当該技能検定において必要とされる知識が主として理学又は工学に関する知識であるものに限る。）に合格した者で，その後1年以上労働衛生の実務に従事した経験を有するもの

8　8年以上労働衛生の実務に従事した経験を有する者

9　第17条各号に掲げる者

10　その他前各号に掲げる者と同等以上の能力を有すると認められる者として厚生労働大臣が定める者

（名称の使用制限）

第18条　作業環境測定士でない者は，その名称中に作業環境測定士という文字を用いてはならない。

②　第2種作業環境測定士は，第1種作業環境測定士という名称を用いてはならない。

　第2節　指定試験機関

（指　定）

第20条　厚生労働大臣は，申請により指定する者に，試験の実施に関する事務（以下「試験事務」という。）を行わせる。

②　前項の規定による指定（以下この節において「指定」という。）を受けた者（以下「指定試験機関」という。）は，試験事務の実施に関し第17条に規定する厚生労働大臣の職権を行うことができる。

③　厚生労働大臣は，指定試験機関に試験事務を行わせるときは，当該試験事

務を行わないものとする。

（指定の公示等）

第22条　厚生労働大臣は，指定をしたときは，指定試験機関の名称及び住所，試験事務を行う事務所の所在地並びに試験事務の開始の日を官報で公示しなければならない。

②・③　略

　　第3節　登録講習機関

第32条　第5条又は第44条第1項の規定による登録は，厚生労働省令で定めるところにより，講習又は同項に規定する研修を行おうとする者の申請により行う。

②-⑦　略

　　第3章　作業環境測定機関

（作業環境測定機関）

第33条　作業環境測定機関になろうとする者は，厚生労働省令で定めるところにより，作業環境測定機関名簿に，次の事項について登録を受けなければならない。

　1　登録年月日及び登録番号

　2　氏名又は名称及び住所並びに法人にあつては，その代表者の氏名

　3　その他厚生労働省令で定める事項

②　略

```
──作業環境測定法施行規則──────────────

（登録事項）

第52条　法第33条第1項第3号の厚生労働省令で定める事項は，次のとおりとする。

　1　作業環境測定機関になろうとする者が個人サンプリング法を行うことができる場合にあつては，その旨

　2　作業環境測定機関になろうとする者が分析を行うことができる別表に掲げる作業場の種類

（登録の申請）

第53条　法第33条第1項の登録を受けようとする者は，作業環境測定機関登録申請書（様式第16号）に同項第2号に掲げる事項及び前条に規定
```

する事項を証する書面を添えて，その事務所の所在地を管轄する都道府県労働局長（その事務所が2以上の都道府県労働局の管轄区域にわたる場合にあつては，厚生労働大臣）に提出しなければならない。

（準　用）

第34条　労働安全衛生法第46条第2項の規定は前条第1項の登録について，同法第47条第1項及び第2項，第50条第4項並びに第54条の5の規定は作業環境測定機関について準用する。……〈略〉……

② 　第8条から第10条まで，第12条第2項，第13条及び第19条の規定は，作業環境測定機関に関して準用する。この場合において，第8条中「作業環境測定士名簿」とあるのは「作業環境測定機関名簿」と，同条第1項中「厚生労働省」とあるのは「厚生労働省又は都道府県労働局」と，第9条第1項及び第3項並びに第10条中「第7条」とあるのは「第33条第1項」と，第9条第1項中「から第4号まで」とあるのは「及び第3号」と，同条第1項，第3項及び第4項，第10条，第12条第2項並びに第13条中「厚生労働大臣」とあるのは「厚生労働大臣又は都道府県労働局長」と，……〈略〉……第12条第2項各号列記以外の部分中「指定作業場についての作業環境測定の業務の停止若しくはその名称の使用の停止」とあるのは「作業環境測定の業務の全部若しくは一部の停止」と，同項第2号中「第4条第1項，前条又は第44条第4項」とあるのは「第4条第2項」と，同項第5号中「作業環境測定の業務（当該作業環境測定士が作業環境測定機関の行う作業環境測定の業務に従事する場合における当該業務を含む。）」とあるのは「作業環境測定の業務」と，……〈略〉……と読み替えるものとする。

── 作業環境測定法施行規則 ──

（登録の基準）

第54条　法第33条第2項の厚生労働省令で定める基準は，次のとおりとする。

1　作業環境測定機関になろうとする者が個人サンプリング法を行おうとする場合にあつては，第6条第1号に定める事項について登録を受けている作業環境測定士が置かれること。

2 第52条第2号に規定する別表に掲げる作業場の種類について法第7条の登録を受けている第1種作業環境測定士が置かれること。

3 作業環境測定に使用する機器及び設備が厚生労働大臣の定める基準に適合するものであること。

4 作業環境測定の業務を行うために必要な事務所を有すること。

（秘密保持義務等）

第35条 作業環境測定機関の役員若しくは職員（作業環境測定機関である作業環境測定士を含む。）又はこれらの職にあつた者は，作業環境測定の業務に関して知り得た秘密を漏らし，又は盗用してはならない。

（名称の使用制限）

第37条 作業環境測定機関でない者は，作業環境測定機関又はこれに類似する名称を用いてはならない。

② 協会以外の者は，その名称中に日本作業環境測定協会という文字を用いてはならない。

第4章 雑 則

（労働基準監督署長及び労働基準監督官）

第38条 労働基準監督署長及び労働基準監督官は，厚生労働省令で定めるところにより，この法律の施行に関する事務をつかさどる。

（労働基準監督官の権限）

第39条 労働基準監督官は，この法律を施行するため必要があると認めるときは，事業場に立ち入り，関係者に質問し，又は帳簿，書類その他の物件を検査することができる。

② 前項の場合において，労働基準監督官は，その身分を示す証票を携帯し，関係者に提示しなければならない。

③ 第1項の規定による立入検査の権限は，犯罪捜査のために認められたものと解釈してはならない。

第40条 労働基準監督官は，この法律の規定に違反する罪について，刑事訴訟法（昭和23年法律第131号）の規定による司法警察員の職務を行う。

（厚生労働大臣等の権限）

第 41 条　厚生労働大臣又は都道府県労働局長は，作業環境測定機関，指定試験機関，登録講習機関又は指定登録機関の業務の適正な運営を確保するため必要があると認めるときは，その職員をしてこれらの事務所に立ち入り，関係者に質問し，その業務に関係のある帳簿，書類その他の物件を検査し，又は検査に必要な限度において無償で作業環境測定機関の業務に関係のある試料その他の物件を収去させることができる。

②　第 39 条第 2 項及び第 3 項の規定は，前項の規定による立入検査について準用する。

（報告等）

第 42 条　厚生労働大臣，都道府県労働局長，労働基準監督署長又は労働基準監督官は，この法律を施行するため必要があると認めるときは，厚生労働省令で定めるところにより，事業者に対し，必要な事項を報告させ，又は出頭を命ずることができる。

②　厚生労働大臣，都道府県労働局長又は労働基準監督署長は，この法律を施行するため必要があると認めるときは，厚生労働省令で定めるところにより，作業環境測定機関，指定試験機関，登録講習機関若しくは指定登録機関又は作業環境測定士に対し，必要な事項を報告させることができる。

作業環境測定法施行規則

（報告等）

第 68 条　厚生労働大臣，都道府県労働局長，労働基準監督署長又は労働基準監督官は，法第 42 条第 1 項の規定により，事業者に対し必要な事項を報告させ，又は出頭を命ずるときは，次の事項を通知するものとする。

1　報告をさせ，又は出頭を命ずる理由

2　出頭を命ずる場合には，聴取しようとする事項

（研修の指示）

第 44 条　都道府県労働局長は，作業環境測定の適正な実施を確保するため必要があると認めるときは，作業環境測定士に対し，期間を定めて，厚生労働大臣又は都道府県労働局長の登録を受けた者が行う研修（以下「研修」とい

う。）を受けるよう指示することができる。

②　作業環境測定士が事業者又は作業環境測定機関に使用されているときは，前項の指示は，当該事業者又は作業環境測定機関に対して行うものとする。

③　前項の指示を受けた事業者又は作業環境測定機関は，当該指示に係る期間内に，当該作業環境測定士に研修を受けさせなければならない。

④　第1項又は第2項の規定により研修を受けるよう指示された作業環境測定士は，当該指示に係る期間内に，研修を受けなければならない。

⑤　研修は，別表第4に掲げる研修科目によつて行う。

⑥　前各項に定めるもののほか，受講手続その他研修について必要な事項は，厚生労働省令で定める。

別表第4（第44条関係）

1　労働衛生管理の実務

2　作業環境について行うデザイン及びサンプリングの実務

3　指定作業場の作業環境について行う分析の実務

（指定試験機関等がした処分等に係る審査請求）

第45条　指定試験機関が行う試験事務又は指定登録機関が行う登録事務に係る処分又はその不作為については，厚生労働大臣に対し審査請求をすることができる。この場合において，厚生労働大臣は，行政不服審査法（平成26年法律第68号）第25条第2項及び第3項，第46条第1項及び第2項，第47条並びに第49条第3項の規定の適用については，指定試験機関又は指定登録機関の上級行政庁とみなす。

（政府の援助）

第47条　政府は，作業環境測定士の資質の向上並びに作業環境測定機関及び登録講習機関の業務の適正化を図るため，資料の提供，測定手法の開発及びその成果の普及その他必要な援助を行うように努めるものとする。

（手数料）

第49条　次の者は，政令で定めるところにより，実費を勘案して政令で定める額の手数料を国（指定試験機関の行う試験を受けようとする者又は指定試験機関から合格証の再交付を受けようとする者にあつては指定試験機関，指定登録機関の行う登録を受けようとする者又は指定登録機関から作業環境測

定士登録証の再交付若しくは書換えを受けようとする者にあつては指定登録機関）に納付しなければならない。

1　試験を受けようとする者

2　第5条又は第44条第1項の登録の更新を受けようとする者

3　講習又は研修（都道府県労働局長が行う講習又は研修に限る。）を受けようとする者

4　第7条の登録を受けようとする者

5　作業環境測定士登録証又は作業環境測定機関登録証の再交付又は書換えを受けようとする者

6　合格証又は講習修了証の再交付（都道府県労働局長が行う講習修了証の再交付に限る。）を受けようとする者

②　前項の規定により指定試験機関又は指定登録機関に納められた手数料は，それぞれ，指定試験機関又は指定登録機関の収入とする。

（厚生労働省令への委任）

第51条　この法律に定めるもののほか，この法律の施行に関して必要な事項は，厚生労働省令で定める。

第5章　罰　則

第52条　第27条第1項（第32条の2第4項において準用する場合を含む。）又は第35条の規定に違反した者は，1年以下の懲役又は100万円以下の罰金に処する。

第54条　次の各号のいずれかに該当する者は，50万円以下の罰金に処する。

1　第3条，第18条，第37条又は第44条第3項の規定に違反した者

2　第12条第2項の規定による命令に違反した者

3　第39条第1項の規定による立入り若しくは検査を拒み，妨げ，若しくは忌避し，又は質問に対して陳述をせず，若しくは虚偽の陳述をした者

4　第42条第1項の規定による報告をせず，若しくは虚偽の報告をし，又は出頭しなかつた者

10　作業環境測定基準（抄）

（昭和51年4月22日労働省告示第46号）

（最終改正　令和5年4月17日厚生労働省告示第174号）

（定　義）

第1条　この告示において，次の各号に掲げる用語の意義は，それぞれ当該各号に定めるところによる。

1　液体捕集方法　試料空気を液体に通し，又は液体の表面と接触させることにより溶解，反応等をさせて，当該液体に測定しようとする物を捕集する方法をいう。

2　固体捕集方法　試料空気を固体の粒子の層を通して吸引すること等により吸着等をさせて，当該固体の粒子に測定しようとする物を捕集する方法をいう。

3　直接捕集方法　試料空気を溶解，反応，吸着等をさせないで，直接，捕集袋，捕集びん等に捕集する方法をいう。

4　冷却凝縮捕集方法　試料空気を冷却した管等と接触させることにより凝縮をさせて測定しようとする物を捕集する方法をいう。

5　ろ過捕集方法　試料空気をろ過材（0.3マイクロメートルの粒子を95パーセント以上捕集する性能を有するものに限る。）を通して吸引することにより当該ろ過材に測定しようとする物を捕集する方法をいう。

（粉じんの濃度等の測定）

第2条　労働安全衛生法施行令（昭和47年政令第318号。以下「令」という。）第21条第1号の屋内作業場における空気中の土石，岩石，鉱物，金属又は炭素の粉じんの濃度の測定は，次に定めるところによらなければならない。

1　測定点は，単位作業場所（当該作業場の区域のうち労働者の作業中の行動範囲，有害物の分布等の状況等に基づき定められる作業環境測定のために必要な区域をいう。以下同じ。）の床面上に6メートル以下の等間隔で引いた縦の線と横の線との交点の床上50センチメートル以上150センチメートル以下の位置（設備等があつて測定が著しく困難な位置を除く。）とする

こと。ただし，単位作業場所における空気中の土石，岩石，鉱物，金属又は炭素の粉じんの濃度がほぼ均一であることが明らかなときは，測定点に係る交点は，当該単位作業場所の床面上に6メートルを超える等間隔で引いた縦の線と横の線との交点とすることができる。

1の2　前号の規定にかかわらず，同号の規定により測定点が5に満たないこととなる場合にあつても，測定点は，単位作業場所について5以上とすること。ただし，単位作業場所が著しく狭い場合であつて，当該単位作業場所における空気中の土石，岩石，鉱物，金属又は炭素の粉じんの濃度がほぼ均一であることが明らかなときは，この限りでない。

2　前二号の測定は，作業が定常的に行われている時間に行うこと。

2の2　土石，岩石，鉱物，金属又は炭素の粉じんの発散源に近接する場所において作業が行われる単位作業場所にあつては，前三号に定める測定のほか，当該作業が行われる時間のうち，空気中の土石，岩石，鉱物，金属又は炭素の粉じんの濃度が最も高くなると思われる時間に，当該作業が行われる位置において測定を行うこと。

3　1の測定点における試料空気の採取時間は，10分間以上の継続した時間とすること。ただし，相対濃度指示方法による測定については，この限りでない。

〈以下略〉

（特定化学物質の濃度の測定）

第 10 条　令第21条第7号に掲げる作業場（石綿等（令第6条第23号に規定する石綿等をいう。以下同じ。）を取り扱い，又は試験研究のため製造する屋内作業場，石綿分析用試料等（令第6条第23号に規定する石綿分析用試料等をいう。以下同じ。）を製造する屋内作業場及び特定化学物質障害予防規則（昭和47年労働省令第39号。第3項及び第13条において「特化則」という。）別表第1第37号に掲げる物を製造し，又は取り扱う屋内作業場を除く。）における空気中の令別表第3第1号1から7までに掲げる物又は同表第2号1から36までに掲げる物（同号34の2に掲げる物を除く。）の濃度の測定は，別表第1の上欄に掲げる物の種類に応じて，それぞれ同表の中欄に掲げる試料採取方法又はこれと同等以上の性能を有する試料採取方法及び同表の下欄

に掲げる分析方法又はこれと同等以上の性能を有する分析方法によらなければならない。

② 前項の規定にかかわらず，空気中の次に掲げる物の濃度の測定は，検知管方式による測定機器又はこれと同等以上の性能を有する測定機器を用いる方法によることができる。ただし，空気中の次の各号のいずれかに掲げる物の濃度を測定する場合において，当該物以外の物が測定値に影響を及ぼすおそれのあるときは，この限りでない。

1 アクリロニトリル

2 エチレンオキシド

3 塩化ビニル

4 塩素

5 クロロホルム

6 シアン化水素

7 四塩化炭素

8 臭化メチル

9 スチレン

10 テトラクロロエチレン（別名パークロルエチレン）

11 トリクロロエチレン

12 弗化水素

13 ベンゼン

14 ホルムアルデヒド

15 硫化水素

③・④ （略）

⑤ 前項の規定にかかわらず，第1項に規定する測定のうち，令別表第3第1号6又は同表第2号2，3の2，5，8から11まで，13，13の2，15，15の2，19，19の4，20から22まで，23，23の2，26，27の2，30，31の2から33まで，34の3若しくは36に掲げる物（以下この項において「個人サンプリング法対象特化物」という。）の濃度の測定は，次に定めるところによることができる。

1 試料空気の採取等は，単位作業場所において作業に従事する労働者の身

体に装着する試料採取機器等を用いる方法により行うこと。

2　前号の規定による試料採取機器等の装着は，単位作業場所において，労働者にばく露される個人サンプリング法対象特化物の量がほぼ均一であると見込まれる作業ごとに，それぞれ，適切な数の労働者に対して行うこと。ただし，その数は，それぞれ，5人を下回つてはならない。

3　第1号の規定による試料空気の採取等の時間は，前号の労働者が一の作業日のうち単位作業場所において作業に従事する全時間とすること。ただし，当該作業に従事する時間が2時間を超える場合であつて，同一の作業を反復する等労働者にばく露される個人サンプリング法対象特化物の濃度がほぼ均一であることが明らかなときは，2時間を下回らない範囲内において当該試料空気の採取等の時間を短縮することができる。

4　単位作業場所において作業に従事する労働者の数が5人を下回る場合にあつては，第2号ただし書及び前号本文の規定にかかわらず，一の労働者が一の作業日のうち単位作業場所において作業に従事する時間を分割し，二以上の第1号の規定による試料空気の採取等が行われたときは，当該試料空気の採取等は，当該二以上の採取された試料空気の数と同数の労働者に対して行われたものとみなすことができること。

5　個人サンプリング法対象特化物の発散源に近接する場所において作業が行われる単位作業場所にあつては，前各号に定めるところによるほか，当該作業が行われる時間のうち，空気中の個人サンプリング法対象特化物の濃度が最も高くなると思われる時間に，試料空気の採取等を行うこと。

6　前号の規定による試料空気の採取等の時間は，15分間とすること。

⑥～⑨　（省略）

（有機溶剤等の濃度の測定）

第13条　令第21条第10号の屋内作業場（同条第7号の作業場（特化則第36条の5の作業場に限る。）を含む。）における空気中の令別表第6の2第1号から第47号までに掲げる有機溶剤（特化則第36条の5において準用する有機溶剤中毒予防規則（昭和47年労働省令第36号。以下この条において「有機則」という。）第28条第2項の規定による測定を行う場合にあつては，特化則第2条第3号の2に規定する特別有機溶剤（以下この条において「特別

有機溶剤」という。）を含む。）の濃度の測定は，別表第2（特別有機溶剤にあつては，別表第1）の上欄〔編注：左欄〕に掲げる物の種類に応じて，それぞれ同表の中欄に掲げる試料採取方法又はこれと同等以上の性能を有する試料採取方法及び同表の下欄〔編注：右欄〕に掲げる分析方法又はこれと同等以上の性能を有する分析方法によらなければならない。

② 　前項の規定にかかわらず，空気中の次に掲げる物（特化則第36条の5において準用する有機則第28条第2項の規定による測定を行う場合にあつては，第10条第2項第5号，第7号又は第9号から第11号までに掲げる物を含む。）の濃度の測定は，検知管方式による測定機器又はこれと同等以上の性能を有する測定機器を用いる方法によることができる。ただし，空気中の次の各号のいずれかに掲げる物（特化則第36条の5において準用する有機則第28条第2項の規定による測定を行う場合にあつては，第10条第2項第5号，第7号又は第9号から第11号までに掲げる物のいずれかを含む。）の濃度を測定する場合において，当該物以外の物が測定値に影響を及ぼすおそれのあるときは，この限りでない。

1　アセトン

2　イソブチルアルコール

3　イソプロピルアルコール

4　イソペンチルアルコール（別名イソアミルアルコール）

5　エチルエーテル

6　キシレン

7　クレゾール

8　クロルベンゼン

9　酢酸イソブチル

10　酢酸イソプロピル

11　酢酸エチル

12　酢酸ノルマル－ブチル

13　シクロヘキサノン

14　1,2－ジクロルエチレン（別名二塩化アセチレン）

15　N,N－ジメチルホルムアミド

16 テトラヒドロフラン

17 1,1,1－トリクロルエタン

18 トルエン

19 二硫化炭素

20 ノルマルヘキサン

21 2－ブタノール

22 メチルエチルケトン

23 メチルシクロヘキサノン

③　前二項の規定にかかわらず，令別表第6の2第1号から第47号までに掲げる物（特別有機溶剤（令別表第3第2号3の3，18の3，18の4，19の2，19の3，22の3又は33の2に掲げる物にあつては，前項各号又は第10条第2項第5号，第7号若しくは第9号から第11号までに掲げる物を主成分とする混合物として製造され，又は取り扱われる場合に限る。以下この条において同じ。）を含み，令別表第6の2第2号，第6号から第10号まで，第17号，第20号から第22号まで，第24号，第34号，第39号，第40号，第42号，第44号，第45号及び第47号に掲げる物にあつては，前項各号又は第10条第2項第5号，第7号若しくは第9号から第11号までに掲げる物を主成分とする混合物として製造され，又は取り扱われる場合に限る。以下この条において「有機溶剤」という。）について有機則第28条の2第1項（特化則第36条の5において準用する場合を含む。）の規定による測定結果の評価が2年以上行われ，その間，当該評価の結果，第1管理区分に区分されることが継続した単位作業場所については，所轄労働基準監督署長の許可を受けた場合には，当該有機溶剤の濃度の測定（特別有機溶剤にあつては，特化則第36条の5において準用する有機則第28条第2項の規定に基づき行うものに限る。）は，検知管方式による測定機器又はこれと同等以上の性能を有する測定機器を用いる方法によることができる。この場合において，当該単位作業場所における1以上の測定点において第1項に掲げる方法（特別有機溶剤にあつては，第10条第1項に掲げる方法）を同時に行うものとする。

④　第2条第1項第1号から第3号までの規定は，前三項に規定する測定について準用する。この場合において，同条第1項第1号，第1号の2及び第2

　号の2中「土石，岩石，鉱物，金属又は炭素の粉じん」とあるのは「令別表
　第6の2第1号から第47号までに掲げる有機溶剤（特別有機溶剤を含む。）」
　と，同項第3号ただし書中「相対濃度指示方法」とあるのは「直接捕集方法
　又は検知管方式による測定機器若しくはこれと同等以上の性能を有する測定
　機器を用いる方法」と読み替えるものとする。

⑤　第10条第5項の規定は，第1項に規定する測定について準用する。この場
　合において，同条第5項中「前項」とあるのは「第13条第4項」と，「第1
　項」とあるのは「同条第1項」と，「令別表第3第1号6又は同表第2号2，3
　の2，5，8から11まで，13，13の2，15，15の2，19，19の4，20から22
　まで，23，23の2，26，27の2，30，31の2から33まで，34の3若しくは
　36に掲げる物（以下この項において「個人サンプリング法対象特化物」とい
　う。）」とあるのは「令別表第6の2第1号から第47号までに掲げる有機溶剤
　（特化則第36条の5において準用する有機則第28条第2項の規定による測定
　を行う場合にあつては，特別有機溶剤を含む。）」と，第10条第5項第2号，
　第3号及び第5号中「個人サンプリング法対象特化物」とあるのは「令別表
　第6の2第1号から第47号までに掲げる有機溶剤（特化則第36条の5にお
　いて準用する有機則第28条第2項の規定による測定を行う場合にあつては，
　特別有機溶剤を含む。）」と読み替えるものとする。

⑥　第10条第6項から第9項までの規定は，第3項の許可について準用する。

別表第 1（第 10 条関係）（抄）

物 の 種 類	試料採取方法	分 析 方 法
エチルベンゼン	固体捕集方法又は直接捕集方法	ガスクロマトグラフ分析方法
クロロホルム	液体捕集方法，固体捕集方法又は直接捕集方法	1 液体捕集方法にあつては，吸光光度分析方法 2 固体捕集方法又は直接捕集方法にあつては，ガスクロマトグラフ分析方法
四塩化炭素	液体捕集方法又は固体捕集方法	1 液体捕集方法にあつては，吸光光度分析方法 2 固体捕集方法にあつては，ガスクロマトグラフ分析方法
1,4-ジオキサン	固体捕集方法又は直接捕集方法	ガスクロマトグラフ分析方法
1,2-ジクロロエタン（別名二塩化エチレン）	液体捕集方法，固体捕集方法又は直接捕集方法	1 液体捕集方法にあつては，吸光光度分析方法 2 固体捕集方法又は直接捕集方法にあつては，ガスクロマトグラフ分析方法
1,2-ジクロロプロパン	固体捕集方法	ガスクロマトグラフ分析方法
ジクロロメタン（別名二塩化メチレン）	固体捕集方法又は直接捕集方法	ガスクロマトグラフ分析方法
スチレン	液体捕集方法，固体捕集方法又は直接捕集方法	1 液体捕集方法にあつては，吸光光度分析方法 2 固体捕集方法又は直接捕集方法にあつては，ガスクロマトグラフ分析方法
1,1,2,2-テトラクロロエタン（別名四塩化アセチレン）	液体捕集方法又は固体捕集方法	1 液体捕集方法にあつては，吸光光度分析方法 2 固体捕集方法にあつては，ガスクロマトグラフ分析方法
テトラクロロエチレン（別名パークロルエチレン）	固体捕集方法又は直接捕集方法	ガスクロマトグラフ分析方法
トリクロロエチレン	液体捕集方法，固体捕集方法又は直接捕集方法	1 液体捕集方法にあつては，吸光光度分析方法 2 固体捕集方法又は直接捕集方

物 の 種 類	試料採取方法	分 析 方 法
		法にあつては，ガスクロマトグラフ分析方法
メチルイソブチルケトン	液体捕集方法，固体捕集方法又は直接捕集方法	1 液体捕集方法にあつては，吸光度分析方法 2 固体捕集方法又は直接捕集方法にあつては，ガスクロマトグラフ分析方法

別表第2（第13条関係）

物 の 種 類	試料採取方法	分 析 方 法
アセトン	液体捕集方法，固体捕集方法又は直接捕集方法	1 液体捕集方法にあつては，吸光度分析方法 2 固体捕集方法又は直接捕集方法にあつては，ガスクロマトグラフ分析方法
イソブチルアルコール	固体捕集方法又は直接捕集方法	ガスクロマトグラフ分析方法
イソプロピルアルコール	液体捕集方法，固体捕集方法又は直接捕集方法	1 液体捕集方法にあつては，吸光度分析方法 2 固体捕集方法又は直接捕集方法にあつては，ガスクロマトグラフ分析方法
イソペンチルアルコール（別名イソアミルアルコール）	固体捕集方法又は直接捕集方法	ガスクロマトグラフ分析方法
エチルエーテル	固体捕集方法又は直接捕集方法	ガスクロマトグラフ分析方法
エチレングリコールモノエチルエーテル（別名セロソルブ）	液体捕集方法，固体捕集方法又は直接捕集方法	1 液体捕集方法にあつては，吸光度分析方法 2 固体捕集方法又は直接捕集方法にあつては，ガスクロマトグラフ分析方法
エチレングリコールモノエチルエーテルアセテート（別名セロソルブアセテート）	液体捕集方法，固体捕集方法又は直接捕集方法	1 液体捕集方法にあつては，吸光度分析方法 2 固体捕集方法又は直接捕集方法にあつては，ガスクロマトグラフ分析方法

物　の　種　類	試料採取方法	分　析　方　法
エチレングリコールモノ－ノルマル－ブチルエーテル（別名ブチルセロソルブ）	固体捕集方法又は直接捕集方法	ガスクロマトグラフ分析方法
エチレングリコールモノメチルエーテル（別名メチルセロソルブ）	固体捕集方法又は直接捕集方法	ガスクロマトグラフ分析方法
オルト－ジクロルベンゼン	固体捕集方法又は直接捕集方法	ガスクロマトグラフ分析方法
キシレン	液体捕集方法，固体捕集方法又は直接捕集方法	1　液体捕集方法にあつては，吸光光度分析方法 2　固体捕集方法又は直接捕集方法にあつては，ガスクロマトグラフ分析方法
クレゾール	固体捕集方法	ガスクロマトグラフ分析方法
クロルベンゼン	固体捕集方法又は直接捕集方法	ガスクロマトグラフ分析方法
酢酸イソブチル	液体捕集方法，固体捕集方法又は直接捕集方法	1　液体捕集方法にあつては，吸光光度分析方法 2　固体捕集方法又は直接捕集方法にあつては，ガスクロマトグラフ分析方法
酢酸イソプロピル	液体捕集方法，固体捕集方法又は直接捕集方法	1　液体捕集方法にあつては，吸光光度分析方法 2　固体捕集方法又は直接捕集方法にあつては，ガスクロマトグラフ分析方法
酢酸イソペンチル（別名酢酸イソアミル）	固体捕集方法又は直接捕集方法	ガスクロマトグラフ分析方法
酢酸エチル	液体捕集方法，固体捕集方法又は直接捕集方法	1　液体捕集方法にあつては，吸光光度分析方法 2　固体捕集方法又は直接捕集方法にあつては，ガスクロマトグラフ分析方法
酢酸ノルマル－ブチル	液体捕集方法，固体捕集方法又は直接捕集方法	1　液体捕集方法にあつては，吸光光度分析方法 2　固体捕集方法又は直接捕集方法にあつては，ガスクロマトグ

物　の　種　類	試料採取方法	分　析　方　法
		ラフ分析方法
酢酸ノルマル－プロピル	液体捕集方法，固体捕集方法又は直接捕集方法	1　液体捕集方法にあつては，吸光光度分析方法 2　固体捕集方法又は直接捕集方法にあつては，ガスクロマトグラフ分析方法
酢酸ノルマル－ペンチル（別名酢酸ノルマル－アミル）	固体捕集方法又は直接捕集方法	ガスクロマトグラフ分析方法
酢酸メチル	固体捕集方法又は直接捕集方法	ガスクロマトグラフ分析方法
シクロヘキサノール	固体捕集方法	ガスクロマトグラフ分析方法
シクロヘキサノン	液体捕集方法又は固体捕集方法	1　液体捕集方法にあつては，吸光光度分析方法 2　固体捕集方法にあつては，ガスクロマトグラフ分析方法
1,2-ジクロルエチレン（別名二塩化アセチレン）	固体捕集方法又は直接捕集方法	ガスクロマトグラフ分析方法
N,N-ジメチルホルムアミド	固体捕集方法	ガスクロマトグラフ分析方法
テトラヒドロフラン	固体捕集方法又は直接捕集方法	ガスクロマトグラフ分析方法
1,1,1-トリクロルエタン	液体捕集方法，固体捕集方法又は直接捕集方法	1　液体捕集方法にあつては，吸光光度分析方法 2　固体捕集方法又は直接捕集方法にあつては，ガスクロマトグラフ分析方法
トルエン	液体捕集方法，固体捕集方法又は直接捕集方法	1　液体捕集方法にあつては，吸光光度分析方法 2　固体捕集方法又は直接捕集方法にあつては，ガスクロマトグラフ分析方法
二硫化炭素	液体捕集方法，固体捕集方法又は直接捕集方法	1　液体捕集方法にあつては，吸光光度分析方法 2　固体捕集方法にあつては，吸光光度分析方法又はガスクロマトグラフ分析方法 3　直接捕集方法にあつては，ガスクロマトグラフ分析方法

物 の 種 類	試料採取方法	分 析 方 法
ノルマルヘキサン	固体捕集方法又は直接捕集方法	ガスクロマトグラフ分析方法
1-ブタノール	液体捕集方法，固体捕集方法又は直接捕集方法	1　液体捕集方法にあつては，吸光光度分析方法 2　固体捕集方法又は直接捕集方法にあつては，ガスクロマトグラフ分析方法
2-ブタノール	液体捕集方法，固体捕集方法又は直接捕集方法	1　液体捕集方法にあつては，吸光光度分析方法 2　固体捕集方法又は直接捕集方法にあつては，ガスクロマトグラフ分析方法
メタノール	液体捕集方法，固体捕集方法又は直接捕集方法	1　液体捕集方法にあつては，吸光光度分析方法 2　固体捕集方法又は直接捕集方法にあつては，ガスクロマトグラフ分析方法
メチルエチルケトン	液体捕集方法，固体捕集方法又は直接捕集方法	1　液体捕集方法にあつては，吸光光度分析方法 2　固体捕集方法又は直接捕集方法にあつては，ガスクロマトグラフ分析方法
メチルシクロヘキサノール	固体捕集方法	ガスクロマトグラフ分析方法
メチルシクロヘキサノン	固体捕集方法	ガスクロマトグラフ分析方法
メチル－ノルマル－ブチルケトン	固体捕集方法又は直接捕集方法	ガスクロマトグラフ分析方法

11　作業環境評価基準（抄）

（昭和63年9月1日労働省告示第79号）

（最終改正　令和2年4月22日厚生労働省告示第192号）

（適　用）

第1条　この告示は，労働安全衛生法第65条第1項の作業場のうち，労働安全衛生法施行令（昭和47年政令第318号）第21条第1号，第7号，第8号及び第10号に掲げるものについて適用する。

（測定結果の評価）

第2条　労働安全衛生法第65条の2第1項の作業環境測定の結果の評価は，単位作業場所（作業環境測定基準（昭和51年労働省告示第46号）第2条第1項第1号に規定する単位作業場所をいう。以下同じ。）ごとに，次の各号に掲げる場合に応じ，それぞれ当該各号の表の下欄〔編注：右欄〕に掲げるところにより，第1管理区分から第3管理区分までに区分することにより行うものとする。

1　A測定（作業環境測定基準第2条第1項第1号から第2号までの規定により行う測定（作業環境測定基準第10条第4項，第10条の2第2項，第11条第2項及び第13条第4項において準用する場合を含む。）をいう。以下同じ。）のみを行つた場合

管理区分	評価値と測定対象物に係る別表に掲げる管理濃度との比較の結果
第1管理区分	第1評価値が管理濃度に満たない場合
第2管理区分	第1評価値が管理濃度以上であり，かつ，第2評価値が管理濃度以下である場合
第3管理区分	第2評価値が管理濃度を超える場合

2　A測定及びB測定（作業環境測定基準第2条第1項第2号の2の規定により行う測定（作業環境測定基準第10条第4項，第10条の2第2項，第11条第2項及び第13条第4項において準用する場合を含む。）をいう。以下同じ。）を行つた場合

管理区分	評価値又はB測定の測定値と測定対象物に係る別表に掲げる管理濃度との比較の結果
第1管理区分	第1評価値及びB測定の測定値（2以上の測定点においてB測定を実施した場合には，そのうちの最大値。以下同じ。）が管理濃度に満たない場合
第2管理区分	第2評価値が管理濃度以下であり，かつ，B測定の測定値が管理濃度の1.5倍以下である場合（第1管理区分に該当する場合を除く。）
第3管理区分	第2評価値が管理濃度を超える場合又はB測定の測定値が管理濃度の1.5倍を超える場合

②　測定対象物の濃度が当該測定で採用した試料採取方法及び分析方法によって求められる定量下限の値に満たない測定点がある単位作業場所にあつては，当該定量下限の値を当該測定点における測定値とみなして，前項の区分を行うものとする。

③　測定値が管理濃度の10分の1に満たない測定点がある単位作業場所にあつては，管理濃度の10分の1を当該測定点における測定値とみなして，第1項の区分を行うことができる。

④　労働安全衛生法施行令別表第6の2第1号から第47号までに掲げる有機溶剤（特定化学物質障害予防規則（昭和47年労働省令第39号）第36条の5において準用する有機溶剤中毒予防規則（昭和47年労働省令第36号）第28条の2第1項の規定による作業環境測定の結果の評価にあつては，特定化学物質障害予防規則第2条第1項第3号の2に規定する特別有機溶剤を含む。以下この項において同じ。）を2種類以上含有する混合物に係る単位作業場所にあつては，測定点ごとに，次の式により計算して得た換算値を当該測定点における測定値とみなして，第1項の区分を行うものとする。この場合において，管理濃度に相当する値は，1とするものとする。

$$C = \frac{C_1}{E_1} + \frac{C_2}{E_2} + \cdots\cdots$$

この式において，C，C_1，C_2……及びE_1，E_2……は，それぞれ次の値を表すものとする。

C　換算値

C_1，C_2……有機溶剤の種類ごとの測定値

E_1，E_2……有機溶剤の種類ごとの管理濃度

（評価値の計算）

第 3 条　前条第 1 項の第 1 評価値及び第 2 評価値は，次の式により計算するものとする。

$$\log EA_1 = \log M_1 + 1.645\sqrt{\log^2 \sigma_1 + 0.084}$$

$$\log EA_2 = \log M_1 + 1.151 \, (\log^2 \sigma_1 + 0.084)$$

これらの式において，EA_1，M_1，σ_1 及び EA_2 は，それぞれ次の値を表すものとする。

EA_1　第 1 評価値

M_1　A 測定の測定値の幾何平均値

σ_1　A 測定の測定値の幾何標準偏差

EA_2　第 2 評価値

② 前項の規定にかかわらず，連続する 2 作業日（連続する 2 作業日について測定を行うことができない合理的な理由がある場合にあつては，必要最小限の間隔を空けた 2 作業日）に測定を行つたときは，第 1 評価値及び第 2 評価値は，次の式により計算することができる。

$$\log EA_1 = \frac{1}{2}(\log M_1 + \log M_2)$$
$$+ 1.645\sqrt{\frac{1}{2}(\log^2 \sigma_1 + \log^2 \sigma_2) + \frac{1}{2}(\log M_1 - \log M_2)^2}$$

$$\log EA_2 = \frac{1}{2}(\log M_1 + \log M_2)$$
$$+ 1.151\left\{\frac{1}{2}(\log^2 \sigma_1 + \log^2 \sigma_2) + \frac{1}{2}(\log M_1 - \log M_2)^2\right\}$$

これらの式において，EA_1，M_1，M_2，σ_1，σ_2 及び EA_2 は，それぞれ次の値を表すものとする。

EA_1　第 1 評価値

M_1　1 日目の A 測定の測定値の幾何平均値

M_2　2 日目の A 測定の測定値の幾何平均値

σ_1　1 日目の A 測定の測定値の幾何標準偏差

σ_2　2 日目の A 測定の測定値の幾何標準偏差

EA_2　第 2 評価値

第 4 条　前二条の規定は，C 測定（作業環境測定基準第 10 条第 5 項第 1 号か
ら第 4 号までの規定により行う測定（作業環境測定基準第 11 条第 3 項及び第
13 条第 5 項において準用する場合を含む。）をいう。）及び D 測定（作業環境
測定基準第 10 条第 5 項第 5 号及び第 6 号の規定により行う測定（作業環境測
定基準第 11 条第 3 項及び第 13 条第 5 項において準用する場合を含む。）をい
う。）について準用する。この場合において，第 2 条第 1 項第 1 号中「A 測定
（作業環境測定基準第 2 条第 1 項第 1 号から第 2 号までの規定により行う測定
（作業環境測定基準第 10 条第 4 項，第 10 条の 2 第 2 項，第 11 条第 2 項及び
第 13 条第 4 項において準用する場合を含む。）をいう。以下同じ。）」とある
のは「C 測定（作業環境測定基準第 10 条第 5 項第 1 号から第 4 号までの規定
により行う測定（作業環境測定基準第 11 条第 3 項及び第 13 条第 5 項におい
て準用する場合を含む。）をいう。以下同じ。）」と，同項第 2 号中「A 測定及
び B 測定（作業環境測定基準第 2 条第 1 項第 2 号の 2 の規定により行う測定
（作業環境測定基準第 10 条第 4 項，第 10 条の 2 第 2 項，第 11 条第 2 項及び
第 13 条第 4 項において準用する場合を含む。）をいう。以下同じ。）」とある
のは「C 測定及び D 測定（作業環境測定基準第 10 条第 5 項第 5 号及び第 6 号
の規定により行う測定（作業環境測定基準第 11 条第 3 項及び第 13 条第 5 項
において準用する場合を含む。）をいう。以下同じ。）」と，「B 測定の測定値」
とあるのは「D 測定の測定値」と，「（二以上の測定点において B 測定を実施
した場合には，そのうちの最大値。以下同じ。）」とあるのは「（2 人以上の者
に対して D 測定を実施した場合には，そのうちの最大値。以下同じ。）」と，同
条第 2 項及び第 3 項中「測定点がある単位作業場所」とあるのは「測定値が
ある単位作業場所」と，同条第 2 項から第 4 項までの規定中「測定点におけ
る測定値」とあるのは「測定値」と，同条第 4 項中「測定点ごとに」とあるのは
「測定値ごとに」と，前条中「$\log EA_1$」とあるのは「$\log EC_1$」と，「$\log EA_2$」とあ
るのは「$\log EC_2$」と，「EA_1」とあるのは「EC_1」と，「EA_2」とあるのは「EC_2」
と，「A 測定の測定値」とあるのは「C 測定の測定値」と，それぞれ読み替え
るものとする。

別表　（第2条関係）（抄）

物　　の　　種　　類	管理濃度
4の2　エチルベンゼン	20 ppm
11の2　クロロホルム	3 ppm
16の2　四塩化炭素	5 ppm
16の3　1,4-ジオキサン	10 ppm
16の4　1,2-ジクロロエタン（別名二塩化エチレン）	10 ppm
17の2　1,2-ジクロロプロパン	1 ppm
17の3　ジクロロメタン（別名二塩化メチレン）	50 ppm
20の2　スチレン	20 ppm
20の3　1,1,2,2-テトラクロロエタン（別名四塩化アセチレン）	1 ppm
20の4　テトラクロロエチレン（別名パークロルエチレン）	25 ppm
20の5　トリクロロエチレン	10 ppm
30の2　メチルイソブチルケトン	20 ppm
35　アセトン	500 ppm
36　イソブチルアルコール	50 ppm
37　イソプロピルアルコール	200 ppm
38　イソペンチルアルコール（別名イソアミルアルコール）	100 ppm
39　エチルエーテル	400 ppm
40　エチレングリコールモノエチルエーテル(別名セロソルブ)	5 ppm
41　エチレングリコールモノエチルエーテルアセテート（別名セロソルブアセテート）	5 ppm
42　エチレングリコールモノ－ノルマル－ブチルエーテル（別名ブチルセロソルブ）	25 ppm
43　エチレングリコールモノメチルエーテル（別名メチルセロソルブ）	0.1 ppm
44　オルト－ジクロルベンゼン	25 ppm
45　キシレン	50 ppm
46　クレゾール	5 ppm
47　クロルベンゼン	10 ppm

物　の　種　類	管理濃度
48　酢酸イソブチル	150 ppm
49　酢酸イソプロピル	100 ppm
50　酢酸イソペンチル（別名酢酸イソアミル）	50 ppm
51　酢酸エチル	200 ppm
52　酢酸ノルマル－ブチル	150 ppm
53　酢酸ノルマル－プロピル	200 ppm
54　酢酸ノルマル－ペンチル（別名酢酸ノルマル－アミル）	50 ppm
55　酢酸メチル	200 ppm
56　シクロヘキサノール	25 ppm
57　シクロヘキサノン	20 ppm
58　1,2-ジクロルエチレン（別名二塩化アセチレン）	150 ppm
59　N,N-ジメチルホルムアミド	10 ppm
60　テトラヒドロフラン	50 ppm
61　1,1,1-トリクロルエタン	200 ppm
62　トルエン	20 ppm
63　二硫化炭素	1 ppm
64　ノルマルヘキサン	40 ppm
65　1-ブタノール	25 ppm
66　2-ブタノール	100 ppm
67　メタノール	200 ppm
68　メチルエチルケトン	200 ppm
69　メチルシクロヘキサノール	50 ppm
70　メチルシクロヘキサノン	50 ppm
71　メチル－ノルマル－ブチルケトン	5 ppm

備考　この表の下欄〔編注：右欄〕の値は，温度25度，1気圧の空気中
　　　における濃度を示す。

12 化学物質等による危険性又は有害性等の調査等に関する指針

（平成 27 年 9 月 18 日危険性又は有害性等の調査等に関する指針公示第 3 号）

（最終改正　令和 5 年 4 月 27 日危険性又は有害性等の調査等に関する指針公示第 4 号）

1 趣旨等

　　本指針は，労働安全衛生法（昭和 47 年法律第 57 号。以下「法」という。）第 57 条の 3 第 3 項の規定に基づき，事業者が，化学物質，化学物質を含有する製剤その他の物で労働者の危険又は健康障害を生ずるおそれのあるものによる危険性又は有害性等の調査（以下「リスクアセスメント」という。）を実施し，その結果に基づいて労働者の危険又は健康障害を防止するため必要な措置（以下「リスク低減措置」という。）が各事業場において適切かつ有効に実施されるよう，「化学物質による健康障害防止のための濃度の基準の適用等に関する技術上の指針」（令和 5 年 4 月 27 日付け技術上の指針公示第 24 号）と相まって，リスクアセスメントからリスク低減措置の実施までの一連の措置の基本的な考え方及び具体的な手順の例を示すとともに，これらの措置の実施上の留意事項を定めたものである。

　　また，本指針は，「労働安全衛生マネジメントシステムに関する指針」（平成 11 年労働省告示第 53 号）に定める危険性又は有害性等の調査及び実施事項の特定の具体的実施事項としても位置付けられるものである。

2 適用

　　本指針は，リスクアセスメント対象物（リスクアセスメントをしなければならない労働安全衛生法施行令（昭和 47 年政令第 318 号。以下「令」という。）第 18 条各号に掲げる物及び法第 57 条の 2 第 1 項に規定する通知対象物をいう。以下同じ。）に係るリスクアセスメントについて適用し，労働者の就業に係る全てのものを対象とする。

3 実施内容

　　事業者は，法第 57 条の 3 第 1 項に基づくリスクアセスメントとして，(1)か

ら⑶までに掲げる事項を，労働安全衛生規則（昭和47年労働省令第32号。以
下「安衛則」という。）第34条の2の8に基づき⑸に掲げる事項を実施しな
ければならない。また，法第57条の3第2項に基づき，安衛則第577条の2
に基づく措置その他の法令の規定による措置を講ずるほか⑷に掲げる事項を
実施するよう努めなければならない。

⑴　リスクアセスメント対象物による危険性又は有害性の特定

⑵　⑴により特定されたリスクアセスメント対象物による危険性又は有害性
　並びに当該リスクアセスメント対象物を取り扱う作業方法，設備等により
　業務に従事する労働者に危険を及ぼし，又は当該労働者の健康障害を生ず
　るおそれの程度及び当該危険又は健康障害の程度（以下「リスク」という。）
　の見積り（安衛則第577条の2第2項の厚生労働大臣が定める濃度の基準
　（以下「濃度基準値」という。）が定められている物質については，屋内事
　業場における労働者のばく露の程度が濃度基準値を超えるおそれの把握を
　含む。）

⑶　⑵の見積りに基づき，リスクアセスメント対象物への労働者のばく露
　の程度を最小限度とすること及び濃度基準値が定められている物質につい
　ては屋内事業場における労働者のばく露の程度を濃度基準値以下とするこ
　とを含めたリスク低減措置の内容の検討

⑷　⑶のリスク低減措置の実施

⑸　リスクアセスメント結果等の記録及び保存並びに周知

4　実施体制等

⑴　事業者は，次に掲げる体制でリスクアセスメント及びリスク低減措置（以
　下「リスクアセスメント等」という。）を実施するものとする。

　　ア　総括安全衛生管理者が選任されている場合には，当該者にリスクアセ
　　　スメント等の実施を統括管理させること。総括安全衛生管理者が選任さ
　　　れていない場合には，事業の実施を統括管理する者に統括管理させるこ
　　　と。

　　イ　安全管理者又は衛生管理者が選任されている場合には，当該者にリス
　　　クアセスメント等の実施を管理させること。

　　ウ　化学物質管理者（安衛則第12条の5第1項に規定する化学物質管理者

をいう。以下同じ。）を選任し，安全管理者又は衛生管理者が選任されて
いる場合にはその管理の下，化学物質管理者にリスクアセスメント等に
関する技術的事項を管理させること。

　エ　安全衛生委員会，安全委員会又は衛生委員会が設置されている場合に
　　は，これらの委員会においてリスクアセスメント等に関することを調査
　　審議させること。また，リスクアセスメント等の対象業務に従事する労
　　働者に化学物質の管理の実施状況を共有し，当該管理の実施状況につい
　　て，これらの労働者の意見を聴取する機会を設け，リスクアセスメント
　　等の実施を決定する段階において労働者を参画させること。

　オ　リスクアセスメント等の実施に当たっては，必要に応じ，事業場内の
　　化学物質管理専門家や作業環境管理専門家のほか，リスクアセスメント
　　対象物に係る危険性及び有害性や，機械設備，化学設備，生産技術等に
　　ついての専門的知識を有する者を参画させること。

　カ　上記のほか，より詳細なリスクアセスメント手法の導入又はリスク低
　　減措置の実施に当たっての，技術的な助言を得るため，事業場内に化学
　　物質管理専門家や作業環境管理専門家等がいない場合は，外部の専門家
　　の活用を図ることが望ましいこと。

(2)　事業者は，(1)のリスクアセスメント等の実施を管理する者等（カの外部
　　の専門家を除く。）に対し，化学物質管理者の管理のもとで，リスクアセス
　　メント等を実施するために必要な教育を実施するものとする。

5　実施時期

(1)　事業者は，安衛則第34条の2の7第1項に基づき，次のアからウまでに
　　掲げる時期にリスクアセスメントを行うものとする。

　ア　リスクアセスメント対象物を原材料等として新規に採用し，又は変更
　　するとき。

　イ　リスクアセスメント対象物を製造し，又は取り扱う業務に係る作業の
　　方法又は手順を新規に採用し，又は変更するとき。

　ウ　リスクアセスメント対象物による危険性又は有害性等について変化が
　　生じ，又は生ずるおそれがあるとき。具体的には，以下の(ア)，(イ)が含ま
　　れること。

　　　㋐　過去に提供された安全データシート（以下「SDS」という。）の危険
　　　　性又は有害性に係る情報が変更され，その内容が事業者に提供された
　　　　場合

　　　㋑　濃度基準値が新たに設定された場合又は当該値が変更された場合

⑵　事業者は，⑴のほか，次のアからウまでに掲げる場合にもリスクアセス
　メントを行うよう努めること。

　　ア　リスクアセスメント対象物に係る労働災害が発生した場合であって，過
　　　去のリスクアセスメント等の内容に問題があることが確認された場合

　　イ　前回のリスクアセスメント等から一定の期間が経過し，リスクアセスメ
　　　ント対象物に係る機械設備等の経年による劣化，労働者の入れ替わり
　　　等に伴う労働者の安全衛生に係る知識経験の変化，新たな安全衛生に係
　　　る知見の集積等があった場合

　　ウ　既に製造し，又は取り扱っていた物質がリスクアセスメント対象物と
　　　して新たに追加された場合など，当該リスクアセスメント対象物を製造
　　　し，又は取り扱う業務について過去にリスクアセスメント等を実施した
　　　ことがない場合

⑶　事業者は，⑴のア又はイに掲げる作業を開始する前に，リスク低減措置
　を実施することが必要であることに留意するものとする。

⑷　事業者は，⑴のア又はイに係る設備改修等の計画を策定するときは，そ
　の計画策定段階においてもリスクアセスメント等を実施することが望まし
　いこと。

6　リスクアセスメント等の対象の選定

　事業者は，次に定めるところにより，リスクアセスメント等の実施対象を選
定するものとする。

⑴　事業場において製造又は取り扱う全てのリスクアセスメント対象物をリ
　スクアセスメント等の対象とすること。

⑵　リスクアセスメント等は，対象のリスクアセスメント対象物を製造し，又
　は取り扱う業務ごとに行うこと。ただし，例えば，当該業務に複数の作業
　工程がある場合に，当該工程を1つの単位とする，当該業務のうち同一場
　所において行われる複数の作業を1つの単位とするなど，事業場の実情に

応じ適切な単位で行うことも可能であること。

(3) 元方事業者にあっては，その労働者及び関係請負人の労働者が同一の場所で作業を行うこと（以下「混在作業」という。）によって生ずる労働災害を防止するため，当該混在作業についても，リスクアセスメント等の対象とすること。

7 情報の入手等

(1) 事業者は，リスクアセスメント等の実施に当たり，次に掲げる情報に関する資料等を入手するものとする。

入手に当たっては，リスクアセスメント等の対象には，定常的な作業のみならず，非定常作業も含まれることに留意すること。

また，混在作業等複数の事業者が同一の場所で作業を行う場合にあっては，当該複数の事業者が同一の場所で作業を行う状況に関する資料等も含めるものとすること。

ア リスクアセスメント等の対象となるリスクアセスメント対象物に係る危険性又は有害性に関する情報（SDS等）

イ リスクアセスメント等の対象となる作業を実施する状況に関する情報（作業標準，作業手順書等，機械設備等に関する情報を含む。）

(2) 事業者は，(1)のほか，次に掲げる情報に関する資料等を，必要に応じ入手するものとすること。

ア リスクアセスメント対象物に係る機械設備等のレイアウト等，作業の周辺の環境に関する情報

イ 作業環境測定結果等

ウ 災害事例，災害統計等

エ その他，リスクアセスメント等の実施に当たり参考となる資料等

(3) 事業者は，情報の入手に当たり，次に掲げる事項に留意するものとする。

ア 新たにリスクアセスメント対象物を外部から取得等しようとする場合には，当該リスクアセスメント対象物を譲渡し，又は提供する者から，当該リスクアセスメント対象物に係るSDSを確実に入手すること。

イ リスクアセスメント対象物に係る新たな機械設備等を外部から導入しようとする場合には，当該機械設備等の製造者に対し，当該設備等の設

計・製造段階においてリスクアセスメントを実施することを求め，その
結果を入手すること。

　ウ　リスクアセスメント対象物に係る機械設備等の使用又は改造等を行お
うとする場合に，自らが当該機械設備等の管理権原を有しないときは，管
理権原を有する者等が実施した当該機械設備等に対するリスクアセスメ
ントの結果を入手すること。

(4)　元方事業者は，次に掲げる場合には，関係請負人におけるリスクアセス
メントの円滑な実施に資するよう，自ら実施したリスクアセスメント等の
結果を当該業務に係る関係請負人に提供すること。

　ア　複数の事業者が同一の場所で作業する場合であって，混在作業におけ
るリスクアセスメント対象物による労働災害を防止するために元方事業
者がリスクアセスメント等を実施したとき。

　イ　リスクアセスメント対象物にばく露するおそれがある場所等，リスク
アセスメント対象物による危険性又は有害性がある場所において，複数
の事業者が作業を行う場合であって，元方事業者が当該場所に関するリ
スクアセスメント等を実施したとき。

8　危険性又は有害性の特定

　事業者は，リスクアセスメント対象物について，リスクアセスメント等の
対象となる業務を洗い出した上で，原則としてアからウまでに即して危険性
又は有害性を特定すること。また，必要に応じ，エに掲げるものについても
特定することが望ましいこと。

　ア　国際連合から勧告として公表された「化学品の分類及び表示に関する世
界調和システム（GHS）」（以下「GHS」という。）又は日本産業規格 Z 7252
に基づき分類されたリスクアセスメント対象物の危険性又は有害性（SDS
を入手した場合には，当該 SDS に記載されている GHS 分類結果）

　イ　リスクアセスメント対象物の管理濃度及び濃度基準値。これらの値が設
定されていない場合であって，日本産業衛生学会の許容濃度又は米国産業
衛生専門家会議（ACGIH）の TLV－TWA 等のリスクアセスメント対象物
のばく露限界（以下「ばく露限界」という。）が設定されている場合にはそ
の値（SDS を入手した場合には，当該 SDS に記載されているばく露限界）

ウ　皮膚等障害化学物質等（安衛則第594条の2で定める皮膚若しくは眼に
　障害を与えるおそれ又は皮膚から吸収され，若しくは皮膚に侵入して，健
　康障害を生ずるおそれがあることが明らかな化学物質又は化学物質を含有
　する製剤）への該当性

エ　アからウまでによって特定される危険性又は有害性以外の，負傷又は疾
　病の原因となるおそれのある危険性又は有害性。この場合，過去にリスク
　アセスメント対象物による労働災害が発生した作業，リスクアセスメント
　対象物による危険又は健康障害のおそれがある事象が発生した作業等によ
　り事業者が把握している情報があるときには，当該情報に基づく危険性又
　は有害性が必ず含まれるよう留意すること。

9　リスクの見積り

(1)　事業者は，リスク低減措置の内容を検討するため，安衛則第34条の2の
　　7第2項に基づき，次に掲げるいずれかの方法（危険性に係るものにあっ
　　ては，ア又はウに掲げる方法に限る。）により，又はこれらの方法の併用に
　　よりリスクアセスメント対象物によるリスクを見積もるものとする。

　ア　リスクアセスメント対象物が当該業務に従事する労働者に危険を及ぼ
　　し，又はリスクアセスメント対象物により当該労働者の健康障害を生ず
　　るおそれの程度（発生可能性）及び当該危険又は健康障害の程度（重篤
　　度）を考慮する方法。具体的には，次に掲げる方法があること。

　　(ア)　発生可能性及び重篤度を相対的に尺度化し，それらを縦軸と横軸と
　　　し，あらかじめ発生可能性及び重篤度に応じてリスクが割り付けられ
　　　た表を使用してリスクを見積もる方法

　　(イ)　発生可能性及び重篤度を一定の尺度によりそれぞれ数値化し，それ
　　　らを加算又は乗算等してリスクを見積もる方法

　　(ウ)　発生可能性及び重篤度を段階的に分岐していくことによりリスクを
　　　見積もる方法

　　(エ)　ILOの化学物質リスク簡易評価法（コントロール・バンディング）等
　　　を用いてリスクを見積もる方法

　　(オ)　化学プラント等の化学反応のプロセス等による災害のシナリオを仮
　　　定して，その事象の発生可能性と重篤度を考慮する方法

イ　当該業務に従事する労働者がリスクアセスメント対象物にさらされる
程度（ばく露の程度）及び当該リスクアセスメント対象物の有害性の程
度を考慮する方法。具体的には，次に掲げる方法があること。

(ｱ)　管理濃度が定められている物質については，作業環境測定により測
定した当該物質の第一評価値を当該物質の管理濃度と比較する方法

(ｲ)　濃度基準値が設定されている物質については，個人ばく露測定によ
り測定した当該物質の濃度を当該物質の濃度基準値と比較する方法

(ｳ)　管理濃度又は濃度基準値が設定されていない物質については，対象
の業務について作業環境測定等により測定した作業場所における当該
物質の気中濃度等を当該物質のばく露限界と比較する方法

(ｴ)　数理モデルを用いて対象の業務に係る作業を行う労働者の周辺のリ
スクアセスメント対象物の気中濃度を推定し，当該物質の濃度基準値
又はばく露限界と比較する方法

(ｵ)　リスクアセスメント対象物への労働者のばく露の程度及び当該物質
による有害性の程度を相対的に尺度化し，それらを縦軸と横軸とし，あ
らかじめばく露の程度及び有害性の程度に応じてリスクが割り付けら
れた表を使用してリスクを見積もる方法

ウ　ア又はイに掲げる方法に準ずる方法。具体的には，次に掲げる方法が
あること。

(ｱ)　リスクアセスメント対象物に係る危険又は健康障害を防止するため
の具体的な措置が労働安全衛生法関係法令（主に健康障害の防止を目
的とした有機溶剤中毒予防規則（昭和47年労働省令第36号），鉛中毒
予防規則（昭和47年労働省令第37号），四アルキル鉛中毒予防規則（昭
和47年労働省令第38号）及び特定化学物質障害予防規則（昭和47年
労働省令第39号）の規定並びに主に危険の防止を目的とした令別表第
1に掲げる危険物に係る安衛則の規定）の各条項に規定されている場合
に，当該規定を確認する方法。

(ｲ)　リスクアセスメント対象物に係る危険を防止するための具体的な規
定が労働安全衛生法関係法令に規定されていない場合において，当該
物質のSDSに記載されている危険性の種類（例えば「爆発物」など）

　　を確認し，当該危険性と同種の危険性を有し，かつ，具体的措置が規
　　定されている物に係る当該規定を確認する方法
　　㈡　毎回異なる環境で作業を行う場合において，典型的な作業を洗い出
　　　し，あらかじめ当該作業において労働者がばく露される物質の濃度を
　　　測定し，その測定結果に基づくリスク低減措置を定めたマニュアル等
　　　を作成するとともに，当該マニュアル等に定められた措置が適切に実
　　　施されていることを確認する方法
⑵　事業者は，⑴のア又はイの方法により見積りを行うに際しては，用いる
　リスクの見積り方法に応じて，7で入手した情報等から次に掲げる事項等必
　要な情報を使用すること。
　ア　当該リスクアセスメント対象物の性状
　イ　当該リスクアセスメント対象物の製造量又は取扱量
　ウ　当該リスクアセスメント対象物の製造又は取扱い（以下「製造等」と
　　いう。）に係る作業の内容
　エ　当該リスクアセスメント対象物の製造等に係る作業の条件及び関連設
　　備の状況
　オ　当該リスクアセスメント対象物の製造等に係る作業への人員配置の状
　　況
　カ　作業時間及び作業の頻度
　キ　換気設備の設置状況
　ク　有効な保護具の選択及び使用状況
　ケ　当該リスクアセスメント対象物に係る既存の作業環境中の濃度若しく
　　はばく露濃度の測定結果又は生物学的モニタリング結果
⑶　事業者は，⑴のアの方法によるリスクの見積りに当たり，次に掲げる事
　項等に留意するものとする。
　ア　過去に実際に発生した負傷又は疾病の重篤度ではなく，最悪の状況を
　　想定した最も重篤な負傷又は疾病の重篤度を見積もること。
　イ　負傷又は疾病の重篤度は，傷害や疾病等の種類にかかわらず，共通の
　　尺度を使うことが望ましいことから，基本的に，負傷又は疾病による休
　　業日数等を尺度として使用すること。

　　ウ　リスクアセスメントの対象の業務に従事する労働者の疲労等の危険性
　　　又は有害性への付加的影響を考慮することが望ましいこと。
⑷　事業者は，一定の安全衛生対策が講じられた状態でリスクを見積もる場
　合には，用いるリスクの見積り方法における必要性に応じて，次に掲げる
　事項等を考慮すること。
　　ア　安全装置の設置，立入禁止措置，排気・換気装置の設置その他の労働
　　　災害防止のための機能又は方策（以下「安全衛生機能等」という。）の信
　　　頼性及び維持能力
　　イ　安全衛生機能等を無効化する又は無視する可能性
　　ウ　作業手順の逸脱，操作ミスその他の予見可能な意図的・非意図的な誤
　　　使用又は危険行動の可能性
　　エ　有害性が立証されていないが，一定の根拠がある場合における当該根
　　　拠に基づく有害性

10　リスク低減措置の検討及び実施

⑴　事業者は，法令に定められた措置がある場合にはそれを必ず実施するほ
　か，法令に定められた措置がない場合には，次に掲げる優先順位でリスク
　アセスメント対象物に労働者がばく露する程度を最小限度とすることを含
　めたリスク低減措置の内容を検討するものとする。ただし，9⑴イの方法を
　用いたリスクの見積り結果として，労働者がばく露される程度が濃度基準
　値又はばく露限界を十分に下回ることが確認できる場合は，当該リスクは
　許容範囲内であり，追加のリスク低減措置を検討する必要がないものとし
　て差し支えないものであること。
　　ア　危険性又は有害性のより低い物質への代替，化学反応のプロセス等の
　　　運転条件の変更，取り扱うリスクアセスメント対象物の形状の変更等又
　　　はこれらの併用によるリスクの低減
　　イ　リスクアセスメント対象物に係る機械設備等の防爆構造化，安全装置
　　　の二重化等の工学的対策又はリスクアセスメント対象物に係る機械設備
　　　等の密閉化，局所排気装置の設置等の衛生工学的対策
　　ウ　作業手順の改善，立入禁止等の管理的対策
　　エ　リスクアセスメント対象物の有害性に応じた有効な保護具の選択及び

使用

⑵　⑴の検討に当たっては，より優先順位の高い措置を実施することにした場合であって，当該措置により十分にリスクが低減される場合には，当該措置よりも優先順位の低い措置の検討まで要するものではないこと。また，リスク低減に要する負担がリスク低減による労働災害防止効果と比較して大幅に大きく，両者に著しい不均衡が発生する場合であって，措置を講ずることを求めることが著しく合理性を欠くと考えられるときを除き，可能な限り高い優先順位のリスク低減措置を実施する必要があるものとする。

⑶　死亡，後遺障害又は重篤な疾病をもたらすおそれのあるリスクに対して，適切なリスク低減措置の実施に時間を要する場合は，暫定的な措置を直ちに講ずるほか，⑴において検討したリスク低減措置の内容を速やかに実施するよう努めるものとする。

⑷　リスク低減措置を講じた場合には，当該措置を実施した後に見込まれるリスクを見積もることが望ましいこと。

11　リスクアセスメント結果等の労働者への周知等

⑴　事業者は，安衛則第34条の2の8に基づき次に掲げる事項をリスクアセスメント対象物を製造し，又は取り扱う業務に従事する労働者に周知するものとする。

ア　対象のリスクアセスメント対象物の名称

イ　対象業務の内容

ウ　リスクアセスメントの結果

㋐　特定した危険性又は有害性

㋑　見積もったリスク

エ　実施するリスク低減措置の内容

⑵　⑴の周知は，安衛則第34条の2の8第2項に基づく方法によること。

⑶　法第59条第1項に基づく雇入れ時教育及び同条第2項に基づく作業変更時教育においては，安衛則第35条第1項第1号，第2号及び第5号に掲げる事項として，⑴に掲げる事項を含めること。

なお，5 の⑴に掲げるリスクアセスメント等の実施時期のうちアからウまでについては，法第59条第2項の「作業内容を変更したとき」に該当す

るものであること。

⑷　事業者は⑴に掲げる事項について記録を作成し，次にリスクアセスメン
　トを行うまでの期間（リスクアセスメントを行った日から起算して 3 年以
　内に当該リスクアセスメント対象物についてリスクアセスメントを行った
　ときは，3 年間）保存しなければならないこと。

12　その他

　リスクアセスメント対象物以外のものであって，化学物質，化学物質を含
有する製剤その他の物で労働者に危険又は健康障害を生ずるおそれのあるも
のについては，法第 28 条の 2 及び安衛則第 577 条の 3 に基づき，この指針に
準じて取り組むよう努めること。

13　化学物質等による危険性又は有害性等の調査等に関する指針について

（平成 27 年 9 月 18 日基発 0918 第 3 号）

（最終改正　令和 5 年 4 月 27 日基発 0427 第 3 号）

　労働安全衛生法の一部を改正する法律（平成 26 年法律第 82 号。以下「改正法」という。）による改正後の労働安全衛生法（昭和 47 年法律第 57 号）（以下「法」という。）第 57 条の 3 第 3 項の規定に基づき，「化学物質等による危険性又は有害性等の調査等に関する指針」（以下「指針」という。）を制定し，平成 28 年 6 月 1 日から適用するとともに，法第 28 条の 2 第 2 項の規定に基づく「化学物質等による危険性又は有害性等の調査等に関する指針」（平成 18 年 3 月 30日付け指針公示第 2 号。以下「旧指針」という。）を廃止することとし，別添 1〔編注・略〕のとおり平成 27 年 9 月 18 日付け官報に公示した。

　改正法をはじめとする今般の化学物質管理に係る法令改正は，人に対する一定の危険性又は有害性が明らかになっている労働安全衛生法施行令別表第 9 に掲げる 640[編注]の化学物質等について，譲渡又は提供する際の容器又は包装へのラベル表示，安全データシート（SDS）の交付及び化学物質等を取り扱う際のリスクアセスメントの 3 つの対策を講じることが柱となっている。

　今般の指針の制定は，改正法により，化学物質等による危険性又は有害性等の調査（以下「リスクアセスメント」という。）の実施に係る主たる根拠条文が変更されたことに伴い，旧指針を廃止し，新たに法第 57 条の 3 第 3 項に基づくものとして同名の指針を策定するものであり，内容としては，基本的に旧指針の構成を維持しつつ，改正法の内容等に合わせてその一部を見直したものである。

　ついては，別添 2〔編注・略〕のとおり指針を送付するので，労働安全衛生規則（昭和 47 年労働省令第 32 号。以下「安衛則」という。）第 34 条の 2 の 9 において準用する第 24 条の規定により，都道府県労働局健康主務課において閲覧に供されたい。

また，その趣旨，内容等について，下記事項に留意の上，事業者及び関係事業者団体等に対する周知等を図られたい。

なお，平成 18 年 3 月 30 日付け基発第 0330004 号「化学物質等による危険性又は有害性等の調査等に関する指針について」は，旧指針の廃止に伴い本通達をもって廃止することとする。

記

1　趣旨等について

⑴　指針の 1 は，本指針の趣旨及び位置付けを定めたものであること。

⑵　指針の 1 の「危険性又は有害性」とは，ILO 等において，「危険有害要因」，「ハザード（hazard）」等の用語で表現されているものであること。

2　適用について

⑴　指針の 2 は，法第 57 条の 3 第 1 項の規定に基づくリスクアセスメントは，リスクアセスメント対象物のみならず，作業方法，設備等，労働者の就業に係る全てのものを含めて実施すべきことを定めたものであること。

⑵　指針の 2 の「リスクアセスメント対象物」には，製造中間体（製品の製造工程中において生成し，同一事業場内で他の化学物質に変化する化学物質をいう。）が含まれること。

3　実施内容について

⑴　指針の 3 は，指針に基づき実施すべき事項の骨子を定めたものであること。また，法及び関係規則の規定に従い，事業者に義務付けられている事項と努力義務となっている事項を明示したこと。

⑵　指針の 3⑴の「危険性又は有害性の特定」は，ILO 等においては「危険有害要因の特定（hazard identification）」等の用語で表現されているものであること。

⑶　指針の 3⑵の労働者のばく露の程度が濃度基準値（安衛則第 577 条の 2

第2項に基づく厚生労働大臣が定める濃度の基準をいう。以下同じ。）を
超えるおそれの把握の方法については、「化学物質による健康障害防止の
ための濃度の基準の適用等に関する技術上の指針」（令和5年4月27日
付け技術上の指針公示第24号。以下「技術上の指針」という。）に示す
ところによること。

(4)　指針の3(3)については，安衛則第577条の2第1項において，リスクア
セスメント対象物に労働者がばく露される程度を最小限度とすることが
事業者に義務付けられていることを踏まえ，リスク低減措置には，当該
措置義務が含まれることを明らかにした趣旨であること。

4　実施体制等について

(1)　指針の4は，リスクアセスメント及びリスク低減措置（以下「リスク
アセスメント等」という。）を実施する際の体制について定めたものであ
ること。

(2)　指針の4(1)アの「事業の実施を統括管理する者」には，統括安全衛生責
任者等，事業場を実質的に統括管理する者が含まれること。

(3)　指針の4(1)ウの「化学物質管理者」は，安衛則第12条の5第1項に規
定する職務を適切に遂行するために必要な権限が付与される必要がある
ため，事業場内の当該権限を有する労働者のうちから選任される必要が
あること。その他化学物質管理者の選任及びその職務については，安衛
則第12条の5各項の規定及び「労働安全衛生規則等の一部を改正する省
令等の施行について」（令和4年5月31日付け基発0531第9号）第4の
1(1)によること。

(4)　指針の4(1)エの前段は，安全衛生委員会等において，安衛則第21条各
号及び第22条各号に掲げる付議事項を調査審議するなど労働者の参画に
ついて定めたものであること。また，4(1)エの後段は，安衛則第577条の
2第10項の規定により，関係労働者の意見を聴くための機会を設けるこ
とが義務付けられていること踏まえて定めたものであること。

(5)　指針の4(1)オの「専門的知識を有する者」は，原則として当該事業場の
実際の作業や設備に精通している内部関係者とすること。

5　実施時期について

⑴　指針の5は，リスクアセスメントを実施すべき時期について定めたものであること。

⑵　リスクアセスメント対象物に係る建設物を設置し，移転し，変更し，若しくは解体するとき，又は化学設備等に係る設備を新規に採用し，若しくは変更するときは，それが指針の5⑴ア又はイに掲げるいずれかに該当する場合に，リスクアセスメントを実施する必要があること。

⑶　指針の5⑴ウの「リスクアセスメント対象物による危険性又は有害性等について変化が生じ，又は生ずるおそれがあるとき」とは，リスクアセスメント対象物による危険性又は有害性に係る新たな知見が確認されたことを意味するものであり，日本産業衛生学会の許容濃度又は米国産業衛生専門家会議（ACGIH）が勧告する TLV－TWA 等によりリスクアセスメント対象物のばく露限界が新規に設定され，又は変更された場合が含まれること。また，指針の5⑴アで定める場合は，国連勧告の化学品の分類及び表示に関する世界調和システム（以下「GHS」という。）又は日本産業規格 Z 7252（以下「JIS Z 7252」という。）に基づき分類されたリスクアセスメント対象物の危険性又は有害性の区分が変更された場合であって，当該リスクアセスメント対象物を譲渡し，又は提供した者が当該リスクアセスメント対象物に係る安全データシート（以下「SDS」という。）の危険性又は有害性に係る情報を変更し，法第57条の2第2項及び安衛則第34条の2の5第3項の規定に基づき，その変更内容が事業者に提供されたときをいうこと。

⑷　指針の5⑵は，安衛則第34条の2の7第1項に規定する時期以外にもリスクアセスメントを行うよう努めるべきことを定めたものであること。

⑸　指針の5⑵イは，過去に実施したリスクアセスメント等について，設備の経年劣化等の状況の変化が当該リスクアセスメント等の想定する範囲を超える場合に，その変化を的確に把握するため，定期的に再度のリスクアセスメント等を実施するよう努める必要があることを定めたものであること。なお，ここでいう「一定の期間」については，事業者が設備や作業等の状況を踏まえ決定し，それに基づき計画的にリスクアセスメ

ント等を実施すること。

　また，「新たな安全衛生に係る知見」には，例えば，社外における類似作業で発生した災害など，従前は想定していなかったリスクを明らかにする情報が含まれること。

(6)　指針の 5(2)ウは，「既に製造し，又は取り扱っていた物質がリスクアセスメント対象物として新たに追加された場合」のほか，リスクアセスメント等の義務化に係る法第 57 条の 3 第 1 項の規定の施行日（平成 28 年 6 月 1 日）前から使用している物質を施行日以降，施行日前と同様の作業方法で取り扱う場合には，リスクアセスメントの実施義務が生じないものであるが，これらの既存業務について，過去にリスクアセスメント等を実施したことのない場合又はリスクアセスメント等の結果が残っていない場合は，実施するよう努める必要があることを定めたものであること。

(7)　指針の 5(4)は，設備改修等の作業を開始する前の施工計画等を作成する段階で，リスクアセスメント等を実施することで，より効果的なリスク低減措置の実施が可能となることから定めたものであること。また，計画策定時にリスクアセスメント等を行った後に指針の 5(1)の作業等を行う場合，同じ作業等を対象に重ねてリスクアセスメント等を実施する必要はないこと。

6　リスクアセスメント等の対象の選定について

(1)　指針の 6 は，リスクアセスメント等の実施対象の選定基準について定めたものであること。

(2)　指針の 6(3)の「同一の場所で作業を行うことによって生ずる労働災害」には，例えば，引火性のある塗料を用いた塗装作業と設備の改修に係る溶接作業との混在作業がある場合に，溶接による火花等が引火性のある塗料に引火することによる労働災害などが想定されること。

7　情報の入手等について

(1)　指針の 7 は，調査等の実施に当たり，事前に入手すべき情報を定めた

ものであること。

(2)　指針の7(1)の「非定常作業」には，機械設備等の保守点検作業や補修作業に加え，工程の切替え（いわゆる段取替え）や緊急事態への対応に関する作業も含まれること。

(3)　指針の7(1)については，以下の事項に留意すること。

　ア　指針の7(1)アの「危険性又は有害性に関する情報」は，使用するリスクアセスメント対象物のSDS等から入手できること。

　イ　指針の7(1)イの「作業手順書等」の「等」には，例えば，操作説明書，マニュアルがあり，「機械設備等に関する情報」には，例えば，使用する設備等の仕様書のほか，取扱説明書，「機械等の包括的な安全基準に関する指針」（平成13年6月1日付け基発第501号）に基づき提供される「使用上の情報」があること。

(4)　指針の7(2)については，以下の事項に留意すること。

　ア　指針の7(2)アの「作業の周辺の環境に関する情報」には，例えば，周辺のリスクアセスメント対象物に係る機械設備等の配置状況や当該機械設備等から外部へ拡散するリスクアセスメント対象物の情報があること。また，発注者において行われたこれらに係る調査等の結果も含まれること。

　イ　指針の7(2)イの「作業環境測定結果等」の「等」には，例えば，個人ばく露測定結果，ばく露の推定値，特殊健康診断結果，生物学的モニタリング結果等があること。

　ウ　指針の7(2)ウの「災害事例，災害統計等」には，例えば，事業場内の災害事例，災害の統計・発生傾向分析，ヒヤリハット，トラブルの記録，労働者が日常不安を感じている作業等の情報があること。また，同業他社，関連業界の災害事例等を収集することが望ましいこと。

　エ　指針の7(2)エの「参考となる資料等」には，例えば，リスクアセスメント対象物による危険性又は有害性に係る文献，作業を行うために必要な資格・教育の要件，「化学プラントにかかるセーフティ・アセスメントに関する指針」（平成12年3月21日付け基発第149号）等に基づく調査等の結果，危険予知活動（KYT）の実施結果，職場巡視の実施

結果があること。なお、この際にデジタル技術を活用した調査、巡視
等の結果の活用も可能であること。

(5) 指針の7(3)については、以下の事項に留意すること。

ア 指針の7(3)アは、リスクアセスメント対象物による危険性又は有害性
に係る情報が記載されたSDSはリスクアセスメント等において重要で
あることから、事業者は当該リスクアセスメント対象物のSDSを必ず
入手すべきことを定めたものであること。

イ 指針の7(3)イは、「機械等の包括的な安全基準に関する指針」、ISO,
JISの「機械類の安全性」の考え方に基づき、リスクアセスメント対象
物に係る機械設備等の設計・製造段階における安全対策が講じられる
よう、機械設備等の導入前に製造者にリスクアセスメント等の実施を
求め、使用上の情報等の結果を入手することを定めたものであること。

ウ 指針の7(3)ウは、使用する機械設備等に対する設備的改善は管理権原
を有する者のみが行い得ることから、管理権原を有する者が実施した
リスクアセスメント等の結果を入手することを定めたものであること。

また、爆発等の危険性のある物を取り扱う機械設備等の改造等を請
け負った事業者が、内容物等の危険性を把握することは困難であるこ
とから、管理権原を有する者がリスクアセスメント等を実施し、その
結果を関係請負人に提供するなど、関係請負人がリスクアセスメント
等を行うために必要な情報を入手できることを定めたものであること。

(6) 指針の7(4)については、以下の事項に留意すること。

ア 指針の7(4)アは、同一の場所で複数の事業者が混在作業を行う場合、
当該作業を請け負った事業者は、作業の混在の有無や混在作業におい
て他の事業者が使用するリスクアセスメント対象物による危険性又は
有害性を把握できないので、元方事業者がこれらの事項について事前
にリスクアセスメント等を実施し、その結果を関係請負人に提供する
必要があることを定めたものであること。

イ 指針の7(4)イは、リスクアセスメント対象物の製造工場や化学プラン
ト等の建設、改造、修理等の現場においては、関係請負人が混在して
作業を行っていることから、どの関係請負人がリスクアセスメント等

を実施すべきか明確でない場合があるため，元方事業者がリスクアセスメント等を実施し，その結果を関係請負人に提供する必要があることを定めたものであること。

8 危険性又は有害性の特定について

(1) 指針の8は，危険性又は有害性の特定の方法について定めたものであること。

(2) 指針の8の「リスクアセスメント等の対象となる業務」のうちリスクアセスメント対象物を製造する業務には，当該リスクアセスメント対象物を最終製品として製造する業務のほか，当該リスクアセスメント対象物を製造中間体として生成する業務が含まれ，リスクアセスメント対象物を取り扱う業務には，譲渡・提供され，又は自ら製造した当該リスクアセスメント対象物を単に使用する業務のほか，他の製品の原料として使用する業務が含まれること。

(3) 指針の8ア及びイは，リスクアセスメント対象物の危険性又は有害性の特定は，まずSDSに記載されているGHS分類結果，管理濃度及び濃度基準値並びにこれらの値が設定されていない場合には日本産業衛生学会等の許容濃度等のばく露限界を把握することによることを定めたものであること。なお，指針の8アのGHS分類に基づくリスクアセスメント対象物の危険性又は有害性には，別紙1〔編注・略〕に示すものがあること。

また，リスクアセスメント対象物の「危険性又は有害性」は，個々のリスクアセスメント対象物に関するものであるが，これらのリスクアセスメント対象物の相互間の化学反応による危険性（発熱等の事象）又は有害性（有害ガスの発生等）が予測される場合には，事象に即してその危険性又は有害性にも留意すること。

(4) 指針の8ウの皮膚等障害化学物質等に該当する物質については，安衛則第594条の2の規定により，皮膚等障害化学物質等を製造し，又は取り扱う業務に労働者を従事させる場合にあっては，不浸透性の保護衣，保護手袋，履物又は保護眼鏡等適切な保護具を使用させることが事業者に

義務付けていることを踏まえ，リスク低減措置の検討に当たっては，保護具の着用を含めて検討する必要があること。

(5) 指針の8エにおける「負傷又は疾病の原因となるおそれのあるリスクアセスメント対象物の危険性又は有害性」とは，SDSに記載された危険性又は有害性クラス及び区分に該当しない場合であっても，過去の災害事例等の入手しうる情報によって災害の原因となるおそれがあると判断される危険性又は有害性をいうこと。また，「リスクアセスメント対象物による危険又は健康障害のおそれがある事象が発生した作業等」の「等」には，労働災害を伴わなかった危険又は健康障害のおそれのある事象（ヒヤリハット事例）のあった作業，労働者が日常不安を感じている作業，過去に事故のあった設備等を使用する作業，又は操作が複雑なリスクアセスメント対象物に係る機械設備等の操作が含まれること。

9 リスクの見積りについて

(1) 指針の9はリスクの見積りの方法等について定めたものであるが，その実施に当たっては，次に掲げる事項に留意すること。

ア リスクの見積りは，危険性又は有害性のいずれかについて行う趣旨ではなく，対象となるリスクアセスメント対象物に応じて特定された危険性又は有害性のそれぞれについて行うべきものであること。したがって，リスクアセスメント対象物によっては危険性及び有害性の両方についてリスクを見積もる必要があること。

イ 指針の9(1)アからウまでに掲げる方法は，代表的な手法の例であり，指針の9(1)ア，イ又はウの柱書きに定める事項を満たしている限り，他の手法によっても差し支えないこと。

(2) 指針の9(1)アに示す方法の実施に当たっては，次に掲げる事項に留意すること。

ア 指針の9(1)アのリスクの見積りは，必ずしも数値化する必要はなく，相対的な分類でも差し支えないこと。

イ 指針の9(1)アの「危険又は健康障害」には，それらによる死亡も含まれること。また，「危険又は健康障害」は，ISO等において「危害」(harm)，

「危険又は健康障害の程度（重篤度）」は，ISO等において「危害のひどさ」（severity of harm）等の用語で表現されているものであること。

ウ　指針の9(1)ア(ア)に示す方法は，危険又は健康障害の発生可能性とその重篤度をそれぞれ縦軸と横軸とした表（行列：マトリクス）に，あらかじめ発生可能性と重篤度に応じたリスクを割り付けておき，発生可能性に該当する行を選び，次に見積り対象となる危険又は健康障害の重篤度に該当する列を選ぶことにより，リスクを見積もる方法であること。（別紙2〔編注・略〕の例1を参照。）

エ　指針の9(1)ア(イ)に示す方法は，危険又は健康障害の発生可能性とその重篤度を一定の尺度によりそれぞれ数値化し，それらを数値演算（足し算，掛け算等）してリスクを見積もる方法であること。（別紙2〔編注・略〕の例2を参照。）

オ　指針の9(1)ア(ウ)に示す方法は，危険又は健康障害の発生可能性とその重篤度について，危険性への遭遇の頻度，回避可能性等をステップごとに分岐していくことにより，リスクを見積もる方法（リスクグラフ）であること。

カ　指針の9(1)ア(エ)の「コントロール・バンディング」は，ILOが開発途上国の中小企業を対象に有害性のある化学物質から労働者の健康を保護するため開発した簡易なリスクアセスメント手法である。厚生労働省では「職場のあんぜんサイト」において，ILOが公表しているコントロール・バンディングのツールを翻訳，修正追加したものを「厚生労働省版コントロール・バンディング」として提供していること。（別紙2〔編注・略〕の例3参照）

キ　指針の9(1)ア(オ)に示す方法は，「化学プラントにかかるセーフティ・アセスメントに関する指針」（平成12年3月21日付け基発第149号）による方法等があること。

(3)　指針の9(1)イに示す方法はリスクアセスメント対象物による健康障害に係るリスクの見積りの方法について定めたものであるが，その実施に当たっては，次に掲げる事項に留意すること。

ア　指針の9(1)(ア)から(ウ)までは，リスクアセスメント対象物の気中濃度等

を実際に測定し，管理濃度，濃度基準値又はばく露限界と比較する手法であること。なお，㈠に定めるばく露の程度が濃度基準値以下であることを確認するための測定の方法については，技術上の指針に定めるところによること。(別紙3〔編注・略〕の1参照)

イ　指針の9⑴イ㈦の「気中濃度等」には，作業環境測定結果の評価値を用いる方法，個人サンプラーを用いて測定した個人ばく露濃度を用いる方法，検知管により簡易に気中濃度を測定する方法等が含まれること。なお，簡易な測定方法を用いた場合には，測定条件に応じた適切な安全率を考慮する必要があること。また，「ばく露限界」には，日本産業衛生学会の許容濃度，ACGIH（米国産業衛生専門家会議）のTLV－TWA（Threshold Limit Value－Time Weighted Average 8時間加重平均濃度）等があること。

ウ　指針の9⑴イ㈦の方法による場合には，単位作業場所（作業環境測定基準第2条第1項に定義するものをいう。）に準じた区域に含まれる業務を測定の単位とするほか，リスクアセスメント対象物の発散源ごとに測定の対象とする方法があること。

エ　指針の9⑴イ㈢の数理モデルを用いてばく露濃度等を推定する場合には，推定方法及び推定に用いた条件に応じて適切な安全率を考慮する必要があること。

オ　指針の9⑴イ㈢の気中濃度の推定方法には，以下に掲げる方法が含まれること。

　a　調査対象の作業場所以外の作業場所において，調査対象のリスクアセスメント対象物について調査対象の業務と同様の業務が行われており，かつ，作業場所の形状や換気条件が同程度である場合に，当該業務に係る作業環境測定の結果から平均的な濃度を推定する方法

　b　調査対象の作業場所における単位時間当たりのリスクアセスメント対象物の消費量及び当該作業場所の気積から推定する方法並びにこれに加えて物質の拡散又は換気を考慮して推定する方法

　c　厚生労働省が提供している簡易リスクアセスメントツールであるCREATE－SIMPLE（クリエイト・シンプル）を用いて気中濃度を

推定する方法（別紙3〔編注・略〕の例4参照）

　　　d　欧州化学物質生態毒性・毒性センターが提供しているリスクアセスメントツール（ECETOC‐TRA）を用いてリスクを見積もる方法（別紙3〔編注・略〕の例5参照）

　カ　指針の9(1)イ(ウ)は，指針の9(1)ア(ア)の方法の横軸と縦軸を当該化学物質等のばく露の程度と有害性の程度に置き換えたものであること。（別紙3〔編注・略〕の例6参照）

　キ　このほか，以下に留意すること。

　　a　ばく露の程度を推定する方法としては，指針の9(1)イ(ア)から(オ)までのほか，対象の業務について生物学的モニタリングにより当該リスクアセスメント対象物への労働者のばく露レベルを推定する方法もあること。

　　b　感作性を有するリスクアセスメント対象物に既に感作されている場合や妊娠中等，通常よりも高い感受性を示す場合については，濃度基準値又はばく露限界との比較によるリスクの見積もりのみでは不十分な場合があることに注意が必要であること。

　　c　経皮吸収による健康障害が懸念されるリスクアセスメント対象物については，指針の9(1)アの方法も考慮すること。

(4)　指針の9(1)ウは，「準ずる方法」として，リスクアセスメント対象のリスクアセスメント対象物そのもの又は同様の危険性又は有害性を有する他の物質を対象として，当該物質に係る危険又は健康障害を防止するための具体的な措置が労働安全衛生法関係法令に規定されている場合に，当該条項を確認する方法があることを定めたものであり，次に掲げる事項に留意すること。

　ア　指針の9(1)ウ(ア)は，労働安全衛生法関係法令に規定する特定化学物質，有機溶剤，鉛，四アルキル鉛等及び危険物に該当する物質については，対応する有機溶剤中毒予防規則等の各条項の履行状況を確認することをもって，リスクアセスメントを実施したこととみなす方法があること。

　イ　指針の9(1)ウ(イ)に示す方法は，危険物ではないが危険物と同様の危険

性を有するリスクアセスメント対象物（GHS又はJIS Z 7252に基づき分類された物理化学的危険性のうち爆発物，有機過酸化物，可燃性固体，酸化性ガス，酸化性液体，酸化性固体，引火性液体又は可燃性ガスに該当する物）について，危険物を対象として規定された安衛則第4章等の各条項を確認する方法であること。

ウ　指針の9(1)ウ(ウ)の規定は，毎回異なる環境で作業を行う場合，作業の都度，リスクアセスメント及びその結果に基づく措置を実施することが困難であることから，定められた趣旨であること。9(1)ウ(ウ)に示すマニュアル等には，独立行政法人労働者健康安全機構労働安全衛生総合研究所化学物質情報管理研究センターや労働災害防止団体等が公表するマニュアル等があること。

(5)　指針の9(2)については，次に掲げる事項に留意すること。

ア　指針の9(2)アの「性状」には，固体，スラッジ，液体，ミスト，気体等があり，例えば，固体の場合には，塊，フレーク，粒，粉等があること。

イ　指針の9(2)イの「製造量又は取扱量」は，リスクアセスメント対象物の種類ごとに把握すべきものであること。また，タンク等に保管されているリスクアセスメント対象物の量も把握すること。

ウ　指針の9(2)ウの「作業」とは，定常作業であるか非定常作業であるかを問わず，リスクアセスメント対象物により労働者の危険又は健康障害を生ずる可能性のある作業の全てをいうこと。

エ　指針の9(2)エの「製造等に係る作業の条件」には，例えば，製造等を行うリスクアセスメント対象物を取り扱う温度，圧力があること。また，「関連設備の状況」には，例えば，設備の密閉度合，温度や圧力の測定装置の設置状況があること。

オ　指針の9(2)オの「製造等に係る作業への人員配置の状況」には，リスクアセスメント対象物による危険性又は有害性により，負傷し，又はばく露を受ける可能性のある者の人員配置の状況が含まれること。

カ　指針の9(2)カの「作業の頻度」とは，当該作業の1週間当たり，1か月当たり等の頻度が含まれること。

キ 指針の9(2)キの「換気設備の設置状況」には，例えば，局所排気装置，全体換気装置及びプッシュプル型換気装置の設置状況及びその制御風速，換気量があること。

ク 指針の9(2)クの「有効な保護具の選択及び使用状況」には，労働者への保護具の配布状況，保護具の着用義務を労働者に履行させるための手段の運用状況及び保護具の保守点検状況が含まれること。

ケ 指針の9(2)ケの「作業環境中の濃度若しくはばく露濃度の測定結果」には，調査対象作業場所での測定結果が無く，類似作業場所での測定結果がある場合には，当該結果が含まれること。

(6) 指針の9(3)の留意事項の趣旨は次のとおりであること。

ア 指針の9(3)アの重篤度の見積りに当たっては，どのような負傷や疾病がどの作業者に発生するのかをできるだけ具体的に予測した上で，その重篤度を見積もること。また，直接作業を行う者のみならず，作業の工程上その作業場所の周辺にいる作業者等も検討の対象に含むこと。

リスクアセスメント対象物による負傷の重篤度又はそれらの発生可能性の見積りに当たっては，必要に応じ，以下の事項を考慮すること。

(ア) 反応，分解，発火，爆発，火災等の起こしやすさに関するリスクアセスメント対象物の特性（感度）

(イ) 爆発を起こした場合のエネルギーの発生挙動に関するリスクアセスメント対象物の特性（威力）

(ウ) タンク等に保管されているリスクアセスメント対象物の保管量等

イ 指針の9(3)イの「休業日数等」の「等」には，後遺障害の等級や死亡が含まれること。

ウ 指針の9(3)ウは，労働者の疲労等により，危険又は健康障害が生ずる可能性やその重篤度が高まることを踏まえ，リスクの見積りにおいても，これら疲労等による発生可能性と重篤度の付加を考慮することが望ましいことを定めたものであること。なお，「疲労等」には，単調作業の連続による集中力の欠如や，深夜労働による居眠り等が含まれること。

エ このほか，GHS分類において特定標的臓器毒性（単回ばく露）区分

3に分類されるリスクアセスメント対象物のうち，麻酔作用を有するものについては，当該リスクアセスメント対象物へのばく露が労働者の作業に影響し危険又は健康障害が生ずる可能性を増加させる場合があることを考慮することが望ましいこと。

(7) 指針の9(4)の安全衛生機能等に関する考慮については，次に掲げる事項に留意すること。

　ア　指針の9(4)アの「安全衛生機能等の信頼性及び維持能力」に関して必要に応じ考慮すべき事項には，以下の事項があること。

　　(ア)　安全装置等の機能の故障頻度・故障対策，メンテナンス状況，局所排気装置，全体換気装置の点検状況，密閉装置の密閉度の点検，保護具の管理状況，作業者の訓練状況等

　　(イ)　立入禁止措置等の管理的方策の周知状況，柵等のメンテナンス状況

　イ　指針の9(4)イの「安全衛生機能等を無効化する又は無視する可能性」に関して必要に応じ考慮すべき事項には，以下の事項があること。

　　(ア)　生産性が低下する，短時間作業である等の理由による保護具の非着用等，労働災害防止のための機能・方策を無効化させる動機

　　(イ)　スイッチの誤作動防止のための保護錠が設けられていない，局所排気装置のダクトのダンパーが担当者以外でも操作できる等，労働災害防止のための機能・方策の無効化のしやすさ

　ウ　指針の9(4)ウの作業手順の逸脱等の予見可能な「意図的」な誤使用又は危険行動の可能性に関して必要に応じ考慮すべき事項には，以下の事項があること。

　　(ア)　作業手順等の周知状況

　　(イ)　近道行動（最小抵抗経路行動）

　　(ウ)　監視の有無等の意図的な誤使用等のしやすさ

　　(エ)　作業者の資格・教育等

　　また，操作ミス等の予見可能な「非意図的」な誤使用の可能性に関して必要に応じ考慮すべき事項には，以下の事項があること。

　　(ア)　ボタンの配置，ハンドルの操作方向のばらつき等の人間工学的な誤使用等の誘発しやすさ，リスクアセスメント対象物を入れた容器

への内容物の記載手順

　㈀　作業者の資格・教育等

エ　指針の 9⑷エは，健康障害の程度（重篤度）の見積りに当たっては，
いわゆる予防原則に則り，有害性が立証されておらず，SDS が添付さ
れていないリスクアセスメント対象物を使用する場合にあっては，関
連する情報を供給者や専門機関等に求め，その結果，一定の有害性が
指摘されている場合は，その有害性を考慮すること。

10　リスク低減措置の検討及び実施について

⑴　指針の 10⑴については，次に掲げる事項に留意すること。

　ア　指針の 10⑴アの「危険性又は有害性のより低い物質への代替には，危
険性又は有害性が低いことが明らかな物質への代替が含まれ，例えば
以下のものがあること。なお，危険性又は有害性が不明な物質を，危
険性又は有害性が低いものとして扱うことは避けなければならないこ
と。

　　㈀　濃度基準値又ばく露限界がより高い物質

　　㈁　GHS 又は JIS Z 7252 に基づく危険性又は有害性の区分がより低い
物質（作業内容等に鑑み比較する危険性又は有害性のクラスを限定
して差し支えない。）

　イ　指針の 10⑴アの「併用によるリスクの低減」は，より有害性又は危
険性の低い物質に代替した場合でも，当該代替に伴い使用量が増加す
ること，代替物質の揮発性が高く気中濃度が高くなること，あるいは，
爆発限界との関係で引火・爆発の可能性が高くなることなど，リスク
が増加する場合があることから，必要に応じ物質の代替と化学反応の
プロセス等の運転条件の変更等とを併用しリスクの低減を図るべきこ
とを定めたものであること。

　ウ　指針の 10⑴イの「工学的対策」とは，指針の 10⑴アの措置を講ずる
ことができず抜本的には低減できなかった労働者に危険を生ずるおそ
れの程度に対し，防爆構造化，安全装置の多重化等の措置を実施し，当
該リスクアセスメント対象物による危険性による負傷の発生可能性の

低減を図る措置をいうこと。

　　また，「衛生工学的対策」とは，指針の 10(1)アの措置を講ずることが
できず抜本的には低減できなかった労働者の健康障害を生ずるおそれ
の程度に対し，機械設備等の密閉化，局所排気装置等の設置等の措置
を実施し，当該リスクアセスメント対象物の有害性による疾病の発生
可能性の低減を図る措置をいうこと。

　エ　指針の 10(1)ウの「管理的対策」には，作業手順の改善，立入禁止措
　　置のほか，作業時間の短縮，マニュアルの整備，ばく露管理，警報の
　　運用，複数人数制の採用，教育訓練，健康管理等の作業者等を管理す
　　ることによる対策が含まれること。

　オ　指針の 10(1)エの「有効な保護具」は，その対象物質及び性能を確認
　　した上で，有効と判断される場合に使用するものであること。例えば，
　　呼吸用保護具の吸収缶及びろ過材は，本来の対象物質と異なるリスク
　　アセスメント対象物に対して除毒能力又は捕集性能が著しく不足する
　　場合があることから，保護具の選定に当たっては，必要に応じてその
　　対象物質及び性能を製造者に確認すること。なお，有効な保護具が存
　　在しない又は入手できない場合には，指針の 10(1)アからウまでの措置
　　により十分にリスクを低減させるよう検討すること。

(2)　指針の 10(2)は，合理的に実現可能な限り，より高い優先順位のリスク
　低減措置を実施することにより，「合理的に実現可能な程度に低い」
　(ALARP：As Low As Reasonably Practicable) レベルにまで適切にリス
　クを低減するという考え方を定めたものであること。

　　なお，死亡や重篤な後遺障害をもたらす可能性が高い場合等には，費
　用等を理由に合理性を判断することは適切ではないことから，措置を実
　施すべきものであること。

(3)　指針の 10(4)に関し，濃度基準値が規定されている物質については，安
　衛則第 577 条の 2 第 2 項の規定を満たしているか確認するため，ばく露
　の程度が濃度基準値以下であることを見積もる必要があることに留意す
　ること。

11　リスクアセスメント結果等の労働者への周知等について

⑴　指針の11⑴アからエまでに掲げる事項を速やかに労働者に周知すること。その際，リスクアセスメント等を実施した日付及び実施者についても情報提供することが望ましいこと。

⑵　指針の11⑴エの「リスク低減措置の内容」には，当該措置を実施した場合のリスクの見積り結果も含めて周知することが望ましいこと。

⑶　指針の11⑷の記録については，安衛則第34条の2の8第1項の規定を満たしていれば，任意の様式による記録で差し支えないこと。なお，記録の一例として，別紙4〔編注・略〕があること。

12　その他について

指針の12は，法第28条の2及び安衛則第577条の3に基づく化学物質のリスクアセスメント等を実施する際には，本指針に準じて適切に実施するよう努めるべきことを定めたものであること。

14　化学物質等の危険性又は有害性等の表示又は通知等の促進に関する指針

（平成 4 年 7 月 1 日労働省告示第 60 号）

（最終改正　令和 4 年 5 月 31 日厚生労働省告示第 190 号）

（目的）

第 1 条　この指針は，危険有害化学物質等（労働安全衛生規則（以下「則」という。）第 24 条の 14 第 1 項に規定する危険有害化学物質等をいう。以下同じ。）及び特定危険有害化学物質等（則第 24 条の 15 第 1 項に規定する特定危険有害化学物質等をいう。以下同じ。）の危険性又は有害性等についての表示及び通知に関し必要な事項を定めるとともに，労働者に対する危険又は健康障害を生ずるおそれのある物（危険有害化学物質等並びに労働安全衛生法施行令（昭和 47 年政令第 318 号）第 18 条各号及び同令別表第 3 第 1 号に掲げる物をいう。以下「化学物質等」という。）に関する適切な取扱いを促進し，もって化学物質等による労働災害の防止に資することを目的とする。

（譲渡提供者による表示）

第 2 条　危険有害化学物質等を容器に入れ，又は包装して，譲渡し，又は提供する者は，当該容器又は包装（容器に入れ，かつ，包装して，譲渡し，又は提供する場合にあっては，その容器）に，則第 24 条の 14 第 1 項各号に掲げるもの（以下「表示事項等」という。）を表示するものとする。ただし，その容器又は包装のうち，主として一般消費者の生活の用に供するためのものについては，この限りでない。

②　前項の規定による表示は，同項の容器又は包装に，表示事項等を印刷し，又は表示事項等を印刷した票箋を貼り付けて行うものとする。ただし，当該容器又は包装に表示事項等の全てを印刷し，又は表示事項等の全てを印刷した票箋を貼り付けることが困難なときは，当該表示事項等（則第 24 条の 14 第 1 項第 1 号イに掲げるものを除く。）については，これらを印刷した票箋を当該容器又は包装に結びつけることにより表示することができる。

③　危険有害化学物質等を譲渡し，又は提供した者は，譲渡し，又は提供した

後において，当該危険有害化学物質等に係る表示事項等に変更が生じた場合には，当該変更の内容について，譲渡し，又は提供した相手方に，速やかに，通知するものとする。

④　前三項の規定にかかわらず，危険有害化学物質等に関し表示事項等の表示について法令に定めがある場合には，当該表示事項等の表示については，その定めによることができる。

（譲渡提供者による通知等）

第3条　特定危険有害化学物質等を譲渡し，又は提供する者は，則第24条の15第1項に規定する方法により同項各号の事項を，譲渡し，又は提供する相手方に通知するものとする。ただし，主として一般消費者の生活の用に供される製品として特定危険有害化学物質等を譲渡し，又は提供する場合については，この限りではない。

（事業者による表示及び文書の作成等）

第4条　事業者（化学物質等を製造し，又は輸入する事業者及び当該物の譲渡又は提供を受ける相手方の事業者をいう。以下同じ。）は，容器に入れ，又は包装した化学物質等を労働者に取り扱わせるときは，当該容器又は包装（容器に入れ，かつ，包装した化学物質等を労働者に取り扱わせる場合にあっては，当該容器。第3項において「容器等」という。）に，表示事項等を表示するものとする。

②　第2条第2項の規定は，前項の表示について準用する。

③　事業者は，前項において準用する第2条第2項の規定による表示をすることにより労働者の化学物質等の取扱いに支障が生じるおそれがある場合又は同項ただし書の規定による表示が困難な場合には，次に掲げる措置を講ずることにより表示することができる。

　1　当該容器等に名称及び人体に及ぼす作用を表示し，必要に応じ，労働安全衛生規則第24条の14第1項第2号の規定に基づき厚生労働大臣が定める標章（平成24年厚生労働省告示第151号）において定める絵表示を併記すること。

　2　表示事項等を，当該容器等を取り扱う労働者が容易に知ることができるよう常時作業場の見やすい場所に掲示し，若しくは表示事項等を記載した

一覧表を当該作業場に備え置くこと，又は表示事項等を，磁気ディスク，光ディスクその他の記録媒体に記録し，かつ，当該容器等を取り扱う作業場に当該容器等を取り扱う労働者が当該記録の内容を常時確認できる機器を設置すること。

④　事業者は，化学物質等を第1項に規定する方法以外の方法により労働者に取り扱わせるときは，当該化学物質等を専ら貯蔵し，又は取り扱う場所に，表示事項等を掲示するものとする。

⑤　事業者（化学物質等を製造し，又は輸入する事業者に限る。）は，化学物質等を労働者に取り扱わせるときは，当該化学物質等に係る則第24条の15第1項各号に掲げる事項を記載した文書を作成するものとする。

⑥　事業者は，第2条第3項又は則第24条の15第3項の規定により通知を受けたとき，第1項の規定により表示（第2項の規定により準用する第2条第2項ただし書の場合における表示及び第3項の規定により講じる措置を含む。以下この項において同じ。）をし，若しくは第4項の規定により掲示をした場合であって当該表示若しくは掲示に係る表示事項等に変更が生じたとき，又は前項の規定により文書を作成した場合であって当該文書に係る則第24条の15第1項各号に掲げる事項に変更が生じたときは，速やかに，当該通知，当該表示事項等の変更又は当該各号に掲げる事項の変更に係る事項について，その書換えを行うものとする。

（安全データシートの掲示等）

第5条　事業者は，化学物質等を労働者に取り扱わせるときは，第3条第1項の規定により通知された事項又は前条第5項の規定により作成された文書に記載された事項（以下この条においてこれらの事項が記載された文書等を「安全データシート」という。）を，常時作業場の見やすい場所に掲示し，又は備え付ける等の方法により労働者に周知するものとする。

②　事業者は，労働安全衛生法第28条の2第1項又は第57条の3第1項の調査を実施するに当たっては，安全データシートを活用するものとする。

③　事業者は，化学物質等を取り扱う労働者について当該化学物質等による労働災害を防止するための教育その他の措置を講ずるに当たっては，安全データシートを活用するものとする。

（細目）

第 6 条　この指針に定める事項に関し必要な細目は，厚生労働省労働基準局長が定める。

15 化学物質等の危険性又は有害性等の表示又は通知等の促進に関する指針について

(平成24年3月29日基発0329第11号)

化学物質等の危険有害性等の表示に関する指針（平成4年労働省告示第60号。以下「旧指針」という。）は，化学物質等の危険性又は有害性等の表示又は通知等の促進に関する指針（平成24年3月16日厚生労働省告示第133号。以下「指針」という。）により改正され，労働安全衛生規則（昭和47年労働省令第32号。以下「則」という。）第24条の16に基づく指針として，平成24年4月1日から適用することとされたところである。

ついては，下記事項に留意の上，あらゆる機会を捉え事業者及び関係事業者団体等に対して，指針の普及を図るとともにその運用に遺憾のないようにされたい。

また，関係業界団体等に対して別添のとおり要請を行ったので，念のため申し添える。

なお，「化学物質等の危険有害性等の表示に関する指針について」（平成4年7月1日付け基発第394号），「化学物質等の危険有害表示制度の推進について」（平成4年7月1日付け基発第394号の2），「「化学物質等の危険有害性試験基準」及び「化学物質等の危険有害性評価基準」の制定について」（平成4年7月1日付け基発第395号）及び「化学物質等の危険有害性等の表示に関する指針の運用について」（平成5年1月21日付け基発第43号）は，本通達をもって廃止する。

記

第1 改正の要点

化学物質等（化学物質及び化学物質の混合物をいう。）を取り扱う作業において，その物質の危険性や有害性を知らずに作業を行っていたことによる爆発，火災，中毒等の災害が発生していることから，事業者による適正

な化学物質等の管理を促進することが必要である。国際的には，平成15年に，人の健康確保の強化等を目的に，化学物質の危険性及び有害性を，引火性，発がん性等の約30項目に分類した上で，危険性や有害性の程度等に応じてどくろ，炎等の標章を付すこと，取扱上の注意事項等を記載した文書（安全データシート）を作成・交付すること等を内容とする「化学品の分類および表示に関する世界調和システム（以下「GHS」という。）」が，国際連合から公表されているところである。これを踏まえ，旧指針について，危険性及び有害性の範囲を見直し，表示しなければならない事項等の追加を行うとともに，指針の法令上の位置付けを明確にしたこと。

第2　全般的事項

1　指針の位置付け

　名称等の表示が必要な化学物質等については，現在，労働安全衛生法（昭和47年法律第57号。以下「法」という。）第57条において，労働災害を防止するため危険性又は有害性の程度，利用の状況等を勘案し，労働安全衛生法施行令（昭和47年政令第318号。以下「令」という。）で定める104物質が対象とされているところである。また，名称等の文書による通知については，法第57条の2において，令で定める640物質[編注]が対象とされているところである。

　一方，旧指針においては，化学物質等の適切な管理，取扱いが行われるためには，化学物質等に係る必要な情報は基本的に事業者及びそれを取り扱う労働者に提供されるべきであるという考え方に立って，その対象を法で義務付けられる物質以外の全ての化学物質等とし，表示及び通知の内容は，その適切な管理，取扱いのために必要となる全ての事項としてきた。このようにこれまで，法による義務付けの対象となっていない化学物質等の危険性又は有害性等の表示及び通知は，旧指針に基づく行政指導により推進してきたところであるが，更なる定着を図るため，則第24条の14及び則第24条の15により当該化学物質等の表示及び通知を努力義務とし，これを促進するための指針として，則第24条の16の規定に基づき旧指針の全部を改正し公表したものであること。

2　表示及び通知の概要

指針に基づく表示及び通知は，次のようなものである。

① 国は，化学物質等の危険性又は有害性やそれに応じた取扱方法等を的確に表示するための基準を定めること。

② 化学物質等の譲渡提供者は，この基準に基づく表示及び通知を行うこと。

③ 化学物質等の取扱い事業者は，これらの表示及び通知を活用し，労働者に取り扱う化学物質等の危険性又は有害性を周知すること，危険性又は有害性に応じた適切な取扱いを確保すること等の措置を講じること。

3　危険性又は有害性の考え方

指針の対象となる化学物質等については，平成24年3月26日に告示された労働安全衛生規則第24条の14第1項の規定に基づき厚生労働大臣が定める危険有害化学物質等を定める告示に示されており，同日に官報に公示された日本工業規格〔編注：現 日本産業規格。以下，同様〕Z 7253（GHSに基づく化学品の危険有害性情報の伝達方法―ラベル，作業場内の表示及び安全データシート（SDS））（以下「JIS Z 7253」という。）の附属書A（A.4を除く。）の定めにより危険有害性クラス，危険有害性区分及びラベル要素が定められた物理化学的危険性又は健康有害性を有するものとなっている。

事業者は，日本工業規格Z 7252（GHSに基づく化学物質等の分類方法），経済産業省が公開している事業者向けGHS分類ガイダンス等に基づき，取り扱う全ての化学物質等について，危険性又は有害性の有無を判断するものとする。また，GHSに従った分類を実施するに当たっては，独立行政法人製品評価技術基盤機構が公開している「GHS分類結果データベース」や本省が作成し公表している「GHSモデルラベル」及び「GHSモデルMSDS」等を参考にすること。

4　容器又は包装への表示

容器又は包装への表示は，化学物質等を取り扱う労働者がその危険性又は有害性を知らず，適切な取扱方法をとらないことが原因で発生する労働災害の防止に資することを目的とするものである。

5　安全データシート

　安全データシートは，事業場における化学物質等の総合的な安全衛生管理に資することを目的とするものであり，化学物質等を適切に管理するために必要である詳細な情報を記載する文書である。なお，安全データシートは，旧指針において，化学物質等安全データシートと称されていた文書と同一であること。

6　JIS Z 7253 との整合性

　JIS Z 7253 に準拠して危険有害化学物質等を譲渡し，又は提供する際の容器等への表示，特定危険有害化学物質等を譲渡し，又は提供する際の安全データシートの交付及び化学物質等を労働者に取り扱わせる際の容器等への表示（以下「表示，通知及び事業場内表示」という。）を行えば，表示，通知及び事業場内表示に係る労働安全衛生関係法令の規定及び指針を満たすこと。

第3　細部事項

1　第1条関係

　「化学物質等」には，製造中間体（製品の製造工程中において生成し，同一事業場内で他の物質に変化する化学物質をいう。）が含まれること。

2　第2条関係

(1)　「危険有害化学物質等」とは，則第 24 条の 14 第 1 項の規定に基づき厚生労働大臣が定める危険有害化学物質等であるが，具体的には，GHS に従った分類に基づき，危険有害性区分（危険有害性の強度）が決定された化学物質等（安全データシートを交付しなければならない範囲として GHS で濃度限界が示されている場合には，この値以上を含有しているもの又はこの値未満で危険性又は有害性が判明しているものをいう。）をいうこと。

　また，化学物質を含有する製剤その他の物については，混合物として GHS に従った分類を行うことが望ましいが，混合物全体として危険性又は有害性の試験がなされていない場合には，含有する危険有害化学物質等の純物質としての GHS 分類結果を活用しても差し支えないこと。この

場合，表示しなければならない範囲として GHS で濃度限界が示されている場合には，この値以上を含有しているもの又はこの値未満で危険性又は有害性が判明しているものが危険有害化学物質等に該当すること。

(2)　第1項の「表示」は，当該容器又は包装に，表示事項等を印刷し，又は表示事項等を印刷した票せんを貼り付けて行うこと。ただし，当該容器又は包装に表示事項等の全てを印刷し，又は表示事項の全てを印刷した票せんを貼り付けることが困難なときは，表示事項等のうち同項第1号ハからトまで及び第2号に掲げるものについては，当該表示事項等を印刷した票せんを容器又は包装に結び付けることにより表示することができること（第2項）。

(3)　第1項第1号イの「名称」については，次によること。

　　ア　危険有害化学物質等の名称を記載すること。ただし，製品名により含有する危険有害化学物質等が特定できる場合においては，当該製品名を記載することで足りること。

　　イ　化学物質等について，表示される名称と文書交付により通知される名称を一致させること。

(4)　第1項第1号ロの「成分」については，危険性又は有害性を有する化学物質の名称を列記すること。危険性又は有害性を有する化学物質以外の化学物質の名称も記載することが望ましい。混合物については，危険性又は有害性ごとに一つずつ化学物質の名称を示し，その他の化学物質名を省略しても差し支えない。名称を記載しないことにより，作業者や消費者の健康と安全又は環境保護を危うくしない危険有害化学物質等については，当該物質の名称に代えて一般名を記載しても差し支えない。

(5)　第1項第1号ハの「人体に及ぼす作用」については，次によること。

　　ア　「人体に及ぼす作用」は，危険有害化学物質等の有害性を示すこと。

　　イ　GHS に従った分類に基づき決定された危険有害性クラス及び危険有害性区分に対して GHS 附属書3又は JIS Z 7253 附属書 A により割り当てられた「危険有害性情報」の欄に示されている文言を記載すること。

　　ウ　混合物においては，混合物として分類するのが望ましいが，混合物

全体として有害性の分類がなされていない場合には，含有する危険有害化学物質等の純物質としての有害性を，物質ごとに記載することで差し支えないこと。

エ　GHSに従った分類により，危険有害性クラス及び危険有害性区分が決定されない場合は，記載を要しないこと。

(6)　第1項第1号ニの「貯蔵又は取扱い上の注意」については，危険有害化学物質等のばく露又はその不適切な貯蔵若しくは取扱いから生じる被害を防止するために講じるべき措置を記載すること。

(7)　第1項第1号ホの「表示をする者の氏名（法人にあっては，その名称），住所及び電話番号」については，次によること。

ア　危険有害化学物質等を譲渡し，又は提供する者の情報を記載すること。

イ　緊急連絡用の電話番号等についても記載することが望ましいこと。

(8)　第1項第1号への「注意喚起語」については，次によること。

ア　GHSに従った分類に基づき，決定された危険有害性クラス及び危険有害性区分に対してGHS附属書3又はJIS Z 7253附属書Aに割り当てられた「注意喚起語」の欄に示されている文言を記載すること。

イ　混合物において，混合物全体として危険性又は有害性の分類がなされていない場合には，含有する危険有害化学物質等の純物質としての危険性又は有害性を表す注意喚起語を，物質ごとに記載することで差し支えないこと。

ウ　GHSに従った分類により，危険有害性クラス及び危険有害性区分が決定されない場合，記載を要しないこと。

(9)　第1項第1号トの「安定性及び反応性」については，次によること。

ア　「安定性及び反応性」は，危険有害化学物質等の危険性を示すこと。

イ　GHSに従った分類に基づき，決定された危険有害性クラス及び危険有害性区分に対してGHS附属書3又はJIS Z 7253附属書Aに割り当てられた「危険有害性情報」の欄に示されている文言を記載すること。

ウ　混合物において，混合物全体として危険性の分類がなされていない場合には，含有する全ての危険有害化学物質等の純物質としての危険

性を，物質ごとに記載することで差し支えないこと。

　エ　GHSに従った分類により，危険有害性クラス及び危険有害性区分が決定されない場合，記載を要しないこと。

(10)　第1項第2号の「絵表示」については，次によること。

　ア　譲渡提供時の容器又は包装に表示する絵表示は，白い背景の上に黒いシンボルを置き，十分に幅広い赤い枠で囲んだものとすること。

　イ　混合物において，混合物全体として危険性又は有害性の分類がなされていない場合には，含有する危険有害化学物質等の純物質としての危険性又は有害性を表す絵表示を，物質ごとに記載することで差し支えないこと。

　ウ　GHSに従った分類により，危険有害性クラス及び危険有害性区分が決定されない場合は，記載を要しないこと。

(11)　第1項の「主として一般消費者の生活の用に供するためのもの」には，以下のものが含まれるものであること。ただし，事業者がその事業に従事する労働者に取り扱わせる場合であって，労働者の危険又は健康障害を生ずるおそれのあるものについては，本指針の対象となるものであること。

　ア　薬事法に定められている医薬品，医薬部外品及び化粧品

　イ　農薬取締法に定められている農薬

　ウ　労働者による取扱いの過程において固体以外の状態にならず，かつ，粉状又は粒状にならない製品

　エ　危険有害化学物質等が密封された状態で取り扱われる製品

　オ　食品及び食品添加物

(12)　第4項の「表示事項等に変更が生じた場合」には，次の場合等が含まれるものであること。

　①　危険性又は有害性等の情報が新たに明らかになった場合

　②　法に基づく新たな規制の対象になった場合

　③　新たにばく露防止の技術が確立した場合

3 第3条関係

⑴ 「特定危険有害化学物質等」とは，則第24条の14第1項の規定に基づき厚生労働大臣が定める危険有害化学物質等のうち，法第57条の2の対象となる物以外のものをいうこと。

⑵ 安全データシートは，特定危険有害化学物質等の危険性又は有害性等について十分な知識を有する者が作成する必要があること。

⑶ 第1項の「相手方の事業者が承諾した方法」は，磁気ディスクの交付，ファクシミリ装置を用いた送信その他の方法であって，その方法により通知することについて相手方が承諾したものであること。

⑷ 通知は，特定危険有害化学物質等を譲渡し，又は提供する時までに行わなければならない。ただし，継続的に又は反復して譲渡し，又は提供する場合において，既に通知がなされているときは，この限りでないこと。

⑸ 第1項の「主として一般消費者の生活の用に供される製品」には，以下のものが含まれるものであること。ただし，事業者がその事業に従事する労働者に取り扱わせる場合であって，労働者の危険又は健康障害を生ずるおそれのあるものについては，本指針の対象となるものであること。

　ア　薬事法に定められている医薬品，医薬部外品及び化粧品

　イ　農薬取締法に定められている農薬

　ウ　労働者による取扱いの過程において固体以外の状態にならず，かつ，粉状又は粒状にならない製品

　エ　特定危険有害化学物質等が密封された状態で取り扱われる製品

　オ　食品及び食品添加物

⑹ 第1項第1号の「名称」の記載は，特定危険有害化学物質等の名称を記載すること。ただし，製品名により含有する特定危険有害化学物質等が特定できる場合においては，当該製品名を記載することで足りること。また，化学物質等について，表示される名称と文書交付により通知される名称を一致させること。

⑺ 第1項第2号の「成分及びその含有量」の記載は，危険性又は有害性

を有する化学物質の名称を列記するとともに，その含有量についても記載すること。「含有量」については，原則として重量パーセントで記載すること。この場合における重量パーセントの記載は，10パーセント未満の端数を切り捨てた数値と当該端数を切り上げた数値との範囲をもって行うことができること。成分として表記すべき化学物質の含有量が10パーセントに満たない場合は，「10パーセント未満」と記載すれば足りること。

　　また，危険性又は有害性を有する化学物質以外の化学物質の名称及び含有量も記載することが望ましい。ケミカルアブストラクトサービス登録番号（CAS番号），別名及び官報公示整理番号（法第57条の3第1項の規定に基づく令第18条の3第4号に定める化学物質及び法第57条の3第3項の規定により，その名称等が公表された化学物質について，官報公示の際に付けられた番号等）についても記載することが望ましいこと。

　　なお，名称を記載しないことにより，作業者や消費者の健康と安全又は環境保護を危うくしない特定危険有害化学物質等については，当該物質の名称に代えて一般名を記載しても差し支えない。

⑻　第1項第3号の「物理的及び化学的性質」については，以下によること。
　ア　次の項目に係る情報について記載すること。
　　(ア)　化学物質等の外観（物理的状態，形状，色等）
　　(イ)　臭い
　　(ウ)　pH
　　(エ)　融点及び凝固点
　　(オ)　沸点，初留点及び沸騰範囲
　　(カ)　引火点
　　(キ)　燃焼又は爆発範囲の上限及び下限
　　(ク)　蒸気圧
　イ　次の項目に係る情報について記載することが望ましいこと。
　　(ア)　臭いのしきい（閾）値
　　(イ)　蒸発速度
　　(ウ)　燃焼性（固体又はガスのみ）

　　　ウ　放射性等，当該化学物質等の安全な使用に関係するその他のデータ
　　　　を示すことが望ましいこと。
　　　エ　測定方法についても記載することが望ましいこと。
　　　オ　混合物においては，混合物として分類するのが望ましいが，混合物
　　　　全体として有害性の試験がなされていない場合には，含有する特定危
　　　　険有害化学物質等の純物質としての情報を，物質ごとに記載すること
　　　　で差し支えないこと。
　⑼　第1項第4号の「人体に及ぼす作用」は，特定危険有害化学物質等の
　　　有害性を示すものであり，以下によること。
　　　ア　化学物質等を取り扱う者が特定危険有害化学物質等に接触した場合
　　　　に生じる健康への影響について，簡明かつ包括的な説明を記載するこ
　　　　と。なお，以下の項目に係る情報を記載すること。
　　　　⑺　急性毒性
　　　　⑻　皮膚腐食性・刺激性
　　　　⑼　眼に対する重篤な損傷・刺激性
　　　　㋓　呼吸器感作性又は皮膚感作性
　　　　㋔　生殖細胞変異原性
　　　　㋕　発がん性
　　　　㋖　生殖毒性
　　　　㋗　特定標的臓器毒性－単回ばく露
　　　　㋘　特定標的臓器毒性－反復ばく露
　　　　㋙　吸引性呼吸器有害性
　　　イ　ばく露直後の影響と遅発性の影響とをばく露経路ごとに区別し，毒
　　　　性の数値的尺度を含めることが望ましいこと。
　　　ウ　混合物において，混合物全体として有害性の試験がなされていない
　　　　場合には，含有する危険有害化学等の純物質としての有害性を，物質
　　　　ごとに記載することで差し支えないこと。
　　　エ　体細胞を用いる in vivo 遺伝毒性試験又は in vitro 変異原性試験のデ
　　　　ータを記載する場合には，生殖細胞変異原性の小項目に記載すること。
　⑽　第1項第5号の「貯蔵又は取扱い上の注意」は，次の事項を記載する

こと。

　ア　適切な保管条件，避けるべき保管条件等

　イ　混合接触させてはならない化学物質等（混触禁止物質）との分離を
　　含めた取扱い上の注意

　ウ　管理濃度，許容濃度等

　エ　密閉装置，局所排気装置等の設備対策

　オ　保護具の使用

　カ　廃棄上の注意及び輸送上の注意

　　　輸送上の注意には，国連番号，国連分類等を含めて記載することが
　　望ましいこと。

⑾　第1項第6号の「流出その他の事故が発生した場合において講ずべき
　応急の措置」は，次の事項を記載すること。

　ア　吸入した場合，皮膚に付着した場合，眼に入った場合又は飲み込ん
　　だ場合に取るべき措置等

　イ　火災の際に使用するのに適切な消火剤又は使用してはならない消火
　　剤

　ウ　事故が発生した際の退避措置，立入禁止措置，保護具の使用等

　エ　漏出した化学物質等に係る回収，中和，封じ込め及び浄化の方法並
　　びに使用する機材

⑿　第1項第7号の「通知を行う者の氏名（法人にあっては，その名称），
　住所及び電話番号」については，特定危険有害化学物質等を譲渡し，又
　は提供する者の情報を記載すること。

　　また，緊急連絡用の電話番号，ファックス番号及び電子メールアドレ
　スも記載することが望ましいこと。

⒀　第1項第8号の「危険性又は有害性の要約」については，以下による
　こと。

　ア　GHSに従った分類がなされた場合は，「危険性又は有害性の要約」に
　　ついては，特定危険有害化学物質等の有する危険性又は有害性の分類
　　及びラベル要素を記載すること。

　イ　絵表示は白黒の図で記載しても差し支えないこと。また，絵表示を

構成する画像要素（シンボル）の名称（「炎」,「どくろ」等）をもって当該絵表示に代えても差し支えないこと。

ウ 粉じん爆発危険性等の危険性又は有害性についても記載することが望ましいこと。

⒁ 第1項第9号の「安定性及び反応性」は，次の事項を記載すること。

ア 避けるべき条件（静電放電，衝撃，振動等）

イ 混触危険物質

ウ 通常発生する一酸化炭素，二酸化炭素及び水以外の予想される危険有害な分解生成物

⒂ 第1項第10号の「適用される法令」は，特定危険有害化学物質等に適用される法令の名称を記載するとともに，当該法令に基づく規制に関する情報を記載すること。

なお，平成5年5月17日付け基発第312号の3「変異原性が認められた化学物質等の取扱いについて」の別紙1及び別紙2に掲げる物及びその後に発出した同種の労働基準局長通達に掲げる物については，平成5年5月17日付け基発第312号の3に該当する強い変異原性が認められた物質である旨記載すること。

⒃ 第1項第11号の「その他参考となる事項」は，以下によること。

ア 安全データシートの作成日（改訂した場合にあっては改訂日）に関する情報を記載することが望ましいこと。

イ 安全データシートを作成する際に参考とした出典を記載することが望ましいこと。

ウ 環境影響情報については，本項目に記載することが望ましいこと。

⒄ 第2項で準用する第2条第4項の「通知」は，原則として，変更が生じた場合は安全データシートを交付した相手方に通知する必要があるが，当該特定危険有害化学物質等を譲渡又は提供してから長期間経過している場合等で，明らかに当該特定危険有害化学物質等が消費され存在しないと考えられる場合は行わないこととして差し支えないこと。

4 第4条関係

⑴ 第3項の「労働者の化学物質等の取扱いに支障が生じるおそれがある

場合又は同項ただし書きの規定による表示が困難な場合」とは，容器等の表示と内容物を一致させることが困難な場合（反応中の化学物質の入ったもの，成分，含有率，化学物質の状態等の変化が生じる操作（希釈，洗浄，脱水，乾燥，蒸留等）を行っているもの），内容物が短時間（概ね1日以内）に入れ替わる場合，物理的制約により困難である場合（容器が小さく表示事項等の全てを表示することが困難な場合，取扱い物質の数が多く表示事項等の全てを表示することが困難な場合及び容器に近づけない又は容器が著しく大きいことからラベルを労働者が確認することが困難な場合），容器等（移動式以外のものに限る。）の内容物が頻繁に（概ね2週間以内に）入れ替わる場合等があること。

なお，廃液については，廃棄物の処理及び清掃に関する法律（昭和45年法律第137号）に基づく産業廃棄物又は特別管理産業廃棄物に係る掲示が行われていれば，当該掲示をもって本条に基づく表示に代えることができること。

⑵　第3項第1号の「名称」については，略称，記号，番号でも差し支えないこと。また，タンク，配管等への名称の表示に当たっては，タンク名，配管名等を周知した上で，当該タンク，配管等の内容物を示すフローチャート，作業標準書等により労働者に伝えることも含むこと。絵表示は，白黒の図で記載しても差し支えないこと。さらに，絵表示のほか，注意喚起語等，表示事項の一部を併記しても差し支えないこと。

⑶　第3項第2号の掲示等に当たっては，譲渡提供時に交付された安全データシートを利用しても差し支えないこと。

⑷　第4項の「第1項に規定する方法以外の方法により労働者に取り扱わせるとき」とは，ヤード等に野積みされた化学物質等を労働者に取り扱わせるとき等が含まれるものであること。

5　第5条関係

⑴　第3項の「教育」には，則第35条第1項第1号の原材料等の危険性又は有害性及びこれらの取扱い方法に関することについての教育等が含まれるものであること。

⑵　第3項の「教育」は，化学物質等の危険性又は有害性等について十分

な知識を有する安全管理者，衛生管理者等が実施することが望ましいこと。

(3) 第3項の「その他の措置」には，化学物質等に係る労働災害防止のための措置が含まれるものであり，本措置を講ずるに当たっては，安全データシートの記載事項である応急措置，取扱い上の注意，ばく露防止措置等を参考とすること。

　　ただし，安全データシートは，一般的な取扱いを前提に作成されたものであるので，当該化学物質等を使用する事業者は，当該化学物質等について特殊な取扱い等を行う部分については，その実態に応じた適切な措置を講じる必要があることに留意すること。

(4) 第4項の委員会は，次の場合に，化学物質等に関する適切な取扱いを行わせるための方策に関し調査審議させること。

① 新たに化学物質等の譲渡・提供を受ける場合

② 新たに化学物質等を製造する場合

③ 取り扱っている化学物質等に係る安全データシートの内容に重大な変更があった場合

第4　その他

　　平成24年度は指針に基づく表示及び通知制度が円滑に推進されるよう，指導に当たっては，指針の周知に重点をおいて取り組まれるよう留意されたい。

16　防じんマスク，防毒マスク及び電動ファン付き 呼吸用保護具の選択，使用等について（抜粋）

（令和 5 年 5 月 25 日基発 0525 第 3 号）

　標記について，これまで防じんマスク，防毒マスク等の呼吸用保護具を使用する労働者の健康障害を防止するため，「防じんマスクの選択，使用等について」（平成 17 年 2 月 7 日付け基発第 0207006 号。以下「防じんマスク通達」という。）及び「防毒マスクの選択，使用等について」（平成 17 年 2 月 7 日付け基発第 0207007 号。以下「防毒マスク通達」という。）により，その適切な選択，使用，保守管理等に当たって留意すべき事項を示してきたところである。

　今般，労働安全衛生規則等の一部を改正する省令（令和 4 年厚生労働省令第 91 号。以下「改正省令」という。）等により，新たな化学物質管理が導入されたことに伴い，呼吸用保護具の選択，使用等に当たっての留意事項を下記のとおり定めたので，関係事業場に対して周知を図るとともに，事業場の指導に当たって遺漏なきを期されたい。

　なお，防じんマスク通達及び防毒マスク通達は，本通達をもって廃止する。

記

第 1　共通事項

1　趣旨等

　改正省令による改正後の労働安全衛生規則（昭和 47 年労働省令第 32 号。以下「安衛則」という。）第 577 条の 2 第 1 項において，事業者に対し，リスクアセスメントの結果等に基づき，代替物の使用，発散源を密閉する設備，局所排気装置又は全体換気装置の設置及び稼働，作業の方法の改善，有効な呼吸用保護具を使用させること等必要な措置を講ずることにより，リスクアセスメント対象物に労働者がばく露される程度を最小限度にすることが義務付けられた。さらに，同条第 2 項において，厚生労働大臣が定めるものを製造し，又は取り扱う業務を行う屋内作業場においては，労働者がこれらの物にばく露される程度を，厚生労働大臣が定める濃度の基準（以下「濃度基準値」

という。）以下とすることが事業者に義務付けられた。

　これらを踏まえ，化学物質による健康障害防止のための濃度の基準の適用等に関する技術上の指針（令和5年4月27日付け技術上の指針第24号。以下「技術上の指針」という。）が定められ，化学物質等による危険性又は有害性等の調査等に関する指針（平成27年9月18日付け危険性又は有害性等の調査等に関する指針公示第3号。以下「化学物質リスクアセスメント指針」という。）と相まって，リスクアセスメント及びその結果に基づく必要な措置のために実施すべき事項が規定されている。

　本指針は，化学物質リスクアセスメント指針及び技術上の指針で定めるリスク低減措置として呼吸用保護具を使用する場合に，その適切な選択，使用，保守管理等に当たって留意すべき事項を示したものである。

2　基本的考え方

(1)　事業者は，化学物質リスクアセスメント指針に規定されているように，危険性又は有害性の低い物質への代替，工学的対策，管理的対策，有効な保護具の使用という優先順位に従い，対策を検討し，労働者のばく露の程度を濃度基準値以下とすることを含めたリスク低減措置を実施すること。その際，保護具については，適切に選択され，使用されなければ効果を発揮しないことを踏まえ，本質安全化，工学的対策等の信頼性と比較し，最も低い優先順位が設定されていることに留意すること。

(2)　事業者は，労働者の呼吸域における物質の濃度が，保護具の使用を除くリスク低減措置を講じてもなお，当該物質の濃度基準値を超えること等，リスクが高い場合，有効な呼吸用保護具を選択し，労働者に適切に使用させること。その際，事業者は，呼吸用保護具の選択及び使用が適切に実施されなければ，所期の性能が発揮されないことに留意し，呼吸用保護具が適切に選択及び使用されているかの確認を行うこと。

3　管理体制等

(1)　事業者は，リスクアセスメントの結果に基づく措置として，労働者に呼吸用保護具を使用させるときは，保護具に関して必要な教育を受けた保護具着用管理責任者（安衛則第12条の6第1項に規定する保護具着用管理責任者をいう。以下同じ。）を選任し，次に掲げる事項を管理させなければならないこ

と。

ア　呼吸用保護具の適正な選択に関すること

イ　労働者の呼吸用保護具の適正な使用に関すること

ウ　呼吸用保護具の保守管理に関すること

エ　改正省令による改正後の特定化学物質障害予防規則（昭和47年労働省令
　　第39号。以下「特化則」という。）第36条の3の2第4項等で規定する第
　　3管理区分に区分された場所（以下「第3管理区分場所」という。）におけ
　　る，同項第1号及び第2号並びに同条第5項第1号から第3号までに掲げ
　　る措置のうち，呼吸用保護具に関すること

オ　第3管理区分場所における特定化学物質作業主任者の職務（呼吸用保護
　　具に関する事項に限る。）について必要な指導を行うこと

(2)　事業者は，化学物質管理者の管理の下，保護具着用管理責任者に，呼吸用
　　保護具を着用する労働者に対して，作業環境中の有害物質の種類，発散状況，
　　濃度，作業時のばく露の危険性の程度等について教育を行わせること。また，
　　事業者は，保護具着用管理責任者に，各労働者が着用する呼吸用保護具の取
　　扱説明書，ガイドブック，パンフレット等（以下「取扱説明書等」という。）
　　に基づき，適正な装着方法，使用方法及び顔面と面体の密着性の確認方法に
　　ついて十分な教育や訓練を行わせること。

(3)　事業者は，保護具着用管理責任者に，安衛則第577条の2第11項に基づく
　　有害物質のばく露の状況の記録を把握させ，ばく露の状況を踏まえた呼吸用
　　保護具の適正な保守管理を行わせること。

4　呼吸用保護具の選択

(1)　呼吸用保護具の種類の選択

ア　事業者は，あらかじめ作業場所に酸素欠乏のおそれがないことを労働者
　　等に確認させること。酸素欠乏又はそのおそれがある場所及び有害物質の
　　濃度が不明な場所ではろ過式呼吸用保護具を使用させてはならないこと。酸
　　素欠乏のおそれがある場所では，日本産業規格T8150「呼吸用保護具の選
　　択，使用及び保守管理方法」（以下「JIS T 8150」という。）を参照し，指定
　　防護係数が1000以上の全面形面体を有する，別表2及び別表3に記載して
　　いる循環式呼吸器，空気呼吸器，エアラインマスク及びホースマスク（以

下「給気式呼吸用保護具」という。)の中から有効なものを選択すること。

イ　防じんマスク及び防じん機能を有する電動ファン付き呼吸用保護具(以
下「P-PAPR」という。)は,酸素濃度18%以上の場所であっても,有害
なガス及び蒸気(以下「有毒ガス等」という。)が存在する場所においては
使用しないこと。このような場所では,防毒マスク,防毒機能を有する電
動ファン付き呼吸用保護具(以下「G-PAPR」という。)又は給気式呼吸
用保護具を使用すること。粉じん作業であっても,他の作業の影響等によ
って有毒ガス等が流入するような場合には,改めて作業場の作業環境の評
価を行い,適切な防じん機能を有する防毒マスク,防じん機能を有するG
-PAPR又は給気式呼吸用保護具を使用すること。

ウ　安衛則第280条第1項において,引火性の物の蒸気又は可燃性ガスが爆
発の危険のある濃度に達するおそれのある箇所において電気機械器具(電
動機,変圧器,コード接続器,開閉器,分電盤,配電盤等電気を通ずる機
械,器具その他の設備のうち配線及び移動電線以外のものをいう。以下同
じ。)を使用するときは,当該蒸気又はガスに対しその種類及び爆発の危険
のある濃度に達するおそれに応じた防爆性能を有する防爆構造電気機械器
具でなければ使用してはならない旨規定されており,非防爆タイプの電動
ファン付き呼吸用保護具を使用してはならないこと。また,引火性の物に
は,常温以下でも危険となる物があることに留意すること。

エ　安衛則第281条第1項又は第282条第1項において,それぞれ可燃性の
粉じん(マグネシウム粉,アルミニウム粉等爆燃性の粉じんを除く。)又は
爆燃性の粉じんが存在して爆発の危険のある濃度に達するおそれのある箇
所及び爆発の危険のある場所で電気機械器具を使用するときは,当該粉じ
んに対し防爆性能を有する防爆構造電気機械器具でなければ使用してはな
らない旨規定されており,非防爆タイプの電動ファン付き呼吸用保護具を
使用してはならないこと。

(2)　要求防護係数を上回る指定防護係数を有する呼吸用保護具の選択

ア　金属アーク等溶接作業を行う事業場においては,「金属アーク溶接等作業
を継続して行う屋内作業場に係る溶接ヒュームの濃度の測定の方法等」(令
和2年厚生労働省告示第286号。以下「アーク溶接告示」という。)で定め

る方法により，第3管理区分場所においては，「第3管理区分に区分された場所に係る有機溶剤等の濃度の測定の方法等」（令和4年厚生労働省告示第341号。以下「第3管理区分場所告示」という。）に定める方法により濃度の測定を行い，その結果に基づき算出された要求防護係数を上回る指定防護係数を有する呼吸用保護具を使用しなければならないこと。

イ　濃度基準値が設定されている物質については，技術上の指針の3から6に示した方法により測定した当該物質の濃度を用い，技術上の指針の7-3に定める方法により算出された要求防護係数を上回る指定防護係数を有する呼吸用保護具を選択すること。

ウ　濃度基準値又は管理濃度が設定されていない物質で，化学物質の評価機関によりばく露限界の設定がなされている物質については，原則として，技術上の指針の2-1(3)及び2-2に定めるリスクアセスメントのための測定を行い，技術上の指針の5-1(2)アで定める8時間時間加重平均値を8時間時間加重平均のばく露限界（TWA）と比較し，技術上の指針の5-1(2)イで定める15分間時間加重平均値を短時間ばく露限界値（STEL）と比較し，別紙1の計算式によって要求防護係数を求めること。

さらに，求めた要求防護係数と別表1から別表3までに記載された指定防護係数を比較し，要求防護係数より大きな値の指定防護係数を有する呼吸用保護具を選択すること。

エ　有害物質の濃度基準値やばく露限界に関する情報がない場合は，化学物質管理者，化学物質管理専門家をはじめ，労働衛生に関する専門家に相談し，適切な指定防護係数を有する呼吸用保護具を選択すること。

(3)　法令に保護具の種類が規定されている場合の留意事項

安衛則第592条の5，有機溶剤中毒予防規則（昭和47年労働省令第36号。以下「有機則」という。）第33条，鉛中毒予防規則（昭和47年労働省令第37号。以下「鉛則」という。）第58条，四アルキル鉛中毒予防規則（昭和47年労働省令第38号。以下「四アルキル鉛則」という。）第4条，特化則第38条の13及び第43条，電離放射線障害防止規則（昭和47年労働省令第41号。以下「電離則」という。）第38条並びに粉じん障害防止規則（昭和54年労働省令第18号。以下「粉じん則」という。）第27条のほか労働安全衛生法令に定

める防じんマスク,防毒マスク,P-PAPR又はG-PAPRについては,法令に定める有効な性能を有するものを労働者に使用させなければならないこと。なお,法令上,呼吸用保護具のろ過材の種類等が指定されているものについては,別表5を参照すること。

　なお,別表5中の金属のヒューム（溶接ヒュームを含む。）及び鉛については,化学物質としての有害性に着目した基準値により要求防護係数が算出されることとなるが,これら物質については,粉じんとしての有害性も配慮すべきことから,算出された要求防護係数の値にかかわらず,ろ過材の種類をRS2,RL2,DS2,DL2以上のものとしている趣旨であること。

(4)　呼吸用保護具の選択に当たって留意すべき事項

　ア　事業者は,有害物質を直接取り扱う作業者について,作業環境中の有害物質の種類,作業内容,有害物質の発散状況,作業時のばく露の危険性の程度等を考慮した上で,必要に応じ呼吸用保護具を選択,使用等させること。

　イ　事業者は,防護性能に関係する事項以外の要素（着用者,作業,作業強度,環境等）についても考慮して呼吸用保護具を選択させること。なお,呼吸用保護具を着用しての作業は,通常より身体に負荷がかかることから,着用者によっては,呼吸用保護具着用による心肺機能への影響,閉所恐怖症,面体との接触による皮膚炎,腰痛等の筋骨格系障害等を生ずる可能性がないか,産業医等に確認すること。

　ウ　事業者は,保護具着用管理責任者に,呼吸用保護具の選択に際して,目の保護が必要な場合は,全面形面体又はルーズフィット形呼吸用インタフェースの使用が望ましいことに留意させること。

　エ　事業者は,保護具着用管理責任者に,作業において,事前の計画どおりの呼吸用保護具が使用されているか,着用方法が適切か等について確認させること。

　オ　作業者は,事業者,保護具着用管理責任者等から呼吸用保護具着用の指示が出たら,それに従うこと。また,作業中に臭気,息苦しさ等の異常を感じたら,速やかに作業を中止し避難するとともに,状況を保護具着用管理責任者等に報告すること。

5　呼吸用保護具の適切な装着

(1)　フィットテストの実施

　金属アーク溶接等作業を行う作業場所においては，アーク溶接告示で定める方法により，第3管理区分場所においては，第3管理区分場所告示に定める方法により，1年以内ごとに1回，定期に，フィットテストを実施しなければならないこと。

　上記以外の事業場であって，リスクアセスメントに基づくリスク低減措置として呼吸用保護具を労働者に使用させる事業場においては，技術上の指針の7-4及び次に定めるところにより，1年以内ごとに1回，フィットテストを行うこと。

　ア　呼吸用保護具(面体を有するものに限る。)を使用する労働者について，JIS T 8150に定める方法又はこれと同等の方法により当該労働者の顔面と当該呼吸用保護具の面体との密着の程度を示す係数（以下「フィットファクタ」という。）を求め，当該フィットファクタが要求フィットファクタを上回っていることを確認する方法とすること。

　イ　フィットファクタは，別紙2により計算するものとすること。

　ウ　要求フィットファクタは，別表4に定めるところによること。

(2)　フィットテストの実施に当たっての留意事項

　ア　フィットテストは，労働者によって使用される面体がその労働者の顔に密着するものであるか否かを評価する検査であり，労働者の顔に合った面体を選択するための方法（手順は，JIS T 8150を参照。）である。なお，顔との密着性を要求しないルーズフィット形呼吸用インタフェースは対象外である。面体を有する呼吸用保護具は，面体が労働者の顔に密着した状態を維持することによって初めて呼吸用保護具本来の性能が得られることから，フィットテストにより適切な面体を有する呼吸用保護具を選択することは重要であること。

　イ　面体を有する呼吸用保護具については，着用する労働者の顔面と面体とが適切に密着していなければ，呼吸用保護具としての本来の性能が得られないこと。特に，着用者の吸気時に面体内圧が陰圧（すなわち，大気圧より低い状態）になる防じんマスク及び防毒マスクは，着用する労働者の顔

面と面体とが適切に密着していない場合は，粉じんや有毒ガス等が面体の接顔部から面体内へ漏れ込むことになる。また，通常の着用状態であれば面体内圧が常に陽圧（すなわち，大気圧より高い状態）になる面体形の電動ファン付き呼吸用保護具であっても，着用する労働者の顔面と面体とが適切に密着していない場合は，多量の空気を使用することになり，連続稼働時間が短くなり，場合によっては本来の防護性能が得られない場合もある。

ウ　面体については，フィットテストによって，着用する労働者の顔面に合った形状及び寸法の接顔部を有するものを選択及び使用し，面体を着用した直後には，(3)に示す方法又はこれと同等以上の方法によってシールチェック（面体を有する呼吸用保護具を着用した労働者自身が呼吸用保護具の装着状態の密着性を調べる方法。以下同じ。）を行い，各着用者が顔面と面体とが適切に密着しているかを確認すること。

エ　着用者の顔面と面体とを適正に密着させるためには，着用時の面体の位置，しめひもの位置及び締め方等を適切にさせることが必要であり，特にしめひもについては，耳にかけることなく，後頭部において固定させることが必要であり，加えて，次の①，②，③のような着用を行わせないことに留意すること。

①　面体と顔の間にタオル等を挟んで使用すること。

②　着用者のひげ，もみあげ，前髪等が面体の接顔部と顔面の間に入り込む，排気弁の作動を妨害する等の状態で使用すること。

③　ヘルメットの上からしめひもを使用すること。

オ　フィットテストは，定期に実施するほか，面体を有する呼吸用保護具を選択するとき又は面体の密着性に影響すると思われる顔の変形（例えば，顔の手術などで皮膚にくぼみができる等）があったときに，実施することが望ましいこと。

カ　フィットテストは，個々の労働者と当該労働者が使用する面体又はこの面体と少なくとも接顔部の形状，サイズ及び材質が同じ面体との組合せで行うこと。合格した場合は，フィットテストと同じ型式，かつ，同じ寸法の面体を労働者に使用させ，不合格だった場合は，同じ型式であって寸法

　　　　が異なる面体若しくは異なる型式の面体を選択すること又はルーズフィッ
　　　　ト形呼吸用インタフェースを有する呼吸用保護具を使用すること等につい
　　　　て検討する必要があること。

⑶　シールチェックの実施

　　　シールチェックは，ろ過式呼吸用保護具（電動ファン付き呼吸用保護具に
　　ついては，面体形のみ）の取扱説明書に記載されている内容に従って行うこ
　　と。シールチェックの主な方法には，陰圧法と陽圧法があり，それぞれ次の
　　とおりであること。なお，ア及びイに記載した方法とは別に，作業場等に備
　　え付けた簡易機器等によって，簡易に密着性を確認する方法（例えば，大気
　　じんを利用する機器，面体内圧の変動を調べる機器等）がある。

　　ア　陰圧法によるシールチェック

　　　　面体を顔面に押しつけないように，フィットチェッカー等を用いて吸気
　　　口をふさぐ（連結管を有する場合は，連結管の吸気口をふさぐ又は連結管
　　　を握って閉塞させる）。息をゆっくり吸って，面体の顔面部と顔面との間か
　　　ら空気が面体内に流入せず，面体が顔面に吸いつけられることを確認する。

　　イ　陽圧法によるシールチェック

　　　　面体を顔面に押しつけないように，フィットチェッカー等を用いて排気
　　　口をふさぐ。息を吐いて，空気が面体内から流出せず，面体内に呼気が滞
　　　留することによって面体が膨張することを確認する。

6　電動ファン付き呼吸用保護具の故障時等の措置

⑴　電動ファン付き呼吸用保護具に付属する警報装置が警報を発したら，速や
　　かに安全な場所に移動すること。警報装置には，ろ過材の目詰まり，電池の
　　消耗等による風量低下を警報するもの，電池の電圧低下を警報するもの，面
　　体形のものにあっては，面体内圧が陰圧に近づいていること又は達したこと
　　を警報するもの等があること。警報装置が警報を発した場合は，新しいろ過
　　材若しくは吸収缶又は充電された電池との交換を行うこと。

⑵　電動ファン付き呼吸用保護具が故障し，電動ファンが停止した場合は，速
　　やかに退避すること。

第2　防じんマスク及びP−PAPRの選択及び使用に当たっての留意事項
略

第3　防毒マスク及びG−PAPRの選択及び使用に当たっての留意事項

1　防毒マスク及びG−PAPRの選択及び使用

(1)　防毒マスクは，検定則第14条の規定に基づき，吸収缶（ハロゲンガス用，有機ガス用，一酸化炭素用，アンモニア用及び亜硫酸ガス用のものに限る。）及び面体ごとに付されている型式検定合格標章により，型式検定合格品であることを確認すること。この場合，吸収缶と面体に付される型式検定合格標章は，型式検定合格番号が同一となる組合せが適切な組合せであり，当該組合せで使用して初めて型式検定に合格した防毒マスクとして有効に機能するものであること。ただし，吸収缶については，単独で型式検定を受けることが認められているため，型式検定合格番号が異なっている場合があるため，製品に添付されている取扱説明書により，使用できる組合せであることを確認すること。

　なお，ハロゲンガス，有機ガス，一酸化炭素，アンモニア及び亜硫酸ガス以外の有毒ガス等に対しては，当該有毒ガス等に対して有効な吸収缶を使用すること。なお，これらの吸収缶を使用する際は，日本産業規格T8152「防毒マスク」に基づいた吸収缶を使用すること又は防毒マスクの製造者，販売業者又は輸入業者（以下「製造者等」という。）に問い合わせること等により，適切な吸収缶を選択する必要があること。

(2)　G−PAPRは，令和5年厚生労働省令第29号による改正後の検定則第14条の規定に基づき，電動ファン，吸収缶（ハロゲンガス用，有機ガス用，アンモニア用及び亜硫酸ガス用のものに限る。）及び面体ごとに付されている型式検定合格標章により，型式検定合格品であることを確認すること。この場合，電動ファン，吸収缶及び面体に付される型式検定合格標章は，型式検定合格番号が同一となる組合せが適切な組合せであり，当該組合せで使用して初めて型式検定に合格したG−PAPRとして有効に機能するものであること。

　なお，ハロゲンガス，有機ガス，アンモニア及び亜硫酸ガス以外の有毒ガス等に対しては，当該有毒ガス等に対して有効な吸収缶を使用すること。な

お，これらの吸収缶を使用する際は，日本産業規格 T 8154「有毒ガス用電動ファン付き呼吸用保護具」に基づいた吸収缶を使用する又は G−PAPR の製造者等に問い合わせるなどにより，適切な吸収缶を選択する必要があること。

⑶　有機則第33条，四アルキル鉛則第2条，特化則第38条の13第1項のほか労働安全衛生法令に定める呼吸用保護具のうち G−PAPR については，粉じん又は有毒ガス等の種類及び作業内容に応じ，改正規格第2条第1項表中の面体形又はルーズフィット形を使用すること。

⑷　防毒マスク及び G−PAPR を選択する際は，次の事項について留意の上，防毒マスクの性能が記載されている取扱説明書等を参考に，それぞれの作業に適した防毒マスク及び G−PAPR を選択すること。

　ア　作業環境中の有害物質（防毒マスクの規格（平成2年労働省告示第68号）第1条の表下欄及び改正規格第1条の表下欄に掲げる有害物質をいう。）の種類，濃度及び粉じん等の有無に応じて，面体及び吸収缶の種類を選ぶこと。

　イ　作業内容，作業強度等を考慮し，防毒マスクの重量，吸気抵抗，排気抵抗等が当該作業に適したものを選ぶこと。

　ウ　防じんマスクの使用が義務付けられている業務であっても，近くで有毒ガス等の発生する作業等の影響によって，有毒ガス等が混在する場合には，改めて作業環境の評価を行い，有効な防じん機能を有する防毒マスク，防じん機能を有する G−PAPR 又は給気式呼吸用保護具を使用すること。

　エ　吹付け塗装作業等のように，有機溶剤の蒸気と塗料の粒子等の粉じんとが混在している場合については，有効な防じん機能を有する防毒マスク，防じん機能を有する G−PAPR 又は給気式呼吸用保護具を使用すること。

　オ　有毒ガス等に対して有効な防護性能を有するものの範囲で，作業内容について，呼吸用インタフェース（全面形面体，半面形面体，フード又はフェイスシールド）について適するものを選択すること。

⑸　防毒マスク及び G−PAPR の吸収缶等の選択に当たっては，次に掲げる事項に留意すること。

　ア　要求防護係数より大きい指定防護係数を有する防毒マスクがない場合は，必要な指定防護係数を有する G−PAPR 又は給気式呼吸用保護具を選択す

ること。

　また，対応する吸収缶の種類がない場合は，第1の4(1)の要求防護係数より高い指定防護係数を有する給気式呼吸用保護具を選択すること。

イ　防毒マスクの規格第2条及び改正規格第2条で規定する使用の範囲内で選択すること。ただし，この濃度は，吸収缶の性能に基づくものであるので，防毒マスク及びG－PAPRとして有効に使用できる濃度は，これより低くなることがあること。

ウ　有毒ガス等と粉じん等が混在する場合は，第2に記載した防じんマスク及びP－PAPRの種類の選択と同様の手順で，有毒ガス等及び粉じん等に適した面体の種類及びろ過材の種類を選択すること。

エ　作業環境中の有毒ガス等の濃度に対して除毒能力に十分な余裕のあるものであること。なお，除毒能力の高低の判断方法としては，防毒マスク，G－PAPR，防毒マスクの吸収缶及びG－PAPRの吸収缶に添付されている破過曲線図から，一定のガス濃度に対する破過時間（吸収缶が除毒能力を喪失するまでの時間。以下同じ。）の長短を比較する方法があること。例えば，次の図に示す吸収缶A及び吸収缶Bの破過曲線図では，ガス濃度0.04%の場合を比べると，破過時間は吸収缶Aが200分，吸収缶Bが300分となり，吸収缶Aに比べて吸収缶Bの除毒能力が高いことがわかること。

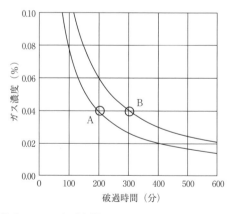

オ　有機ガス用防毒マスク及び有機ガス用G－PAPRの吸収缶は，有機ガスの種類により防毒マスクの規格第7条及び改正規格第7条に規定される除

毒能力試験の試験用ガス（シクロヘキサン）と異なる破過時間を示すので，対象物質の破過時間について製造者に問い合わせること。

カ　メタノール，ジクロロメタン，二硫化炭素，アセトン等に対する破過時間は，防毒マスクの規格第7条及び改正規格第7条に規定される除毒能力試験の試験用ガスによる破過時間と比べて著しく短くなるので注意すること。この場合，使用時間の管理を徹底するか，対象物質に適した専用吸収缶について製造者に問い合わせること。

(6)　有毒ガス等が粉じん等と混在している作業環境中では，粉じん等を捕集する防じん機能を有する防毒マスク又は防じん機能を有するG-PAPRを選択すること。その際，次の事項について留意すること。

ア　防じん機能を有する防毒マスク及びG-PAPRの吸収缶は，作業環境中の粉じん等の種類，発散状況，作業時のばく露の危険性の程度等を考慮した上で，適切な区分のものを選ぶこと。なお，作業環境中に粉じん等に混じってオイルミスト等が存在する場合にあっては，試験粒子にフタル酸ジオクチルを用いた粒子捕集効率試験に合格した防じん機能を有する防毒マスク（L3，L2，L1）又は防じん機能を有するG-PAPR（PL3，PL2，PL1）を選ぶこと。また，粒子捕集効率が高いほど，粉じん等をよく捕集できること。

イ　吸収缶の破過時間に加え，捕集する作業環境中の粉じん等の種類，粒径，発散状況及び濃度が使用限度時間に影響するので，これらの要因を考慮して選択すること。なお，防じん機能を有する防毒マスク及び防じん機能を有するG-PAPRの吸収缶の取扱説明書には，吸気抵抗上昇値が記載されているが，これが高いものほど目詰まりが早く，より短時間で息苦しくなることから，使用限度時間は短くなること。

ウ　防じん機能を有する防毒マスク及び防じん機能を有するG-PAPRの吸収缶のろ過材は，一般に粉じん等を捕集するに従って吸気抵抗が高くなるが，防毒マスクのS3，S2又はS1のろ過材（G-PAPRの場合はPL3，PL2，PL1のろ過材）では，オイルミスト等が堆積した場合に吸気抵抗が変化せずに急激に粒子捕集効率が低下するものがあり，また，防毒マスクのL3，L2又はL1のろ過材（G-PAPRの場合はPL3，PL2，PL1のろ過材）で

は，多量のオイルミスト等の堆積により粒子捕集効率が低下するものがあるので，吸気抵抗の上昇のみを使用限度の判断基準にしないこと。

⑺　2種類以上の有毒ガス等が混在する作業環境中で防毒マスク又はG-PAPRを選択及び使用する場合には，次の事項について留意すること。

①　作業環境中に混在する2種類以上の有毒ガス等についてそれぞれ合格した吸収缶を選定すること。

②　この場合の吸収缶の破過時間は，当該吸収缶の製造者等に問い合わせること。

2　防毒マスク及びG-PAPRの吸収缶

⑴　防毒マスク又はG-PAPRの吸収缶の使用時間については，次の事項に留意すること。

ア　防毒マスク又はG-PAPRの使用時間について，当該防毒マスク又はG-PAPRの取扱説明書等及び破過曲線図，製造者等への照会結果等に基づいて，作業場所における空気中に存在する有毒ガス等の濃度並びに作業場所における温度及び湿度に対して余裕のある使用限度時間をあらかじめ設定し，その設定時間を限度に防毒マスク又はG-PAPRを使用すること。

使用する環境の温度又は湿度によっては，吸収缶の破過時間が短くなる場合があること。例えば，有機ガス用防毒マスクの吸収缶及び有機ガス用G-PAPRの吸収缶は，使用する環境の温度又は湿度が高いほど破過時間が短くなる傾向があり，沸点の低い物質ほど，その傾向が顕著であること。また，一酸化炭素用防毒マスクの吸収缶は，使用する環境の湿度が高いほど破過時間が短くなる傾向にあること。

イ　防毒マスク，G-PAPR，防毒マスクの吸収缶及びG-PAPRの吸収缶に添付されている使用時間記録カード等に，使用した時間を必ず記録し，使用限度時間を超えて使用しないこと。

ウ　着用者の感覚では，有毒ガス等の危険性を感知できないおそれがあるので，吸収缶の破過を知るために，有毒ガス等の臭いに頼るのは，適切ではないこと。

エ　防毒マスク又はG-PAPRの使用中に有毒ガス等の臭気等の異常を感知した場合は，速やかに作業を中止し避難するとともに，状況を保護具着用

管理責任者等に報告すること。

オ 一度使用した吸収缶は、破過曲線図、使用時間記録カード等により、十分な除毒能力が残存していることを確認できるものについてのみ、再使用しても差し支えないこと。ただし、メタノール、二硫化炭素等破過時間が試験用ガスの破過時間よりも著しく短い有毒ガス等に対して使用した吸収缶は、吸収缶の吸収剤に吸着された有毒ガス等が時間とともに吸収剤から微量ずつ脱着して面体側に漏れ出してくることがあるため、再使用しないこと。

第4 呼吸用保護具の保守管理上の留意事項

1 呼吸用保護具の保守管理

(1) 事業者は、ろ過式呼吸用保護具の保守管理について、取扱説明書に従って適切に行わせるほか、交換用の部品（ろ過材、吸収缶、電池等）を常時備え付け、適時交換できるようにすること。

(2) 事業者は、呼吸用保護具を常に有効かつ清潔に使用するため、使用前に次の点検を行うこと。

ア 吸気弁、面体、排気弁、しめひも等に破損、亀裂又は著しい変形がないこと。

イ 吸気弁及び排気弁は、弁及び弁座の組合せによって機能するものであることから、これらに粉じん等が付着すると機能が低下することに留意すること。なお、排気弁に粉じん等が付着している場合には、相当の漏れ込みが考えられるので、弁及び弁座を清掃するか、弁を交換すること。

ウ 弁は、弁座に適切に固定されていること。また、排気弁については、密閉状態が保たれていること。

エ ろ過材及び吸収缶が適切に取り付けられていること。

オ ろ過材及び吸収缶に水が侵入したり、破損（穴あき等）又は変形がないこと。

カ ろ過材及び吸収缶から異臭が出ていないこと。

キ ろ過材が分離できる吸収缶にあっては、ろ過材が適切に取り付けられていること。

　　ク　未使用の吸収缶にあっては，製造者が指定する保存期限を超えていない
　　　こと。また，包装が破損せず気密性が保たれていること。
⑶　ろ過式呼吸用保護具を常に有効かつ清潔に保持するため，使用後は粉じん
　等及び湿気の少ない場所で，次の点検を行うこと。
　　ア　ろ過式呼吸用保護具の破損，亀裂，変形等の状況を点検し，必要に応じ
　　　交換すること。
　　イ　ろ過式呼吸用保護具及びその部品（吸気弁，面体，排気弁，しめひも等）
　　　の表面に付着した粉じん，汗，汚れ等を乾燥した布片又は軽く水で湿らせ
　　　た布片で取り除くこと。なお，著しい汚れがある場合の洗浄方法，電気部
　　　品を含む箇所の洗浄の可否等については，製造者の取扱説明書に従うこと。
　　ウ　ろ過材の使用に当たっては，次に掲げる事項に留意すること。
　　　①　ろ過材に付着した粉じん等を取り除くために，圧搾空気等を吹きかけ
　　　　たり，ろ過材をたたいたりする行為は，ろ過材を破損させるほか，粉じ
　　　　ん等を再飛散させることとなるので行わないこと。
　　　②　取扱説明書等に，ろ過材を再使用すること（水洗いして再使用するこ
　　　　とを含む。）ができる旨が記載されている場合は，再使用する前に粒子捕
　　　　集効率及び吸気抵抗が当該製品の規格値を満たしていることを，測定装
　　　　置を用いて確認すること。
⑷　吸収缶に充填されている活性炭等は吸湿又は乾燥により能力が低下するも
　のが多いため，使用直前まで開封しないこと。また，使用後は上栓及び下栓
　を閉めて保管すること。栓がないものにあっては，密封できる容器又は袋に
　入れて保管すること。
⑸　電動ファン付き呼吸用保護具の保守点検に当たっては，次に掲げる事項に
　留意すること。
　　ア　使用前に電動ファンの送風量を確認することが指定されている電動ファ
　　　ン付き呼吸用保護具は，製造者が指定する方法によって使用前に送風量を
　　　確認すること。
　　イ　電池の保守管理について，充電式の電池は，電圧警報装置が警報を発す
　　　る等，製造者が指定する状態になったら，再充電すること。なお，充電式
　　　の電池は，繰り返し使用していると使用時間が短くなることを踏まえて，電

池の管理を行うこと。

(6) 点検時に次のいずれかに該当する場合には，ろ過式呼吸用保護具の部品を交換し，又はろ過式呼吸用保護具を廃棄すること。

ア ろ過材については，破損した場合，穴が開いた場合，著しい変形を生じた場合又はあらかじめ設定した使用限度時間に達した場合。

イ 吸収缶については，破損した場合，著しい変形が生じた場合又はあらかじめ設定した使用限度時間に達した場合。

ウ 呼吸用インタフェース，吸気弁，排気弁等については，破損，亀裂若しくは著しい変形を生じた場合又は粘着性が認められた場合。

エ しめひもについては，破損した場合又は弾性が失われ，伸縮不良の状態が認められた場合。

オ 電動ファン（又は吸気補助具）本体及びその部品（連結管等）については，破損，亀裂又は著しい変形を生じた場合。

カ 充電式の電池については，損傷を負った場合若しくは充電後においても極端に使用時間が短くなった場合又は充電ができなくなった場合。

(7) 点検後，直射日光の当たらない，湿気の少ない清潔な場所に専用の保管場所を設け，管理状況が容易に確認できるように保管すること。保管の際，呼吸用インタフェース，連結管，しめひも等は，積み重ね，折り曲げ等によって，亀裂，変形等の異常を生じないようにすること。

(8) 使用済みのろ過材，吸収缶及び使い捨て式防じんマスクは，付着した粉じんや有毒ガス等が再飛散しないように容器又は袋に詰めた状態で廃棄すること。

第5 製造者等が留意する事項

略

別紙1　要求防護係数の求め方

　要求防護係数の求め方は，次による。

　測定の結果得られた化学物質の濃度がC で，化学物質の濃度基準値（有害物質のばく露限界濃度を含む）がC₀であるときの要求防護係数（PFr）は，式(1)によって算出される。

$$PFr = \frac{C}{C_0} \qquad \cdots \cdots \cdots \cdots \quad (1)$$

　複数の有害物質が存在する場合で，これらの物質による人体への影響（例えば，ある器官に与える毒性が同じか否か）が不明な場合は，労働衛生に関する専門家に相談すること。

別紙2　フィットファクタの求め方

　フィットファクタは，次の式により計算するものとする。

　呼吸用保護具の外側の測定対象物の濃度がC_{OUT}で，呼吸用保護具の内側の測定対象物の濃度がC_{in}であるときのフィットファクタ（FF）は式(2)によって算出される。

$$FF = \frac{C_{OUT}}{C_{in}} \qquad \cdots \cdots \cdots \cdots \quad (2)$$

別表1 ろ過式呼吸用保護具の指定防護係数

当該呼吸用保護具の種類					指定防護係数
防じんマスク	取替え式	全面形面体	RS3 又は RL3		50
			RS2 又は RL2		14
			RS1 又は RL1		4
		半面形面体	RS3 又は RL3		10
			RS2 又は RL2		10
			RS1 又は RL1		4
	使い捨て式		DS3 又は DL3		10
			DS2 又は DL2		10
			DS1 又は DL1		4
防毒マスク [a)]	全面形面体				50
	半面形面体				10
防じん機能を有する電動ファン付き呼吸用保護具（P-PAPR）	面体形	全面形面体	S級	PS3 又は PL3	1,000
			A級	PS2 又は PL2	90
			A級又はB級	PS1 又は PL1	19
		半面形面体	S級	PS3 又は PL3	50
			A級	PS2 又は PL2	33
			A級又はB級	PS1 又は PL1	14
	ルーズフィット形	フード又はフェイスシールド	S級	PS3 又は PL3	25
			A級	PS3 又は PL3	20
			S級又はA級	PS2 又は PL2	20
			S級、A級又はB級	PS1 又は PL1	11
防毒機能を有する電動ファン付き呼吸用保護具（G-PAPR） [b)]	防じん機能を有しないもの	面体形	全面形面体		1,000
			半面形面体		50
		ルーズフィット形	フード又はフェイスシールド		25
	防じん機能を有するもの	面体形	全面形面体	PS3 又は PL3	1,000
				PS2 又は PL2	90
				PS1 又は PL1	19
			半面形面体	PS3 又は PL3	50
				PS2 又は PL2	33
				PS1 又は PL1	14
		ルーズフィット形	フード又はフェイスシールド	PS3 又は PL3	25
				PS2 又は PL2	20
				PS1 又は PL1	11

注 a) 防じん機能を有する防毒マスクの粉じん等に対する指定防護係数は、防じんマスクの指定防護係数を適用する。

　有毒ガス等と粉じん等が混在する環境に対しては、それぞれにおいて有効とされるものについて、面体の種類が共通のものが選択の対象となる。

注 b) 防毒機能を有する電動ファン付き呼吸用保護具の指定防護係数の適用は、次による。なお、有毒ガス等と粉じん等が混在する環境に対しては、①と②のそれぞれにおいて有効とされるものについて、呼吸用インタフェースの種類が共通のものが選択の対象となる。

　①　有毒ガス等に対する場合：防じん機能を有しないものの欄に記載されている数値を適用。

　②　粉じん等に対する場合：防じん機能を有するものの欄に記載されている数値を適用。

別表 2　その他の呼吸用保護具の指定防護係数

呼吸用保護具の種類			指定防護係数
循環式呼吸器	全面形面体	圧縮酸素形かつ陽圧形	10,000
		圧縮酸素形かつ陰圧形	50
		酸素発生形	50
	半面形面体	圧縮酸素形かつ陽圧形	50
		圧縮酸素形かつ陰圧形	10
		酸素発生形	10
空気呼吸器	全面形面体	プレッシャデマンド形	10,000
		デマンド形	50
	半面形面体	プレッシャデマンド形	50
		デマンド形	10
エアラインマスク	全面形面体	プレッシャデマンド形	1,000
		デマンド形	50
		一定流量形	1,000
	半面形面体	プレッシャデマンド形	50
		デマンド形	10
		一定流量形	50
	フード又はフェイスシールド	一定流量形	25
ホースマスク	全面形面体	電動送風機形	1,000
		手動送風機形又は肺力吸引形	50
	半面形面体	電動送風機形	50
		手動送風機形又は肺力吸引形	10
	フード又はフェイスシールド	電動送風機形	25

別表 3　高い指定防護係数で運用できる呼吸用保護具の種類の指定防護係数

呼吸用保護具の種類			指定防護係数
防じん機能を有する電動ファン付き呼吸用保護具	半面形面体	S 級かつ PS3 又は PL3	300
	フード	S 級かつ PS3 又は PL3	1,000
	フェイスシールド	S 級かつ PS3 又は PL3	300
防毒機能を有する電動ファン付き呼吸用保護具[a]	防じん機能を有しないもの	半面形面体	300
		フード	1,000
		フェイスシールド	300
	防じん機能を有するもの	半面形面体　PS3 又は PL3	300
		フード　PS3 又は PL3	1,000
		フェイスシールド　PS3 又は PL3	300
フードを有するエアラインマスク		一定流量形	1,000

注記　この表の指定防護係数は、JIS T 8150 の附属書 JC に従って該当する呼吸用保護具の防護係数を求め、この表に記載されている指定防護係数を上回ることを該当する呼吸用保護具の製造者が明らかにする書面が製品に添付されている場合に使用できる。

注 a)　防毒機能を有する電動ファン付き呼吸用保護具の指定防護係数の適用は、次による。なお、有毒ガス等と粉じん等が混在する環境に対しては、①と②のそれぞれにおいて有効とされるものについて、呼吸用インタフェースの種類が共通のものが選択の対象となる。

① 　有毒ガス等に対する場合：防じん機能を有しないものの欄に記載されている数値を適用。

② 　粉じん等に対する場合：防じん機能を有するものの欄に記載されている数値を適用。

別表4　要求フィットファクタ及び使用できるフィットテストの種類

面体の種類	要求フィットファクタ	フィットテストの種類	
		定性的フィットテスト	定量的フィットテスト
全面形面体	500	—	○
半面形面体	100	○	○
注記　半面形面体を用いて定性的フィットテストを行った結果が合格の場合、フィットファクタは100以上とみなす。			

別表5　略

17　建設業における有機溶剤中毒予防のためのガイドラインの策定について

（平成9年3月25日基発第197号）

有機溶剤による中毒予防対策については，従来から重点として施策を推進してきたところであるが，災害発生件数は，近年，横ばいの状況にあり，また，被災者に占める死亡者の割合も他の労働災害と比べて高くなっている。

さらに，これを業種別にみると，特に建設業の占める割合が高く，例年全業種の半数近くを占めている。

これら有機溶剤中毒を予防するための措置については，有機溶剤中毒予防規則（昭和47年労働省令第36号）に規定されているところであるが，日々作業場の状況が変化する等の建設業における業務の特徴を踏まえた対策が求められている状況にかんがみ，今般，「建設業における有機溶剤中毒予防のためのガイドライン」を別添1のとおり策定した。

ついては，関係事業場等に対し，本ガイドラインの周知，徹底を図り，建設業における有機溶剤中毒の予防対策の一層の推進に努められたい。

なお，この通達の解説部分は，本文と一体のものとして取り扱われたい。

また，本件に関して，関係事業者団体に対して別添2（編注・略）のとおり要請を行ったので了知されたい。

（別添1）
　　　　建設業における有機溶剤中毒予防のためのガイドライン

1　趣　旨

本ガイドラインは，建設業において有機溶剤又は有機溶剤含有物（以下「有機溶剤等」という。）を用いて行う塗装，防水等の業務に従事する労働者の有機溶剤中毒を予防するため，作業管理，作業環境管理，健康管理等について事業者及び元方事業者が留意すべき事項を示したものである。

なお，有機溶剤中毒予防規則（昭和47年労働省令第36号。以下「有機則」

という。）の適用のない有機溶剤等であって，有機溶剤中毒を起こすおそれの
あるものを用いる場合にあっても，本ガイドラインの対象となるものである。

2　労働衛生管理体制

(1)　作業主任者の選任等

　　事業者は，使用する有機溶剤の種類に応じて，有機溶剤業務（労働安全
衛生法施行令（昭和47年政令第318号）第6条第22号に定める業務）に
あっては有機溶剤作業主任者を，有機溶剤業務以外にあっては有機溶剤作
業主任者技能講習を修了した者のなかから有機溶剤作業主任者に準ずる者
を選任し，次に掲げる事項を行わせること。

　イ　作業手順書を作成し，これに基づき有機溶剤を用いる業務に従事する
　　労働者（以下「労働者」という。）を指揮すること。

　　　なお，作業手順書には次の内容を記載すること。

　　(イ)　作業を行う日時

　　(ロ)　作業の内容

　　(ハ)　作業場所

　　(ニ)　労働者の数

　　(ホ)　使用する有機溶剤等

　　(ヘ)　換気の方法及び使用する換気設備

　　(ト)　使用する保護具

　　(チ)　有機溶剤の気中濃度が一定の濃度に達した場合に警報を発する装置
　　　（以下「警報装置」という。）の設置場所及び警報の設定方法

　　(リ)　有機溶剤等の保管及び廃棄処理の方法

　　(ヌ)　作業の工程

　ロ　作業中に，労働者が保護具を適切に使用しているか監視すること。

　ハ　下記3から7に掲げる事項について実施状況を確認し，必要に応じて
　　改善すること。

(2)　元方事業者による管理

　　事業者が工事の一部を請負人に請け負わせている場合，元方事業者は関
係請負人に対する労働衛生指導を適切に行うため，次の事項を行うこと。

イ 関係請負人から上記(1)のイにより作成された作業手順書を提出させるとともに，次の事項を通知させること。

(イ) 労働衛生を担当する者の氏名及び作業現場の巡視状況

(ロ) 有機溶剤作業主任者又は有機溶剤作業主任者に準ずる者（以下「作業主任者等」という。）の氏名

(ハ) 労働者の労働衛生に係る資格の取得状況

(ニ) 労働者の有機溶剤に係る労働衛生教育の受講の有無

(ホ) 作業日ごとの作業の開始及び終了予定時刻

ロ 作業主任者等が上記2に掲げる事項を適切に履行しているか確認するとともに，作業手順書の作成を指導する等，積極的にその履行を支援すること。

ハ 作業場所の巡視を行うこと。

ニ 作業手順書等により，作業の方法等が不適切であると判断した場合，これを改善するよう指導すること。

3 作業管理

事業者は，次に掲げる事項を実施すること。

(1) 作業開始前における管理

イ なるべく危険有害性の少ない有機溶剤等を選択すること。

ロ 使用する工具の破損及び機械設備の故障がないか確認すること。

ハ 作業の条件に応じて，適切な保護具を選択すること。特に，呼吸用保護具の選択については下記5によること。

ニ 保護具が労働者の人数分だけそろっているか確認すること。

ホ 保護具に破損がないか確認すること。

ヘ 保護具が清潔に保持されているか確認すること。

ト 下記4により，使用する有機溶剤等の危険有害性を確認し，周知徹底すること。

(2) 作業中の管理

イ 労働者に適切な保護具を使用させること。特に，呼吸用保護具を使用させるときには，下記5によること。

　　ロ　労働者が有機溶剤に直接ばく露されないようにすること。

　　ハ　作業手順書に従って作業を行うこと。

⑶　作業終了後における管理

　　イ　残存する有機溶剤等の容器及び空容器は作業を行った日ごとに持ち帰ること。

　　ロ　残存する有機溶剤等の容器及び空容器を保管する場合は密閉した上で専用の保管場所に保管すること。

　　ハ　保護具を清潔にしておくこと。

4　使用する有機溶剤等の危険有害性の確認と周知徹底

　　事業者は，使用する有機溶剤等の危険有害性の確認等については，次に掲げる事項を実施すること。

⑴　使用する有機溶剤等に付されている化学物質等安全データシート（以下「MSDS」という。）[編注]等により，その危険有害性を確認すること。

⑵　使用する有機溶剤等にMSDS等が付されていない場合には，提供する事業者にこれを求めること。

⑶　使用する有機溶剤等に含まれる化学物質の危険有害性について，労働者に周知徹底すること。

⑷　使用する有機溶剤等に係る事故発生時の措置を定め，労働者に周知徹底すること。

⑸　使用する有機溶剤等に含まれる化学物質の人体に及ぼす作用，取扱い上の注意事項，中毒発生時の応急措置等の情報を作業中の労働者が容易に分かることができるよう，見やすい場所に掲示すること。

5　呼吸用保護具の使用

　　事業者は，呼吸用保護具を使用させる場合にあっては，次に掲げる事項を実施すること。

⑴　作業前の管理

　　イ　酸素濃度が不明な作業場においては，送気マスク等を備えること。

〔編注〕現在の安全データシート（SDS）。

ロ　作業環境中に有機溶剤の蒸気と塗料の粒子等の粉じんが混在する作業については，次のいずれかによること。

　(イ)　防じんマスクの検定にも合格している吸収缶を装着した有機ガス用防毒マスク（以下「防毒マスク」という。）を使用させること。

　(ロ)　JIS T 8152に適合するフィルター付きの吸収缶を使用させること。

　(ハ)　メーカーオプションのプレフィルターを吸収缶の前に取り付けて使用させること。

ハ　防毒マスクを使用させる場合にあっては，次によること。

　(イ)　当該防毒マスクの取扱説明書等及び破過曲線図，メーカーへの照会等に基づいて作業場所における有機溶剤の気中濃度，作業場所における温度，湿度及び気圧に対して余裕のある使用限度時間をあらかじめ設定すること。

　(ロ)　作業の予定時間に対して，防毒マスクが十分時間的に余裕を持って使用できるよう，必要に応じ防毒マスク用の予備の吸収缶を備えること。

　(ハ)　試験ガスの破過時間よりも著しく破過時間が短い有機溶剤に対して使用した吸収缶は，一度使用したものは使用させないこと。

(2)　作業中の管理

イ　防毒マスクを使用させる場合にあっては，次によること。

　(イ)　防毒マスク及び防毒マスク用吸収缶に添付されている使用時間記録カードに，使用した時間を記録すること。

　(ロ)　防毒マスクを使用させる場合にあっては，上記(1)のハの(イ)により設定された使用限度時間を超えて防毒マスクを使用させないこと。

6　作業環境管理

事業者は，次に掲げる事項を実施すること。

(1)　作業の条件に応じて，適切な換気設備等を設置すること。

(2)　換気設備が防爆構造を有していることを確認すること。

(3)　換気設備が1月を超えない期間ごとに点検を受けていることを確認すること。

(4)　換気方法及び使用する換気設備が，作業を行う場所の換気に十分な能力を有していることを確認すること。

(5)　作業中に，換気設備が正常に稼働していることを確認すること。

(6)　全体換気装置を使用する場合にあっては，上記(1)から(5)に掲げる事項以外に，次に掲げる事項について確認すること。

　　イ　全体換気装置が有機溶剤の蒸気の発散源から離れすぎていないこと。

　　ロ　排気量に見合った吸気量が確保されていること。

　　ハ　作業を行っている労働者の位置に，新鮮な空気が供給されていること。

　　ニ　汚染された空気が直接外気に向って排出されていること。

　　ホ　外部に出た汚染された空気が作業場に再び入っていないこと。

　　ヘ　風管が曲がる等により排気の流れが妨げられていないこと。

　　ト　全体換気の妨げとなる障害物が全体換気装置と有機溶剤の蒸気の発散源との間に置かれていないこと。

7　警報装置の使用等

　地下室，浴室等の狭あいな場所において作業を行う場合にあっては，事業者は，次に掲げる事項を実施することが望ましいこと。

(1)　作業を行っている間，継続的に有機溶剤の気中濃度を測定すること。

(2)　警報装置を設置し，使用する場合には次の事項に留意すること。

　　イ　警報装置の性能

　　　(イ)　使用する有機溶剤のばく露限界濃度以下まで濃度を検知できるものとすること。

　　　(ロ)　警報を発していることを作業中の労働者に速やかに知らせることができること。

　　　(ハ)　防爆性能を有すること。

　　ロ　警報装置の設置場所

　　　(イ)　同一作業場内であっても，複数の場所で作業が行われる場合には，それぞれの作業場所に警報装置を設置すること。

　　　(ロ)　有機溶剤の気中濃度が最も高くなると考えられる場所に設置すること。

　ハ　警報装置の使用方法

　　㋑　有機溶剤等に含まれる化学物質の種類に応じて適切に警報を発する
　　　よう，警報装置のメーカー等への照会等により警報を設定すること。

　　㋺　防毒マスクを使用する場合には，警報を発する濃度を当該防毒マス
　　　クの使用可能な範囲内に設定すること。

　　㋩　作業を行っている間は，常時稼働させておくこと。

⑶　著しい濃度の上昇が認められた場合の措置

　　上記⑴により，著しい濃度の上昇を認めた場合にあっては，次の措置を
　講ずること。

　イ　速やかに労働者及び作業場の付近の労働者を作業場所から退避させる
　　こと。

　ロ　著しい濃度の上昇が認められた作業場所に初めて入る際は，十分換気
　　し，適切な呼吸用保護具を着用すること。

　ハ　著しい濃度の上昇が認められた後，作業を再開する前には次の措置を
　　講ずること。

　　㋑　換気の方法及び作業方法について必要な改善を行うこと。

　　㋺　有機溶剤の気中濃度が十分下がっていることを確認すること。

　　㋩　防毒マスクの吸収缶を交換すること。

8　健康管理

　事業者は，労働者に対して，次に掲げる事項を実施すること。

⑴　雇入れ時の健康診断，定期健康診断及び有機溶剤に係る健康診断を実施
　すること。

⑵　上記⑴の結果に基づき，就業場所の変更，作業の転換，労働時間の短縮
　等の措置を講ずるほか，設備の設置又は整備その他の適切な措置を講ずる
　こと。

9　労働衛生教育

　事業者は，労働者に対して，次に掲げる事項を実施すること。その際，本
ガイドラインの内容を踏まえてこれを行うこと。

(1) 雇入れ時等の教育

　　新たに有機溶剤を用いる業務に従事する労働者（労働者の作業内容の変更を行った場合を含む。）に対して有機溶剤に含まれる化学物質の危険有害性，健康管理，作業管理の方法，作業環境管理の方法，換気設備の使用方法，呼吸用保護具等の保護具の使用方法，関係法令等について特別教育に準じた教育を行うこと。

(2) 日常の教育

　　有機溶剤等を用いる業務に従事する労働者に対して，機会あるごとに有機溶剤の危険有害性，換気設備の使用方法及び呼吸用保護具等の保護具の使用方法等について教育を行うこと。

建設業における有機溶剤中毒予防のためのガイドラインの解説

「1　趣旨」について

　　有機溶剤中毒の予防対策については，従来から重点として施策を推進してきたところであるが，災害発生件数は近年，減少傾向になく，また，業種別にみると，建設業の割合が高く，例年全業種の半数近くを占めている。

　　建設業において有機溶剤又は有機溶剤含有物（以下「有機溶剤等」という。）を用いる業務の特徴として，

(1) 作業の内容としては，壁面等の塗装，防水加工及びつや出しが多い。

(2) 作業の場所としては，急激な有機溶剤の気中濃度の上昇が起こりやすい地下室，浴室等通気が不十分な場所であることが多い。

(3) 作業に要する時間が短時間であったり，日々作業を行う場所が変わることが多い。

(4) 設備の密閉化あるいは局所排気装置の設置が行われていない場合が多い。

等が挙げられる。

　　有機溶剤中毒予防のため，有機溶剤中毒予防規則（昭和47年労働省令第36号。以下「有機則」という。）等労働安全衛生関係法令に基づく措置を行うことは当然であるが，これに加えて，上記の特徴を踏まえ，有機溶剤中毒予防の観点からみて必要な措置を本ガイドラインにおいて示すことにより，一層

の予防対策の充実を図るものである。

　なお，有機則第1条第1号において，「有機溶剤」とは，労働安全衛生法施行令（昭和47年政令第318号。以下「令」という。）別表第6の2に掲げる有機溶剤をいうこと，「有機溶剤等」とは，有機溶剤又は有機溶剤含有物（有機溶剤と有機溶剤以外の物との混合物で，有機溶剤を当該混合物の重量の5パーセントを超えて含有するものをいう。）をいうことが規定されているところであるが，これら以外の有機溶剤又はその含有物であっても，化学物質安全データシート（以下「MSDS」という。）等により，有機溶剤中毒を起こすおそれがあると判断される場合には，本ガイドラインの対象となるものである。

「2　労働衛生管理体制」について

(1)　作業主任者の選任等

　有機則第19条の2により定められた有機溶剤作業主任者の職務に加えて，建設業における有機溶剤中毒予防の観点から作業主任者等が行うべき事項を示したものである。

　なお，「有機溶剤作業主任者に準ずる者を選任」については，労働安全衛生法（昭和47年法律第57号。以下「法」という。）第14条，令第6条第22号及び有機則第19条により定められた有機溶剤作業主任者の選任のほか，有機則の適用のない有機溶剤等であって，有機溶剤中毒を起こすおそれのあるものを用いる場合にあっても，建設業において塗装，防水等の業務を行う場合には，有機溶剤作業主任者と同等の知識を有する者のなかから有機溶剤作業主任者に準ずる者を選任し，本ガイドラインに掲げる職務を履行させることが望ましいことを示したものである。

　イ　ガイドライン2の(1)のイの「作業手順書」の記載内容を盛り込んだ様式例は別紙1のとおりである。

　ロ　ガイドライン2の(1)のイの㈬の「換気の方法及び使用する換気設備」には，全体換気装置，局所排気装置及びプッシュプル型換気装置の別とその数のほか，蒸気を発散する設備を密閉している場合はその旨を記載するものである。

　　ハ　ガイドライン2の(1)のイの(ト)の「使用する保護具」には呼吸用保護具
　　である送気マスク，有機ガス用防毒マスク等の別とその数，保護手袋の
　　数及び保護衣の数を記載するものである。
(2)　元方事業者による管理について
　　関係請負人における有機溶剤中毒発生の予防のため，元方事業者が統括
　労働衛生管理を行うに当たって特に留意すべきことを示したものである。
　　イ　ガイドライン2の(2)のロの「積極的にその履行を支援する」とは，元
　　方事業者が，作業手順書の様式の提示や作成の指導を行うこと並びに作
　　業の方法及び換気の方法について助言を行うことを示したものである。
　　ロ　ガイドライン2の(2)のニの「作業手順書等」には，作業手順書のほか，
　　ガイドライン2の(1)のイにより通知させた事項及び作業場所の巡視があ
　　り，「作業の方法等」には，作業方法のほか，換気の方法，保護具の種類と数
　　及び作業主任者等の選任等の労働衛生管理体制がある。

「3　作業管理」について
　作業管理についての留意事項を作業開始前，作業中及び作業終了後に分け
て示したものである。
(1)　ガイドライン3の(1)のイの「危険有害性の少ない有機溶剤等を選択する」
　とは，塗装作業を行う場合に，有機溶剤を含有する塗料から水性の塗料に
　代替することを含むものである。ただし，水性の塗料等であっても，上記
　のMSDS等により，塗料等に含まれる化学物質の危険有害性について把握
　し，判断することが必要である。
(2)　ガイドライン3の(2)のイの「適切な保護具を使用させる」とは，有機則
　により適切な呼吸用保護具の使用を徹底するほか，必要に応じて保護衣，保
　護手袋等を着用することを示したものである。有機溶剤中毒の発生事例を
　みると，保護具の不使用が中毒発生の原因の1つに挙げられる場合が多く，
　作業主任者等は，作業を行っている労働者が保護具を適切に使用している
　か常に確認することが重要である。
(3)　ガイドライン3の(2)のロの「有機溶剤等に直接ばく露されないようにす
　る」とは，例えば，有機溶剤等をスプレーで吹き付けて天井，壁面等を塗

装する場合に，塗装している面から有機溶剤がはね返り，有機溶剤等が作
業を行っている労働者に直接ばく露することがあるため，このような場合
には，作業の方法の変更や保護具の使用によって，直接のばく露を避ける
必要があることを示したものである。

(4)　ガイドライン 3 の(3)のハの「保護具を清潔にしておく」とは，呼吸用保
　　護具の面体，保護衣及び保護手袋を使用した後，これを十分洗いあるいは
　　拭き，有機溶剤の蒸気やほこりに触れない場所に保管すること等を示した
　　ものである。

「4　使用する有機溶剤等の危険有害性の確認と周知徹底」について

　　建設業における有機溶剤等の危険有害性の確認と周知徹底は，有機溶剤中
　毒予防のための作業管理の上で特に重要であることから，「3　作業管理」と
　は別に示したものである。

(1)　ガイドライン 4 の「使用する有機溶剤等」として，建設業において多く
　　みられるものとしては，トルエン，キシレン等を含有する塗料が挙げられ
　　る。

(2)　ガイドライン 4 の(1)及び(2)の「MSDS 等」には，MSDS のほか，容器又
　　は包装に表示された事項がある。MSDS 等には，化学物質の名称，成分及
　　び含有量，有害性の種類，人体に及ぼす作用，貯蔵又は取扱い上の注意，事
　　故時における応急措置等が記載されているため，有機溶剤等を選択したり，
　　各事業場において具体的な予防対策をとる上で特に有用である。

(3)　ガイドライン 4 の(5)の「掲示」に関しては，有機則第 24 条及び同条第 2
　　項に基づく昭和 47 年労働省告示第 123 号による労働者を有機溶剤業務に従
　　事させるときの労働者に対する人体に及ぼす作用等の掲示についての規定
　　のほか，MSDS 等により労働者に知らせるべき事項を把握した場合は，こ
　　れを併せて掲示する必要がある。

「5　呼吸用保護具の使用」について

　　建設業において有機溶剤を用いる業務は，作業の場所や状況が時々刻々と
　変化する等により，呼吸用保護具の使用が特に重要な有機溶剤予防対策であ

ることから,「3　作業管理」とは別にその使用方法について示したものである。

(1)　ガイドライン5の(1)のイの「送気マスク等を備えること」とは,有機ガス用防毒マスク（以下「防毒マスク」という。）は酸素濃度 18% 以下の所では使用してはならないため,酸素濃度が 18% を超えていることが確認されていない場合は,送気マスク又はこれと同時に新鮮な空気の供給が可能な空気呼吸器等を備えてこれを使用する必要があることを示したものである。

(2)　ガイドライン5の(1)のロの「作業環境中に有機溶剤の蒸気と塗料の粒子等の粉じんが混在する作業」には,吹付け塗装の作業等がある。

(3)　ガイドライン5の(1)のハの(ハ)の「試験ガスの破過時間よりも著しく破過時間が短い有機溶剤」には,二硫化水素,アセトン等がある。また,「一度使用したものは使用させない」のは,吸収缶に吸着された有機溶剤が時間と共に脱着して面体側に漏れ出してくることがあるためである。

「6　作業環境管理」について

作業環境管理における留意事項を,建設業における業務の特徴を考慮して示したものである。

(1)　ガイドライン6の(1)の「作業の条件に応じて,適切な換気設備等を設置する」とは,建設業における有機溶剤中毒の発生事例をみると,原因の1つとして換気が不適切であることが多いため,作業の場所や有機溶剤の気中濃度に応じて,適切に換気設備等を設置する必要があることを示したものである。例えば,建設業においては,全体換気装置を用いることが多いが,複数日にわたって一定時間以上同じ場所で作業を行う場合には局所排気装置を設置すること等が挙げられる。なお,「換気設備等」とは,局所排気装置,プッシュプル型換気装置及び全体換気装置のほか,有機溶剤の蒸気の発散源を密閉する設備をいう。

(2)　ガイドライン6の(4)の「十分な能力を有していることを確認する」とは,換気装置の性能について,作業前に有機則第3章に規定された性能を満たしていることを確認する必要があることを示したものである。

(3)　ガイドライン 6 の(6)では，建設業においては，作業の場所が時々刻々と
変化する等により有機溶剤の蒸気が発散する設備の密閉化あるいは局所排
気装置の設置が困難であり，これに代えて全体換気装置を設置する場合が
多いこと，また，全体換気装置の使用方法が適切でないために十分な換気
が行われていないことが災害発生原因の 1 つとなっていることを考慮し，特
に全体換気装置の使用に当たっての留意事項を示したものである。

「7　警報装置の使用等」について

地下室，浴室等の狭あいな場所において作業を行う場合，有機溶剤の気中
濃度が急に著しく上昇し，使用している防毒マスク等の呼吸用保護具の使用
可能な範囲を超えることがあるため，作業中に継続的に有機溶剤の気中濃度
の測定及び監視を行い，一定以上の濃度に達すれば作業を中止し，作業方法
の変更等の措置を講ずることによって中毒の予防を図る方法を示したもので
ある。

ガイドライン 7 の(1)でいう「測定」とは，作業中に計器を継続的に作動さ
せる等により行うものであり，有機則等の関係法令に定める作業環境の測定
とその結果の評価とは趣旨が異なるものである。

また，この場合の測定には，作業を行っている労働者に気中濃度の上昇を
音又は光によって迅速に知らせることができる警報装置が効果的と考えられる。

(1)　ガイドライン 7 の「狭あいな場所」には，次のような場所がある。

地下室，浴室，洗面所，便所，階段，廊下，槽，タンク，ピット，暗渠，
マンホール，箱桁，ダクト，水管及びビニールシート等で養生された空間

(2)　ガイドライン 7 の(2)のイの(イ)の「ばく露限界濃度」には，日本産業衛生
学会の定める許容濃度や米国産業衛生専門家会議（ACGIH）等が定めるば
く露限界濃度がある。なお，作業環境評価基準（昭和 63 年労働省告示第 79
号）に定める管理濃度は，作業環境測定の結果を評価するために定められ
たものであるが，個々の化学物質について定められた数値を本ガイドライ
ンの警報装置の性能要件や警報の設定の参考として差し支えない。

(3)　ガイドライン 7 の(2)のイの(ロ)の「作業中の労働者に速やかに知らせるこ
とができる」とは，音，光等による警報が作業中の労働者に知らせるのに

十分な強さを有するものであることをいう。

⑷　ガイドライン7の⑵のロの㊀の「有機溶剤の気中濃度が最も高くなると考えられる場所」は，有機溶剤は空気より重いものが多く，通常床面に滞留するため，有機溶剤業務を行っている作業者の付近の床面となることが多い。

⑸　ガイドライン7の⑵のハの㋑については，別紙2に例を示すように警報装置のセンサーは有機溶剤等に含まれる化学物質の種類によって感度が異なるため，警報装置の種類によっては，使用する有機溶剤等の中の化学物質の種類によって設定を変えたり，複数の化学物質の混合物の場合はセンサーの感度の基準とする化学物質を考慮しなければならない場合があるので，取扱説明書等によるほか，必要に応じて警報装置のメーカや産業医等の専門家に照会を行う必要があることを示したものである。

⑹　ガイドライン7の⑵のハの㋺の「防毒マスクの使用可能な範囲」については，防毒マスクの種類別に別紙3に示す。

⑺　ガイドライン7の⑶のロの「適切な呼吸用保護具」とは，送気マスクあるいは使用限度時間に余裕のある防毒マスクのことをいう。

⑻　ガイドライン7の⑶のハの㋺の「有機溶剤の気中濃度が十分下がっていることを確認する」に当たっては，警報装置又は検知管等を使用してこれを行うこと。

「8　健康管理」について

　法第66条，令第22条第1項第6号及び有機則第29条に基づく健康診断を行うほか，健康診断を行った際は，法第66条の2及び法第66条の3に基づき，その結果について産業医等に意見を聴いた上で，必要に応じて配置の転換，作業時間の短縮等を行い，また，尿中の有機溶剤の代謝物の量の検査において分布2あるいは分布3の者がみられる場合には，作業管理，作業環境管理に問題がないか検討を行う必要があることを示したものである。

「9　労働衛生教育」について

　　法第59条及び労働安全衛生規則（昭和47年労働省令第32号）第35条に基づく労働衛生教育のほか，昭和59年6月29日付け基発第337号による「有機溶剤業務従事者に対する労働衛生教育の推進について」に沿った特別教育に準じた教育を，本ガイドラインの内容を踏まえて行うとともに，日常においても労働者に教育を行う必要があることを示したものである。

（別紙 1）

作業手順書の作成様式例

作業を行う日時	年　月　日　時～　時	作成日	年　　　月　　　日
作 業 の 内 容			
作 業 の 場 所			
作 業 者 数			
使用する溶剤	商品名（　　　　　）	含 有 物	＿＿＿％＿＿％＿＿％
換 気 の 方 法		換 気 設 備	＿＿＿＿＿＿個

保 護 具	＿＿＿マスク　個, 保護衣　着, 保護手袋　着, 保護長靴　足

警報装置の設置場所		警報の設定	ppm（　　基準）
汚染除去及び廃棄処理方法		廃 棄 場 所	

	工　　　　　　　程	留　意　事　項	確 認 者
1			
2			
3			
4			
5			

（別紙 2）

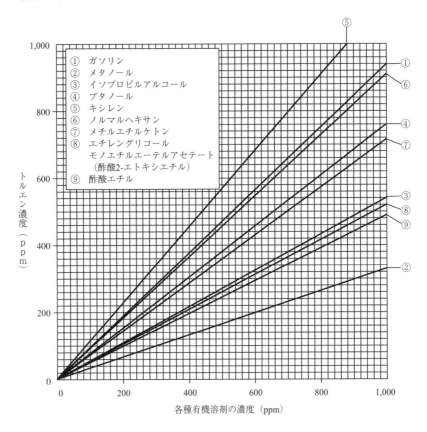

各種有機溶剤蒸気の相対感度 （トルエン基準）

（別紙 3）

有機ガス用防毒マスクの種類別の使用可能な範囲

種　類	使用可能な範囲
隔離式防毒マスク	ガス又は蒸気の濃度が 2 %⁽¹⁾ 以下の大気中
直結式防毒マスク	ガス又は蒸気の濃度が 1 %⁽²⁾ 以下の大気中
直結式小型防毒マスク	ガス又は蒸気の濃度が 0.1% 以下の大気中

（参考）　　（1）アンモニアにあっては 3%
　　　　　　（2）アンモニアにあっては 1.5%

第5編

特別有機溶剤等に関する規制

第1　特別有機溶剤，特別有機溶剤等とは

　平成24年から平成26年の特化則の改正，平成26年の有機則の改正に伴い，エチルベンゼン及び1・2-ジクロロプロパンの2物質と，それまで有機則で規制されていたクロロホルム，四塩化炭素，1・4-ジオキサン，1・2-ジクロロエタン（別名：二塩化エチレン），ジクロロメタン（別名：二塩化メチレン），スチレン，1・1・2・2-テトラクロロエタン（別名：四塩化アセチレン），テトラクロロエチレン（別名：パークロルエチレン），トリクロロエチレン及びメチルイソブチルケトンの10物質を合わせた合計12物質が，特化則第2条第1項第3号の2で「特別有機溶剤」とされ，特化則で規制（有機則を一部準用）されることとなった。

　また，同項第3号の3では，これらの特別有機溶剤に加えて，特別有機溶剤を単一成分として，重量の1％を超えて含有するもの，及び特別有機溶剤又は労働安全衛生法施行令別表第6の2の有機溶剤の含有量（これらのものが2種類以上含まれる場合は，それらの含有量の合計）が5％を超えて含有するものを含めて「特別有機溶剤等」とし，同様に規制されることとなった。

　これらの物質は，通常，溶剤として使用されているものであるが，国が専門家を集めて行った化学物質による労働者の健康障害防止に係るリスク評価（化学物質のリスク評価検討会）において職業がんの原因となる可能性があるとされたものである。

第2　規制の対象

　特別有機溶剤等に関する規制の対象は，大きく次の3つに分けられる。なお，これらを総称して，特別有機溶剤業務という。

(1)　クロロホルム等有機溶剤業務

　特化則では，特別有機溶剤からエチルベンゼン及び1・2-ジクロロプロパンを除いた10物質（クロロホルム，四塩化炭素，1・4-ジオキサン，1・2-ジクロロエタン，ジクロロメタン，スチレン，1・1・2・2-テトラクロロエタン，テトラクロロエチレン，トリクロロエチレン及びメチルイソブチルケトン）及びこれらを含有する製剤その他の物を総称して「クロロホルム等」としている。これらは，従来，有機溶剤として有機則の対象とされてきたが，化学物質のリスク評価検討会において職業がんの原因となる可能性があるとされて，平成26年の改正により特定化学物質とされたものである。

　「クロロホルム等有機溶剤業務」とは，そのクロロホルム等を単一成分で1％を超えて含有する製剤その他の物に加えて，クロロホルム等の含有量が，単一成分で，重量1％以下であって，特別有機溶剤及び有機溶剤の含有量の合計が重量の5％を超える製剤その他の物を用いて屋内作業場等で行う次の業務をいう（特化則第2条の2第1号イ）。

①　クロロホルム等を製造する工程におけるクロロホルム等のろ過，混合，攪拌，加熱又は容器若しくは設備への注入の業務

②　染料，医薬品，農薬，化学繊維，合成樹脂，有機顔料，油脂，香料，甘味料，火薬，写真薬品，ゴム若しくは可塑剤又はこれらのものの中間体を製造する工程におけるクロロホルム等のろ過，混合，攪拌又は加熱の業務

③　クロロホルム等を用いて行う印刷の業務

④　クロロホルム等を用いて行う文字の書込み又は描画の業務

⑤ クロロホルム等を用いて行うつや出し，防水その他物の面の加工の業務

⑥ 接着のためにするクロロホルム等の塗布の業務

⑦ 接着のためにクロロホルム等を塗布された物の接着の業務

⑧ クロロホルム等を用いて行う洗浄（⑫に掲げる業務に該当する洗浄の業務を除く。）又は払拭の業務

⑨ クロロホルム等を用いて行う塗装の業務（⑫に掲げる業務に該当する塗装の業務を除く。）

⑩ クロロホルム等が付着している物の乾燥の業務

⑪ クロロホルム等を用いて行う試験又は研究の業務

⑫ クロロホルム等を入れたことのあるタンク（クロロホルム他9物質の蒸気の発散するおそれがないものを除く。）の内部における業務

(2) エチルベンゼン塗装業務

エチルベンゼンは，一般に溶剤として使用されているものであるが，ヒトに対する発がん性のおそれが指摘されており，国の化学物質のリスク評価検討会において，屋内作業場における塗装の業務について管理が必要であるとされたものである。

「エチルベンゼン塗装業務」とは，エチルベンゼン及びそれを重量の1％を超えて含有する製剤その他の物に加えて，エチルベンゼンの含有量が重量の1％以下であって，特別有機溶剤及び有機溶剤の含有量の合計が重量の5％を超える製剤その他の物を用いて屋内作業場等で行う塗装業務をいう（特化則第2条の2第1号ロ）。

(3) 1・2-ジクロロプロパン洗浄・払拭業務

1・2-ジクロロプロパンは，国内で長期間にわたる高濃度のばく露があった労働者が胆管がんを発症した事例により，ヒトが胆管がんを発症する可能性が明らかになったことに加え，国の化学物質のリスク評価検討会において，洗浄又は払拭の業務に従事する労働者に高濃度のばく露が生ずる

リスクが高く，健康障害のリスクが高いとされたものである。一方で，有機溶剤と同様に溶剤として使用される実態にある。そのため，それらの有害性と使用の実態を考慮した健康障害防止措置を取ることが必要とされているものである。

　「1・2-ジクロロプロパン洗浄・払拭業務」とは，その1・2-ジクロロプロパン及びこれを重量の1％を超えて含有する製剤その他の物に加えて，1・2-ジクロロプロパンの含有量が重量の1％以下であって，特別有機溶剤及び有機溶剤の含有量の合計が重量の5％を超える製剤その他の物を用いて屋内作業場等で行う洗浄・払拭の業務をいう（特化則第2条の2第1号ハ）。

第3　規制の内容

　特別有機溶剤は溶剤として使用される実態があり，それに応じた健康障害防止措置を規定する必要があることから，特化則第5章の2の「特殊な作業等の管理」の第38条の8に基づき，有機則の規定の一部が準用（適用）されることになっている。表1は特別有機溶剤業務に適用される特化則の規定を，表2は準用される有機則の規定を整理したものである。

表1　特別有機溶剤等に係る特化則の適用整理表

注) 本表には有機則の準用は含まない。

条文		内容	特別有機溶剤の単一成分の含有量が1%超	特別有機溶剤の単一成分の含有量が1%以下[注]
第1章 総則	2	定義	「特別有機溶剤等」●	
	2の2	適用除外業務	上記2の規制対象となる業務以外の業務を除外	
第2章 製造等に 係る措置	3	第1類物質の取扱いに係る設備	×	
	4	特定第2類物質，オーラミン等の製造等に係る設備	×	
	5	特定第2類物質，管理第2類物質に係る設備	×	
	6～6の3	第4条，第5条の措置の適用除外	×	
	7	局所排気装置等の要件	×	
	8	局所排気装置等の稼動時の要件	×	
第3章 用後処理	9	除じん装置	×	
	10	排ガス処理装置	×	
	11	排液処理装置	×	
	12	残さい物処理	×	
	12の2	ぼろ等の処理	●※1	×
第4章 漏えいの 防止	13～20	第3類物質等の漏えいの防止	×	
	21	床の構造	×	
	22・22の2	設備の改造等	●※1	×
	23	第3類物質等が漏えいした場合の退避等	×	
	24	立入禁止措置	●※1	×
	25	容器等	●※2	●(一部適用)
	26	第3類物質等が漏えいした場合の救護組織等	×	
第5章 管理	27・28	作業主任者の選任，職務	(有機溶剤作業主任者技能講習を修了した者から選任)	
	29～35	定期自主検査，点検，補修等	×	
	36～36の4	作業環境測定	●	×
	37	休憩室	●※1	×
	38	洗浄設備	●	×
	38の2	喫煙，飲食等の禁止	●※1	×
	38の3	掲示	●	×
	38の4	作業記録	●	×
第6章 健康診断	39～41	健康診断	●※3	×
	42	緊急診断	●	●(一部適用)
第7章 保護具	43～45	呼吸用保護具，保護衣等の備え付け等	●※1	×
第8章 製造許可等	46～50の2	製造許可等に係る手続き等	×	
第9章 技能講習	51	特定化学物質及び四アルキル鉛等作業主任者技能講習	×	
第10章 報告	53	記録の報告	●	×

(注)特別有機溶剤と有機溶剤の含有量の合計が重量の5%を超えるものに限る。
※1　クロロホルム等を除く。
※2　クロロホルム等は，第25条第2～3項を除く。
※3　エチルベンゼン，1・2-ジクロロプロパン，ジクロロメタンについては，配置転換後も現に雇用している者に，引き続き実施

表2　特別有機溶剤等に係る有機則の準用整理表

条文		内容	特別有機溶剤の含有量が1%超	特別有機溶剤の含有量が1%以下(注)
第1章総則	1	定義	●	
	2	適用除外（許容消費量）	●（※1）	●（※3）
	3・4	適用除外（署長認定）	●（※2）	●（※4）
	4の2	適用除外（局長認定）	●（※5）	●（※6）
第2章設備	5	第1種有機溶剤等，第2種有機溶剤等に係る設備	●	
	6	第3種有機溶剤等に係る設備	●	
	7〜13の3	第5条，第6条の措置の適用除外	●	
第3章換気装置の性能等	14〜17	局所排気装置等の要件	●	
	18	局所排気装置等の稼動時の要件	●	
	18の2・18の3	局所排気装置等の稼動の特例許可	●	
第4章管理	19・19の2	作業主任者の選任，職務	×	
	20〜23	定期自主検査，点検，補修	●	
	24	掲示	●	
	25	区分の表示	●	
	26	タンク内作業	●	
	27	事故時の退避等	●	
第5章測定	28〜28の4	作業環境測定	●（※7・8）	●（※8）
第6章健康診断	29〜30の3	健康診断	●（※7・9）	●（※9）
	30の4	緊急診断	×	
	31	健康診断の特例	●（※7）	●
第7章保護具	32〜34	送気マスク等の使用，保護具の備え付け等	●	
第8章貯蔵と空容器の処理	35・36	貯蔵，空容器の処理	×	
第9章技能講習	37	有機溶剤作業主任者技能講習	●（特化則第27条により適用）	

(注)特別有機溶剤と有機溶剤の含有量の合計が重量の5%を超えるものに限る。
※1　第2章，第3章，第4章（第27条を除く。），第7章及び第9章について適用除外
※2　第2章，第3章，第4章（第27条を除く。），第5章，第6章，第7章，第9章及び特化則第42条第3項について適用除外
※3　第2章，第3章，第4章（第27条を除く。），第7章，第9章及び特化則第27条について適用除外
※4　第2章，第3章，第4章（第27条を除く。），第5章，第6章，第7章，第9章及び特化則第27条，第42条第3項について適用除外
※5　第2章，第3章，第4章（第27条を除く。），第5章，第7章（第32条及び第33条を除く），第9章及び特化則第42条第3項について適用除外
※6　第2章，第3章，第4章（第27条を除く。），第5章，第7章（第32条及び第33条を除く），第9章及び特化則第27条，第42条第3項について適用除外
※7　特別有機溶剤及び有機溶剤の含有量が5%以下のものを除く。
※8・9　作業環境測定に係る保存義務は3年間，健康診断に係る保存義務は5年間。

編注：表1，表2は平成24年10月26日付基発1026第6号・雇児発1026第2号，平成25年8月27日付基発0827第6号，平成26年9月24日付基発0924第6号・雇児発0924第7号及び令和4年5月31日基発0531第9号により作成したもの。

特定化学物質障害予防規則（抄）

（定義等）

第2条 この省令において，次の各号に掲げる用語の意義は，当該各号に定めるところによる。

1 第1類物質 労働安全衛生法施行令（以下「令」という。）別表第3第1号に掲げる物をいう。

2 第2類物質 令別表第3第2号に掲げる物をいう。

3 特定第2類物質 第2類物質のうち，令別表第3第2号1，2，4から7まで，8の2，12，15，17，19，19の4，19の5，20，23，23の2，24，26，27，28から30まで，31の2，34，35及び36に掲げる物並びに別表第1第1号，第2号，第4号から第7号まで，第8号の2，第12号，第15号，第17号，第19号，第19号の4，第19号の5，第20号，第23号，第23号の2，第24号，第26号，第27号，第28号から第30号まで，第31号の2，第34号，第35号及び第36号に掲げる物をいう。

3の2 特別有機溶剤 第2類物質のうち，令別表第3第2号3の3，11の2，18の2から18の4まで，19の2，19の3，22の2から22の5まで及び33の2に掲げる物をいう。

3の3 特別有機溶剤等 特別有機溶剤並びに別表第1第3号の3，第11号の2，第18号の2から第18号の4まで，第19号の2，第19号の3，第22号の2から第22号の5まで，第33号の2及び第37号に掲げる物をいう。

4 オーラミン等 第2類物質のうち，令別表第3第2号8及び32に掲げる物並びに別表第1第8号及び第32号に掲げる物をいう。

5 管理第2類物質 第2類物質のうち，特定第2類物質，特別有機溶剤等及びオーラミン等以外の物をいう。

6 第3類物質 令別表第3第3号に掲げる物をいう。

7 特定化学物質 第1類物質，第2類物質及び第3類物質をいう。

（以下略）

（適用の除外）

第2条の2 この省令は，事業者が次の各号のいずれかに該当する業務に労働者を従事させる場合は，当該業務については，適用しない。ただし，令別表第3

第2号11の2，18の2，18の3，19の3，19の4，22の2から22の4まで若しくは23の2に掲げる物又は別表第1第11号の2，第18号の2，第18号の3，第19号の3，第19号の4，第22号の2から第22号の4まで，第23号の2若しくは第37号（令別表第3第2号11の2，18の2，18の3，19の3又は22の2から22の4までに掲げる物を含有するものに限る。）に掲げる物を製造し，又は取り扱う業務に係る第44条及び第45条の規定の適用については，この限りでない。

1　次に掲げる業務（以下「特別有機溶剤業務」という。）以外の特別有機溶剤等を製造し，又は取り扱う業務

　イ　クロロホルム等有機溶剤業務（特別有機溶剤等（令別表第3第2号11の2，18の2から18の4まで，19の3，22の2から22の5まで又は33の2に掲げる物及びこれらを含有する製剤その他の物（以下「クロロホルム等」という。）に限る。）を製造し，又は取り扱う業務のうち，屋内作業場等（屋内作業場及び有機溶剤中毒予防規則（昭和47年労働省令第36号。以下「有機則」という。）第1条第2項各号に掲げる場所をいう。以下この号及び第39条第7項第2号において同じ。）において行う次に掲げる業務をいう。）

　　(1)　クロロホルム等を製造する工程におけるクロロホルム等のろ過，混合，攪拌，加熱又は容器若しくは設備への注入の業務

　　(2)　染料，医薬品，農薬，化学繊維，合成樹脂，有機顔料，油脂，香料，甘味料，火薬，写真薬品，ゴム若しくは可塑剤又はこれらのものの中間体を製造する工程におけるクロロホルム等のろ過，混合，攪拌又は加熱の業務

　　(3)　クロロホルム等を用いて行う印刷の業務

　　(4)　クロロホルム等を用いて行う文字の書込み又は描画の業務

　　(5)　クロロホルム等を用いて行うつや出し，防水その他物の面の加工の業務

　　(6)　接着のためにするクロロホルム等の塗布の業務

　　(7)　接着のためにクロロホルム等を塗布された物の接着の業務

　　(8)　クロロホルム等を用いて行う洗浄（(12)に掲げる業務に該当する洗

浄の業務を除く。）又は払拭の業務

(9)　クロロホルム等を用いて行う塗装の業務（(12)に掲げる業務に該当する塗装の業務を除く。）

(10)　クロロホルム等が付着している物の乾燥の業務

(11)　クロロホルム等を用いて行う試験又は研究の業務

(12)　クロロホルム等を入れたことのあるタンク（令別表第3第2号11の2，18の2から18の4まで，19の3，22の2から22の5まで又は33の2に掲げる物の蒸気の発散するおそれがないものを除く。）の内部における業務

ロ　エチルベンゼン塗装業務（特別有機溶剤等（令別表第3第2号3の3に掲げる物及びこれを含有する製剤その他の物に限る。）を製造し，又は取り扱う業務のうち，屋内作業場等において行う塗装の業務をいう。以下同じ。）

ハ　1・2-ジクロロプロパン洗浄・払拭業務（特別有機溶剤等（令別表第3第2号19の2に掲げる物及びこれを含有する製剤その他の物に限る。）を製造し，又は取り扱う業務のうち，屋内作業場等において行う洗浄又は払拭の業務をいう。以下同じ。）

（以下略）

（ぼろ等の処理）

第12条の2　事業者は，特定化学物質（クロロホルム等及びクロロホルム等以外のものであつて別表第1第37号に掲げる物を除く。第22条第1項，第22条の2第1項，第25条第2項及び第3項並びに第43条において同じ。）により汚染されたぼろ，紙くず等については，労働者が当該特定化学物質により汚染されることを防止するため，蓋又は栓をした不浸透性の容器に納めておく等の措置を講じなければならない。

（以下略）

（設備の改造等の作業）

第22条　事業者は，特定化学物質を製造し，取り扱い，若しくは貯蔵する設備又は特定化学物質を発生させる物を入れたタンク等で，当該特定化学物質が滞留するおそれのあるものの改造，修理，清掃等で，これらの設備を分解す

る作業又はこれらの設備の内部に立ち入る作業（酸素欠乏症等防止規則（昭和47年労働省令第42号。以下「酸欠則」という。）第2条第8号の第2種酸素欠乏危険作業及び酸欠則第25条の2の作業に該当するものを除く。）に労働者を従事させるときは，次の措置を講じなければならない。

1　作業の方法及び順序を決定し，あらかじめ，これを作業に従事する労働者に周知させること。

2　特定化学物質による労働者の健康障害の予防について必要な知識を有する者のうちから指揮者を選任し，その者に当該作業を指揮させること。

3　作業を行う設備から特定化学物質を確実に排出し，かつ，当該設備に接続している全ての配管から作業箇所に特定化学物質が流入しないようバルブ，コック等を二重に閉止し，又はバルブ，コック等を閉止するとともに閉止板等を施すこと。

4　前号により閉止したバルブ，コック等又は施した閉止板等には，施錠をし，これらを開放してはならない旨を見やすい箇所に表示し，又は監視人を置くこと。

5　作業を行う設備の開口部で，特定化学物質が当該設備に流入するおそれのないものを全て開放すること。

6　換気装置により，作業を行う設備の内部を十分に換気すること。

7　測定その他の方法により，作業を行う設備の内部について，特定化学物質により労働者が健康障害を受けるおそれのないことを確認すること。

8　第3号により施した閉止板等を取り外す場合において，特定化学物質が流出するおそれのあるときは，あらかじめ，当該閉止板等とそれに最も近接したバルブ，コック等との間の特定化学物質の有無を確認し，必要な措置を講ずること。

9　非常の場合に，直ちに，作業を行う設備の内部の労働者を退避させるための器具その他の設備を備えること。

10　作業に従事する労働者に不浸透性の保護衣，保護手袋，保護長靴，呼吸用保護具等必要な保護具を使用させること。

（②，③略）

④　事業者は，第1項第7号の確認が行われていない設備については，当該設

備の内部に頭部を入れてはならない旨を，あらかじめ，作業に従事する者に
周知させなければならない。

⑤　労働者は，事業者から第1項第10号の保護具の使用を命じられたときは，
これを使用しなければならない。

第22条の2　事業者は，特定化学物質を製造し，取り扱い，若しくは貯蔵する
設備等の設備（前条第1項の設備及びタンク等を除く。以下この条において
同じ。）の改造，修理，清掃等で，当該設備を分解する作業又は当該設備の内
部に立ち入る作業（酸欠則第2条第8号の第2種酸素欠乏危険作業及び酸欠
則第25条の2の作業に該当するものを除く。）に労働者を従事させる場合に
おいて，当該設備の溶断，研磨等により特定化学物質を発生させるおそれの
あるときは，次の措置を講じなければならない。

1　作業の方法及び順序を決定し，あらかじめ，これを作業に従事する労働
者に周知させること。

2　特定化学物質による労働者の健康障害の予防について必要な知識を有す
る者のうちから指揮者を選任し，その者に当該作業を指揮させること。

3　作業を行う設備の開口部で，特定化学物質が当該設備に流入するおそれ
のないものを全て開放すること。

4　換気装置により，作業を行う設備の内部を十分に換気すること。

5　非常の場合に，直ちに，作業を行う設備の内部の労働者を退避させるた
めの器具その他の設備を備えること。

6　作業に従事する労働者に不浸透性の保護衣，保護手袋，保護長靴，呼吸
用保護具等必要な保護具を使用させること。

（②略）

③　労働者は，事業者から第1項第6号の保護具の使用を命じられたときは，こ
れを使用しなければならない。

（立入禁止措置）

第24条　事業者は，次の作業場に関係者以外の者が立ち入ることについて，禁
止する旨を見やすい箇所に表示することその他の方法により禁止するととも
に，表示以外の方法により禁止したときは，当該作業場が立入禁止である旨
を見やすい箇所に表示しなければならない。

　1　第1類物質又は第2類物質（クロロホルム等及びクロロホルム等以外の
　ものであつて別表第1第37号に掲げる物を除く。第37条及び第38条の2
　までにおいて同じ。）を製造し，又は取り扱う作業場（臭化メチル等を用い
　て燻くん蒸作業を行う作業場を除く。）

　2　特定化学設備を設置する作業場又は特定化学設備を設置する作業場以外
　の作業場で第3類物質等を合計100リットル以上取り扱うもの

（容器等）

第25条　事業者は，特定化学物質を運搬し，又は貯蔵するときは，当該物質が
　漏れ，こぼれる等のおそれがないように，堅固な容器を使用し，又は確実な
　包装をしなければならない。

②　事業者は，前項の容器又は包装の見やすい箇所に当該物質の名称及び取扱
　い上の注意事項を表示しなければならない。

③　事業者は，特定化学物質の保管については，一定の場所を定めておかなけ
　ればならない。

④　事業者は，特定化学物質の運搬，貯蔵等のために使用した容器又は包装に
　ついては，当該物質が発散しないような措置を講じ，保管するときは，一定
　の場所を定めて集積しておかなければならない。

⑤　事業者は，特別有機溶剤等を屋内に貯蔵するときは，その貯蔵場所に，次
　の設備を設けなければならない。

　1　当該屋内で作業に従事する者のうち貯蔵に関係する者以外の者がその貯
　蔵場所に立ち入ることを防ぐ設備

　2　特別有機溶剤又は令別表第6の2に掲げる有機溶剤（第36条の5及び別
　表第1第37号において単に「有機溶剤」という。）の蒸気を屋外に排出す
　る設備

（特定化学物質作業主任者の選任）

第27条　事業者は，令第6条第18号の作業については，特定化学物質及び四
　アルキル鉛等作業主任者技能講習（特別有機溶剤業務に係る作業にあつては，
　有機溶剤作業主任者技能講習）を修了した者のうちから，特定化学物質作業
　主任者を選任しなければならない。

②　略）

③　令第6条第18号の厚生労働省令で定めるものは，次に掲げる業務とする。

1　第2条の2各号に掲げる業務

2　第38条の8において準用する有機則第2条第1項及び第3条第1項の場合におけるこれらの項の業務（別表第1第37号に掲げる物に係るものに限る。）

（特定化学物質作業主任者の職務）

第28条　事業者は，特定化学物質作業主任者に次の事項を行わせなければならない。

1　作業に従事する労働者が特定化学物質により汚染され，又はこれらを吸入しないように，作業の方法を決定し，労働者を指揮すること。

2　局所排気装置，プッシュプル型換気装置，除じん装置，排ガス処理装置，排液処理装置その他労働者が健康障害を受けることを予防するための装置を1月を超えない期間ごとに点検すること。

3　保護具の使用状況を監視すること。

4　タンクの内部において特別有機溶剤業務に労働者が従事するときは，第38条の8において準用する有機則第26条各号（第2号，第4号及び第7号を除く。）に定める措置が講じられていることを確認すること。

（測定及びその記録）

第36条　事業者は，令第21条第7号の作業場（石綿等（石綿障害予防規則（平成17年厚生労働省令第21号。以下「石綿則」という。）第2条第1項に規定する石綿等をいう。以下同じ。）に係るもの及び別表第1第37号に掲げる物を製造し，又は取り扱うものを除く。）について，6月以内ごとに1回，定期に，第1類物質（令別表第3第1号8に掲げる物を除く。）又は第2類物質（別表第1に掲げる物を除く。）の空気中における濃度を測定しなければならない。

②　事業者は，前項の規定による測定を行つたときは，その都度次の事項を記録し，これを3年間保存しなければならない。

1　測定日時

2　測定方法

3　測定箇所

4　測定条件

5　測定結果

6　測定を実施した者の氏名

7　測定結果に基づいて当該物質による労働者の健康障害の予防措置を講じ
たときは，当該措置の概要

③　事業者は，前項の測定の記録のうち，令別表第3第1号1，2若しくは4か
ら7までに掲げる物又は同表第2号3の2から6まで，8，8の2，11の
2，12，13の2から15の2まで，18の2から19の5まで，22の2から22の
5まで，23の2から24まで，26，27の2，29，30，31の2，32，33の2若し
くは34の3に掲げる物に係る測定の記録並びに同号11若しくは21に掲げる
物又は別表第1第11号若しくは第21号に掲げる物（以下「クロム酸等」と
いう。）を製造する作業場及びクロム酸等を鉱石から製造する事業場において
クロム酸等を取り扱う作業場について行つた令別表第3第2号11又は21に
掲げる物に係る測定の記録については，30年間保存するものとする。

④　令第21条第7号の厚生労働省令で定めるものは，次に掲げる業務とする。

1　第2条の2各号に掲げる業務

2　第38条の8において準用する有機則第3条第1項の場合における同項の
業務（別表第1第37号に掲げる物に係るものに限る。）

3　第38条の13第3項第2号イ及びロに掲げる作業（同条第4項各号に規定
する措置を講じた場合に行うものに限る。）

（測定結果の評価）

第36条の2　事業者は，令別表第3第1号3，6若しくは7に掲げる物又は同表
第2号1から3まで，3の3から7まで，8の2から11の2まで，13から25
まで，27から31の2まで若しくは33から36までに掲げる物に係る屋内作業
場について，前条第1項又は法第65条第5項の規定による測定を行つたとき
は，その都度，速やかに，厚生労働大臣の定める作業環境評価基準に従つて，
作業環境の管理の状態に応じ，第1管理区分，第2管理区分又は第3管理区
分に区分することにより当該測定の結果の評価を行わなければならない。

②　事業者は，前項の規定による評価を行つたときは，その都度次の事項を記
録して，これを3年間保存しなければならない。

1　評価日時

　2　評価箇所

　3　評価結果

　4　評価を実施した者の氏名

③　事業者は，前項の評価の記録のうち，令別表第3第1号6若しくは7に掲げる物又は同表第2号3の3から6まで，8の2，11の2，13の2から15の2まで，18の2から19の5まで，22の2から22の5まで，23の2から24まで，27の2，29，30，31の2，33の2若しくは34の3に掲げる物に係る評価の記録並びにクロム酸等を製造する作業場及びクロム酸等を鉱石から製造する事業場においてクロム酸等を取り扱う作業場について行つた令別表第3第2号11又は21に掲げる物に係る評価の記録については，30年間保存するものとする。

（評価の結果に基づく措置）

第36条の3　事業者は，前条第1項の規定による評価の結果，第3管理区分に区分された場所については，直ちに，施設，設備，作業工程又は作業方法の点検を行い，その結果に基づき，施設又は設備の設置又は整備，作業工程又は作業方法の改善その他作業環境を改善するため必要な措置を講じ，当該場所の管理区分が第1管理区分又は第2管理区分となるようにしなければならない。

②　事業者は，前項の規定による措置を講じたときは，その効果を確認するため，同項の場所について当該特定化学物質の濃度を測定し，及びその結果の評価を行わなければならない。

③　事業者は，第1項の場所については，労働者に有効な呼吸用保護具を使用させるほか，健康診断の実施その他労働者の健康の保持を図るため必要な措置を講ずるとともに，前条第2項の規定による評価の記録，第1項の規定に基づき講ずる措置及び前項の規定に基づく評価の結果を次に掲げるいずれかの方法によつて労働者に周知させなければならない。

　1　常時各作業場の見やすい場所に掲示し，又は備え付けること。

　2　書面を労働者に交付すること。

　3　事業者の使用に係る電子計算機に備えられたファイル又は電磁的記録媒体（電磁的記録（電子的方式，磁気的方式その他人の知覚によつては認識

することができない方式で作られる記録であつて，電子計算機による情報
処理に用に供されるものをいう。）に係る記録媒体をいう。以下同じ。）を
もつて調整するファイルに記録し，かつ，各作業場に労働者が当該記録の
内容を常時確認できる機器を設置すること。

（④　略）

第36条の3の2　事業者は，前条第2項の規定による評価の結果，第3管理区
分に区分された場所（同条第1項に規定する措置を講じていないこと又は当
該措置を講じた後同条第2項の評価を行つていないことにより，第1管理区
分又は第2管理区分となつていないものを含み，第5項各号の措置を講じて
いるものを除く。）については，遅滞なく，次に掲げる事項について，事業場
における作業環境の管理について必要な能力を有すると認められる者（当該
事業場に属さない者に限る。以下この条において「作業環境管理専門家」と
いう。）の意見を聴かなければならない。

　1　当該場所について，施設又は設備の設置又は整備，作業工程又は作業方
　　法の改善その他作業環境を改善するために必要な措置を講ずることにより
　　第1管理区分又は第2管理区分とすることの可否

　2　当該場所について，前号において第1管理区分又は第2管理区分とする
　　ことが可能な場合における作業環境を改善するために必要な措置の内容

②　事業者は，前項の第3管理区分に区分された場所について，同項第1号の
規定により作業環境管理専門家が第1管理区分又は第2管理区分とすること
が可能と判断した場合は，直ちに，当該場所について，同項第2号の事項を
踏まえ，第1管理区分又は第2管理区分とするために必要な措置を講じなけ
ればならない。

③　事業者は，前項の規定による措置を講じたときは，その効果を確認するた
め，同項の場所について当該特定化学物質の濃度を測定し，及びその結果を
評価しなければならない。

④　事業者は，第1項の第3管理区分に区分された場所について，前項の規定
による評価の結果，第3管理区分に区分された場合又は第1項第1号の規定
により作業環境管理専門家が当該場所を第1管理区分若しくは第2管理区分
とすることが困難と判断した場合は，直ちに，次に掲げる措置を講じなけれ

ばならない。

1 当該場所について，厚生労働大臣の定めるところにより，労働者の身体
に装着する試料採取器等を用いて行う測定その他の方法による測定（以下
この条において「個人サンプリング測定等」という。）により，特定化学物
質の濃度を測定し，厚生労働大臣の定めるところにより，その結果に応じ
て，労働者に有効な呼吸用保護具を使用させること（当該場所において作
業の一部を請負人に請け負わせる場合にあつては，労働者に有効な呼吸用
保護具を使用させ，かつ，当該請負人に対し，有効な呼吸用保護具を使用
する必要がある旨を周知させること。）。ただし，前項の規定による測定（当
該測定を実施していない場合（第1項第1号の規定により作業環境管理専
門家が当該場所を第1管理区分又は第2管理区分とすることが困難と判断
した場合に限る。）は，前条第2項の規定による測定）を個人サンプリング
測定等により実施した場合は，当該測定をもつて，この号における個人サ
ンプリング測定等とすることができる。

2 前号の呼吸用保護具（面体を有するものに限る。）について，当該呼吸用
保護具が適切に装着されていることを厚生労働大臣の定める方法により確
認し，その結果を記録し，これを3年間保存すること。

3 保護具に関する知識及び経験を有すると認められる者のうちから保護具
着用管理責任者を選任し，次の事項を行わせること。

イ 前二号及び次項第1号から第3号までに掲げる措置に関する事項（呼
吸用保護具に関する事項に限る。）を管理すること。

ロ 特定化学物質作業主任者の職務（呼吸用保護具に関する事項に限る。）
について必要な指導を行うこと。

ハ 第1号及び次項第2号の呼吸用保護具を常時有効かつ清潔に保持する
こと。

4 第1項の規定による作業環境管理専門家の意見の概要，第2項の規定に
基づき講ずる措置及び前項の規定に基づく評価の結果を，前条第3項各号
に掲げるいずれかの方法によつて労働者に周知させること。

⑤ 事業者は，前項の措置を講ずべき場所について，第1管理区分又は第2管
理区分と評価されるまでの間，次に掲げる措置を講じなければならない。こ

の場合においては，第36条第1項の規定による測定を行うことを要しない。

1　6月以内ごとに1回，定期に，個人サンプリング測定等により特定化学物質の濃度を測定し，前項第1号に定めるところにより，その結果に応じて，労働者に有効な呼吸用保護具を使用させること。

2　前号の呼吸用保護具（面体を有するものに限る。）を使用させるときは，1年以内ごとに1回，定期に，当該呼吸用保護具が適切に装着されていることを前項第2号に定める方法により確認し，その結果を記録し，これを3年間保存すること。

3　当該場所において作業の一部を請負人に請け負わせる場合にあつては，当該請負人に対し，第1号の呼吸用保護具を使用する必要がある旨を周知させること。

⑥　事業者は，第4項第1号の規定による測定（同号ただし書の測定を含む。）又は前項第1号の規定による測定を行つたときは，その都度，次の事項を記録し，これを3年間保存しなければならない。

1　測定日時

2　測定方法

3　測定箇所

4　測定条件

5　測定結果

6　測定を実施した者の氏名

7　測定結果に応じた有効な呼吸用保護具を使用させたときは，当該呼吸用保護具の概要

⑦　第36条第3項の規定は，前項の測定の記録について準用する。

⑧　事業者は，第4項の措置を講ずべき場所に係る前条第2項の規定による評価及び第3項の規定による評価を行つたときは，次の事項を記録し，これを3年間保存しなければならない。

1　評価日時

2　評価箇所

3　評価結果

4　評価を実施した者の氏名

⑨　第36条の2第3項の規定は，前項の評価の記録について準用する。

第36条の3の3　事業者は，前条第4項各号に掲げる措置を講じたときは，遅滞なく，第3管理区分措置状況届（様式第1号の4）を所轄労働基準監督署長に提出しなければならない。

第36条の4　事業者は，第36条の2第1項の規定による評価の結果，第2管理区分に区分された場所については，施設，設備，作業工程又は作業方法の点検を行い，その結果に基づき，施設又は設備の設置又は整備，作業工程又は作業方法の改善その他作業環境を改善するため必要な措置を講ずるよう努めなければならない。

②　前項に定めるもののほか，事業者は，同項の場所については，第36条の2第2項の規定による評価の記録及び前項の規定に基づき講ずる措置を次に掲げるいずれかの方法によつて労働者に周知させなければならない。

1　常時各作業場の見やすい場所に掲示し，又は備え付けること。

2　書面を労働者に交付すること。

3　事業者の使用に係る電子計算機に備えられたファイル又は電磁的記録媒体をもつて調整するファイルに記録し，かつ，各作業場に労働者が当該記録の内容を常時確認できる機器を設置すること。

（特定有機溶剤混合物に係る測定等）

第36条の5　特別有機溶剤又は有機溶剤を含有する製剤その他の物（特別有機溶剤又は有機溶剤の含有量（これらの物を2以上含む場合にあつては，それらの含有量の合計）が重量の5パーセント以下のもの及び有機則第1条第1項第2号に規定する有機溶剤含有物（特別有機溶剤を含有するものを除く。）を除く。第41条の2において「特定有機溶剤混合物」という。）を製造し，又は取り扱う作業場（第38条の8において準用する有機則第3条第1項の場合における同項の業務を行う作業場を除く。）については，有機則第28条（第1項を除く。）から第28条の4までの規定を準用する。この場合において，第28条第2項中「当該有機溶剤の濃度」とあるのは「特定有機溶剤混合物（特定化学物質障害予防規則（昭和47年労働省令第39号）第36条の5に規定する特定有機溶剤混合物をいう。以下同じ。）に含有される同令第2条第3号の2に規定する特定有機溶剤（以下「特別有機溶剤」という。）又は令別表第6の

2第1号から第47号までに掲げる有機溶剤の濃度（特定有機溶剤混合物が令別表第6の2第1号から第47号までに掲げる有機溶剤を含有する場合にあつては，特別有機溶剤及び当該有機溶剤の濃度。以下同じ。）」と，同条第3項第7号，有機則第28条の3第2項並びに第28条の3の2第3項，第4項第1号及び第5項第1号中「有機溶剤」とあるのは「特定有機溶剤混合物に含有される特別有機溶剤又は令別表第6の2第1号から第47号までに掲げる有機溶剤」と，同条第4項第3号ロ中「有機溶剤作業主任者」とあるのは「特定化学物質作業主任者」と読み替えるものとする。

（休憩室）

第37条 事業者は，第1類物質又は第2類物質を常時，製造し，又は取り扱う作業に労働者を従事させるときは，当該作業を行う作業場以外の場所に休憩室を設けなければならない。

② 事業者は，前項の休憩室については，同項の物質が粉状である場合は，次の措置を講じなければならない。

1 入口には，水を流し，又は十分湿らせたマットを置く等労働者の足部に付着した物を除去するための設備を設けること。

2 入口には，衣服用ブラシを備えること。

3 床は，真空掃除機を使用して，又は水洗によつて容易に掃除できる構造のものとし，毎日1回以上掃除すること。

③ 第1項の作業に従事した者は，同項の休憩室に入る前に，作業衣等に付着した物を除去しなければならない。

（洗浄設備）

第38条 事業者は，第1類物質又は第2類物質を製造し，又は取り扱う作業に労働者を従事させるときは，洗眼，洗身又はうがいの設備，更衣設備及び洗濯のための設備を設けなければならない。

② 事業者は，労働者の身体が第1類物質又は第2類物質により汚染されたときは，速やかに，労働者に身体を洗浄させ，汚染を除去させなければならない。

③ 事業者は，第1項の作業の一部を請負人に請け負わせるときは，当該請負人に対し，身体が第1類物質又は第2類物質により汚染されたときは，速やかに身体を洗浄し，汚染を除去する必要がある旨を周知させなければならない。

④　労働者は，第2項の身体の洗浄を命じられたときは，その身体を洗浄しなければならない。

（喫煙等の禁止）

第38条の2　事業者は，第1類物質又は第2類物質を製造し，又は取り扱う作業場における作業に従事する者の喫煙又は飲食について，禁止する旨を当該作業場の見やすい箇所に表示することその他の方法により禁止するとともに，表示以外の方法により禁止したときは，当該作業場において喫煙又は飲食が禁止されている旨を当該作業場の見やすい箇所に表示しなければならない。

②　前項の作業場において作業に従事する者は，当該作業場で喫煙し，又は飲食してはならない。

（掲示）

第38条の3　事業者は，特定化学物質を製造し，又は取り扱う作業場には，次の事項を，見やすい箇所に掲示しなければならない。

1　特定化学物質の名称

2　特定化学物質により生ずるおそれのある疾病の種類及びその症状

3　特定化学物質の取扱い上の注意事項

4　次条に規定する作業場（次号に掲げる場所を除く。）にあつては，使用すべき保護具

5　次に掲げる場所にあつては，有効な保護具を使用しなければならない旨及び使用すべき保護具

　　イ　第6条の2第1項の許可に係る作業場（同項の濃度の測定を行うときに限る。）

　　ロ　第6条の3第1項の許可に係る作業場であつて，第36条第1項の測定の結果の評価が第36条の2第1項の第1管理区分でなかつた作業場及び第1管理区分を維持できないおそれがある作業場

　　ハ　第22条第1項第10号の規定により，労働者に必要な保護具を使用させる作業場

　　ニ　第22条の2第1項第6号の規定により，労働者に必要な保護具を使用させる作業場

　　ホ　金属アーク溶接等作業を行う作業場

　　ヘ　第36条の3第1項の場所

　　ト　第36条の3の2第4項及び第5項の規定による措置を講ずべき場所

　　チ　第38条の7第1項第2号の規定により，労働者に有効な呼吸用保護具
　　　を使用させる作業場

　　リ　第38条の13第3項第2号に該当する場合において，同条第4項の措
　　　置を講ずる作業場

　　ヌ　第38条の20第2項各号に掲げる作業を行う作業場

　　ル　第44条第3項の規定により，労働者に保護眼鏡並びに不浸透性の保護
　　　衣，保護手袋及び保護長靴を使用させる作業場

（作業の記録）

第38条の4　事業者は，第一類物質（塩素化ビフェニル等を除く。）又は令別表
　第3第2号3の2から6まで，8，8の2，11から12まで，13の2から15の
　2まで，18の2から19の5まで，21，22の2から22の5まで，23の2から
　24まで，26，27の2，29，30，31の2，32，33の2若しくは34の3に掲げ
　る物若しくは別表第1第3号の2から第6号まで，第8号，第8号の2，第11
　号から第12号まで，第13号の2から第15号の2まで，第18号の2から第19
　号の5まで，第21号，第22号の2から第22号の5まで，第23号の2から
　第24号まで，第26号，第27号の2，第29号，第30号，第31号の2，第32
　号，第33号の2若しくは第34号の3に掲げる物（以下「特別管理物質」と
　総称する。）を製造し，又は取り扱う作業場（クロム酸等を取り扱う作業場に
　あつては，クロム酸等を鉱石から製造する事業場においてクロム酸等を取り
　扱う作業場に限る。）において常時作業に従事する労働者について，1月を超
　えない期間ごとに次の事項を記録し，これを30年間保存するものとする。

　1　労働者の氏名

　2　従事した作業の概要及び当該作業に従事した期間

　3　特別管理物質により著しく汚染される事態が生じたときは，その概要及
　　び事業者が講じた応急の措置の概要

（特別有機溶剤等に係る措置）

第38条の8　事業者が特別有機溶剤業務に労働者を従事させる場合には，有機
　則第1章から第3章まで，第4章（第19条及び第19条の2を除く。）及び第

7章の規定を準用する。この場合において，次の表の上欄〔編注：左欄〕に掲げる有機則の規定中同表の中欄に掲げる字句は，それぞれ同表の下欄〔編注：右欄〕に掲げる字句と読み替えるものとする。

第1条 第1項 第1号	労働安全衛生法施行令（以下「令」という。）	労働安全衛生法施行令（以下「令」という。）別表第3第2号3の3，11の2，18の2から18の4まで，19の2，19の3，22の2から22の5まで若しくは33の2に掲げる物（以下「特別有機溶剤」という。）又は令
第1条 第1項 第2号	5パーセントを超えて含有するもの	5パーセントを超えて含有するもの（特別有機溶剤を含有する混合物にあつては，有機溶剤の含有量が重量の5パーセント以下の物で，特別有機溶剤のいずれか一つを重量の1パーセントを超えて含有するものを含む。）
第1条 第1項 第3号イ	令別表第6の2	令別表第3第2号11の2，18の2，18の4，22の3若しくは22の5に掲げる物又は令別表第6の2
	又は	若しくは
第1条 第1項 第3号ハ	5パーセントを超えて含有するもの	5パーセントを超えて含有するもの（令別表第3第2号11の2，18の2，18の4，22の3又は22の5に掲げる物を含有する混合物にあつては，イに掲げる物の含有量が重量の5パーセント以下の物で，同号11の2，18の2，18の4，22の3又は22の5に掲げる物のいずれか一つを重量の1パーセントを超えて含有するものを含む。）
第1条 第1項 第4号イ	令別表第6の2	令別表第3第2号3の3，18の3，19の2，19の3，22の2，22の4若しくは33の2に掲げる物又は令別表第6の2
	又は	若しくは
第1条 第1項 第4号ハ	5パーセントを超えて含有するもの	5パーセントを超えて含有するもの（令別表第3第2号3の3，18の3，19の2，19の3，22の2，22の4又は33の2に掲げる物を含有する混合物にあつては，イに掲げる物又は前号イに掲げる物の含有量が重量の5パーセント以下の物で，同表第2号

		3の3，18の3，19の2，19の3，22の2，22の4又は33の2に掲げる物のいずれか一つを重量の1パーセントを超えて含有するものを含む。）
第4条の2第1項	第28条第1項の業務（第2条第1項の規定により，第2章，第3章，第4章中第19条，第19条の2及び第24条から第26条まで，第7章並びに第9章の規定が適用されない業務を除く。）	特定化学物質障害予防規則（昭和47年労働省令第39号）第2条の2第1号に掲げる業務
第33条第1項	有機ガス用防毒マスク	有機ガス用防毒マスク又は有機ガス用の防毒機能を有する電動ファン付き呼吸用保護具（タンク等の内部において第4号に掲げる業務を行う場合にあつては，全面形のものに限る。次項において同じ。）

（健康診断の実施）

第39条　事業者は，令第22条第1項第3号の業務（石綿等の取扱い若しくは試験研究のための製造又は石綿分析用試料等（石綿則第2条第4項に規定する石綿分析用試料等をいう。）の製造に伴い石綿の粉じんを発散する場所における業務及び別表第1第37号に掲げる物を製造し，又は取り扱う業務を除く。）に常時従事する労働者に対し，別表第3の上欄〔編注：左欄〕に掲げる業務の区分に応じ，雇入れ又は当該業務への配置替えの際及びその後同表の中欄に掲げる期間以内ごとに1回，定期に，同表の下欄〔編注：右欄〕に掲げる項目について医師による健康診断を行わなければならない。

②　事業者は，令第22条第2項の業務（石綿等の製造又は取扱いに伴い石綿の粉じんを発散する場所における業務を除く。）に常時従事させたことのある労働者で，現に使用しているものに対し，別表第3の上欄〔編注：左欄〕に掲げる業務のうち労働者が常時従事した同項の業務の区分に応じ，同表の中欄に掲げる期間以内ごとに1回，定期に，同表の下欄〔編注：右欄〕に掲げる項目について医師による健康診断を行わなければならない。

③　事業者は，前二項の健康診断（シアン化カリウム（これをその重量の5パー

セントを超えて含有する製剤その他の物を含む。），シアン化水素（これをその重量の1パーセントを超えて含有する製剤その他の物を含む。）及びシアン化ナトリウム（これをその重量の5パーセントを超えて含有する製剤その他の物を含む。）を製造し，又は取り扱う業務に従事する労働者に対し行われた第1項の健康診断を除く。）の結果，他覚症状が認められる者，自覚症状を訴える者その他異常の疑いがある者で，医師が必要と認めるものについては，別表第4〔編注・略〕の上欄に掲げる業務の区分に応じ，それぞれ同表の下欄に掲げる項目について医師による健康診断を行わなければならない。

④ 第1項の業務（令第16条第1項各号に掲げる物（同項第4号に掲げる物及び同項第9号に掲げる物で同項第4号に係るものを除く。）及び特別管理物質に係るものを除く。）が行われる場所について第36条の2第1項の規定による評価が行われ，かつ，次の各号のいずれにも該当するときは，当該業務に係る直近の連続した3回の第1項の健康診断（当該健康診断の結果に基づき，前項の健康診断を実施した場合については，同項の健康診断）の結果，新たに当該業務に係る特定化学物質による異常所見があると認められなかつた労働者については，当該業務に係る第1項の健康診断に係る別表第3の規定の適用については，同表中欄中「6月」とあるのは，「1年」とする。

　1　当該業務を行う場所について，第36条の2第1項の規定による評価の結果，直近の評価を含めて連続して3回，第1管理区分に区分された（第2条の3第1項の規定により，当該場所について第36条の2第1項の規定が適用されない場合は，過去1年6月の間，当該場所の作業環境が同項の第1管理区分に相当する水準にある）こと。

　2　当該業務について，直近の第1項の規定に基づく健康診断の実施後に作業方法を変更（軽微なものを除く。）していないこと。

⑤ 令第22条第2項第24号の厚生労働省令で定める物は，別表第5〔編注・略〕に掲げる物とする。

⑥ 令第22条第1項第3号の厚生労働省令で定めるものは，次に掲げる業務とする。

　1　第2条の2各号に掲げる業務

　2　第38条の8において準用する有機則第3条第1項の場合における同項の

業務（別表第 1 第 37 号に掲げる物に係るものに限る。次項第 3 号において同じ。）

⑦　令第 22 条第 2 項の厚生労働省令で定めるものは，次に掲げる業務とする。

1　第 2 条の 2 各号に掲げる業務

2　第 2 条の 2 第 1 号イに掲げる業務（ジクロロメタン（これをその重量の 1 パーセントを超えて含有する製剤その他の物を含む。）を製造し，又は取り扱う業務のうち，屋内作業場等において行う洗浄又は払拭の業務を除く。）

3　第 38 条の 8 において準用する有機則第 3 条第 1 項の場合における同項の業務

（健康診断の結果の記録）

第 40 条　事業者は，前条第 1 項から第 3 項までの健康診断（法第 66 条第 5 項ただし書の場合において当該労働者が受けた健康診断を含む。次条において「特定化学物質健康診断」という。）の結果に基づき，特定化学物質健康診断個人票（様式第 2 号）を作成し，これを 5 年間保存しなければならない。

②　事業者は，特定化学物質健康診断個人票のうち，特別管理物質を製造し，又は取り扱う業務（クロム酸等を取り扱う業務にあつては，クロム酸等を鉱石から製造する事業場においてクロム酸等を取り扱う業務に限る。）に常時従事し，又は従事した労働者に係る特定化学物質健康診断個人票については，これを 30 年間保存するものとする。

（健康診断の結果についての医師からの意見聴取）

第 40 条の 2　特定化学物質健康診断の結果に基づく法第 66 条の 4 の規定による医師からの意見聴取は，次に定めるところにより行わなければならない。

1　特定化学物質健康診断が行われた日（法第 66 条第 5 項ただし書の場合にあつては，当該労働者が健康診断の結果を証明する書面を事業者に提出した日）から 3 月以内に行うこと。

2　聴取した医師の意見を特定化学物質健康診断個人票に記載すること。

②　事業者は，医師から，前項の意見聴取を行う上で必要となる労働者の業務に関する情報を求められたときは，速やかに，これを提供しなければならない。

（健康診断の結果の通知）

第 40 条の 3　事業者は，第 39 条第 1 項から第 3 項までの健康診断を受けた労働

者に対し，遅滞なく，当該健康診断の結果を通知しなければならない。

（健康診断結果報告）

第41条　事業者は，第39条第1項から第3項までの健康診断（定期のものに
限る。）を行つたときは，遅滞なく，特定化学物質健康診断結果報告書（様式
第3号）を所轄労働基準監督署長に提出しなければならない。

（特定有機溶剤混合物に係る健康診断）

第41条の2　特定有機溶剤混合物に係る業務（第38条の8において準用する有
機則第3条第1項の場合における同項の業務を除く。）については，有機則第
29条（第1項，第3項及び第4項を除く。）から第30条の3まで及び第31条
の規定を準用する。

（緊急診断）

第42条　事業者は，特定化学物質（別表第1第37号に掲げる物を除く。以下
この項及び次項において同じ。）が漏えいした場合において，労働者が当該特
定化学物質により汚染され，又は当該特定化学物質を吸入したときは，遅滞
なく，当該労働者に医師による診察又は処置を受けさせなければならない。

②　事業者は，特定化学物質を製造し，又は取り扱う業務の一部を請負人に請
け負わせる場合において，当該請負人に対し，特定化学物質が漏えいした場
合であつて，当該特定化学物質により汚染され，又は当該特定化学物質を吸
入したときは，遅滞なく医師による診察又は処置を受ける必要がある旨を周
知させなければならない。

③　第1項の規定により診察又は処置を受けさせた場合を除き，事業者は，労
働者が特別有機溶剤等により著しく汚染され，又はこれを多量に吸入したと
きは，速やかに，当該労働者に医師による診察又は処置を受けさせなければ
ならない。

④　第2項の診察又は処置を受けた場合を除き，事業者は，特別有機溶剤等を
製造し，又は取り扱う業務の一部を請負人に請け負わせる場合において，当
該請負人に対し，特別有機溶剤等により著しく汚染され，又はこれを多量に
吸入したときは，速やかに医師による診察又は処置を受ける必要がある旨を
周知させなければならない。

⑤　前二項の規定は，第38条の8において準用する有機則第3条第1項の場合

における同項の業務については適用しない。

（呼吸用保護具）

第43条　事業者は，特定化学物質を製造し，又は取り扱う作業場には，当該物質のガス，蒸気又は粉じんを吸入することによる労働者の健康障害を予防するため必要な呼吸用保護具を備えなければならない。

（保護衣等）

第44条　事業者は，特定化学物質で皮膚に障害を与え，若しくは皮膚から吸収されることにより障害をおこすおそれのあるものを製造し，若しくは取り扱う作業又はこれらの周辺で行われる作業に従事する労働者に使用させるため，不浸透性の保護衣，保護手袋及び保護長靴並びに塗布剤を備え付けなければならない。

②　事業者は，前項の作業の一部を請負人に請け負わせるときは，当該請負人に対し，同項の保護衣等を備え付けておくこと等により当該保護衣等を使用することができるようにする必要がある旨を周知させなければならない。

③　事業者は，令別表第3第1号1，3，4，6若しくは7に掲げる物若しくは同号8に掲げる物で同号1，3，4，6若しくは7に係るもの若しくは同表第2号1から3まで，4，8の2，9，11の2，16から18の3まで，19，19の3から20まで，22から22の4まで，23，23の2，25，27，28，30，31（ペンタクロルフエノール（別名PCP）に限る。），33（シクロペンタジエニルトリカルボニルマンガン又は2-メチルシクロペンタジエニルトリカルボニルマンガンに限る。），34若しくは36に掲げる物若しくは別表第1第1号から第3号まで，第4号，第8号の2，第9号，第11号の2，第16号から第18号の3まで，第19号，第19号の3から第20号まで，第22号から第22号の4まで，第23号，第23号の2，第25号，第27号，第28号，第30号，第31号（ペンタクロルフエノール（別名PCP）に係るものに限る。），第33号（シクロペンタジエニルトリカルボニルマンガン又は2-メチルシクロペンタジエニルトリカルボニルマンガンに係るものに限る。），第34号若しくは第36号に掲げる物を製造し，若しくは取り扱う作業又はこれらの周辺で行われる作業であつて，皮膚に障害を与え，又は皮膚から吸収されることにより障害をおこすおそれがあるものに労働者を従事させるときは，当該労働者に保護眼鏡並び

に不浸透性の保護衣，保護手袋及び保護長靴を使用させなければならない。

④　事業者は，前項の作業の一部を請負人に請け負わせるときは，当該請負人に対し，同項の保護具を使用する必要がある旨を周知させなければならない。

⑤　労働者は，事業者から第3項の保護具の使用を命じられたときは，これを使用しなければならない。

（保護具の数等）

第45条　事業者は，前二条の保護具については，同時に就業する労働者の人数と同数以上を備え，常時有効かつ清潔に保持しなければならない。

第53条　特別管理物質を製造し，又は取り扱う事業者は，事業を廃止しようとするときは，特別管理物質等関係記録等報告書（様式第11号）に次の記録及び特定化学物質健康診断個人票又はこれらの写しを添えて，所轄労働基準監督署長に提出するものとする。

1　第36条第3項の測定の記録

2　第38条の4の作業の記録

3　第40条第2項の特定化学物質健康診断個人票

別表第1（第2条，第2条の2，第5条，第12条の2，第24条，第25条，第27条，第36条，第38条の4，第38条の7，第39条関係）

3の3　エチルベンゼンを含有する製剤その他の物。ただし，エチルベンゼンの含有量が重量の1パーセント以下のものを除く。

11の2　クロロホルムを含有する製剤その他の物。ただし，クロロホルムの含有量が重量の1パーセント以下のものを除く。

18の2　四塩化炭素を含有する製剤その他の物。ただし，四塩化炭素の含有量が重量の1パーセント以下のものを除く。

18の3　1,4-ジオキサンを含有する製剤その他の物。ただし，1,4-ジオキサンの含有量が重量の1パーセント以下のものを除く。

18の4　1,2-ジクロロエタンを含有する製剤その他の物。ただし，1,2-ジクロロエタンの含有量が重量の1パーセント以下のものを除く。

19の2　1,2-ジクロロプロパンを含有する製剤その他の物。ただし，1,2-ジクロロプロパンの含有量が重量の1パーセント以下のものを除く。

19の3 ジクロロメタンを含有する製剤その他の物。ただし，ジクロロメタンの含有量が重量の1パーセント以下のものを除く。

22の2 スチレンを含有する製剤その他の物。ただし，スチレンの含有量が重量の1パーセント以下のものを除く。

22の3 1,1,2,2-テトラクロロエタンを含有する製剤その他の物。ただし，1,1,2,2-テトラクロロエタンの含有量が重量の1パーセント以下のものを除く。

22の4 テトラクロロエチレンを含有する製剤その他の物。ただし，テトラクロロエチレンの含有量が重量の1パーセント以下のものを除く。

22の5 トリクロロエチレンを含有する製剤その他の物。ただし，トリクロロエチレンの含有量が重量の1パーセント以下のものを除く。

33の2 メチルイソブチルケトンを含有する製剤その他の物。ただし，メチルイソブチルケトンの含有量が重量の1パーセント以下のものを除く。

37 エチルベンゼン，クロロホルム，四塩化炭素，1,4-ジオキサン，1,2-ジクロロエタン，1,2-ジクロロプロパン，ジクロロメタン，スチレン，1,1,2,2-テトラクロロエタン，テトラクロロエチレン，トリクロロエチレン，メチルイソブチルケトン又は有機溶剤を含有する製剤その他の物。ただし，次に掲げるものを除く。

イ 第3号の3，第11号の2，第18号の2から第18号の4まで，第19号の2，第19号の3，第22号の2から第22号の5まで又は第33号の2に掲げる物

ロ エチルベンゼン，クロロホルム，四塩化炭素，1,4-ジオキサン，1,2-ジクロロエタン，1,2-ジクロロプロパン，ジクロロメタン，スチレン，1,1,2,2-テトラクロロエタン，テトラクロロエチレン，トリクロロエチレン，メチルイソブチルケトン又は有機溶剤の含有量（これらの物が二以上含まれる場合には，それらの含有量の合計）が重量の5パーセント以下のもの（イに掲げるものを除く。）

ハ 有機則第1条第1項第2号に規定する有機溶剤含有物（イに掲げるものを除く。）

（1〜3の2，4〜11，12〜18，19，19の4〜22，23〜33，34〜36略）

別表3 （第39条関係）

	業務	期間	項目
(15)	エチルベンゼン（これをその重量の1パーセントを超えて含有する製剤その他の物を含む。）を製造し，又は取り扱う業務	6月	1　業務の経歴の調査（当該業務に常時従事する労働者に対して行う健康診断におけるものに限る。） 2　作業条件の簡易な調査（当該業務に常時従事する労働者に対して行う健康診断におけるものに限る。） 3　エチルベンゼンによる眼の痛み，発赤，せき，咽頭痛，鼻腔刺激症状，頭痛，倦怠感等の他覚症状又は自覚症状の既往歴の有無の検査 4　眼の痛み，発赤，せき，咽頭痛，鼻腔刺激症状，頭痛，倦怠感等の他覚症状又は自覚症状の有無の検査 5　尿中のマンデル酸の量の測定（当該業務に常時従事する労働者に対して行う健康診断におけるものに限る。）
(24)	クロロホルム（これをその重量の1パーセントを超えて含有する製剤その他の物を含む。）を製造し，又は取り扱う業務	6月	1　業務の経歴の調査 2　作業条件の簡易な調査 3　クロロホルムによる頭重，頭痛，めまい，食欲不振，悪心，嘔吐，知覚異常，目の刺激症状，上気道刺激症状，皮膚又は粘膜の異常等の他覚症状又は自覚症状の既往歴の有無の検査 4　頭重，頭痛，めまい，食欲不振，悪心，嘔吐，知覚異常，目の刺激症状，上気道刺激症状，皮膚又は粘膜の異常等の他覚症状又は自覚症状の有無の検査 5　血清グルタミックオキサロアセチックトランスアミナーゼ（GOT），血清グルタミックピルビックトランスアミナーゼ（GPT）及び血清ガンマーグルタミルトランスペプチダーゼ（γ-GTP）の検査
(32)	四塩化炭素（これをその重量の1パーセントを超えて含有する製剤その他の物を含む。）を製	6月	1　業務の経歴の調査 2　作業条件の簡易な調査 3　四塩化炭素による頭重，頭痛，め

	造し，又は取り扱う業務		まい，食欲不振，悪心，嘔吐，眼の刺激症状，皮膚の刺激症状，皮膚又は粘膜の異常等の他覚症状又は自覚症状の既往歴の有無の検査 4　頭重，頭痛，めまい，食欲不振，悪心，嘔吐，眼の刺激症状，皮膚の刺激症状，皮膚又は粘膜の異常等の他覚症状又は自覚症状の有無の検査 5　皮膚炎等の皮膚所見の有無の検査 6　血清グルタミックオキサロアセチックトランスアミナーゼ（GOT），血清グルタミックピルビックトランスアミナーゼ（GPT）及び血清ガンマーグルタミルトランスペプチダーゼ（γ-GTP）の検査
(33)	1,4-ジオキサン（これをその重量の1パーセントを超えて含有する製剤その他の物を含む。）を製造し，又は取り扱う業務	6月	1　業務の経歴の調査 2　作業条件の簡易な調査 3　1,4-ジオキサンによる頭重，頭痛，めまい，悪心，嘔吐，けいれん，眼の刺激症状，皮膚又は粘膜の異常等の他覚症状又は自覚症状の既往歴の有無の検査 4　頭重，頭痛，めまい，悪心，嘔吐，けいれん，眼の刺激症状，皮膚又は粘膜の異常等の他覚症状又は自覚症状の有無の検査 5　血清グルタミックオキサロアセチックトランスアミナーゼ（GOT），血清グルタミックピルビックトランスアミナーゼ（GPT）及び血清ガンマーグルタミルトランスペプチダーゼ（γ-GTP）の検査
(34)	1,2-ジクロロエタン（これをその重量の1パーセントを超えて含有する製剤その他の物を含む。）を製造し，又は取り扱う業務	6月	1　業務の経歴の調査 2　作業条件の簡易な調査 3　1,2-ジクロロエタンによる頭重，頭痛，めまい，悪心，嘔吐，傾眠，眼の刺激症状，上気道刺激症状，皮膚又は粘膜の異常等の他覚症状又は自覚症状の既往歴の有無の検査 4　頭重，頭痛，めまい，悪心，嘔吐，傾眠，眼の刺激症状，上気道刺激症状，皮膚又は粘膜の異常等の他覚症

			状又は自覚症状の有無の検査 5　皮膚炎等の皮膚所見の有無の検査 6　血清グルタミックオキサロアセチックトランスアミナーゼ（GOT），血清グルタミックピルビックトランスアミナーゼ（GPT）及び血清ガンマ-グルタミルトランスペプチダーゼ（γ-GTP）の検査
(36)	1, 2-ジクロロプロパン（これをその重量の1パーセントを超えて含有する製剤その他の物を含む。）を製造し，又は取り扱う業務	6月	1　業務の経歴の調査（当該業務に常時従事する労働者に対して行う健康診断におけるものに限る。） 2　作業条件の簡易な調査（当該業務に常時従事する労働者に対して行う健康診断におけるものに限る。） 3　1, 2-ジクロロプロパンによる眼の痛み，発赤，せき，咽頭痛，鼻腔刺激症状，皮膚炎，悪心，嘔吐，黄疸，体重減少，上腹部痛等の他覚症状又は自覚症状の既往歴の有無の検査（眼の痛み，発赤，せき等の急性の疾患に係る症状にあつては，当該業務に常時従事する労働者に対して行う健康診断におけるものに限る。） 4　眼の痛み，発赤，せき，咽頭痛，鼻腔刺激症状，皮膚炎，悪心，嘔吐，黄疸，体重減少，上腹部痛等の他覚症状又は自覚症状の有無の検査（眼の痛み，発赤，せき等の急性の疾患に係る症状にあつては，当該業務に常時従事する労働者に対して行う健康診断におけるものに限る。） 5　血清総ビリルビン，血清グルタミックオキサロアセチックトランスアミナーゼ（GOT），血清グルタミックピルビックトランスアミナーゼ（GPT），ガンマ-グルタミルトランスペプチダーゼ（γ-GTP）及びアルカリホスフアターゼの検査
(37)	ジクロロメタン（これをその重量の1パーセントを超えて含有する製剤その他の物を含む。）を製造し，又は取り扱う業務	6月	1　業務の経歴の調査（当該業務に常時従事する労働者に対して行う健康診断におけるものに限る。） 2　作業条件の簡易な調査（当該業務

			に常時従事する労働者に対して行う健康診断におけるものに限る。) 3　ジクロロメタンによる集中力の低下,頭重,頭痛,めまい,易疲労感,倦怠感,悪心,嘔吐,黄疸,体重減少,上腹部痛等の他覚症状又は自覚症状の既往歴の有無の検査(集中力の低下,頭重,頭痛等の急性の疾患に係る症状にあつては,当該業務に常時従事する労働者に対して行う健康診断におけるものに限る。) 4　集中力の低下,頭重,頭痛,めまい,易疲労感,倦怠感,悪心,嘔吐,黄疸,体重減少,上腹部痛等の他覚症状又は自覚症状の有無の検査(集中力の低下,頭重,頭痛等の急性の疾患に係る症状にあつては,当該業務に常時従事する労働者に対して行う健康診断におけるものに限る。) 5　血清総ビリルビン,血清グルタミックオキサロアセチックトランスアミナーゼ(GOT),血清グルタミックピルビックトランスアミナーゼ(GPT),血清ガンマ-グルタミルトランスペプチダーゼ(γ-GTP)及びアルカリホスフアターゼの検査
(42)	スチレン(これをその重量の1パーセントを超えて含有する製剤その他の物を含む。)を製造し,又は取り扱う業務	6月	1　業務の経歴の調査 2　作業条件の簡易な調査 3　スチレンによる頭重,頭痛,めまい,悪心,嘔吐,眼の刺激症状,皮膚又は粘膜の異常,頸部等のリンパ節の腫大の有無等の他覚症状又は自覚症状の既往歴の有無の検査 4　頭重,頭痛,めまい,悪心,嘔吐,眼の刺激症状,皮膚又は粘膜の異常,頸部等のリンパ節の腫大の有無等の他覚症状又は自覚症状の有無の検査 5　尿中のマンデル酸及びフェニルグリオキシル酸の総量の測定 6　白血球数及び白血球分画の検査 7　血清グルタミックオキサロアセチックトランスアミナーゼ(GOT),

			血清グルタミツクピルビツクトランスアミナーゼ（GPT）及び血清ガンマ−グルタミルトランスペプチダーゼ（γ-GTP）の検査
(43)	1,1,2,2-テトラクロロエタン（これをその重量の1パーセントを超えて含有する製剤その他の物を含む。）を製造し，又は取り扱う業務	6月	1　業務の経歴の調査 2　作業条件の簡易な調査 3　1,1,2,2-テトラクロロエタンによる頭重，頭痛，めまい，悪心，嘔吐，上気道刺激症状，皮膚又は粘膜の異常等の他覚症状又は自覚症状の既往歴の有無の検査 4　頭重，頭痛，めまい，悪心，嘔吐，上気道刺激症状，皮膚又は粘膜の異常等の他覚症状又は自覚症状の有無の検査 5　皮膚炎等の皮膚所見の有無の検査 6　血清グルタミツクオキサロアセチツクトランスアミナーゼ（GOT），血清グルタミツクピルビツクトランスアミナーゼ（GPT）及び血清ガンマ−グルタミルトランスペプチダーゼ（γ-GTP）の検査
(44)	テトラクロロエチレン（これをその重量の1パーセントを超えて含有する製剤その他の物を含む。）を製造し，又は取り扱う業務	6月	1　業務の経歴の調査 2　作業条件の簡易な調査 3　テトラクロロエチレンによる頭重，頭痛，めまい，悪心，嘔吐，傾眠，振顫，知覚異常，眼の刺激症状，上気道刺激症状，皮膚又は粘膜の異常等の他覚症状又は自覚症状の既往歴の有無の検査 4　頭重，頭痛，めまい，悪心，嘔吐，傾眠，振顫，知覚異常，眼の刺激症状，上気道刺激症状，皮膚又は粘膜の異常等の他覚症状又は自覚症状の有無の検査 5　皮膚炎等の皮膚所見の有無の検査 6　尿中のトリクロル酢酸又は総三塩化物の量の測定 7　血清グルタミツクオキサロアセチツクトランスアミナーゼ（GOT），血清グルタミツクピルビツクトランスアミナーゼ（GPT）及び血清ガ

			ンマーグルタミルトランスペプチダーゼ（γ-GTP）の検査 8　尿中の潜血検査
(45)	トリクロロエチレン（これをその重量の1パーセントを超えて含有する製剤その他の物を含む。）を製造し，又は取り扱う業務	6月	1　業務の経歴の調査 2　作業条件の簡易な調査 3　トリクロロエチレンによる頭重，頭痛，めまい，悪心，嘔吐，傾眠，振顫，知覚異常，皮膚又は粘膜の異常，頸部等のリンパ節の腫大の有無等の他覚症状又は自覚症状の既往歴の有無の検査 4　頭重，頭痛，めまい，悪心，嘔吐，傾眠，振顫，知覚異常，皮膚又は粘膜の異常，頸部等のリンパ節の腫大の有無等の他覚症状又は自覚症状の有無の検査 5　皮膚炎等の皮膚所見の有無の検査 6　尿中のトリクロル酢酸又は総三塩化物の量の測定 7　血清グルタミックオキサロアセチックトランスアミナーゼ（GOT），血清グルタミックピルビックトランスアミナーゼ（GPT）及び血清ガンマーグルタミルトランスペプチダーゼ（γ-GTP）の検査 8　医師が必要と認める場合は，尿中の潜血検査又は腹部の超音波による検査，尿路造影検査等の画像検査
(60)	メチルイソブチルケトン（これをその重量の1パーセントを超えて含有する製剤その他の物を含む。）を製造し，又は取り扱う業務	6月	1　業務の経歴の調査 2　作業条件の簡易な調査 3　メチルイソブチルケトンによる頭重，頭痛，めまい，悪心，嘔吐，眼の刺激症状，上気道刺激症状，皮膚又は粘膜の異常等の他覚症状又は自覚症状の既往歴の有無の検査 4　頭重，頭痛，めまい，悪心，嘔吐，眼の刺激症状，上気道刺激症状，皮膚又は粘膜の異常等の他覚症状又は自覚症状の有無の検査 5　医師が必要と認める場合は，尿中のメチルイソブチルケトンの量の測定

（(1)〜(14)，(16)〜(23)，(25)〜(31)，(35)，(38)〜(41)，(46)〜(59)，(61)〜(67)　略）

有機溶剤中毒予防規則の解説

昭和 54 年 3 月 1 日	第 1 版発行	
昭和 59 年 6 月 30 日	第 1 版第 1 刷発行（改訂）	
平成 2 年 4 月 20 日	第 1 版第 1 刷発行（二訂）	
平成 3 年 1 月 31 日	第 2 版第 1 刷発行	
平成 5 年 7 月 5 日	第 3 版第 1 刷発行	
平成 7 年 8 月 31 日	第 4 版第 1 刷発行	
平成 10 年 1 月 30 日	第 5 版第 1 刷発行	
平成 10 年 12 月 30 日	第 6 版第 1 刷発行	
平成 12 年 12 月 20 日	第 7 版第 1 刷発行	
平成 13 年 9 月 28 日	第 8 版第 1 刷発行	
平成 17 年 12 月 28 日	第 9 版第 1 刷発行	
平成 19 年 3 月 30 日	第10版第 1 刷発行	
平成 22 年 1 月 29 日	第11版第 1 刷発行	
平成 24 年 1 月 30 日	第12版第 1 刷発行	
平成 25 年 2 月 12 日	第13版第 1 刷発行	
平成 27 年 7 月 31 日	第14版第 1 刷発行	
令和元年 5 月 31 日	第15版第 1 刷発行	
令 和 3 年 4 月 23 日	第16版第 1 刷発行	
令 和 6 年 3 月 21 日	第17版第 1 刷発行	

編　　　者　中 央 労 働 災 害 防 止 協 会
発 行 者　平 山　　剛
発 行 所　中 央 労 働 災 害 防 止 協 会
　　　　　〒108-0023
　　　　　東京都港区芝浦3丁目17番12号
　　　　　　　　　　吾妻ビル9階
　　　　　電話　販売　03（3452）6401
　　　　　　　　　編集　03（3452）6209
印刷・製本　新 日 本 印 刷 株 式 会 社

落丁・乱丁本はお取り替えいたします。　　　　ⒸJISHA 2024
ISBN 978-4-8059-2144-9　C 3032
中災防ホームページ　https://www.jisha.or.jp/

MEMO

MEMO